板壳非线性流体弹性力学

Nonlinear Hydroelasticity of Plate and Shell

白象忠　郝亚娟　田振国　著

国防工业出版社

·北京·

图书在版编目(CIP)数据

板壳非线性流体弹性力学 / 白象忠,郝亚娟,田振
国著. —北京:国防工业出版社,2016.7
ISBN 978 - 7 - 118 - 10853 - 8

Ⅰ.①板... Ⅱ.①白...②郝...③田... Ⅲ.①壳体
(结构) - 非线性力学 - 流体力学 - 弹性力学 - 研究 Ⅳ.
①TU33

中国版本图书馆 CIP 数据核字(2016)第 123080 号

※

国防工业出版社出版发行
(北京市海淀区紫竹院南路23号　邮政编码100048)
腾飞印务有限公司印刷
新华书店经售

*

开本 710×1000　1/16　印张　19¼　字数 298 千字
2016 年 7 月第 1 版第 1 次印刷　印数 1—2500 册　　定价 98.00 元

(本书如有印装错误,我社负责调换)

国防书店:(010)88540777　　发行邮购:(010)88540776
发行传真:(010)88540755　　发行业务:(010)88540717

致 读 者

本书由国防科技图书出版基金资助出版。

国防科技图书出版工作是国防科技事业的一个重要方面。优秀的国防科技图书既是国防科技成果的一部分,又是国防科技水平的重要标志。为了促进国防科技和武器装备建设事业的发展,加强社会主义物质文明和精神文明建设,培养优秀科技人才,确保国防科技优秀图书的出版,原国防科工委于1988年初决定每年拨出专款,设立国防科技图书出版基金,成立评审委员会,扶持、审定出版国防科技优秀图书。

国防科技图书出版基金资助的对象是:

1. 在国防科学技术领域中,学术水平高,内容有创见,在学科上居领先地位的基础科学理论图书;在工程技术理论方面有突破的应用科学专著。

2. 学术思想新颖,内容具体、实用,对国防科技和武器装备发展具有较大推动作用的专著;密切结合国防现代化和武器装备现代化需要的高新技术内容的专著。

3. 有重要发展前景和有重大开拓使用价值,密切结合国防现代化和武器装备现代化需要的新工艺、新材料内容的专著。

4. 填补目前我国科技领域空白并具有军事应用前景的薄弱学科和边缘学科的科技图书。

国防科技图书出版基金评审委员会在总装备部的领导下开展工作,负责掌握出版基金的使用方向,评审受理的图书选题,决定资助的图书选题和资助金额,以及决定中断或取消资助等。经评审给予资助的图书,由总装备部国防工业出版社列选出版。

国防科技事业已经取得了举世瞩目的成就。国防科技图书承担着记载和弘扬这些成就,积累和传播科技知识的使命。在改革开放的新形势下,原国防科工委率先设立出版基金,扶持出版科技图书,这是一项具有深远意义的创举。此举势必促使国防科技图书的出版随着国防科技事业的发展更加兴旺。

设立出版基金是一件新生事物,是对出版工作的一项改革。因而,评审工作需要不断地摸索、认真地总结和及时地改进,这样,才能使有限的基金发挥出巨大的效能。评审工作更需要国防科技和武器装备建设战线广大科技工作者、专家、教授,以及社会各界朋友的热情支持。

让我们携起手来,为祖国昌盛、科技腾飞、出版繁荣而共同奋斗!

国防科技图书出版基金
评审委员会

国防科技图书出版基金
第七届评审委员会组成人员

前　言

　　流体弹性力学是用来描述液体、气体的运动与弹性结构相互作用的学科,是流体力学与弹性力学互相交叉而形成的一门力学分支。直到20世纪中叶,特别是在80年代后期才迅速发展起来。流体弹性力学不仅涉及人类日常生活的方方面面,而且在许多学科和工程领域中,竟然成了主要的研究内容。毋庸置疑,这是一门宽广、多研究领域且互相交叉的学科。

　　流体弹性力学研究内容的重要特征是两相或多相介质之间的相互作用效果,即弹性体在流体作用下产生变形或运动,而弹性体的变形或运动又反过来影响到流场,从而改变流体载荷的分布与大小。流体弹性力学理论的交叉性质,在不同的工程领域中,如航空、航天、海洋、船舶、核动力、土木建筑、机械、生物工程、石油化工、动力工程等方面均有应用。由于应用广泛,研究对象复杂,流体弹性问题的深入研究,特别是对非线性流体弹性问题的研究,促进了计算技术、应用数学和实验技术的不断发展。

　　同液体、气体相互作用的薄壁结构,多具有壳、壁板和薄板的形式,它们具有大的抗拉刚度,但在载荷作用下,很容易发生弯曲变形,这必将导致物体附近的流体速度场及压力场的改变,因而作用于弹性体上的载荷本身也要发生变化。正因如此,介质运动方程的解和接触表面的变形必须相互吻合。可见,流体弹性力学是以介质变形的运动学、动力学、流体力学及壳体的非线性弹性力学为基础的,其课题所研究的范围十分广泛,内容也非常丰富。多数情况下的弹性薄壁物体的变形为几何非线性,因此应该加强对由于结构变形而引起的流体非线性运动问题的研究。

　　19世纪,关于固体力学的研究仅局限于解决线性弹性理论和与其平行发展的计算技术;20世纪,产生了变形体力学的新分支,即塑性理论和黏弹性、黏塑性理论;二三十年来,随着工程实际应用的需要,科学技术的进步与发展越来越快,促使耦合场理论的研究也有了飞速的发展,特别是机械场和电磁场,机械场、温度场和电磁场相互间的耦合作用,流场与弹性变形体的相互作用等,在现代工程力学发展中占有更加重要的位置。非线性问题和耦合场理论的研究具有相当广阔的应用前景,它对促进工业技术革命和实现科学技术现代化都将起到重要作用。

　　当前,变形固体同液体或气体相互作用的理论,是连续介质力学中十分流行的研究内容,特别显著的成就是求解液流和气流承压面的动力学和静力学问题。然而,绝大部分文献仅仅提供了相互作用的线性理论。在应当考虑非线性的时候,描述结构的变形竟成为最主要的内容,这恰好说明在大多数情况下,对薄壁物体中的几何非线性给予了重视,不过却很少注意到由于结构变形引起的流体非线性运动。

为了使读者在掌握非线性弹性力学、板壳大变形理论及流体力学等知识的基础上,了解耦合场理论中流体与弹性体相互作用下的流固耦合问题的基本概念、基本原理和计算方法,进而掌握解决耦合场作用下的非线性弹性变形问题的解题方法,本书在流体弹性力学所研究的问题中,将重点介绍以下几方面内容:

(1)给出流体弹性力学问题的非线性状态方程,以解决可变形物体的大变形问题,并进一步给出简化的关系式。

(2)介绍描述相互作用的任意拉格朗日-欧拉法、相容拉格朗日-欧拉法、单一拉格朗日法、单一欧拉法,以及求解时需要的各种条件。

(3)给出流体弹性力学的分类及其简化的方程组,其分类的基础是弹性体的变形场、流体的速度场及压力场的可变性;在求解各类构件的流固耦合问题中,重点介绍相容拉格朗日-欧拉法的算法,并给出相应的算例。

(4)将非线性流体弹性动力学问题深入到混沌、分岔的研究领域中。研究流固耦合的典型问题,如气缸缸底、管状柔性弹性体中的混沌运动分析与分岔现象。

本书在写作过程中,部分基础理论内容参考了国内外公开出版的书籍和文献;一些章节中的理论推导和数值计算结果,是本书第一作者曾经指导过的研究生杨阳、周小利、卜小花、曹文斌、朱洪来、王星、宋小娟、刘纯、李小宝、陈柏成等的学位论文的研究成果。相关详细内容,读者可进一步参阅相关的学位论文和参考文献。

在本书即将出版之际,对国防工业出版社的热忱帮助,精心编辑直至付梓,致以诚挚的谢意!

特别要感谢国防科技图书出版基金给予的大力资助。

由于作者水平有限,书中难免出现疏漏甚至谬误之处,敬请读者批评指正。

作者

2015 年 11 月于燕山大学

目　录

Contents

XX

XXII

第 1 章　绪　　论

流体弹性力学是用来描述流体、气体运动与弹性结构相互作用的学科,是流体力学与弹性力学交叉而形成的一个力学分支,是 20 世纪中叶,特别是在 80 年代后期才迅速发展的一门学科。流体弹性力学研究内容的重要特征是两相或多相介质之间的相互作用效果,即变形固体在流体作用下产生的变形或运动;而固体的变形或运动又反过来影响到流场,从而改变流体载荷的分布。流体与弹性体间的交叉性质,致使流体弹性力学理论在不同的工程领域中应用十分广泛,研究对象也极其复杂,特别是对非线性流体弹性问题的研究,促进了计算技术、应用数学和实验技术的不断发展。

1.1　非线性流体弹性力学与流固耦合

流体弹性力学所研究的内容属于流固耦合范畴。流固耦合问题按其耦合机理可分为两大类[1]。第一大类的特征是两相域部分或全部重叠在一起,难以明显地分开,使描述物理现象的方程,特别是本构方程需要针对具体的物理现象来建立,其耦合效应需要通过描述问题的微分方程来体现。"渗流"就是这类问题很典型的例子。第二大类的特征是流固耦合作用仅仅发生在流、固两相的交界面上,方程上的耦合由两相耦合面的平衡及协调关系引入。通过耦合界面,流体动力影响固体运动,而固体的运动又影响流场。在耦合界面上,流体动力及固体的运动事先都是未知的,只有在全部地求解了整个耦合系统之后,才可以给出确切的答案,这正是相互作用的特征所在。若没有这一特征,问题就将失去耦合作用的性质。"船水响应"是这类问题的典型例子。弹性薄壁构件的变形多为几何非线性,再加上流体方程的非线性,必然导致界面上的强非线性。

本书研究的主要内容正是产生相互作用接触面的条件和平衡的非线性问题,属于第二大类流固耦合范畴。

1.1.1　线性流体弹性力学与非线性流体弹性力学

传统线性流体弹性力学问题的研究已经有了较成熟的理论基础和研究方法,能较好地揭示线性流体弹性力学系统的物理本质和动力特性。由于分析方法不涉及非线性因素,因此,不适合非线性系统的分析和研究。非线性因素的多样性、复杂性及其动力特性都具有丰富的内容,因而会出现许多线性系统所没有的特征,例如分岔、混沌问题等。

非线性流体弹性力学已经取得了很大的进展,但由于其复杂性,尚有大量问题需要研究。其中包括[2]:提高非定常流体弹性力学的计算方法和计算精度;非线性流体弹性力学的理论分析方法和非线性耦合问题的数值模拟;非线性流体弹性力学的动力特性的研究;非线性动力学模型的建立与简化的表示方法;非线性流体弹性力学的非线性因素分析及处理方法,非线性流体弹性问题中参数影响的研究;非线性流体弹性力学的实验研究;等等。

目前,研究流固耦合的典型问题有三种不同的描述方法,即完全线性模型、动力线性模型和完全非线性模型。其中,动力线性模型是指对所研究问题中的静态特性采用非线性描述,而对动力特性做线性化处理。在完全非线性的条件下,流固耦合问题会出现不定解,这就需要把握好初始条件和边界条件。在一些流固耦合研究的领域中,结构设计、材料选择及弹性体外形的复杂化,带来了许多结构非线性因素。流体流动的非定常状态和弹性体在流体作用下的几何非线性变形,使流体和弹性体的相互作用多处于强非线性状态。显而易见,流固耦合非线性现象的研究会日趋复杂化。非线性耦合作用的结果,往往可能导致弹性结构的破坏,因此对非线性问题的研究具有重要的理论意义和实际应用的价值。

1.1.2　非线性流体弹性力学的特征

非线性流体弹性力学所研究的问题,通常可以用耦合方程组的结构形式来表现。耦合方程组同时既有流体定义域又有弹性体定义域,而未知变量也只含有流体变量和弹性体的变量,导致非线性流体弹性力学研究的问题具有以下特征。

(1)耦合特征:两种或多种介质(流体包含有液体、气体,固体为弹性体)在系统中相互作用,流体域或固体域皆不可能单独求解。

(2)非线性特征:弹性体与流体的运动一般是大范围的非线性运动,因此非线性因素是流体与弹性体耦合作用的结果,是流体运动的非线性和弹性体大变形构成的。

(3)变结构特征:弹性体与流体相互作用,会使某些结构发生变化。含有结构或在生物体中发生的流体与弹性体的相互作用,有结构变化的特性,例如降落伞张开的过程,柔性网状结构在液体中的沉降,血液在血管中的流动等。

(4)多尺度特征:在研究环境流动问题中,其流动特征尺寸在时间和空间上可跨越10个数量级。弹性体和流体运动的特征周期,一般属于两个以上不同的时间尺度。微尺度机械装置的设计和制造,纳米尺度的流固耦合和生物医学流体动力学的问题中,都具有多尺度和多时间尺度效应的特征。

（5）显式共存性:在解决流体弹性力学问题的过程中,无法消除描述流体运动的独立变量或弹性体变形(或运动)的独立变量。鉴于耦合作用仅仅发生在两相交界面上,方程式上的耦合是由两相耦合面的平衡及协调关系引入的。

因此,根据上述耦合特征,可将第二大类流固耦合问题分三种情况:

（1）流体与弹性体结构之间有大的相对运动,其典型例子是气动弹性力学问题。

（2）流体有限位移的短期问题,如流体中的爆炸或冲击引起弹性体的位形变化。

（3）流体有限位移的长期问题,如充液容器的液固耦合振动、近海结构对波的响应、船水响应等都是非常典型的例子。

1.1.3　非线性流体弹性力学的研究内容

（1）为解决可变形物体的大变形问题,须给出流体弹性力学问题的非线性状态方程,包括如何建立准确描述系统耦合动力学行为的数学模型。

（2）给出描述相互作用的任意拉格朗日－欧拉法、相容拉格朗日－欧拉法、单一拉格朗日法、单一欧拉法,以及求解时所需要的各种条件。

（3）给出流体弹性力学的分类及其简化准则。分类的基础是弹性体的位移程度和它的变形场,流体的速度场及压力场的可变性,由此便可以有根据地得到简化关系式。

（4）注意接触条件的精度分析。通常在建立接触条件时,视变形表面与未变形表面等同。例如,在承载表面颤振经典理论中就经常采用这种处理方法,其结果大多数被证明是正确的。但当计算对象属于多尺度、多介质耦合和非线性问题时,需要合理确定计算中的精度,提高计算效率和理论分析、数值分析的可信度。

（5）研究弹性结构与黏性流体相互作用的具体问题,给出正确处理真实流体弹性力学问题的方法。例如,在研究类似于输流管道动力学的具体问题时,可在建立流固耦合非线性动力学方程的基础上,把这些非线性机械系统简化成含参数激励的低维非线性动力系统,再进一步研究系统的分岔及混沌问题。其中包括:在风载作用下,柔性索和柔性梁耦合的混沌动力学问题的研究;贮液箱中液体与贮液箱之间相互作用的非线性动力学的分岔和混沌问题的研究;等等。

解决不同问题,应当采用不同的方法。通过对目前研究现状的分析,非线性流体弹性力学的研究趋向,近期将向寻求新的理论分析和数值方法的方向发展。

1.1.4　流体弹性力学分类原则与分类方法

在相互作用的问题中,弹性理论、流体力学理论和接触条件的非线性,并不都起到同等重要的作用,特别是在接触面上,某些条件往往导致相对精度的冗余。接触面处的动力学条件及运动学条件中的高阶量,在小变形或中等变形的情况下对最终解的影响并不大,但往往会带来计算上的巨大困难,因此对流体与弹性体相互接触问题的简化是非常必要的。例如,可以从弹性体的法向位移值、元素的转角、位移场及流体的速度场、压力场的可变性来研究流体弹性力学的各种情况,这就需要将流体弹性力学问题进行分类。

引入流体弹性力学问题的分类,可进一步分类细化问题的属性,可将边界条件表达为其他形式,以便在应用中进一步完善并建立新的数学模型,从而使流固耦合理论研究提高到更高水平。流体弹性力学的分类准则是基于壳体位移的法向分量及线性元素的转角、壳体位移场的可变形性及流体速度、压力的估值。在法线位移呈线性变化的剧烈弯曲情况下,可以采用参数构成的方法进行讨论。处理具体问题时,还要考虑到接触面附近的流体流动状态等因素。

当前,无论是大变形流固耦合问题,还是中变形或者小变形的流固耦合问题,其解析解还很少见。随着计算技术的不断提高,数值分析方法中的有限元法有了长足的发展。为了促进理论分析及数值计算方法更快地完善,对流固耦合问题中界面相互作用的描述方法进行了分类,且给出了简化准则,可为合理简化不同状态下的流固耦合问题采用适当的理论分析和计算方法提供依据。

1.2 非线性流体弹性力学的研究方法

几十年来,国内外学者对流固动力耦合的理论和计算方法开展了广泛的研究,取得了一些成果,但由于流固耦合问题的复杂性,使得无论是理论分析还是数值计算方面都还保留着一些假设,远未达到理论与实践的统一。对于流固动力耦合系统的求解,比较简单的问题可以采用解析法和半解析法,而具有复杂边界条件的实际工程问题,却很难给出其解析解答。应用有限元法解流固耦合问题,还明显地存在欧拉坐标和拉格朗日坐标在耦合界面上的变化问题;拉格朗日描述不能令人满意地解决物质扭曲变形,进而导致有限元网格缠绕问题,因而无法解决高速运动出现的畸变问题。在欧拉描述架构下,流体是固定的空间区域,采用的是相对于惯性系的固定坐标系,流体流经这些网络区域可以容易解决扭曲变形问题,但仍然存在以下缺点:流体与网格间的相对运动,可导致计算上的困难。弹性体边界与流体运动界面间的跟踪问题难以解决。

对于解决大扰动和非线性问题,欲保持耦合界面上的协调与平衡条件,显然很困难,因此有必要进一步研究解决流固耦合问题的方法,以便针对不同类型的问题采用不同的解决办法。

1.2.1 描述介质相互作用的四种方法

采用传统的研究方法解决固态变形体的力学问题时,只使用拉格朗日变数法;而在流体力学中主要使用的是欧拉法;在流体弹性力学中,却又出现这两种方法均应用的情况。流体和弹性体接触面这一条件的表达方法,包含有这两种变数系统,因此要求研究人员具有了解掌握比经典力学文献更能详细描述运动的方法、特点及它们之间相互转换的知识。

对于相互接触的两种介质,根据守恒原理和受力平衡的原则,在其接触面上便可以结合拉格朗日法和欧拉法建立相互作用的方程。主要有以下 4 种方法[3]。

1. 相容拉格朗日 – 欧拉法(ULE 法)

壳体采用拉格朗日法描述,流体采用欧拉法描述。在相互接触面上采用这两种方法的结合,即用相容拉格朗日 – 欧拉法(United Lagrangian – Eulerian Method)[4]来描述它们的相互作用。这样在求解流固耦合问题时,就可直接利用流体力学和弹性力学中的基本方程。当弹性体变形不大时,问题还可以进一步简化,变形后各点的变量可通过变形前各量的泰勒级数解析开拓式来表示。

2. 任意拉格朗日 – 欧拉法(ALE 法)

在任意拉格朗日 – 欧拉法(Arbitrary Lagrangian – Eulerian Method)中,壳体的运动仍然用拉格朗日法描述,而流体采用在空间任意变形和运动的坐标来描述。这种方法虽然可以消除相容拉格朗日 – 欧拉法和单一拉格朗日法描述接触条件的不足之处,但流体运动方程却明显地复杂化了,因而适用于壳体形状和流动范围有大变化的问题,主要采用数值方法来求解。

ALE 法运动学描述具有突出的优点:网格可以任意的方式运动;保留了拉格朗日法所具有的精确跟踪运动边界的特点;保证了网格不发生畸变而引起单元缠结。应用 ALE 法解决流固耦合问题,通常采用有限元法。在计算过程中,流体网格在下一个时间步上需要重新划分,使流体网格需要频繁地自动更新。高效的网格更新技术显得非常重要,当流体运动速度变大时,往往由于网格更新问题而带来了计算结果的误差。耦合界面上往往出现不匹配网格间的运动,即网格发生畸变,这时载荷的传递也会造成计算上的误差,所以选择最佳的网格速度更新技术是ALE 法描述成败的关键。

3. 单一拉格朗日法(SL 法)

如果相互作用的两种介质都用拉格朗日法描述,那么这个方法称为单一拉格朗日法(Single Lagrangian Method)。单一拉格朗日法可部分地克服仅仅满足接触条件不足的缺点,而边值问题将在流动过程不变化的区域内求解。该方法会使流体的运动方程比采用其他变数法复杂,不过经典流体力学中的一般结论会由此发生些变化。

4. 单一欧拉法（SE 法）

两种相互作用的介质运动都用欧拉变数来描述，即为单一欧拉法（Single Eulerian Method）。单一欧拉法也称为空间描述法。该法的坐标系固定在空间，因而弹性体变形或流动过程中坐标系均保持不变。该法主要用来解决流体力学中的大变形问题。

1.2.2　理论分析法

为了解决工程领域中的实际问题，研究人员除了要致力于理论方面的研究，还应该进行改进和创造新的计算方法的研究。例如：Matthias[5] 给出了解决大位移流固耦合问题的完全耦合解，为非线性系统问题的求解提供了很好的方法；Nicholas[6] 给出了基于小波多尺度的求解方法，用以解决绕圆柱体流动的二维问题，该文还结合两种数学方法计算了大雷诺数不可压缩流体的流固耦合问题；Ⅱ'gamov[7] 建立了位于流体中球形空腔受压时稳定性的定性理论。

1.2.3　实验分析法

任何理论的发展都离不开实验的验证。在流固耦合研究中，实验是不可缺少的，尤其涉及非线性问题，其难度很大。非线性问题中的分叉、混沌、突变等现象在实验室的再现都相当棘手，然而其实验结果与观察到的现象却是非线性模型建立的基础，通过实验研究可以发展许多新的理论和方法。

例如，波浪与水流的相互作用表现出很强的非线性，其作用机理非常复杂。吴永胜等[8] 利用波流水槽进行了波浪与流体相互作用的实验。通过实验建立的力学模型，可用来研究河口波浪水流相互作用的动力情况，解决河口泥沙运动及浑浊带形成所带来的实际问题。

马高峰等[9] 改进实验装备进行圆截面杆的风致振动，介绍圆截面杆涡激振动机理。通过全桥气动风洞实验，进行了颤振分析、抖振分析和低风速下的涡激振动。谢彬等[10] 研究深水立管系统，由涡激振动导致的应力是一个重要的疲劳载荷，并且分别使用理论和实验的方法研究了柔性立管寿命的疲劳分析模型，包括连接处的变形分析。

当前，非线性流体弹性力学耦合问题的实验研究设备短缺，测试手段落后，这都有待于进一步加强。

1.2.4　半解析法

对于复杂的流固耦合系统进行数值分析的方法可归结为两类。一类是半解析方法，即对结构采用有限元离散，而对流体则用近似解析关系描述。经常采用的方法是将流体通过边界积分变为附加质量，对结构采用假定模态及无液振型的办法进行简化。为此，通常对流体采用压力方程描述，假定流体无旋、无黏和自由表面小波动以达到简化流体方程的目的，从而求解拉普拉斯（Laplace）方程或流体压力方程。另一类是把流体作为一种仅传递压力的弹性流体，不考虑流体的流动性，不求解流体方程。如 II'gamov[11] 研究了在声激励下，位于流体中空腔的膨胀、缩小变形和稳定性的问题。

1.2.5　数值分析法

流体与结构相互作用的非线性问题十分复杂，针对不同问题需要采用不同的研究方法。反应堆中的失水事故、机翼的颤振、悬梁振荡等，这些结构在流体耦合作用下产生较大幅度的运动和变形，同时结构对流场的影响是不可忽视的，需要较精确地描述结构对流场的影响。因此，通常采用数值分析方法来分析非线性流体弹性力学问题。

所有的耦合场数值分析法可分为顺序耦合和直接耦合两大类。顺序耦合分析法又分为顺序强耦合物理场分析法与顺序弱耦合物理场分析法两种。直接耦合分析法一般只涉及一次性分析，使用包括所有必要自由度的耦合场单元，通过计算包含所需物理量的单元矩阵或载荷矢量的方式进行耦合[12]。

顺序弱耦合物理场分析法是将流体方程式进行简化，通过解析和半解析法，结合实验数据或拟合关系式，获得流体对弹性体作用力的关系式，最终求解流体弹性力学问题。Hansbo[13] 提出了一种基于 Nitsche 有限元方法中的弱接触面法。假设流体为瞬态不可压缩的牛顿流体，固体为无阻尼的弹性体；对固体采用能量守恒中的时间连续的 Galerkin 方法，对流体采用时间不连续的 Galerkin 方法，并且还给出了一些算例。

顺序强耦合物理场分析法是分别列出弹性体和流体运动的控制方程，并耦合求解流体和结构的控制方程。Matthies[14] 通过分段的思想给出了计算流固耦合问题的强耦合程序的算法，指出在处理强耦合问题时采用的方法，描述并分析了算法的功能及工程软件在模拟接触面时的需要，通过算例显示了目标程序是如何运行的。该法能更真实地反映问题的本质，但计算量大；弱耦合法往往影响结果的精确度。

根据数值计算所采用具体方法的不同，还可以分为：显式耦合法、隐式耦合法、虚拟边界法、全流场法等。近年来，当研究能够考虑边界大位移的非线性问题时，广泛地采用数值分析法[13]。

在流固耦合问题的计算方法研究方面，为了解决不同坐标系的困难，目前数值计算多采用任意拉格朗日－欧拉法。Hirt 等[15] 提出的将用于流场计算的任意拉格朗日－欧拉法用于流固耦合分析，以便处理界面协调及自由面问题，但有的采用有限元法，有的采用边界元法。一方面，任意拉格朗日－欧拉技术提供了有效的途径,将固体中常用的拉氏系和流体中常用的欧拉系相联系,但要真正地将两者各自有效的方法结合起来求解非线性耦合问题,其任务仍十分艰巨;另一方面,流固耦合工作者运用现有的有限元分析软件,如 ANSYS 软件对一些流固耦合问题进行数值模拟,进而将数值结果与理论结果进行对照分析。

特别值得提出的是:根据相容拉格朗日－欧拉法构造出新的有限元计算法,可克服依据任意拉格朗日－欧拉法的有限元计算大变形问题,但流体适体网格随着刚体的运动不断地更新,常常导致计算的失败,或者带来较大的误差等缺点。"相容法"研究的结果便可为编制新的解决大变形问题的计算程序提供理论基础。

目前,国内外对于流固耦合领域的研究,主要集中在耦合系统动态问题的数值分析方面。相比之下,流固耦合问题的理论研究发展较为缓慢。理论计算要求进一步掌握经典力学的近代数学方法,将数学的成果应用于流固耦合系统,难度相当大。现有的理论研究成果尚少,系统地研究弹性固体在流场中的变形与内力情况的报道就更加少见,因此流固耦合问题的理论研究仍然有很大的发展空间和广阔的前景。

1.3 工程领域中的非线性流体弹性力学问题

近年来,国内外对于流体弹性力学问题的研究,主要集中于各个工程领域内结构在流场作用下的动态响应及稳定性问题,以及渗流场在结构环境影响下的分布问题。这些研究在工程领域中的许多方面都得到了应用,且取得了一定的成绩。这里只简要介绍取得较大进展和较新研究成果的几个侧面[3]。

1.3.1 非线性气动弹性力学问题

非线性气动弹性因素来自两个方面(空气动力和结构非线性因素),其研究内容扩大到现代技术的许多领域,例如建筑土木结构与水利工程、矿产、石油和岩体等。其中,开启降落伞伞衣过程的研究就是气动弹性力学最复杂的问题之一[4]。圆形伞衣的裁剪样式和大量吊伞绳的应用情况就属于这类问题,在对其研究中采用任意拉格朗日－欧拉法已取得了一些成果。研究伞衣张开的过程可以有条件地分成几个阶段:①伞衣及吊绳从盒子中拉出、张开;②其形成的拉伸形式促使充满气体后的伞衣向前运动;③伞衣自激振荡、伞衣的形状和它的环流调整。研究伞衣及吊伞绳的变形时,采用有大量吊伞绳的圆形伞衣 Рахматулин 模型,且假定材料是不可渗透的,也没有排气孔,在比较短的时间内,伞衣张开,不出现由于阻滞而使运动的平均速度显著减小的现象。

1.3.2 非线性水弹性力学问题

水弹性理论是研究流体(水)与弹性结构相互作用的一门力学学科。求解水弹性力学问题时,需要考虑惯性力、水动力和弹性力的耦合作用,将流体动力方程和弹性力学方程联合起来进行求解。水弹性力学的核心问题是考虑各种不同类型力之间的相互耦合作用,是一个典型的交叉学科。

水弹性力学的应用领域很广,其中包括:海洋工程结构、海洋浮体的力学性能及安全可靠性的评估;各类薄壁结构及容器的力学性能分析;船舶结构的力学分析及工程控制;水下爆炸的动力响应与工程控制;管道及管群的涡流振动分析与控制;水坝和港口建筑的力学分析;水下结构物的动力响应;水生物运动;血管中的血液流动等生物力学问题。特别要提出的是,水弹性力学在以下领域里已取得了显著的研究成果。

1. 薄壁结构工程、薄壁容器问题的研究

同液体、气体相互作用的薄壁结构,多具有壳、壁板和薄板的形式。它们虽然具有大的抗拉刚度,但在载荷作用下,也很容易发生弯曲变形,从而导致物体附近流体速度场及压力场的改变,因此作用于它的载荷本身也会发生变化。既然如此,就需要对描述介质的运动方程进行积分,并且要使它们的解和接触表面的变形相吻合,其描述的内容表明:流体弹性力学问题的表达是以介质变形的运动学、动力学、流体力学及壳体非线性理论等力学篇章为基础的。多数情况是弹性薄壁物体的变形为几何非线性。特别值得提出的是,II'gamov[16-18]发展了薄壁构件的非线性流固耦合理论,并将其结果应用于机械工程、管道和发动机制造等方面。该作者深入地研究了位于流体中的圆柱壳体,在流体动压力作用下的弯曲变形及共谐波的特性;讨论了弹性薄板在流体压力的作用下,不同密度流体之间接触界面的差异对板的动力学特性所带来的影响。

2. 海洋工程与舰船工程中的流体弹性力学问题的研究

海洋工程中,超大型海洋浮式结构物在波浪中的响应是一个典型的流固耦合问题。弹体入水是极为重要的短期问题,这对于解决鱼雷、深水炸弹、反潜导弹、破障炮弹入水的运动,航天飞船的回收,创伤弹道学的发展等工程实际问题均具有重大意义。

3. 管道工程中的流体弹性力学问题的研究

管道在工业领域应用广泛,且发挥着极其重要的作用。管道在工作过程中由于流体流动状态的变化引起喘振,诱发出流体、管道间的流固耦合振动,其动力学行为十分复杂,一直受到学术界和工程界广大研究者的关注和重视。输流管道的运动是弱非线性的,关于混沌的研究还比较少。

4. 非线性水弹性的分析方法

自20世纪70年代末至今,二维线性水弹性理论得到了广泛应用,并且在波浪中航行的船舶弯扭联合作用响应的分析中发挥了积极作用。波浪运动对船体变形有着明显的非线性作用,其中有水动力载荷的非线性和结构的非线性。在二维基础上发展的三维水弹性理论,能对任意形状物体的载荷、运动、变形和内力做出统一定性和定量的描绘,表现出了其描述流固耦合问题的适用性,因而被广泛地应用于解决工程的实际问题之中。线性水弹性力学的理论及数值方法都已经相对成熟,三维非线性和时域非线性分析方法还有待于完善。

1.3.3　非线性生物流体弹性力学问题

生物流动含在生命体内的各个方面,生命体的生殖、发育、饮食、运动和新陈代谢各器官的工作,都需要由流体流动来维持。流体运输过程提供了组织与血液之间分子的快速交换,无论在宏观(血管,器官)、微观(细胞级)、纳米(亚细胞级)尺度的生物流动中断,都会导致生物体发生疾病[3]。

非线性生物流体力学给实验力学、计算力学、生物医学工程提出了一系列最基础的,也是最难解决的问题。因为它不仅涉及特征尺度极宽的范围,而且由于流体作用下弹性体变形的复杂性,其成为非线性流体弹性力学研究中最典型的课题。

生物力学领域里,动脉血管中的血液流动是心血管系统中极为重要的研究课题。考虑到动脉血管是弹性或黏弹性情况,弹性血管的管壁是可变形或者是可运动的。当血液在其中流动时,管壁就会由于承受流动压力的作用而产生变形;变形后的管壁又会产生固有的弹性力作用于血液,因而具有流体性质的血液和具有固体性质的管壁是相互作用的。血液和血管壁之间的流固耦合效应是这一课题中至今尚未解决的难题之一。

1.3.4　环境流体弹性力学问题

在研究大气、海洋、河流、湖泊、地下流和环境流动中,特征尺寸在时间和空间上可跨越 10 个数量级。天气、海洋运输是大尺度为数千米量级,人体肺内气流为米量级,小尺度毫米量级的旋流、微纳米尺度粒子流动(气溶胶、污染物、微生物)环境中的非线性,是自然现象的非线性问题,对上述尺度的非线性问题还缺乏定量分析[3]。

在核废料地下处置过程中,由于放射性同位素衰变将产生很大的热量,形成温度、岩体和水体三者相互联系、相互制约的耦合效应。

公路、铁路等交通设施的建设中,土坝工程、港口工程等天然资源的开发和利用,以及房屋建筑和深基坑的开挖工程都会遇到边坡的稳定问题,岩体结构和地下水渗流之间的耦合作用影响着边坡的整体稳定性,必须予以研究。

油气田的开发过程是油藏流体渗流与油藏岩土变形动态耦合的过程。油气开发过程中,随着油气资源的不断采出,储层流体的孔隙压力不断下降,导致储层所

10

受的有效压力增加。而有效压力的变化改变了储层岩土的受力状态,必然导致储层岩土体的孔隙度、渗透率等渗流参数的变化,进而又影响到渗流场不断发生改变。

1.3.5 微尺度流体弹性力学问题

利用微流动技术制造纳米流动器件,控制流体在微槽中流动,以促进生物、化学及工程物理的基础研究,例如操控血液细胞、设计制造新材料、微电子器件的冷却、芯片中的多相流动、单个生物细胞的生灭过程等,这些纳米、微米尺度的流体弹性力学的研究属于很特殊的一类。

随着微流体系统,特别是生物芯片、微缩芯片实验技术的发展,纳米或微米尺度构件中流体的流动与控制、流体与器件之间的相互作用的计算方法,成为微纳流动器件设计领域急待解决的问题。

微小装置中的流体弹性力学作用机理的研究,可以解决工程实际中的许多关键问题,如芯片实验系统、DNA(脱氧核糖核酸的英文缩写)基团测定等。

1.3.6 涡激振动问题

海洋管道是最容易发生涡激振动的构件之一。在较大的流速范围内,发生"锁定"现象时,流体与结构是耦合在一起的。关于结构涡激振动的研究,我国起步于 20 世纪 80 年代,研究范围涉及风工程和海洋工程,早期侧重于实验研究,目前有重视理论研究的趋势。

随着现代材料和施工技术发展而涌现的新结构,往往柔度大、阻尼小、质量轻,使结构对风的敏感程度越来越高,尤其是大跨度的斜拉桥的拉索构件,风将激起拉索的横向振动。

近年来,人们对涡激振动的减振措施进行了广泛而又深入地研究,提出了几种有效的减振措施,使拉索动力学有了长足的发展,扩大了产生涡激振动的结构在桥梁、航空、航天、电力通信系统等领域中的广泛应用。但由于流体弹性相互作用的复杂性,仍然有许多问题需要进一步研究。

1.4 非线性流体弹性力学发展所面临的任务

在当今经济建设和发展的过程中,各工程领域提出了越来越多的流固耦合问题,而且大多数是非线性问题,致使非线性流体弹性力学的研究者们面临着更高的要求和更艰巨的任务——需要从理论、计算、实验及工程应用四个方面开展深入地研究。流体弹性力学的发展,目前有以下特点:

(1)线性化理论日趋完善,其计算方法已经在实际工程上有所应用。由于流固耦合系统的复杂性,目前其求解主要是立足于数值分析上。

（2）非线性耦合理论的研究在不断地发展。弹性力学的非线性理论及有限元分析方法已相当成熟,在非线性纳维－斯托克斯(Navier-Stokes)方程求解技术的进展十分迅速的前提下,必须探讨全场求解的有效途径。

相比之下,非线性流体弹性力学问题的理论研究进展却较为缓慢。只有在理论研究已经取得成果的基础上,才可以更好地开展计算方法的研究。而理论计算要求进一步掌握经典力学的近代数学方法,将数学的成果应用于流固耦合系统中,这将会带来很大的难度。

目前,对于可渗透壳体流固耦合问题的弹性体变形与内力分析的报道还很少见。现有对可渗透壳的报道大多数局限于壳体是绝对刚性的,也就是在不变形的前提下进行有关流体力学的分析。即使有对流固耦合问题关于内力分析变形的报道,也只是从有限元、计算机数值模拟、实验分析的基础上进行的分析,没有相关完整的理论研究成果。对于一些工程问题则必须考虑内力及变形的计算,例如特殊过滤器、细胞壁血管渗透、生物软组织问题、纳米技术、船体撞击、降落伞运动的控制问题、落水物体的冲击、下潜过程的运动状态、软壳类弹性体和气体相互冲击问题、贮液箱中液体的晃动带来的振动问题、飞机的气动弹性问题、液下弹性结构对爆炸波的瞬态反应问题等。这些都是非线性流体弹性力学面临的主要研究方向之一。

流体弹性力学课题所研究的内容可谓丰富多彩。需要考虑非线性的时候,描述结构的变形即成为最主要的内容,这说明在大多数情况下,对薄壁物体中的几何非线性给予了重视,却很少注意由结构变形引起的流体非线性运动。至于在接触条件中非线性问题的建立,以及在求解过程中出现的非线性问题,也是非常值得关注的。

参 考 文 献

[1] 邢景棠,周盛,崔尔杰. 流固耦合力学概述[J]. 力学进展,1997,27(1):19－38.

[2] 杨永年,叶正寅,等. 非线性气动弹性现象的若干问题研究[C]//第七届全国空气弹性学术交流会论文集. 西安:西北工业大学,2001:270－275.

[3] 白象忠,郝亚娟. 非线性流体弹性力学研究进展[J]. 力学进展,2008,38(5):545－560.

[4] Ильгамов М А. Введение в нелинейную гидроупругость[M]. Москва:Изд. наука,1991.

[5] Matthias Heil. An efficient solver for the fully coupled solution of large-displacement fluid-structure interaction problems[J]. Comput. Methods Appl. Mech. Eng. ,2004,193:1－23.

[6] Nicholas K R Kevlahan,Oleg V Vasilyev. An adaptive wavelet collocation method for fluid-structure interaction at high Reynolds numbers[J]. Society for Industrial and Applied Mathematics,2005,26(6):1894－1915.

［7］II' gamov M A. Qualitative Theory of the Stability of the Spherical Shape of a Cavity in Compression in a Liquid. in Topical Problems in Continuum Mechanics（in Russian）［M］Kazan：Kazan Univ. Press,2006：8.

［8］吴永胜,练继建,等. 波浪－水流相互作用模型［J］. 水利学报,2002(4)：13－17.

［9］马高峰,郑苏,等. 岸边起重机圆截面杆件涡激振动控制结构模拟实验研究的改进［J］. 机械研究与应用,2007,20(2)：48－51.

［10］谢彬,段梦兰,等. 海洋深水立管的疲劳断裂与可靠性评估研究进展［J］. 石油学报,2004,25(3)：95－100.

［11］II' gamov M A. Expansion,compression,and stability of a cavity in a fluid under strong acoustic forcing［J］. Doklady Physics,2010,55(7)：317－320.

［12］Xia L J,Wu W G,Weng C J,et al. Analysis of fluid-structure-coupled vertical vibration for high-speed ships［J］. Journal of Ship Mechanics,2000,4(3)：43－48.

［13］Hansbo Peter,Hermansson Joakim,Svedberg Thomas. Nitsche' s method combined-structure interaction problems for ALE fluid-structure interaction problems［J］. Comput. Methods Appl. Mech. Eng. ,2004,193：4195－4206.

［14］Matthies Hermann G,Niekamp Rainer,Steindorf Jan. Algorithms for strong coupling procedures［J］. Comput. Methods Appl. Mech. Eng. ,2006,195：2028－2049.

［15］Hirt C W,Amsden A A, Cook J L. An arbitrary Lagrangian-Eulerian computing method for all flow speeds［J］. J. of Comp. Phys. ,1974,(14)：227－253.

［16］II' gamov M A. Static problems of hydroelasticity［M］. Moscow：Nauka, Fizmatlit,1998.

［17］II' gamov M A. Rearrangement of harmonics during bending of a cylindrical shell under dynamic compression［J］. Journal of Applied Mechanics and Technical Physics,2011,52(3)：471－477.

［18］II' gamov M A. Interaction between the Euler and Rayleigh-Taylor instabilities［J］. Mechanics of Solids,2012,47(2)：178－186.

第 2 章 流体力学基本方程

流体弹性力学是一门研究流体运动与弹性结构相互作用的学科,主要涉及流体力学、空气动力学、弹性力学、板壳理论等多学科的基础知识。为了方便读者阅读,本章简要介绍流体力学相关的基础知识,其中部分内容参考了本章引入参考文献的论述。

2.1 流体运动学基础

流体运动学是用几何的观点来研究流体运动,而不牵涉力的问题。

观察流体运动的方法通常有两种:一种是空间点法,也称为欧拉法(Eulers Method);另一种为质点法,也称为拉格朗日法(Lagranges Method)。本节将主要阐述这两种方法采用独立变量来研究流场的运动规律,从而确定流体质点的运动位移、速度、加速度、转动和变形等量[1]。

2.1.1 拉格朗日法(质点法)

质点法就是用"质点观点"来研究问题的方法。用质点法来研究流体的运动是跟随一个选定的流体质点,观察它在空间移动过程中各个物理量的变化情况。当逐次地由一个质点转到另一质点时,便可以了解全部或部分流体的运动情况,特点是跟着所选定的运动流体质点,观察其状态的变化。

流体质点在运动过程中,每一瞬时的空间位置与时间 t 有关,而且不同的流体质点有不同的位置,可见流体质点在空间的位置 x、y、z 是独立变量 a、b、c、t 的函数,即

$$\begin{cases} x = x(a,b,c,t) \\ y = y(a,b,c,t) \\ z = z(a,b,c,t) \end{cases} \quad (2-1)$$

式中:a、b、c、t 称为拉格朗日变数,是描绘选定质点的参数。对于一个选定的流体质点,在运动过程中 t 变,a、b、c 保持不变。从某一质点转到另一质点时,a、b、c 才作为变量。

速度是一个选定的质点在单位时间内运动的距离。流体质点的速度为

$$\begin{cases} v_x = \dfrac{\partial x}{\partial t} = v_x(a,b,c,t) \\[2mm] v_y = \dfrac{\partial y}{\partial t} = v_y(a,b,c,t) \\[2mm] v_z = \dfrac{\partial z}{\partial t} = v_z(a,b,c,t) \end{cases} \qquad (2-2)$$

流体质点的加速度为

$$\begin{cases} a_x = \dfrac{\partial v_x}{\partial t} = \dfrac{\partial^2 x}{\partial t^2} = a_x(a,b,c,t) \\[2mm] a_y = \dfrac{\partial v_y}{\partial t} = \dfrac{\partial^2 y}{\partial t^2} = a_y(a,b,c,t) \\[2mm] a_z = \dfrac{\partial v_z}{\partial t} = \dfrac{\partial^2 z}{\partial t^2} = a_z(a,b,c,t) \end{cases} \qquad (2-3)$$

密度 ρ，压力 p 也可用 a、b、c、t 的函数表示，即

$$\begin{cases} \rho = \rho(a,b,c,t) \\ p = p(a,b,c,t) \end{cases} \qquad (2-4)$$

2.1.2 欧拉法(空间点法)

空间点法就是用"空间观点"来研究问题的方法。用空间点法来研究流体的运动是选定一个空间点，观察先后流过这一空间点的各个流体质点物理量的变化，当逐次地由一个空间点转到另一个空间点时，便能了解整个或部分流体的运动情况。空间点法的特点是观察选定的空间点的变化，也就是观察流过它的流体质点的物理量的变化。

这里的空间点是任意选定的，它的位置坐标 x、y、z 不是时间 t 的函数，而是独立变量。应当区别空间位置 x、y、z 和质点位置 x、y、z 的不同含意：前者为独立变量，而后者如式(2-1)所示，是独立变量 t 的函数。

在欧拉法(空间点法)中，各个物理量是 x、y、z、t 四个独立变量的函数：

$$\begin{cases} v_x = v_x(x,y,z,t) \\ v_y = v_y(x,y,z,t) \\ v_z = v_z(x,y,z,t) \\ \rho = \rho(x,y,z,t) \\ p = p(x,y,z,t) \end{cases} \qquad (2-5)$$

式中：x、y、z、t 称为欧拉变数，t 为固定在所选取的空间点，观察它的各个物理量变化情况的时间变量。x、y、z 变，而 t 不变，表示在同一瞬时由某一空间点转到另一空间点，观察在该瞬时不同空间点之间物理量的分布情况。

研究速度和加速度的分布可以采用欧拉法,但必须用"质点观点"来研究问题,因为加速度是某一流体质点在单位时间内的速度变化。为了求这一质点的加速度,就必须跟随这个质点观察它的速度变化情况。这时选定的空间点不是任意的空间点,而是流体质点在运动过程中先后所经过的位置,是同一轨迹上的空间点,所以在求加速度时,式(2-5)中的 x、y、z 不再是与时间 t 无关的独立变量,而是时间 t 的函数,即

$$x = x(t), \quad y = y(t), \quad z = z(t) \qquad (2-6)$$

由于它们是同一轨迹上的点,将上式对时间 t 进行微分,可以得到速度的投影分量为

$$v_x = \frac{\mathrm{d}x}{\mathrm{d}t}, \quad v_y = \frac{\mathrm{d}y}{\mathrm{d}t}, \quad v_z = \frac{\mathrm{d}z}{\mathrm{d}t} \qquad (2-7)$$

加速度为

$$\begin{cases} a_x = \dfrac{\mathrm{d}v_x}{\mathrm{d}t} = \dfrac{\partial v_x}{\partial t} + v_x \dfrac{\partial v_x}{\partial x} + v_y \dfrac{\partial v_x}{\partial y} + v_z \dfrac{\partial v_x}{\partial z} \\[3mm] a_y = \dfrac{\mathrm{d}v_y}{\mathrm{d}t} = \dfrac{\partial v_y}{\partial t} + v_x \dfrac{\partial v_y}{\partial x} + v_y \dfrac{\partial v_y}{\partial y} + v_z \dfrac{\partial v_y}{\partial z} \\[3mm] a_z = \dfrac{\mathrm{d}v_z}{\mathrm{d}t} = \dfrac{\partial v_z}{\partial t} + v_x \dfrac{\partial v_z}{\partial x} + v_y \dfrac{\partial v_z}{\partial y} + v_z \dfrac{\partial v_z}{\partial z} \end{cases} \qquad (2-8)$$

用单位矢量 $\boldsymbol{i}$、$\boldsymbol{j}$、$\boldsymbol{k}$ 分别乘以上各式,然后相加,可得

$$\boldsymbol{a} = \frac{\mathrm{d}\boldsymbol{v}}{\mathrm{d}t} = \frac{\partial \boldsymbol{v}}{\partial t} + (\boldsymbol{v} \cdot \boldsymbol{\nabla})\boldsymbol{v} \qquad (2-9)$$

式中:$\boldsymbol{\nabla}$ 为哈密顿算子,为

$$\boldsymbol{\nabla} = \boldsymbol{i}\frac{\partial}{\partial x} + \boldsymbol{j}\frac{\partial}{\partial y} + \boldsymbol{k}\frac{\partial}{\partial z} \qquad (2-10)$$

式(2-9)左边称为全微分或总加速度,它的右边可以分为两部分:

(1) $\dfrac{\partial \boldsymbol{v}}{\partial t}$ 为局部加速度。在一固定空间点,由于时间变化引起的速度变化。

(2) $(\boldsymbol{v} \cdot \boldsymbol{\nabla})\boldsymbol{v}$ 为变位加速度。在同一瞬时,由于空间位置变化引起的速度变化。

可见,流体质点的总加速度是由局部加速度和变位加速度两部分组成的。前者是随时间变化的部分,后者是随空间位置变化的部分。

式(2-9)的微分及其意义也同样适用于流体质量和压力函数,若流体质量 ρ 和压力 p 分别是坐标与时间的函数,即 $\rho = \rho(x,y,z,t)$,$p = p(x,y,z,t)$,有

$$\begin{cases} \dfrac{\mathrm{d}\rho}{\mathrm{d}t} = \dfrac{\partial \rho}{\partial x}\dfrac{\partial x}{\partial t} + \dfrac{\partial \rho}{\partial y}\dfrac{\partial y}{\partial t} + \dfrac{\partial \rho}{\partial z}\dfrac{\partial z}{\partial t} + \dfrac{\partial \rho}{\partial t} = \dfrac{\partial \rho}{\partial t} + v_x \dfrac{\partial \rho}{\partial x} + v_y \dfrac{\partial \rho}{\partial y} + v_z \dfrac{\partial \rho}{\partial z} \\[3mm] \dfrac{\mathrm{d}p}{\mathrm{d}t} = \dfrac{\partial p}{\partial x}\dfrac{\partial x}{\partial t} + \dfrac{\partial p}{\partial y}\dfrac{\partial y}{\partial t} + \dfrac{\partial p}{\partial z}\dfrac{\partial z}{\partial t} + \dfrac{\partial p}{\partial t} = \dfrac{\partial p}{\partial t} + v_x \dfrac{\partial p}{\partial x} + v_y \dfrac{\partial p}{\partial y} + v_z \dfrac{\partial p}{\partial z} \end{cases} \qquad (2-11)$$

拉格朗日法是从一个选定的流体质点入手,然后由一个质点转到另一个质点,

从而了解整个流体的情况;欧拉法则是从一个选定的空间点入手,然后由一个空间点转到另一个空间点,这样也能了解到整个流体的情况。这两种方法不过是观察同一客观事物的不同途径而已。

上述两种方法的应用范围主要根据问题的要求来决定。如果要研究流体质点的运动过程,如台风的移动、波浪的运动等,就要用拉格朗日法;如果仅研究空间某个区域流体的运动,例如求流体对物体作用力的问题,就可以用欧拉法。

2.1.3 拉格朗日描述与欧拉描述的互为转换

流体的拉格朗日描述与欧拉描述在解决流动问题时各有优缺点。通常采用拉格朗日法描述流体加速度项为线性项,而采用欧拉描述法得到的为非线性项。两者求解流体力学的基本方程在数学上均存在一定的困难。在处理流体力学问题时,通常用拉格朗日的观点描述,用欧拉方法求解,因此必须研究拉格朗日与欧拉两种系统之间的换算关系。

1. 拉格朗日描述转换为欧拉描述

设拉格朗日变量为 $a_i(i=1,2,3)$,其中 $a_1=a,a_2=b,a_3=c$。欧拉变量为 $x_j(j=1,2,3)$,有 $x_1=x,x_2=y,x_3=z$。雅可比(Jacobian)行列式的定义为[2]

$$J(f) = \left| \frac{\partial x_i}{\partial a_i} \right| \tag{2-12}$$

一个三维的雅可比行列式为

$$J(f) = \frac{\partial(x_1,x_2,x_3)}{\partial(a_1,a_2,a_3)} = \frac{\partial(x,y,z)}{\partial(a,b,c)} = \begin{vmatrix} \dfrac{\partial x}{\partial a} & \dfrac{\partial x}{\partial b} & \dfrac{\partial x}{\partial c} \\ \dfrac{\partial y}{\partial a} & \dfrac{\partial y}{\partial b} & \dfrac{\partial y}{\partial c} \\ \dfrac{\partial z}{\partial a} & \dfrac{\partial z}{\partial b} & \dfrac{\partial z}{\partial c} \end{vmatrix} \tag{2-13}$$

利用式(2-13)可以进行坐标变换。

对于在欧拉描述中的一个二维流动,其流速的导数为

$$\frac{\partial(v_x,v_y)}{\partial(x,y)} = \begin{vmatrix} \dfrac{\partial v_x}{\partial x} & \dfrac{\partial v_x}{\partial y} \\ \dfrac{\partial v_y}{\partial x} & \dfrac{\partial v_y}{\partial y} \end{vmatrix} \tag{2-14}$$

如果要在拉格朗日坐标系中表示流速的导数,有

$$\frac{\partial(v_x,v_y)}{\partial(a,b)} = \begin{vmatrix} \dfrac{\partial v_x}{\partial a} & \dfrac{\partial v_x}{\partial b} \\ \dfrac{\partial v_y}{\partial a} & \dfrac{\partial v_y}{\partial b} \end{vmatrix} = \frac{\partial(v_x,v_y)}{\partial(x,y)} \cdot \frac{\partial(x,y)}{\partial(a,b)} = J(f)\frac{\partial(v_x,v_y)}{\partial(x,y)} \tag{2-15}$$

式中：$J(f) = \begin{vmatrix} \dfrac{\partial x}{\partial a} & \dfrac{\partial x}{\partial b} \\ \dfrac{\partial y}{\partial a} & \dfrac{\partial y}{\partial b} \end{vmatrix}$。式（2－15）中的每一项都可以按以下形式求出 $\dfrac{\partial v_x}{\partial a} = \dfrac{\partial v_x}{\partial x} \dfrac{\partial x}{\partial a} +$

$\dfrac{\partial v_x}{\partial y} \dfrac{\partial y}{\partial a}$。只要当 $J(f) \neq 0$ 或 ∞，由式（2－15）即可完成转换。

2. 由欧拉描述转为拉格朗日描述

在笛卡儿坐标系中，有[3]

$$
\begin{cases}
\dfrac{\mathrm{d}x}{\mathrm{d}t} = v_x(x,y,z,t) \\
\dfrac{\mathrm{d}y}{\mathrm{d}t} = v_y(x,y,z,t) \\
\dfrac{\mathrm{d}z}{\mathrm{d}t} = v_z(x,y,z,t)
\end{cases}
\tag{2－16}
$$

式（2－16）构成一阶常微分方程组，可求解得到

$$
\begin{cases}
x = x(c_1,c_2,c_3,t) \\
y = y(c_1,c_2,c_3,t) \\
z = z(c_1,c_2,c_3,t)
\end{cases}
\tag{2－17}
$$

式中：c_1、c_2、c_3 为积分常数，由流体运动初始条件确定。当 $t = 0$ 时，$(x,y,z) = (a,$

$b,c)$，即 $\begin{cases} a = x(c_1,c_2,c_3,t_0) \\ b = y(c_1,c_2,c_3,t_0) \\ c = z(c_1,c_2,c_3,t_0) \end{cases}$ 可解得 $\begin{cases} c_1 = c_1(a,b,c,t_0) \\ c_2 = c_2(a,b,c,t_0) \\ c_3 = c_3(a,b,c,t_0) \end{cases}$，将其代入式（2－17）中，可

得到

$$
\begin{cases}
x = x(a,b,c,t) \\
y = y(a,b,c,t) \\
z = z(a,b,c,t)
\end{cases}
\tag{2－18}
$$

式（2－18）正是用拉格朗日描述的形式表达了欧拉描述的流体运动。

拉格朗日描述法与欧拉描述法是同一种流动的两种描述方法。在解决连续介质流动的情况下，可根据具体问题的性质来选择其一。

由于欧拉描述实质上是场的描述，可采用场论的数学方法来求解问题，而且采用欧拉描述法时，其边界条件、初始条件的应用会使数学问题的处理容易些，所以解决流体力学问题时，通常采用欧拉描述法。

18

2.1.4 连续方程

连续方程是流体力学基本方程之一,是质量守恒定律在流体力学中的应用,它规定了每一空间点流体速度分量之间所应满足的关系。在这里应该注意:各种形式连续方程所要求的条件和微分体积法的应用特点。

1. 定常运动微流管的连续方程

在流体中取一微流管,如图2-1所示。微流管中质量的变化决定管两端速度和截面积之间的关系。根据质量守恒定律——流出和流入的质量相等,即

$$\rho_1 v_{n1} \delta S_1 = \rho_2 v_{n2} \delta S_2 \tag{2-19}$$

式中:ρ_1 和 ρ_2 分别为截面 δS_1 和 δS_2 上流入和流出流体的密度;v_{n1} 和 v_{n2} 分别为截面 δS_1 和 δS_2 上的法向分速度。由于微流管截面很小,可以假设法向分速度在其截面上是均匀分布的。

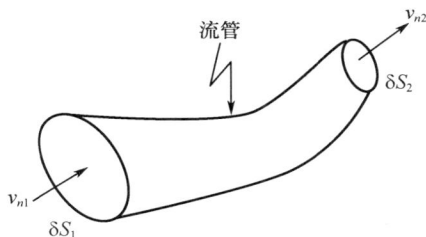

图 2-1 微流管的连续流动

2. 笛卡儿坐标系下的连续方程

在充满流体的空间中取出一平行六面体,它的边分别为 dx、dy、dz(图2-2)。研究这一体积内质量的变化情况,可得到连续方程的表达形式为

$$\frac{\partial \rho}{\partial t} + \frac{\partial(\rho v_x)}{\partial x} + \frac{\partial(\rho v_y)}{\partial y} + \frac{\partial(\rho v_z)}{\partial z} = 0 \tag{2-20}$$

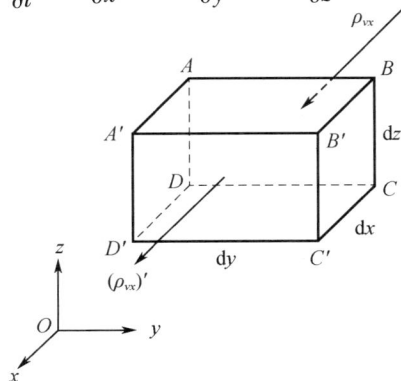

图 2-2 笛卡儿坐标系中的微元

表达的矢量形式为

$$\frac{\partial \rho}{\partial t} + \boldsymbol{\nabla} \cdot (\rho \boldsymbol{v}) = 0 \qquad (2-21)$$

对于不可压缩的流体及定常运动的情况:$\rho =$ 常数。这样式$(2-20)$、式$(2-21)$将简化为

$$\frac{\partial v_x}{\partial x} + \frac{\partial v_y}{\partial y} + \frac{\partial v_z}{\partial z} = 0 \qquad (2-22)$$

或

$$\boldsymbol{\nabla} \cdot \boldsymbol{v} = 0$$

即

$$\mathrm{div}(\boldsymbol{v}) = 0$$

式$(2-22)$表示通过封闭表面的体积流量为零,即流入的流体体积必等于流出的流体体积。

3. 平面极坐标系下的连续方程

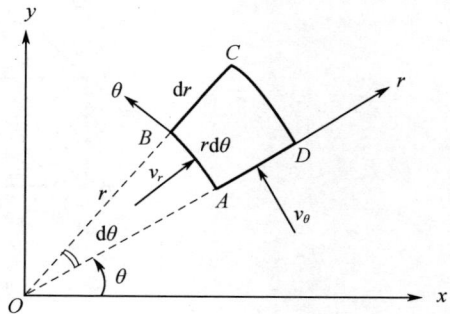

平面极坐标(r,θ)的坐标系如图$2-3$所示。半射线族r与同心圆族θ为正交曲线系。r坐标轴以从原点向外为正,而θ坐标轴以逆时针转动为正向。

在极坐标系下 $x = r\cos\theta, y = r\sin\theta$,有

$$r = \sqrt{x^2 + y^2}, \quad \theta = \arctan\frac{y}{x} \qquad (2-23)$$

在平面极坐标系中取一微分扇形面积,如图$2-4$所示,它的直边为$\mathrm{d}r$,弧形边为$r\mathrm{d}\theta$。用与推导笛卡儿坐标系连续方程相同的方法可以得到平面极坐标系表达的连续方程,即

$$\frac{\partial \rho}{\partial t} + \frac{1}{r}\frac{\partial(\rho v_r r)}{\partial r} + \frac{1}{r}\frac{\partial(\rho v_\theta)}{\partial \theta} = 0 \qquad (2-24)$$

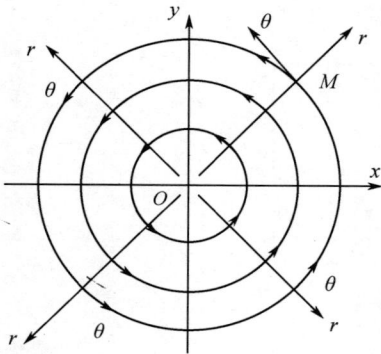

图 2-3　平面极坐标系　　　　图 2-4　平面极坐标中的微分单元体

式中:v_r、v_θ 为在极坐标轴上的速度分量。对于不可压缩定常流动流体,ρ = 常数,上式将简化为

$$\frac{\partial(v_r r)}{\partial r} + \frac{\partial v_\theta}{\partial \theta} = 0 \qquad (2-25)$$

4. 圆柱坐标系下的连续方程

圆柱坐标系 (r,θ,z) 如图 2-5 所示。在柱坐标系下 $x = r\cos\theta, y = r\sin\theta, z = z$,有

$$r = \sqrt{x^2 + y^2}, \quad \theta = \arctan\frac{y}{x}, \quad z = z$$

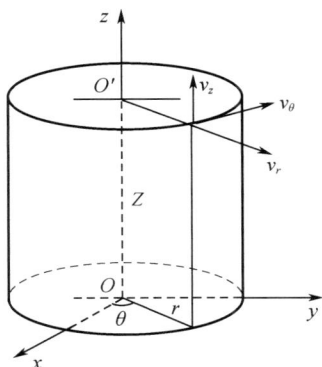

图 2-5　圆柱坐标系

注意到坐标轴的微分弧长分别为 $\mathrm{d}l_1 = \mathrm{d}r, \mathrm{d}l_2 = r\mathrm{d}\theta, \mathrm{d}l_3 = \mathrm{d}z$,用微分体积法不难推导出圆柱坐标系下的连续方程为

$$\frac{\partial \rho}{\partial t} + \frac{1}{r}\frac{\partial(\rho v_r r)}{\partial r} + \frac{1}{r}\frac{\partial(\rho v_\theta)}{\partial \theta} + \frac{\partial(\rho v_z)}{\partial z} = 0 \qquad (2-26)$$

对于不可压缩定常流体,上式可简化为

$$\frac{1}{r}\frac{\partial(r v_r)}{\partial r} + \frac{1}{r}\frac{\partial v_\theta}{\partial \theta} + \frac{\partial v_z}{\partial z} = 0 \qquad (2-27)$$

5. 球坐标系下的连续方程

球坐标系通常用 r、θ、β 来表示,它与笛卡儿坐标系之间的关系如图 2-6 所示,即[3]

$$x = r\sin\theta\cos\beta, \quad y = r\sin\theta\sin\beta, \quad z = r\cos\theta, \quad r = \sqrt{x^2 + y^2 + z^2}$$

$$\theta = \arccos\frac{z}{\sqrt{x^2 + y^2 + z^2}}, \quad \beta = \arctan\frac{y}{x}$$

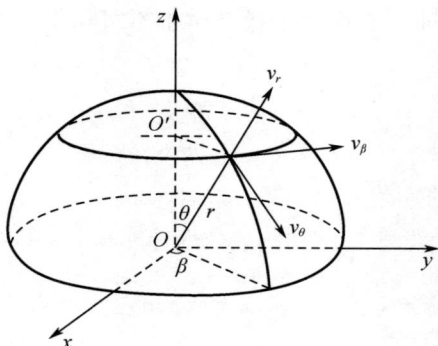

图 2-6 球坐标系

球坐标系下标量形式的连续方程为

$$\frac{\partial \rho}{\partial t} + \frac{1}{r^2 \sin\theta}\left[\frac{\partial(\rho r^2 v_r \sin\theta)}{\partial r} + \frac{\partial(\rho r v_\theta \sin\theta)}{\partial \theta} + \frac{\partial(\rho r v_\beta)}{\partial \beta}\right] = 0 \qquad (2-28)$$

不可压缩定常流动状态下有

$$\frac{\partial(r^2 v_r \sin\theta)}{\partial r} + \frac{\partial(r v_\theta \sin\theta)}{\partial \theta} + \frac{\partial(r v_\beta)}{\partial \beta} = 0 \qquad (2-29)$$

以上分别导出了微流管、笛卡儿坐标系、平面极坐标系、圆柱坐标系和球坐标系下不同形式的连续方程。当选用其他坐标系时,还可有与之对应的其他形式的连续方程。不管其形式如何,它都是质量守恒定律在流体力学中的应用。这说明流体的速度分布不能任意给定,不管是理想流体还是黏性连续流动的流体,都必须满足这些方程。

2.1.5　流函数与速度势

1. 流函数

流函数在解决理想流体或黏性流体的流动问题中有着重要的作用。如果能求得流动的流函数,就很容易得到流体中的速度分布。流函数是根据连续方程来定义的,即满足连续方程是流函数存在的条件。对于平面笛卡儿坐标系中的流动问题,定义

$$\begin{cases} \dfrac{\partial \psi(x,y,t)}{\partial x} = -v_y \\ \dfrac{\partial \psi(x,y,t)}{\partial y} = v_x \end{cases} \qquad (2-30)$$

式中:$\psi(x,y,t)$ 称为流函数,时间 t 在进行线积分时作为参变数。

当用平面极坐标系表示时,流函数有如下关系:

22

$$\begin{cases} \dfrac{\partial \psi}{\partial r} = -v_\theta \\ \dfrac{1}{r}\dfrac{\partial \psi}{\partial \theta} = v_r \end{cases} \qquad (2-31)$$

由于在不同条件下,连续方程有不同的形式,因而所定义的流函数也会有不同的形式。例如,对于不可压缩的轴对称流,根据圆柱坐标系的连续方程式(2-27),用轴对称流的条件代入后可得 $\dfrac{1}{r}\dfrac{\partial (rv_r)}{\partial r} + \dfrac{\partial v_z}{\partial z} = 0$ 。又由于 r 和 z 是相互独立的,可将上式改写为

$$\frac{\partial}{\partial r}(rv_r) = \frac{\partial}{\partial z}(-rv_z) \qquad (2-32)$$

因而轴对称流函数及其与速度分量有如下关系[1]:

$$\frac{\partial \psi}{\partial z} = rv_r, \qquad \frac{\partial \psi}{\partial r} = -rv_z \qquad (2-33)$$

在图 2-6 所示的球坐标系中,轴对称流的流函数 ψ 与其速度分量有如下的关系式[2]:

$$v_r = \frac{1}{r^2 \sin\theta}\frac{\partial \psi}{\partial \theta}, \qquad v_\theta = \frac{-1}{r\sin\theta}\frac{\partial \psi}{\partial r} \qquad (2-34)$$

式(2-34)满足球坐标系下的连续方程式(2-28)。

2. 速度势

在不可压缩理想流动中,当流动无旋时,流速必存在速度势 φ,而且在笛卡儿坐标系 (x,y,z) 中有如下关系:

$$\begin{cases} \dfrac{\partial \varphi}{\partial x} = v_x \\ \dfrac{\partial \varphi}{\partial y} = v_y \\ \dfrac{\partial \varphi}{\partial z} = v_z \end{cases} \qquad (2-35)$$

即 $\boldsymbol{v} = \nabla\varphi = \mathrm{grad}\varphi$。函数 $\varphi(x,y,z,t)$ 称为速度势,它的梯度为速度 $\boldsymbol{v}$。这种流动称为有势的流动,或简称势流。速度势在解决理想流体无旋运动的平面问题中十分重要且有广泛的应用。例如,在研究绕物体的流动和波浪运动时,如果能解出流动的速度势,就很容易决定流体中的速度和压力的分布了。

由于速度势的存在条件为无旋,所以无旋运动和势流是指同一种流动。这样,不可压缩流体的定常运动连续方程可以写为 $\nabla^2 \varphi = 0$。

引入 φ 的意义是用一个函数来代替空间速度分量的三个函数,将 φ 分别对 x、y、z 进行偏微分,就可以得到速度在对应坐标轴上的投影,因而用它可以描述各个

瞬时空间点的速度分布。

3. 速度势和速度投影的关系

从速度势得到物体表面法线 n 和切线 τ 两个方向上的速度投影

$$v_n = \frac{\partial \varphi}{\partial n}, \quad v_\tau = \frac{\partial \varphi}{\partial \tau} \tag{2-36}$$

可以得到速度在平面极坐标轴上的投影

$$v_r = \frac{\partial \varphi}{\partial r}, \quad v_\theta = \frac{1}{r} \frac{\partial \varphi}{\partial \theta} \tag{2-37}$$

对于圆柱坐标系 (r, θ, z)，有

$$v_r = \frac{\partial \varphi}{\partial r}, \quad v_\theta = \frac{1}{r} \frac{\partial \varphi}{\partial \theta}, \quad v_z = \frac{\partial \varphi}{\partial z} \tag{2-38}$$

在球坐标系 (r, θ, β) 中，有

$$v_r = \frac{\partial \varphi}{\partial r}, \quad v_\theta = \frac{1}{r} \frac{\partial \varphi}{\partial \theta}, \quad v_\beta = \frac{1}{r\sin\theta} \frac{\partial \varphi}{\partial \beta} \tag{2-39}$$

4. 速度势和流线、流函数的关系

对于平面流动，由式(2-30)和式(2-35)有笛卡儿坐标系下的关系式

$$\begin{cases} \dfrac{\partial \varphi}{\partial x} = \dfrac{\partial \psi}{\partial y} \\[2mm] \dfrac{\partial \varphi}{\partial y} = -\dfrac{\partial \psi}{\partial x} \end{cases} \tag{2-40}$$

由式(2-31)与式(2-37)有极坐标系下的关系式

$$\begin{cases} \dfrac{\partial \varphi}{\partial r} = \dfrac{1}{r} \dfrac{\partial \psi}{\partial \theta} \\[2mm] \dfrac{1}{r} \dfrac{\partial \varphi}{\partial \theta} = -\dfrac{\partial \psi}{\partial r} \end{cases} \tag{2-41}$$

对于不可压缩的轴对称流，同时满足速度势和流函数的存在条件。由于流函数的等值线与流线重合，可以证明速度势等势线与流函数的等值线所对应的流线垂直，因而 φ 的等值线同样垂直于 ψ 的等值线，即有

$$\varphi(r, z, t) = C_1 \perp \psi(r, z, t) = C_2 \tag{2-42}$$

式中：C_1、C_2 为任意常数。其中 C_1 为一等势线，C_2 为一流函数等值线所对应的流线，等势线 C_1 与流线 C_2 相互垂直。

图2-7中给出了一组 ψ 等于常数的流线与一组 φ 等于常数的等势线且相互正交的曲线族。

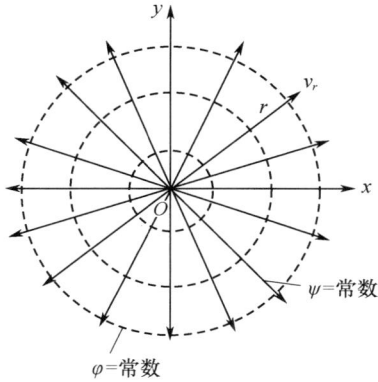

图 2 – 7　源

2.1.6　源或汇

设流体由平面一点流出,体积流量 m 为定值,这种流动称为源。反之,如果流量 m 均匀地由四周流入该点,称为汇。m 称为源或汇强度。由于对称关系,源的流线都是以这一点为中心的矢径,速度方向沿矢径指向外(图 2 – 7)。在垂直于矢径方向上,速度没有分量,并且距中心距离相等处,速度的数值也相等。如果以原点为中心,r 为半径作一个圆,且取以它为底边的单位宽度的圆柱面为讨论对象,则根据不可压缩流体连续方程的概念,流入的体积流量应等于流出的体积流量 $\mathrm{d}Q$,即

$$\mathrm{d}Q = v_r\mathrm{d}S, \quad m = v_r \cdot 2\pi r \cdot 1$$

式中:v_r 为径向流速;$\mathrm{d}S$ 为流体流经截面的微分面元;$m = v_r \cdot 2\pi r \cdot 1$ 为源的强度。所以有

$$v_r = \frac{m}{2\pi r}, \quad v_\theta = 0 \qquad (2-43)$$

根据已知的速度分布式(2 – 43)可求 φ 和 ψ。因为上式为极坐标形式,所以在求 φ 和 ψ 时也以极坐标的形式较为方便。由于 $v_\theta = 0$,根据式(2 – 37)有

$$\varphi = \int v_r\mathrm{d}r = \int \frac{m}{2\pi r}\mathrm{d}r = \frac{m}{2\pi}\ln r \text{ 或 } \varphi = \frac{m}{2\pi}\ln\sqrt{x^2 + y^2} \qquad (2-44)$$

又由于 $v_\theta = 0$,根据式(2 – 31)有

$$\psi(r,\theta,t) = \int v_r r\mathrm{d}\theta = \int \frac{m}{2\pi}\mathrm{d}\theta = \frac{m}{2\pi}\theta \text{ 或 } \psi = \frac{m}{2\pi}\arctan\left(\frac{y}{x}\right) \qquad (2-45)$$

等势线族 φ = 常数为同心圆族,在图 2 – 7 中用虚线表示。流线族 ψ = 常数为从圆心引出的半射线族,在图 2 – 7 中用实线来表示。两族曲线正交。

对于以上所有公式,当 $m > 0$ 时为源,流速指向如图 2 - 7 所示;当 $m < 0$ 时为汇,流速方向与其相反。

2.1.7 偶极

应用叠加原理,可将以上简单的势流叠加为较复杂的势流。

两个距离为无限小而流量相等的源($+Q$)和汇($-Q$),流量和距离乘积的极限等于有限值。这样的源和汇的组合称为偶极。根据定义,偶极满足如下关系

$$\lim_{\delta x \to 0} m \cdot \delta x = M(\text{有限值}) \tag{2 - 46}$$

式中:δx 为源与汇之间的距离[图 2 - 8(a)];m 为源或汇的强度;M 为有限定值,称为偶极的矩,或称为偶极的强度。偶极的速度势为[1]

$$\varphi = \frac{M}{2\pi} \frac{\cos\theta}{r} \quad \text{或} \quad \varphi = \frac{M}{2\pi} \frac{x}{x^2 + y^2} \tag{2 - 47}$$

式中:θ 如图 2 - 8(a)所示。在图 2 - 8(b)中,圆心在 y 轴、实线描绘的圆族为流线族,而圆心在 x 轴、虚线描绘的圆族为等势线族。可见,等势线族与流线族正交。

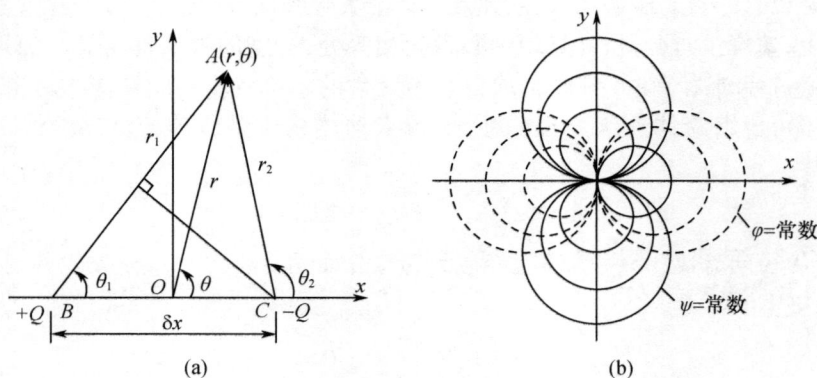

图 2 - 8　偶极

2.2　理想流体动力学基本方程

本节的主要内容是用力学的观点研究理想流体的速度和压力之间的关系。

2.2.1　欧拉运动微分方程

欧拉运动微分方程是研究理想流体的基本方程,是牛顿第二定律在理想流体中的具体应用,其形式为

26

$$\begin{cases} \dfrac{\mathrm{d}v_x}{\mathrm{d}t} = X - \dfrac{1}{\rho}\,\dfrac{\partial p}{\partial x} \\[2mm] \dfrac{\mathrm{d}v_y}{\mathrm{d}t} = Y - \dfrac{1}{\rho}\,\dfrac{\partial p}{\partial y} \\[2mm] \dfrac{\mathrm{d}v_z}{\mathrm{d}t} = Z - \dfrac{1}{\rho}\,\dfrac{\partial p}{\partial z} \end{cases} \tag{2-48}$$

式中：X、Y、Z 为单位质量的质量力 $\boldsymbol{F}$ 在 x、y、z 坐标轴上的投影；p 为流体的压力，也可以写成如下形式

$$\begin{cases} \dfrac{\partial v_x}{\partial t} + v_x\dfrac{\partial v_x}{\partial x} + v_y\dfrac{\partial v_x}{\partial y} + v_z\dfrac{\partial v_x}{\partial z} = X - \dfrac{1}{\rho}\,\dfrac{\partial p}{\partial x} \\[2mm] \dfrac{\partial v_y}{\partial t} + v_x\dfrac{\partial v_y}{\partial x} + v_y\dfrac{\partial v_y}{\partial y} + v_z\dfrac{\partial v_y}{\partial z} = Y - \dfrac{1}{\rho}\,\dfrac{\partial p}{\partial y} \\[2mm] \dfrac{\partial v_z}{\partial t} + v_x\dfrac{\partial v_z}{\partial x} + v_y\dfrac{\partial v_z}{\partial y} + v_z\dfrac{\partial v_z}{\partial z} = Z - \dfrac{1}{\rho}\,\dfrac{\partial p}{\partial z} \end{cases} \tag{2-49}$$

以上三式分别乘以单位矢量 $\boldsymbol{i}$、$\boldsymbol{j}$、$\boldsymbol{k}$，然后相加可以得到矢量表达式

$$\frac{\mathrm{d}\boldsymbol{v}}{\mathrm{d}t} = \boldsymbol{F} - \frac{1}{\rho}\nabla p \quad \text{或} \quad \frac{\partial \boldsymbol{v}}{\partial t} + (\boldsymbol{v}\cdot\nabla)\boldsymbol{v} = \boldsymbol{F} - \frac{1}{\rho}\nabla p \tag{2-50}$$

式（2-50）与式（2-49）分别为欧拉运动微分方程的矢量形式及其三个投影式。式（2-50）中第 2 式的每一项都表示单位质量的作用力：左边为单位质量的惯性力，第一项 $\dfrac{\partial \boldsymbol{v}}{\partial t}$ 为单位质量的局部惯性力（非定常所引起的），第二项 $(\boldsymbol{v}\cdot\nabla)\boldsymbol{v}$ 为变位惯性力（空间位置变化引起的）；右边第一项 $\boldsymbol{F}$ 为单位质量力，第二项 $\dfrac{1}{\rho}\nabla p$ 为单位质量压力的合力。

2.2.2　伯努利积分（定常运动沿流线的积分）

假设：①流体是理想的，运动是定常的；②质量力是有势的；③正压流体（密度仅是压力的函数）；④沿流线积分。将欧拉方程式（2-49）积分，可以得到运动理想流体的压力分布规律。引入简化式

$$\begin{cases} \dfrac{1}{\rho}\,\dfrac{\partial p}{\partial x} = \dfrac{\partial P}{\partial x} \\[2mm] \dfrac{1}{\rho}\,\dfrac{\partial p}{\partial y} = \dfrac{\partial P}{\partial y} \\[2mm] \dfrac{1}{\rho}\,\dfrac{\partial p}{\partial z} = \dfrac{\partial P}{\partial z} \end{cases} \tag{2-51}$$

式中：$P = \int \dfrac{\mathrm{d}p}{\rho} = P(x,y,z,t)$ 为引入的函数；p 为流体压力；ρ 为流体质量。

式(2-49)还可以用下面的形式表达[1]

$$\begin{cases} \dfrac{\partial \varPhi}{\partial x}\mathrm{d}x - \dfrac{\partial P}{\partial x}\mathrm{d}x = \mathrm{d}\left(\dfrac{v_x^2}{2}\right) \\[2mm] \dfrac{\partial \varPhi}{\partial y}\mathrm{d}y - \dfrac{\partial P}{\partial y}\mathrm{d}y = \mathrm{d}\left(\dfrac{v_y^2}{2}\right) \\[2mm] \dfrac{\partial \varPhi}{\partial z}\mathrm{d}z - \dfrac{\partial P}{\partial z}\mathrm{d}z = \mathrm{d}\left(\dfrac{v_z^2}{2}\right) \end{cases} \tag{2-52}$$

式中：$\varPhi$ 称为质量力的势函数，且有 $\boldsymbol{F} = \mathrm{grad}\varPhi$，即 $X = \dfrac{\partial \varPhi}{\partial x}$、$Y = \dfrac{\partial \varPhi}{\partial y}$、$Z = \dfrac{\partial \varPhi}{\partial z}$。

将式(2-52)的三式相加，并考虑到假设条件①，对于定常运动各物理量均与 t 无关，左边亦为全微分，因此，$\mathrm{d}\varPhi - \mathrm{d}P - \mathrm{d}\left(\dfrac{v^2}{2}\right) = 0$。将该式积分，可得

$$\varPhi - P - \dfrac{v^2}{2} = C_1 \tag{2-53}$$

式中：C_1 为积分常数。为了区别于下节所得到的拉格朗日积分中的积分常数，强调它仅适用于同一流线，特称之为流线常数。式(2-53)称为伯努利积分，它是在定常运动条件下欧拉运动微分方程沿流线的积分。对于不可压缩的重流体有

$$gz + \dfrac{p}{\rho} + \dfrac{v^2}{2} = C_1 \tag{2-54}$$

式中：g 为重力加速度。当不考虑质量力作用时，上式可简化为

$$\dfrac{p}{\rho} + \dfrac{v^2}{2} = C_1$$

对于流场中任意一点和无限远处一点（两点不重合），有

$$\dfrac{p}{\rho} + \dfrac{v^2}{2} = \dfrac{p_\infty}{\rho_\infty} + \dfrac{v_\infty^2}{2} = C_1 \tag{2-55}$$

式中：p_∞，ρ_∞，v_∞ 分别为无穷远处流体的压力、密度和速度。若流场中 $\rho = \rho_\infty$，则整理上式可得[4]

$$p = p_\infty + \dfrac{\rho_\infty}{2}\left[v_\infty^2 - v^2\right] \tag{2-56}$$

将式(2-35)代入式(2-56)，得不计重力情况下理想不可压缩流体定常无旋运动时的压力

$$p = p_\infty + \dfrac{\rho_\infty}{2}\left[v_\infty^2 - (\boldsymbol{\nabla}\varphi)^2\right] \tag{2-57}$$

2.2.3　拉格朗日积分(非定常无旋运动的积分)

假设:①流体是理想的,运动是无旋的;②质量力是有势的;③正压流体(密度仅是压力的函数)。在此假设条件下,对欧拉运动微分方程进行积分,称为拉格朗日积分。

对于不可压缩重流体的非定常无旋运动,拉格朗日积分的具体形式为[1]

$$gz + \frac{p}{\rho} + \frac{v^2}{2} = -\frac{\partial \phi}{\partial t} \tag{2-58}$$

式中:$\phi = \varphi + \int_0^t f(t)\mathrm{d}t$ 为速度势的另一种表达形式,$f(t)$ 为变量 t 的待定函数,可根据问题的条件确定。也可将上式写成如下形式

$$z + \frac{p}{\gamma} + \frac{v^2}{2g} = -\frac{1}{g}\frac{\partial \phi}{\partial t}$$

式中:γ 为流体重度。对于定常无旋运动的不可压缩重流体,即在以上两式的条件中增加一个"定常"的条件,它的具体形式则为

$$gz + \frac{p}{\rho} + \frac{v^2}{2} = C \tag{2-59}$$

式中:C 为通用常数。伯努利积分要求定常,沿流线且允许有旋;拉格朗日积分则要求无旋,允许非定常,且积分不必非得沿流线。

以上这些拉格朗日积分的具体形式都称为拉格朗日方程。

2.2.4　定常流动中的动量和动量矩定理

有一任意封闭表面 S,如图 2-9 所示。可以在其中作出无限多的微流管,对于每一微流管有如下关系

$$\int_{S_2} \rho v_n \boldsymbol{v}\mathrm{d}S - \int_{S_1} \rho v_n \boldsymbol{v}\mathrm{d}S = \boldsymbol{p} \tag{2-60}$$

式中:$\boldsymbol{p}$ 为作用在 S 内流体的质量力及作用在封闭面 S 上表面力的合力。

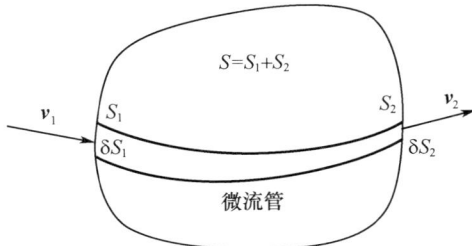

图 2-9　一般形式的动量定理

如果这样来规定法向速度分量 v_n 的符号,即以流出封闭面 S 时为正,流入为负,则上式可以简写为

$$\int_S \rho v_n \boldsymbol{v} \mathrm{d}S = \boldsymbol{p} \tag{2-61}$$

式中：$S = S_1 + S_2$。

或用投影形式来表示

$$\int_S \rho v_n v_x \mathrm{d}S = p_x , \quad \int_S \rho v_n v_y \mathrm{d}S = p_y \tag{2-62}$$

对于定常运动，一般形式的动量定理表示：单位时间内流过任意封闭表面 S 的流体动量，等于作用在 S 内流体的质量力及作用在封闭面 S 上表面力的合力。

同理，可以得到动量矩定理

$$\int_S (\boldsymbol{r} \times \boldsymbol{v}) \rho v_n \mathrm{d}S = \boldsymbol{M} \tag{2-63}$$

式中：$\boldsymbol{r}$ 为矢径；$\boldsymbol{M}$ 为质量力及表面力的合力 $\boldsymbol{p}$ 对于原点的合力矩。

动量和动量矩定理虽然不能详细地求出流体的速度分布和压力分布，但任意选定一个封闭面后，不必知道封闭面内部的情况，仅知道封闭面上的速度分布，就能直接地将作用力和力矩求出来，因而在流体力学中有广泛的应用价值。

2.3　用应力表示的运动微分方程

在一运动微分体积的黏性流体的流动中，应用动静法考虑作用在流体上的力，分别在三个坐标轴方向上建立平衡方程，就可得到黏性流体欧拉运动的微分方程。

在黏性流体中取出一个如图 2-10 所示的微分平行六面体，其边分别为 $\mathrm{d}x$、$\mathrm{d}y$、$\mathrm{d}z$。每个表面作用有表面应力的三个分量。应用动静法（达朗伯原理），加上惯性力，列平衡方程式 $\sum x_i = 0$，有

$$\left(p_{xx} + \frac{\partial p_{xx}}{\partial x}\mathrm{d}x\right)\mathrm{d}y\mathrm{d}z - p_{xx}\mathrm{d}y\mathrm{d}z + \left(\tau_{yx} + \frac{\partial \tau_{yx}}{\partial y}\mathrm{d}y\right)\mathrm{d}x\mathrm{d}z - \tau_{yx}\mathrm{d}x\mathrm{d}z +$$

$$\left(\tau_{zx} + \frac{\partial \tau_{zx}}{\partial z}\mathrm{d}z\right)\mathrm{d}x\mathrm{d}y - \tau_{zx}\mathrm{d}x\mathrm{d}y + X\rho\mathrm{d}x\mathrm{d}y\mathrm{d}z - \frac{\mathrm{d}v_x}{\mathrm{d}t}\rho\mathrm{d}x\mathrm{d}y\mathrm{d}z = 0$$

将上式化简，令 $\mathrm{d}x$、$\mathrm{d}y$、$\mathrm{d}z \to 0$，并将式（2-8）代入，可得下面第一式并根据同理可得另外两式，有

$$\begin{cases} \dfrac{\partial v_x}{\partial t} + v_x\dfrac{\partial v_x}{\partial x} + v_y\dfrac{\partial v_x}{\partial y} + v_z\dfrac{\partial v_x}{\partial z} = X + \dfrac{1}{\rho}\left(\dfrac{\partial p_{xx}}{\partial x} + \dfrac{\partial \tau_{yx}}{\partial y} + \dfrac{\partial \tau_{zx}}{\partial z}\right) \\[2mm] \dfrac{\partial v_y}{\partial t} + v_x\dfrac{\partial v_y}{\partial x} + v_y\dfrac{\partial v_y}{\partial y} + v_z\dfrac{\partial v_y}{\partial z} = Y + \dfrac{1}{\rho}\left(\dfrac{\partial \tau_{xy}}{\partial x} + \dfrac{\partial p_{yy}}{\partial y} + \dfrac{\partial \tau_{zy}}{\partial z}\right) \\[2mm] \dfrac{\partial v_z}{\partial t} + v_x\dfrac{\partial v_z}{\partial x} + v_y\dfrac{\partial v_z}{\partial y} + v_z\dfrac{\partial v_z}{\partial z} = Z + \dfrac{1}{\rho}\left(\dfrac{\partial \tau_{xz}}{\partial x} + \dfrac{\partial \tau_{yz}}{\partial y} + \dfrac{\partial p_{zz}}{\partial z}\right) \end{cases} \tag{2-64}$$

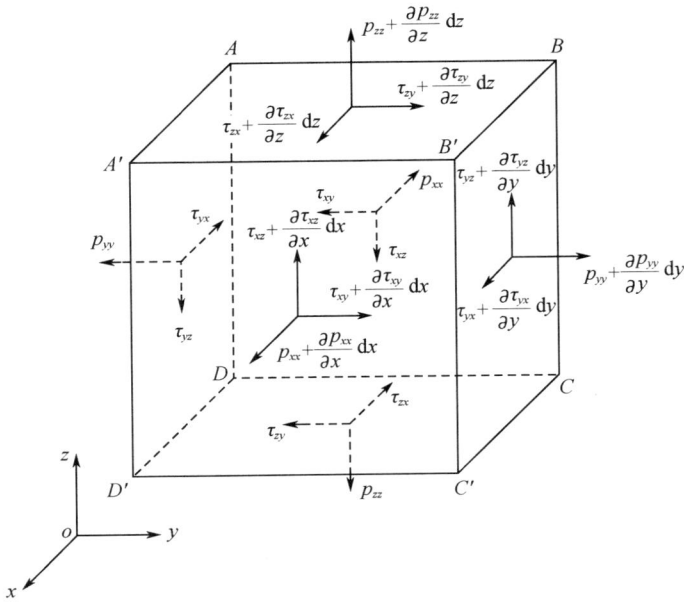

图 2-10　微分体积上的表面应力

以上三式分别乘以单位矢量 $\boldsymbol{i}$、$\boldsymbol{j}$、$\boldsymbol{k}$,然后相加可得如下用矢量形式表示的黏性流体运动的微分方程

$$\frac{\partial \boldsymbol{v}}{\partial t} + (\boldsymbol{v} \cdot \boldsymbol{\nabla}) \boldsymbol{v} = \boldsymbol{F} + \frac{1}{\rho} \left(\frac{\partial \boldsymbol{p}_x}{\partial x} + \frac{\partial \boldsymbol{p}_y}{\partial y} + \frac{\partial \boldsymbol{p}_z}{\partial z} \right) \qquad (2-65)$$

式中:$\boldsymbol{p}_x$、$\boldsymbol{p}_y$、$\boldsymbol{p}_z$ 分别为微分体积在 x、y、z 方向上的"合"应力矢量。在式(2-64)中共有 v_x、v_y、v_z、p_{xx}、p_{yy}、p_{zz}、τ_{xy}、τ_{xz}、τ_{yz} 九个未知量,需要导出一些补充方程,方可导出纳维尔-斯托克斯方程。所采用的方法是应用牛顿内摩擦定律 $\tau_N = \mu \dfrac{\partial v}{\partial n}$($\tau_N$ 为流体内摩擦剪应力,μ 为流体的动力黏性系数,$\dfrac{\partial v}{\partial n}$ 为相距单位距离的两流体层间的相对运动速度),将流体变形速度与表面应力联系起来,建立所需要的补充方程而后求解。

2.4　纳维尔-斯托克斯方程(N-S方程)

纳维尔-斯托克斯方程在黏性流体动力学中的地位,相当于欧拉运动微分方程在理想流体动力学中的地位。将它积分求解,可以求出黏性流体的速度分布和压力分布。

基本假设：

（1）满足牛顿内摩擦定律的连续流动。

（2）流体动力黏性系数 μ = 常数。

将应用牛顿内摩擦定律建立起来的应力与流体运动速度的关系式代入到式（2－64）中并加以整理，可以得到对于不可压缩流体用笛卡儿坐标系来表示的纳维尔—斯托克斯方程[1,3]

$$\begin{cases} \dfrac{\partial v_x}{\partial t} + v_x\dfrac{\partial v_x}{\partial x} + v_y\dfrac{\partial v_x}{\partial y} + v_z\dfrac{\partial v_x}{\partial z} = X - \dfrac{1}{\rho}\dfrac{\partial p}{\partial x} + \nu_0 \boldsymbol{\nabla}^2 v_x \\[3mm] \dfrac{\partial v_y}{\partial t} + v_x\dfrac{\partial v_y}{\partial x} + v_y\dfrac{\partial v_y}{\partial y} + v_z\dfrac{\partial v_y}{\partial z} = Y - \dfrac{1}{\rho}\dfrac{\partial p}{\partial y} + \nu_0 \boldsymbol{\nabla}^2 v_y \\[3mm] \dfrac{\partial v_z}{\partial t} + v_x\dfrac{\partial v_z}{\partial x} + v_y\dfrac{\partial v_z}{\partial y} + v_z\dfrac{\partial v_z}{\partial z} = Z - \dfrac{1}{\rho}\dfrac{\partial p}{\partial z} + \nu_0 \boldsymbol{\nabla}^2 v_z \end{cases} \tag{2－66}$$

可以用矢量形式来表示，为

$$\frac{\partial \boldsymbol{v}}{\partial t} + (\boldsymbol{v} \cdot \boldsymbol{\nabla})\boldsymbol{v} = \boldsymbol{F} - \frac{1}{\rho}\boldsymbol{\nabla}p + \nu_0\boldsymbol{\nabla}^2\boldsymbol{v} \tag{2－67}$$

该方程也可称为动量方程，式中 ν_0 为流体的运动黏性系数，且 $\nu_0 = \dfrac{\mu}{\rho}$。

纳维尔—斯托克斯方程的每一项均表示单位质量的作用力。式（2－67）左边第一项为由于运动的非定常性而引起的局部惯性力；左边第二项为由于运动的非均匀性而引起的变位惯性力；右边第一项为质量力，第二项为黏性流体压力的合力；右边其余各项为黏性力。

根据这一方程每项的物理意义，在某些情况下可以进行简化。例如，对于极慢运动的圆球或极薄的润滑膜，可以完全忽略惯性力项。对于平面问题，这一方程由式（2－66）可简化为

$$\begin{cases} \dfrac{\partial v_x}{\partial t} + v_x\dfrac{\partial v_x}{\partial x} + v_y\dfrac{\partial v_x}{\partial y} = X - \dfrac{1}{\rho}\dfrac{\partial p}{\partial x} + \nu_0\left(\dfrac{\partial^2 v_x}{\partial x^2} + \dfrac{\partial^2 v_x}{\partial y^2}\right) \\[3mm] \dfrac{\partial v_y}{\partial t} + v_x\dfrac{\partial v_y}{\partial x} + v_y\dfrac{\partial v_y}{\partial y} = Y - \dfrac{1}{\rho}\dfrac{\partial p}{\partial y} + \nu_0\left(\dfrac{\partial^2 v_y}{\partial x^2} + \dfrac{\partial^2 v_y}{\partial y^2}\right) \end{cases} \tag{2－68}$$

2.5　任意变形坐标系下的公式

无论坐标在空间移动否，都可以应用下面的质量守恒、动量守恒和能量守恒方程的积分形式。令 $\rho, \boldsymbol{v}, \boldsymbol{F}, \boldsymbol{P}_n$ 分别代表流体的密度、速度矢量、质量力和表面力；V 代表流体可变形体；Σ 表示该流体可变形体的外表面。通常有

质量守恒方程：$\dfrac{\mathrm{d}}{\mathrm{d}t}\displaystyle\int_V \rho\,\mathrm{d}V = 0$；

动量守恒方程：$\dfrac{\mathrm{d}}{\mathrm{d}t}\displaystyle\int_V \rho\boldsymbol{v}\,\mathrm{d}V = \int_V \rho\boldsymbol{F}\,\mathrm{d}V + \int_\Sigma \boldsymbol{P}_n\mathrm{d}\boldsymbol{\Sigma}$；

能量守恒方程：$\dfrac{\mathrm{d}}{\mathrm{d}t}\displaystyle\int_V \frac{1}{2}\rho v^2\,\mathrm{d}V = \int_V \rho\boldsymbol{F}\boldsymbol{v}\,\mathrm{d}v + \int_\Sigma \boldsymbol{P}_n\boldsymbol{v}\,\mathrm{d}\boldsymbol{\Sigma}$。

以速度 v_0 运动的任意变形坐标系 β_1,β_2,β_3 对于不动的空间欧拉坐标系 x_1，x_2,x_3 的可压缩理想流体的运动方程，可类似于欧拉运动微分方程的导出。

为了代替由流体质点组成的、与拉格朗日坐标一起运动的运动体，引入与坐标系 β_1,β_2,β_3 一起运动的可控制体 V_0。在该体积中，单位时间内的质量变化为 $\dfrac{\mathrm{d}}{\mathrm{d}t}\displaystyle\int_{V_0}\rho\,\mathrm{d}V_0 \neq 0$，恰好是单位时间内通过可控体 V_0 边界 Σ_0 的质量流入和流出之差值，即 $-\displaystyle\int_{\Sigma_0}\rho(\boldsymbol{v}-\boldsymbol{v}_0)\boldsymbol{n}\mathrm{d}\Sigma_0$，其中 $\boldsymbol{n}$ 为表面 Σ_0 的外法线单位矢量。因此有

$$\frac{\mathrm{d}}{\mathrm{d}t}\int_{V_0}\rho\,\mathrm{d}V_0 = -\int_{\Sigma_0}\rho(\boldsymbol{v}-\boldsymbol{v}_0)\boldsymbol{n}\mathrm{d}\Sigma_0 \qquad (2-69)$$

对于所考察的可控体 V_0（用 V_0 代替 V），利用高斯公式有

$$\int_{V_0}\left\{\left(\frac{\partial\rho}{\partial t}\right)_\beta + \rho\boldsymbol{\nabla}\boldsymbol{v}_0 + \boldsymbol{\nabla}[\rho(\boldsymbol{v}-\boldsymbol{v}_0)]\right\}\mathrm{d}V_0 = 0 \qquad (2-70)$$

式中：$\left(\dfrac{\partial\rho}{\partial t}\right)_\beta$ 为密度在运动坐标系 β_1,β_2,β_3 具有固定值的情况下对时间的导数；而哈密顿算子 $\boldsymbol{\nabla}$ 还是用欧拉坐标表示，即 $\boldsymbol{\nabla} = \dfrac{\boldsymbol{k}_1\partial}{h_1\partial x_1} + \dfrac{\boldsymbol{k}_2\partial}{h_2\partial x_2} + \dfrac{\boldsymbol{k}_3\partial}{h_3\partial x_3}$，$h_1,h_2,h_3$ 为 Lame 系数，$\boldsymbol{k}_1,\boldsymbol{k}_2,\boldsymbol{k}_3$ 分别为 x_1,x_2,x_3 坐标方向上的单位矢量。利用数值法求解问题时

$$\boldsymbol{v} = \left(\frac{\partial\boldsymbol{r}(x_1,x_2,x_3,t)}{\partial t}\right)_{\alpha_1,\alpha_2,\alpha_3}, \qquad \boldsymbol{v}_0 = \left(\frac{\partial\boldsymbol{r}_o(x_1,x_2,x_3,t)}{\partial t}\right)_{\beta_1,\beta_2,\beta_3} \qquad (2-71)$$

式中：$\boldsymbol{r},\boldsymbol{r}_o$ 分别为介质单个质点的矢量半径及运动坐标固定点的矢量半径。在 $\boldsymbol{v}_0 = 0$ 时，可得到欧拉方程；而当 $\boldsymbol{v}_0 = \boldsymbol{v}$ 时，可得到拉格朗日形式的方程。在得到上述形式的方程时，有时需要用对 x_1,x_2,x_3 的导数来代替对拉格朗日坐标 $\alpha_1,\alpha_2,\alpha_3$ 的导数或者代替对 β_1,β_2,β_3 的导数。

在运动坐标系 β_1,β_2,β_3 下，可得到相应方程的微分表达式[4]

$$\begin{cases}\dfrac{\partial\rho}{\partial t} + \rho(\boldsymbol{\nabla}\boldsymbol{v}_0) + \boldsymbol{\nabla}[\rho(\boldsymbol{v}-\boldsymbol{v}_0)] = 0 \\[2mm] \dfrac{\partial(\rho\boldsymbol{v})}{\partial t} + \rho\boldsymbol{v}(\boldsymbol{\nabla}\boldsymbol{v}_0) + \boldsymbol{\nabla}[\rho\boldsymbol{v}(\boldsymbol{v}-\boldsymbol{v}_0)+p] = 0 \\[2mm] \dfrac{\partial(\rho e)}{\partial t} + \rho e(\boldsymbol{\nabla}\boldsymbol{v}_0) + \boldsymbol{\nabla}[\rho e(\boldsymbol{v}-\boldsymbol{v}_0)+p\boldsymbol{v}] = 0\end{cases} \qquad (2-72)$$

式中:$e = \dfrac{1}{2}(\boldsymbol{v} \cdot \boldsymbol{v})$ 为流体功能。

2.6 突变表面的边界条件

流体与弹性体接触表面的边界条件,可从有突变的一般关系式导出。

若在表面 Σ 上已知有速度矢量 $\boldsymbol{v}$、压力 p、密度 ρ、能量 e 出现突变,但在 Σ 面外仍然连续,则这种流体运动称为有突变运动。通常在 Σ 面附近,认为弹性壳体的表面是可运动的表面,由于弹性壳体的壁厚 h 相对于流场的可变性特征尺寸来说太小,可取 $h \to 0$;而对于 Σ 面将与壳体的中性面视为同等。流场参数的突变值不能是任意的,应当满足给定的条件。

假设运动的弹性体 V 包含面积 Σ 上的微小元素 $\Delta \Sigma$ 及在各方向上的微小厚度层 $h_0/2$,在 $h_0 \to 0$,$\Delta \Sigma \to 0$ 时,有运动学等式

$$\lim_{\substack{\Delta\Sigma \to 0 \\ h_0 \to 0}} \frac{1}{\Delta\Sigma} \frac{\mathrm{d}}{\mathrm{d}t} \int_V f \mathrm{d}V = f\boldsymbol{v}\boldsymbol{k}_3^* - f'\boldsymbol{v}'\boldsymbol{k}_3^* \tag{2-73}$$

式中:$\boldsymbol{k}_3^*(\alpha_1, \alpha_2, \alpha_3, t)$ 为变形表面 $\Sigma(t)$ 的外法线;$f, \boldsymbol{v}$ 和 $f', \boldsymbol{v}'$ 为突变表面的两个不同方向上的函数值。

下面引入不动坐标系——欧拉坐标系中的关系式。

若在弹性壳体上固定点的速度为 $\partial\varsigma/\partial t$,其中,$\varsigma(\alpha_1, \alpha_2, t)$ 为位移矢量,$(\partial\varsigma/\partial t)\boldsymbol{k}_3^*$ 为法向分量。可用差值 $(\boldsymbol{v} - \partial\varsigma/\partial t)\boldsymbol{k}_3^*$ 代替 $\boldsymbol{v}\boldsymbol{k}_3^*$,$\boldsymbol{v}'\boldsymbol{k}_3^*$,那么理想流体中若有 $\boldsymbol{p}_{k_3^*} = -p\boldsymbol{k}_3^*$ 时,就有[4]

$$\begin{cases} \rho\left(\boldsymbol{v} - \dfrac{\partial\varsigma}{\partial t}\right)\boldsymbol{k}_3^* = \rho'\left(\boldsymbol{v}' - \dfrac{\partial\varsigma}{\partial t}\right)\boldsymbol{k}_3^* \\[2mm] p\boldsymbol{k}_3^* + \rho\boldsymbol{v}\left[\left(\boldsymbol{v} - \dfrac{\partial\varsigma}{\partial t}\right)\boldsymbol{k}_3^*\right] - \boldsymbol{Z} = p'\boldsymbol{k}_3^* + \rho'\boldsymbol{v}'\left[\left(\boldsymbol{v}' - \dfrac{\partial\varsigma}{\partial t}\right)\boldsymbol{k}_3^*\right] \\[2mm] p\boldsymbol{v}\boldsymbol{k}_3^* + \rho e\left[\left(\boldsymbol{v} - \dfrac{\partial\varsigma}{\partial t}\right)\boldsymbol{k}_3^*\right] - \boldsymbol{Z}\left(\boldsymbol{v} - \dfrac{\partial\varsigma}{\partial t}\right) = \rho'\boldsymbol{v}'\boldsymbol{k}_3^* + \rho' e'\left[\left(\boldsymbol{v}' - \dfrac{\partial\varsigma}{\partial t}\right)\boldsymbol{k}_3^*\right] \end{cases}$$

$$\tag{2-74}$$

式中:表面 Σ 的两个方向上的流体力学参数 v, ρ, p, e 与 v', ρ', p', e' 均为欧拉坐标函数;属于壳体参数的 $\boldsymbol{k}_3^*$,ς 为拉格朗日坐标函数。

在求解流体与壳体相互作用的问题时,式(2-74)还不够充分,特别是壳体表面有渗透的情况下,应该补充壳体渗透性的条件。在 $\boldsymbol{v}\boldsymbol{k}_3^* = (\partial\varsigma/\partial t)\boldsymbol{k}_3^*$ 的极端条件下,壳体不渗透时,可得到壳体两个方向上密度的突变($\rho \neq \rho'$)及 $\boldsymbol{Z} = (p - p')\boldsymbol{k}_3^*$。

34

参 考 文 献

[1] 许维德. 流体力学[M]. 北京:国防工业出版社,1979.

[2] 董曾南,章梓雄. 非粘性流体力学[M]. 北京:清华大学出版社,2005.

[3] 林建忠,阮晓东,陈邦国,等. 流体力学[M]. 北京:清华大学出版社,2005.

[4] Ильгамов М А. Введение в нелинейную гидроупругость[M]. Москва:Изд. наука,1991.

第3章 板壳力学基本方程

弹性薄板、薄壳的变形理论,通常是由某些假设条件建立的。板壳的变形问题又必须与弹性理论联系在一起。由此,将其推广到非线性弹性力学中便是很自然的了。借助于弹性理论公式和所作的假设来研究薄板、薄壳的非线性问题是本章研究的主要内容。

引起非线性变形的原因,通常要从几何、物理两种关系及平衡方程三个方面来进行分析。只要有一方面出现非线性关系,问题就属于非线性性质。本章主要是从几何关系和平衡方程的角度来研究薄板、薄壳的非线性问题。

3.1 弹性壳体变形的基本关系

3.1.1 坐标系的建立

在空间一点 M 处,建立一正交曲线坐标系 $M - \alpha_1\alpha_2\alpha_3$,如图 $3-1$ 所示,其空间任意一点的坐标都可以用 α_1、α_2、α_3 来描述,同时也可以用笛卡儿坐标系 $O - xyz$ 的坐标值来描述。这时数值 x、y、z 与 α_1、α_2、α_3 之间的函数关系,即空间点的位置,通常由下式确定

$$x = x(\alpha_1, \alpha_2, \alpha_3), \ y = y(\alpha_1, \alpha_2, \alpha_3), \ z = z(\alpha_1, \alpha_2, \alpha_3) \tag{3-1}$$

式中:x、y、z 及其一阶导数均是参数 α_1、α_2、α_3 的连续函数。当然,空间点的位置也可以由式(3-1)的反函数关系确定,即

$$\alpha_1 = \alpha_1(x, y, z), \ \alpha_2 = \alpha_2(x, y, z), \ \alpha_3 = \alpha_3(x, y, z) \tag{3-2}$$

由式(3-1)可知,连续地设置 $\alpha_1 = \mathrm{const}$,$\alpha_2 = \mathrm{const}$,$\alpha_3 = \mathrm{const}$,就可以得到三个坐标曲面族,空间中的每一点都有曲面族中相应的曲面通过,各面之间相交得到了坐标系。

3.1.2 弹性壳体变形的基本关系式

设 $\boldsymbol{i}$、$\boldsymbol{j}$、$\boldsymbol{k}$ 分别为笛卡儿坐标轴 x、y、z 的单位矢量(图 $3-1$)。曲面内某一点矢径 $\boldsymbol{r}$ 的方程可写成下面的形式

$$\boldsymbol{r} = x\boldsymbol{i} + y\boldsymbol{j} + z\boldsymbol{k} = f_1\boldsymbol{i} + f_2\boldsymbol{j} + f_3\boldsymbol{k} = \boldsymbol{r}(\alpha_1, \alpha_2, \alpha_3) \tag{3-3}$$

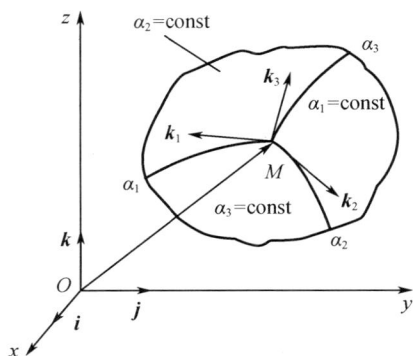

图 3 - 1　正交曲线坐标系

式(3-3)即为曲面上点的矢量方程。矢量 r 对 α_1，α_2 的偏导数(即矢径 r 在 α_1，α_2 的切向方向的变化率)分别为 $\dfrac{\partial r}{\partial \alpha_1}$，$\dfrac{\partial r}{\partial \alpha_2}$。如在图 3-2 所示的曲线坐标系中，设

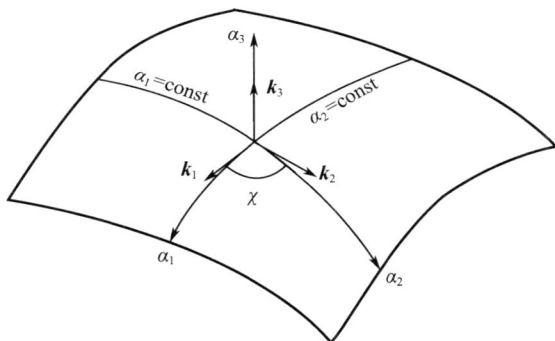

图 3 - 2　曲线坐标系

$$\left| \frac{\partial r}{\partial \alpha_1} \right| = A_1, \quad \left| \frac{\partial r}{\partial \alpha_2} \right| = A_2, \quad \frac{\partial r}{\partial \alpha_1} \cdot \frac{\partial r}{\partial \alpha_2} = A_1 A_2 \cos\chi$$

式中：χ 为曲线坐标 α_1，α_2 之间的夹角，且 A_1，A_2，χ 均是 α_1，α_2 的函数。α_1，α_2 坐标的单位矢量 k_1，k_2 为

$$k_1 = \frac{\dfrac{\partial r}{\partial \alpha_1}}{A_1}, \quad k_2 = \frac{\dfrac{\partial r}{\partial \alpha_2}}{A_2}$$

在笛卡儿坐标系中，相近两点(x,y,z)、$(x+\mathrm{d}x,y+\mathrm{d}y,z+\mathrm{d}z)$间的距离为 $\mathrm{d}s^2 = \mathrm{d}x^2 + \mathrm{d}y^2 + \mathrm{d}z^2 = |\mathrm{d}r|^2$。

37

由于 $\mathrm{d}\boldsymbol{r} = \dfrac{\partial \boldsymbol{r}}{\partial \alpha_1}\mathrm{d}\alpha_1 + \dfrac{\partial \boldsymbol{r}}{\partial \alpha_2}\mathrm{d}\alpha_2$，则有

$$\mathrm{d}s^2 = A_1^2\mathrm{d}\alpha_1^2 + 2A_1A_2\cos\chi\,\mathrm{d}\alpha_1\mathrm{d}\alpha_2 + A_2^2\mathrm{d}\alpha_2^2 \tag{3-4}$$

式(3-4)可以用来确定曲面内的几何量，通常称为曲面第一类基本方程。

如图3-3所示，设 Γ 为曲面上一弧长且可用矢径 $\boldsymbol{r} = \boldsymbol{r}(s)$ 来表示，其中 s 为距起始点的弧长，$\boldsymbol{\tau}$ 为该曲线弧切线方向的单位矢量，则有

$$\boldsymbol{\tau} = \frac{\mathrm{d}\boldsymbol{r}}{\mathrm{d}s} = \frac{\partial \boldsymbol{r}}{\partial \alpha_1}\frac{\mathrm{d}\alpha_1}{\mathrm{d}s} + \frac{\partial \boldsymbol{r}}{\partial \alpha_2}\frac{\mathrm{d}\alpha_2}{\mathrm{d}s} \tag{3-5}$$

记 $\dfrac{\mathrm{d}\boldsymbol{\tau}}{\mathrm{d}s} = \dfrac{\boldsymbol{\nu}}{\rho}$，其中 $1/\rho$ 为弧线 Γ 的曲率，$\boldsymbol{\nu}$ 为该弧线主曲率的单位矢量。由式(3-5)有

$$\frac{\boldsymbol{\nu}}{\rho} = \frac{\partial^2 \boldsymbol{r}}{\partial \alpha_1^2}\left(\frac{\mathrm{d}\alpha_1}{\mathrm{d}s}\right)^2 + 2\frac{\partial^2 \boldsymbol{r}}{\partial \alpha_1 \partial \alpha_2}\frac{\mathrm{d}\alpha_1}{\mathrm{d}s}\frac{\mathrm{d}\alpha_2}{\mathrm{d}s} + \frac{\partial^2 \boldsymbol{r}}{\partial \alpha_2^2}\left(\frac{\mathrm{d}\alpha_2}{\mathrm{d}s}\right)^2 + \frac{\partial \boldsymbol{r}}{\partial \alpha_1}\frac{\mathrm{d}^2\alpha_1}{\mathrm{d}s^2} + \frac{\partial \boldsymbol{r}}{\partial \alpha_2}\frac{\mathrm{d}^2\alpha_2}{\mathrm{d}s^2}$$

$$\tag{3-6}$$

设 $\boldsymbol{k}_3$ 为曲面法线的单位矢量，按右手坐标法则，由 $\dfrac{\partial \boldsymbol{r}}{\partial \alpha_1}$ 到 $\dfrac{\partial \boldsymbol{r}}{\partial \alpha_2}$，若 $\boldsymbol{k}_3$ 与 $\boldsymbol{\nu}$ 之间的夹角为 φ（图3-3），$\boldsymbol{k}_3$ 分别与 $\dfrac{\partial \boldsymbol{r}}{\partial \alpha_1}$、$\dfrac{\partial \boldsymbol{r}}{\partial \alpha_2}$ 垂直，则 $\boldsymbol{k}_3 \cdot \dfrac{\partial \boldsymbol{r}}{\partial \alpha_1} = 0$、$\boldsymbol{k}_3 \cdot \dfrac{\partial \boldsymbol{r}}{\partial \alpha_2} = 0$。用 $\boldsymbol{k}_3$ 乘式(3-6)两端，得

$$\frac{\cos\varphi}{\rho} = \frac{b_{11}\mathrm{d}\alpha_1^2 + 2b_{12}\mathrm{d}\alpha_1\mathrm{d}\alpha_2 + b_{22}\mathrm{d}\alpha_2^2}{\mathrm{d}s^2} \tag{3-7}$$

式中：系数 $b_{11} = \boldsymbol{k}_3 \cdot \dfrac{\partial^2 \boldsymbol{r}}{\partial \alpha_1^2}$，$b_{22} = \boldsymbol{k}_3 \cdot \dfrac{\partial^2 \boldsymbol{r}}{\partial \alpha_2^2}$，$b_{12} = \boldsymbol{k}_3 \cdot \dfrac{\partial^2 \boldsymbol{r}}{\partial \alpha_1 \partial \alpha_2}$，可以将其写成统一

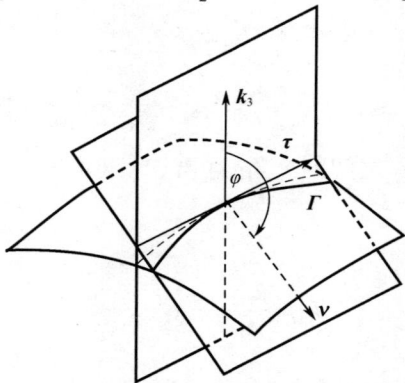

图3-3　曲面上的弧长 Γ

的形式:$b_{ij} = b_{ji} = \boldsymbol{k}_3 \dfrac{\partial^2 \boldsymbol{r}}{\partial \alpha_i \partial \alpha_j}$,$(i,j=1,2)$。式(3-7)可用来计算曲线变形与曲率关系。由式(3-4)和式(3-7)可得到法向截面($\varphi = \pi$)的曲率$\dfrac{1}{R}$的表达式 $-\dfrac{1}{R} =$

$$\dfrac{b_{11}\mathrm{d}\alpha_1^2 + 2b_{12}\mathrm{d}\alpha_1\mathrm{d}\alpha_2 + b_{22}\mathrm{d}\alpha_2^2}{A_1^2\mathrm{d}\alpha_1^2 + 2A_1A_2\cos\chi\mathrm{d}\alpha_1\mathrm{d}\alpha_2 + A_2^2\mathrm{d}\alpha_2^2}。$$

先后设定$\alpha_2 = \mathrm{const}$,$\alpha_1 = \mathrm{const}$,可分别得到曲线坐标$\alpha_1$,$\alpha_2$的曲率。记$k_{11} = \dfrac{-b_{11}}{A_1^2}$,$k_{22} = \dfrac{-b_{22}}{A_2^2}$。在曲面上每一点的两个横截面的$\dfrac{1}{R}$均可达到极大值或极小值时,该截面称为该点的主截面,这些截面的切线方向称为主方向,主曲率分别为$\dfrac{1}{R_{\max}} = \dfrac{1}{R_1}$,$\dfrac{1}{R_{\min}} = \dfrac{1}{R_2}$。两条主方向线相互是垂直的。主方向线也称为主曲率线,两条主曲率线间夹角$\chi = 90°$。

在正交曲线坐标下,有如下简化的几何关系方程[1]

$$\begin{cases} \dfrac{\partial}{\partial \alpha_1}\left(\dfrac{1}{A_1}\dfrac{\partial A_2}{\partial \alpha_1}\right) + \dfrac{\partial}{\partial \alpha_2}\left(\dfrac{1}{A_2}\dfrac{\partial A_1}{\partial \alpha_2}\right) = A_1 A_2 (k_{12}^2 - k_{11}k_{22}) \\[2mm] \dfrac{\partial(A_1 k_{21})}{\partial \alpha_2} - \dfrac{\partial(A_2 k_{22})}{\partial \alpha_1} + k_{21}\dfrac{\partial A_1}{\partial \alpha_2} + k_{11}\dfrac{\partial A_2}{\partial \alpha_1} = 0 \\[2mm] \dfrac{\partial(A_2 k_{12})}{\partial \alpha_1} - \dfrac{\partial(A_1 k_{11})}{\partial \alpha_2} + k_{12}\dfrac{\partial A_2}{\partial \alpha_1} + k_{22}\dfrac{\partial A_1}{\partial \alpha_2} = 0 \end{cases} \qquad (3-8)$$

式(3-8)给出了曲率k_{ij}与矢径变化率A_i之间的关系,其中$k_{ij} = -b_{ij}/A_iA_j (i,j=1,2)$。

3.1.3 弹性壳体表面的变形

壳的薄厚有时用h/a来评定,h为壳体厚度,a为壳体横向线性尺寸之一。基尔霍夫-乐甫(Kirchhoff-Love)假设通常是当满足$0.1 \leqslant h/a \leqslant 0.2$的条件时才成立。若设$L$代表壳体的线性特征尺寸,如曲率半径$R$,或者最小的线性尺寸$a$等;令$\varepsilon_p$代表相对延长率,它相当于给定的壳体材料变形的比例极限。若壳体满足$h/L \leqslant \varepsilon_p$,则认为是薄壳;若$\varepsilon_p \leqslant h/L \leqslant \sqrt{\varepsilon_p}$,则认为是中厚度壳;若$h/L \geqslant \sqrt{\varepsilon_p}$则认为是厚壳。

按照板壳应力状态引起的变形,可将其分为三类,即刚性板壳、柔性板壳、绝对柔性板壳(薄膜)[2]。

当发生变形时,弯曲应力占优势,而切向应力可不考虑的板壳则认为是刚性板壳;若中性面内的切向应力与弯曲应力相当的板壳可认为是柔性壳;如果弯曲应力与切向应力相比可忽略的板壳则可认为是绝对柔性壳(薄膜)。

有时板壳的柔性与w/h值联系在一起,其中w为板壳的挠度。若$w/h \leqslant 1/5$,

可认为是刚性板壳,$1/5 \leqslant w/h \leqslant 5$ 为柔性板壳,$w/h \geqslant 5$ 可认为是绝对柔性板壳。

壳体变形可分为小变形、中等变形和大变形。如果转角 ω_j 到处都远小于 1,即 $\omega_j \ll 1$,可称为小变形;当 $w/h \geqslant 1$,$w/L \ll 1$ 时为中等变形;如果 $w/h \gg w/L \sim 1$ 时,则称为大变形。显而易见,在刚性壳的情况下(小变形),可以利用壳体线性理论;在另外两种情况下,应用壳体的几何非线性方程[2]。

设 M 为正交曲线坐标系所描绘的未变形曲面 Σ 上的一点,该点在变形后表面 Σ^* 上为 M^*,变形所产生的位移矢量为 $\varsigma = \varsigma\,(\alpha_1, \alpha_2, \alpha_3)$,变形后的曲线坐标系将不再正交,曲面 Σ^* 上 M^* 点的矢径 r^* 如图 3 – 4 所示,且

$$r^* = r + \varsigma \qquad (3-9)$$

式中:r 为变形前的矢径。在后文当中,变形后的所有量均加上标 $*$ 号表示。位移矢量 ς 在曲线坐标系中还可以写成下面形式

图 3 – 4　弹性薄壳表面的变形

$$\varsigma = u\boldsymbol{k}_1 + v\boldsymbol{k}_2 + w\boldsymbol{k}_3 \qquad (3-10)$$

式中:u,v 为切向位移;w 为法向位移。将式(3 – 9)对 $\alpha_i(i=1,2)$ 进行微分,并将式(3 – 10)代入式(3 – 9)可得到[1]

$$\frac{\partial \boldsymbol{r}^*}{\partial \alpha_1} = A_1 \big[(1 + e_{11})\boldsymbol{k}_1 + e_{12}\boldsymbol{k}_2 + \omega_1 \boldsymbol{k}_3 \big], \qquad \frac{\partial \boldsymbol{r}^*}{\partial \alpha_2} = A_2 \big[e_{21}\boldsymbol{k}_1 + (1 + e_{22})\boldsymbol{k}_2 + \omega_2 \boldsymbol{k}_3 \big]$$

$$(3-11)$$

式中:$e_{11} = \dfrac{1}{A_1}\dfrac{\partial u}{\partial \alpha_1} + \dfrac{v}{A_1 A_2}\dfrac{\partial A_1}{\partial \alpha_2} + k_{11}w$; $\quad e_{22} = \dfrac{1}{A_2}\dfrac{\partial v}{\partial \alpha_2} + \dfrac{u}{A_1 A_2}\dfrac{\partial A_2}{\partial \alpha_1} + k_{22}w$; $\quad \omega_1 = \dfrac{1}{A_1}\dfrac{\partial w}{\partial \alpha_1} -$

$k_{11}u - k_{12}v$; $\quad e_{12} = \dfrac{1}{A_1}\dfrac{\partial v}{\partial \alpha_1} - \dfrac{u}{A_1 A_2}\dfrac{\partial A_1}{\partial \alpha_2} + k_{12}w$; $\quad e_{21} = \dfrac{1}{A_2}\dfrac{\partial u}{\partial \alpha_2} - \dfrac{v}{A_1 A_2}\dfrac{\partial A_2}{\partial \alpha_1} + k_{21}w$;

$\omega_2 = \dfrac{1}{A_2}\dfrac{\partial w}{\partial \alpha_2} - k_{22}v - k_{21}u$。

变形表面 Σ^* 的第一类基本方程为

$$(ds^*)^2 = (A_1^*)^2 d\alpha_1^2 + 2A_1^* A_2^* \cos\chi^* \, d\alpha_1 d\alpha_2 + (A_2^*)^2 d\alpha_2^2 \qquad (3-12)$$

式中:$A_i^* = \left| \dfrac{\partial \boldsymbol{r}^*}{\partial \alpha_i} \right|(i=1,2)$, $\quad A_1^* A_2^* \cos\chi^* = \dfrac{\partial \boldsymbol{r}^*}{\partial \alpha_1} \cdot \dfrac{\partial \boldsymbol{r}^*}{\partial \alpha_2}$,$\chi^*$ 为变形表面 Σ^* 坐标线间的夹角。变形前后的微弧分别表达为 $(ds)_1 = A_1 d\alpha_1$,$(ds^*)_1 = A_1^* d\alpha_1$,$(ds)_2 =$

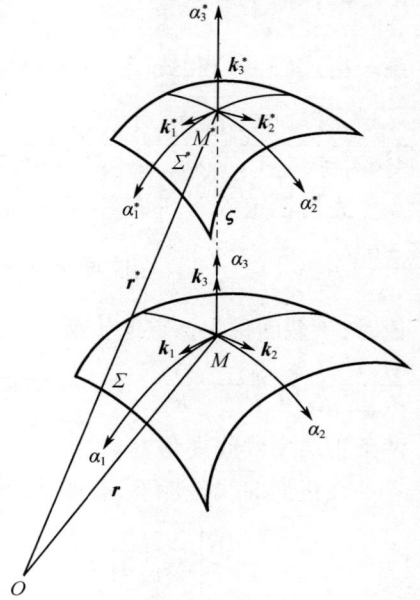

$A_2 \mathrm{d}\alpha_2$，$(\mathrm{d}s^*)_2 = A_2^* \mathrm{d}\alpha_2$。将式(3-11)代入到 A_1^*，A_2^* 和 $A_1^* A_2^*$ 的表达式中,有

$$(A_1^*)^2 = A_1^2(1 + 2\varepsilon_{11})，\quad (A_2^*)^2 = A_2^2(1 + 2\varepsilon_{22})，$$

$$\cos\chi^* = 2\varepsilon_{12}(1 + 2\varepsilon_{11})^{-\frac{1}{2}}(1 + 2\varepsilon_{22})^{-\frac{1}{2}} \qquad (3-13)$$

式中:线应变与剪应变分别为 $\varepsilon_{11} = e_{11} + \frac{1}{2}(e_{11}^2 + e_{12}^2 + \omega_1^2)$，$2\varepsilon_{12} = e_{12} + e_{21} + e_{11}e_{21} + e_{22}e_{12} + \omega_1\omega_2$。写成统一表达式为

$$2\varepsilon_{ik} = e_{ik} + e_{ki} + \sum_{s=1}^{2} \varepsilon_{is}e_{ks} + \omega_i\omega_k \quad (i,k = 1,2)$$

参数 e_{ij}，ω_i，在壳变形过程中表征出具有位移矢量与转角的特征。坐标线上的相对伸长量,即切向应变量为

$$\varepsilon_1 = \frac{A_1^* - A_1}{A_1} = (1 + 2\varepsilon_{11})^{\frac{1}{2}} - 1 = \varepsilon_{11} - \frac{1}{2}\varepsilon_{11}^2 + \cdots$$

同理

$$\varepsilon_2 = \frac{A_2^* - A_2}{A_2} = (1 + 2\varepsilon_{22})^{\frac{1}{2}} - 1 = \varepsilon_{22} - \frac{1}{2}\varepsilon_{22}^2 + \cdots$$

坐标线夹角间的变化量 γ 与 1 相比小得多,故可略去应变量的平方项,由式(3-13)有

$$\cos\chi^* = \cos(90° - \gamma) = \sin\gamma \approx \gamma = 2\varepsilon_{12}(1 - \varepsilon_{11} - \varepsilon_{22})$$

在小变形的情况下,略去高次项,有 $\varepsilon_1 \approx \varepsilon_{11}$，$\varepsilon_2 \approx \varepsilon_{22}$，$\gamma \approx 2\varepsilon_{12}$。这时

$$A_1^* = A_1(1 + \varepsilon_{11})，\quad A_2^* = A_2(1 + \varepsilon_{22})$$

数值 ε_{11}，ε_{22} 和 ε_{12} 表达了切平面上元素尺寸的变化,称为切向变形分量。为了导出表面变形的挠度分量,可通过位移来表达法向的单位矢量。将式(3-11)中的两个式子作矢量积,并取其模,有

$$\left|\frac{\partial \boldsymbol{r}^*}{\partial\alpha_1} \times \frac{\partial \boldsymbol{r}^*}{\partial\alpha_2}\right| = A_1 A_2 \boldsymbol{k}_3^*$$

由矢量积法则,经运算可得到

$$\boldsymbol{k}_3^* = E_1\boldsymbol{k}_1 + E_2\boldsymbol{k}_2 + E_3\boldsymbol{k}_3 \qquad (3-14)$$

其中

$$E_1 = e_{11}\omega_1 + e_{12}\omega_2 - (1 + e_{11} + e_{22})\omega_1，\quad E_2 = e_{21}\omega_1 + e_{22}\omega_2 - (1 + e_{11} + e_{22})\omega_2，$$

$$E_3 = (1 + e_{11})(1 + e_{22}) - e_{12}e_{21}$$

为了表达量值 e_{ik}，ω_i，$E_i(i,k = 1,2)$,将式(3-11)与式(3-14)作标量积,考虑到变形不大时,$\boldsymbol{k}_1\boldsymbol{k}_1 = 1$，$\boldsymbol{k}_1\boldsymbol{k}_2 = 0$，$\boldsymbol{k}_1\boldsymbol{k}_3 = 0$，$A_i^* \approx A_i$，$(i = 1,2)$ 可得到

$$\cos\left(\frac{\partial \boldsymbol{r}^*}{\partial \alpha_i}\boldsymbol{k}_i\right) = 1 + e_{ii}, \quad \cos\left(\frac{\partial \boldsymbol{r}^*}{\partial \alpha_i}\boldsymbol{k}_k\right) = e_{ik} \quad (i \neq k; i, k = 1, 2)$$

$$\cos\left(\frac{\partial \boldsymbol{r}^*}{\partial \alpha_i}\boldsymbol{k}_3\right) = \omega_i, \quad \cos(\boldsymbol{k}_3^* \boldsymbol{k}_i) = E_i \quad (i = 1, 2), \quad \cos(\boldsymbol{k}_3^* \boldsymbol{k}_3) = E_3$$

由于 $\boldsymbol{k}_1^* = \dfrac{\dfrac{\partial \boldsymbol{r}^*}{\partial \alpha_1}}{A_1^*} = \dfrac{\dfrac{\partial \boldsymbol{r}^*}{\partial \alpha_1}}{A_1(1 + \varepsilon_{11})} \approx \dfrac{\dfrac{\partial \boldsymbol{r}^*}{\partial \alpha_1}}{A_1}$，由式（3-11）有

$$\begin{cases} \boldsymbol{k}_1^* = (1 + e_{11})\boldsymbol{k}_1 + e_{12}\boldsymbol{k}_2 + \omega_1 \boldsymbol{k}_3 \\ \boldsymbol{k}_2^* = e_{21}\boldsymbol{k}_1 + (1 + e_{22})\boldsymbol{k}_2 + \omega_2 \boldsymbol{k}_3 \end{cases} \tag{3-15}$$

将式（3-14）、式（3-15）与 $\boldsymbol{k}_1$ 作标量积，得到 $\boldsymbol{k}_3^* \boldsymbol{k}_1 = E_1$, $\boldsymbol{k}_1^* \boldsymbol{k}_1 = 1 + e_{11}$, $\boldsymbol{k}_2^* \boldsymbol{k}_1 = e_{21}$。由此有

$$\begin{cases} \boldsymbol{k}_1 = (1 + e_{11})\boldsymbol{k}_1^* + e_{21}\boldsymbol{k}_2^* + E_1 \boldsymbol{k}_3^* \\ \boldsymbol{k}_2 = e_{12}\boldsymbol{k}_1^* + (1 + e_{22})\boldsymbol{k}_2^* + E_2 \boldsymbol{k}_3^* \\ \boldsymbol{k}_3 = \omega_1 \boldsymbol{k}_1^* + \omega_2 \boldsymbol{k}_2^* + E_3 \boldsymbol{k}_3^* \end{cases} \tag{3-16}$$

式（3-15）、式（3-16）分别给出了壳体变形前后单位坐标矢量之间的关系。

仍然用 α_1, α_2 坐标来描述壳体弯曲变形，引用描述弯曲的物理量 κ_{11}, κ_{22} 及描述扭转变形的物理量 κ_{12}，这些量的引入将影响到对切平面内坐标的修正。弯曲与扭转变形分量将采用下面的表达式

$$\kappa_{11} = \frac{1}{R_{\alpha 1}^*} - \frac{1}{R_{\alpha 1}}, \quad \kappa_{22} = \frac{1}{R_{\alpha 2}^*} - \frac{1}{R_{\alpha 2}}, \quad \kappa_{12} = \kappa_{21} = k_{12}^* - k_{12} = k_{21}^* - k_{21} \tag{3-17}$$

式中：$\dfrac{1}{R_{\alpha 1}}, \dfrac{1}{R_{\alpha 2}}$ 和 $\dfrac{1}{R_{\alpha 1}^*}, \dfrac{1}{R_{\alpha 2}^*}$ 分别为变形前、后的坐标线的曲率。显然，若在小变形的情况下，有 $\dfrac{1}{R_{\alpha 1}^*} = -\dfrac{b_{11}^*}{A_1^*} = k_{11}^*$, $\dfrac{1}{R_{\alpha 2}^*} = -\dfrac{b_{22}^*}{A_2^*} = k_{22}^*$。将这些表达式代入到式（3-17）中，可以导出曲率变化的表达式[1]

$$\begin{cases} \kappa_{11} = k_{11}e_{22} - k_{12}e_{21} - \dfrac{1}{A_1}\left(E_1 \dfrac{\partial e_{11}}{\partial \alpha_1} + E_2 \dfrac{\partial e_{12}}{\partial \alpha_1} + E_3 \dfrac{\partial \omega_1}{\partial \alpha_1}\right) - \dfrac{\omega_2}{A_1 A_2}\dfrac{\partial A_1}{\partial \alpha_2} \\[3mm] \kappa_{22} = k_{22}e_{11} - k_{21}e_{12} - \dfrac{1}{A_2}\left(E_2 \dfrac{\partial e_{22}}{\partial \alpha_2} + E_1 \dfrac{\partial e_{21}}{\partial \alpha_2} + E_3 \dfrac{\partial \omega_2}{\partial \alpha_2}\right) - \dfrac{\omega_1}{A_1 A_2}\dfrac{\partial A_2}{\partial \alpha_1} \\[3mm] \kappa_{12} = k_{12}e_{11} - k_{11}e_{21} - \dfrac{1}{A_1}\left(E_1 \dfrac{\partial e_{21}}{\partial \alpha_1} + E_2 \dfrac{\partial e_{22}}{\partial \alpha_1} + E_3 \dfrac{\partial \omega_2}{\partial \alpha_1}\right) + \dfrac{\omega_1}{A_1 A_2}\dfrac{\partial A_1}{\partial \alpha_2} \\[3mm] \kappa_{21} = k_{21}e_{22} - k_{22}e_{12} - \dfrac{1}{A_2}\left(E_2 \dfrac{\partial e_{12}}{\partial \alpha_2} + E_1 \dfrac{\partial e_{11}}{\partial \alpha_2} + E_3 \dfrac{\partial \omega_1}{\partial \alpha_2}\right) + \dfrac{\omega_2}{A_1 A_2}\dfrac{\partial A_2}{\partial \alpha_1} \end{cases} \tag{3-18}$$

虽然从式（3-18）中看，κ_{12} 与 κ_{21} 表达式不同，但仍然可以得到 $\kappa_{12} = \kappa_{21}$。

3.2　微分单元体的应力状态及力学基本方程

本节及以后给出的公式,在推导过程中均忽略剪切变形的影响。对于变形后的曲面,仍然认为 α_1 与 α_2 坐标是相互垂直的,因此在一般情况下,可认为壳体变形时的伸长量与所产生的转动量为同一量级。

3.2.1　微分单元体的应力状态

从变形后的壳体中取出一微分单元体,如图 3 – 5 所示,其边界分别为: $\alpha_1 =$ const, $\alpha_1 + \mathrm{d}\alpha_1 = $ const; $\alpha_2 = $ const, $\alpha_2 + \mathrm{d}\alpha_2 = $ const。作用在该微分单元体上的体积力为 $\boldsymbol{F}_V$。其中 Lame 系数为

$$H_i^* = A_i^* (1 + k_{ii}^* \alpha_3) \quad (i = 1, 2) \tag{3-19}$$

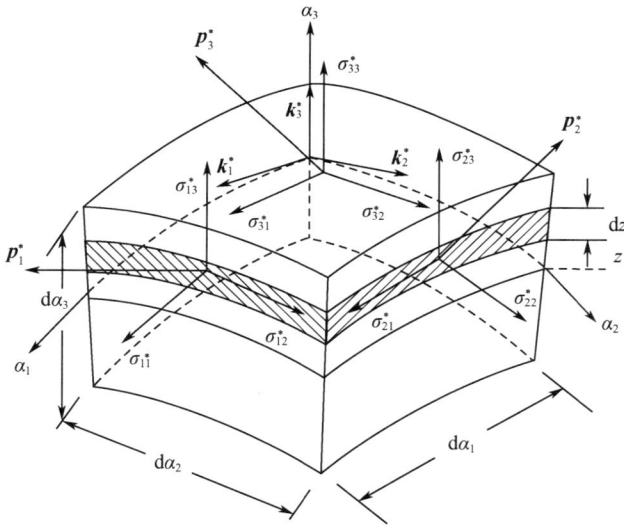

图 3 – 5　微分单元体的应力状态

式中: $A_i^* (i = 1, 2)$ 为中性层处的 Lame 系数; k_{ii}^* 为变形后的曲率。由于 k_{ii}^* 是小量,可将 H_i^* 近似表达为

$$H_i^* = A_i^* = A_i (1 + \varepsilon_{ii}) \quad (i = 1, 2) \tag{3-20}$$

微分单元体各个坐标面的面积分别为 $\mathrm{d}\Sigma^{\alpha_1} = A_2^* \mathrm{d}\alpha_2 \mathrm{d}\alpha_3$, $\mathrm{d}\Sigma^{\alpha_2} = A_1^* \mathrm{d}\alpha_1 \mathrm{d}\alpha_3$, $\mathrm{d}\Sigma^{\alpha_3} = A_1^* A_2^* \mathrm{d}\alpha_1 \mathrm{d}\alpha_2$。微分单元体的体积为 $\mathrm{d}V = A_1^* A_2^* \mathrm{d}\alpha_1 \mathrm{d}\alpha_2 \mathrm{d}\alpha_3$。

为了导出壳体的静力平衡方程,将变形后的坐标单位矢量采用 $\boldsymbol{k}_1^*, \boldsymbol{k}_2^*, \boldsymbol{k}_3^*$ 表示。作用在各坐标面层内的等效应力矢量 $\boldsymbol{p}_1^* = \boldsymbol{p}_{\alpha_1}^*$, $\boldsymbol{p}_2^* = \boldsymbol{p}_{\alpha_2}^*$, $\boldsymbol{p}_3^* = \boldsymbol{p}_{\alpha_3}^*$ 分别为

$$\boldsymbol{p}_1^* = \boldsymbol{p}_{\alpha_1}^* = \sigma_{11}^* \boldsymbol{k}_1^* + \sigma_{12}^* \boldsymbol{k}_2^* + \sigma_{13}^* \boldsymbol{k}_3^*, \quad \boldsymbol{p}_2^* = \boldsymbol{p}_{\alpha_2}^* = \sigma_{21}^* \boldsymbol{k}_1^* + \sigma_{22}^* \boldsymbol{k}_2^* + \sigma_{23}^* \boldsymbol{k}_3^*,$$

$$\boldsymbol{p}_3^* = \boldsymbol{p}_{\alpha_3}^* = \sigma_{31}^* \boldsymbol{k}_1^* + \sigma_{32}^* \boldsymbol{k}_2^* + \sigma_{33}^* \boldsymbol{k}_3^* \tag{3-21}$$

作用在微分单元体上表面($\alpha_3 = h/2$)和下表面($\alpha_3 = -h/2$)的外力 $\boldsymbol{P}_{+h/2}$,$\boldsymbol{P}_{-h/2}$连同体积力 $\boldsymbol{F}_V$ 均简化到中性面上,有

$$\boldsymbol{F}^* = \boldsymbol{P}_{\alpha_3(\pm)}^* \bigg|_{-\frac{h}{2}}^{\frac{h}{2}} + \int_{-\frac{h}{2}}^{\frac{h}{2}} \boldsymbol{F}_V^* \mathrm{d}\alpha_3, \quad \boldsymbol{M}^* = \boldsymbol{P}_{\alpha_3(\pm)}^* \alpha_3 \bigg|_{-\frac{h}{2}}^{\frac{h}{2}} + \int_{-\frac{h}{2}}^{\frac{h}{2}} \boldsymbol{F}_V^* \alpha_3 \mathrm{d}\alpha_3$$

$$\tag{3-22}$$

如图 3-6 所示,当取 $\mathrm{d}\alpha_1 = \mathrm{d}\alpha_2 = 1$(1 为单位长度)时,记曲面微分单元体各侧面上的内力与力矩分别为

$$N_{11}^* = \int_{-\frac{h}{2}}^{\frac{h}{2}} \sigma_{11}^* \mathrm{d}\alpha_3, \quad N_{22}^* = \int_{-\frac{h}{2}}^{\frac{h}{2}} \sigma_{22}^* \mathrm{d}\alpha_3, \quad Q_{13}^* = \int_{-\frac{h}{2}}^{\frac{h}{2}} \sigma_{13}^* \mathrm{d}\alpha_3, \quad Q_{23}^* = \int_{-\frac{h}{2}}^{\frac{h}{2}} \sigma_{23}^* \mathrm{d}\alpha_3,$$

$$Q_{12}^* = Q_{21}^* = \int_{-\frac{h}{2}}^{\frac{h}{2}} \sigma_{12}^* \mathrm{d}\alpha_3 = \int_{-\frac{h}{2}}^{\frac{h}{2}} \sigma_{21}^* \mathrm{d}\alpha_3, \quad M_{11}^* = \int_{-\frac{h}{2}}^{\frac{h}{2}} \sigma_{11}^* \alpha_3 \mathrm{d}\alpha_3,$$

$$M_{22}^* = \int_{-\frac{h}{2}}^{\frac{h}{2}} \sigma_{22}^* \alpha_3 \mathrm{d}\alpha_3, \quad M_{12}^* = M_{21}^* = \int_{-\frac{h}{2}}^{\frac{h}{2}} \sigma_{12}^* \alpha_3 \mathrm{d}\alpha_3 = \int_{-\frac{h}{2}}^{\frac{h}{2}} \sigma_{21}^* \alpha_3 \mathrm{d}\alpha_3$$

$$\tag{3-23}$$

式中:h 为壳体厚度。

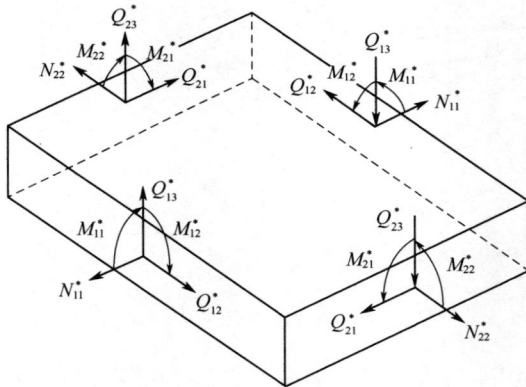

图 3-6　微分单元体侧面上的内力

3.2.2　广义胡克定律

在弹性体为各向同性体的情况下,无论弹性体在变形前还是变形后,其应力分量与应变分量之间均满足下列普遍形式的关系式,通常称它为广义胡克(Hooke)定律:

44

$$\varepsilon_{11} = \frac{1}{E}\big[\sigma_{11} - \nu(\sigma_{22} + \sigma_{33})\big], \quad \varepsilon_{22} = \frac{1}{E}\big[\sigma_{22} - \nu(\sigma_{33} + \sigma_{11})\big],$$

$$\varepsilon_{33} = \frac{1}{E}\big[\sigma_{33} - \nu(\sigma_{11} + \sigma_{22})\big],$$

$$\gamma_{12} = \frac{1}{G}\sigma_{12}, \quad \gamma_{13} = \frac{1}{G}\sigma_{13}, \quad \gamma_{23} = \frac{1}{G}\sigma_{23} \tag{3-24}$$

式中：E 为材料的弹性模量；ν 为材料的泊松（Poisson）比；$G = \dfrac{E}{2(1+\nu)}$ 为材料的剪切弹性模量；γ_{12}，γ_{13}，γ_{23} 为剪应变。根据 3.1 节中对应变 ε_{ij} 的定义，有 $\gamma_{12} = 2\varepsilon_{12}$，$\gamma_{13} = 2\varepsilon_{13}$，$\gamma_{23} = 2\varepsilon_{23}$。由此可得到应力与应变关系的另一种形式[1]，即

$$\sigma_{11} = \frac{E}{1+\nu}\Big(\varepsilon_{11} + \frac{\nu}{1-2\nu}\theta\Big), \quad \sigma_{22} = \frac{E}{1+\nu}\Big(\varepsilon_{22} + \frac{\nu}{1-2\nu}\theta\Big), \quad \sigma_{12} = \frac{E}{1+\nu}\varepsilon_{12},$$

$$\sigma_{33} = \frac{E}{1+\nu}\Big(\varepsilon_{33} + \frac{\nu}{1-2\nu}\theta\Big), \quad \sigma_{13} = \frac{E}{1+\nu}\varepsilon_{13},$$

$$\sigma_{23} = \frac{E}{1+\nu}\varepsilon_{23}, \quad \theta = \varepsilon_{11} + \varepsilon_{22} + \varepsilon_{33} \tag{3-25}$$

依基尔霍夫 - 乐甫假设，σ_{33} 可省略，即

$$\sigma_{33} = 0, \quad 则 \ \varepsilon_{33} = \frac{-\nu}{1-\nu}(\varepsilon_{11} + \varepsilon_{22}), \quad \theta = \frac{1-2\nu}{1-\nu}(\varepsilon_{11} + \varepsilon_{22})$$

这时有

$$\sigma_{11} = \frac{E}{1-\nu^2}(\varepsilon_{11} + \nu\varepsilon_{22}), \quad \sigma_{22} = \frac{E}{1-\nu^2}(\varepsilon_{22} + \nu\varepsilon_{11}), \quad \sigma_{12} = \frac{E}{1+\nu}\varepsilon_{12}$$

$$\tag{3-26}$$

3.2.3 弹性关系

板壳理论中的弹性关系与弹性理论中的胡克定律是相似的。为了得到弹性关系的普遍表达式，首先考察一下式（3-23），而后利用式（3-26），沿 α_3 由 $-h/2$ 到 $h/2$ 积分后取 α_3 的零次幂和一次幂，可以得到

$$N_{11} = D_N(\varepsilon_{11} + \nu\varepsilon_{22}), \quad N_{22} = D_N(\varepsilon_{22} + \nu\varepsilon_{11}),$$

$$Q_{12} = Q_{21} = D_N(1-\nu)\varepsilon_{12} = D_N(1-\nu)\varepsilon_{21},$$

$$Q_{13} = D_N(1-\nu)\varepsilon_{13}, \quad Q_{23} = D_N(1-\nu)\varepsilon_{23},$$

$$M_{11} = D_M(\kappa_{11} + \nu\kappa_{22}), \quad M_{22} = D_M(\kappa_{22} + \nu\kappa_{11}),$$

$$M_{12} = M_{21} = D_M(1-\nu)\kappa_{12} = D_M(1-\nu)\kappa_{21} \tag{3-27}$$

式中：$D_N = \dfrac{Eh}{1-\nu^2}$ 为抗拉刚度；$D_M = \dfrac{Eh^3}{12(1-\nu^2)}$ 为弯曲刚度；κ_{11}、κ_{22} 为弯曲曲率变

量;κ_{12}、κ_{21}为扭转曲率变量。κ_{11}、κ_{22}、κ_{12}、κ_{21}的表达式见式(3-18)。

3.2.4 边界条件

为了利用板壳的普遍方程来确定板壳的应力应变状态,在解方程时应该给定壳体边界处的边界条件,且对每一壳体的边界处都应给定四个边界条件,其中静力边界条件可借助于量值的线性组合。

在 α_1 = const 边界上,有

$$N_{11}, \quad M_{11}, \quad Q_{12}+\frac{M_{12}}{R_2}, \quad Q_{13}+\frac{1}{2A_2}\frac{\partial(M_{12}+M_{21})}{\partial\alpha_2} \qquad (3-28)$$

在 α_2 = const 边界上,有

$$N_{22}, \quad M_{22}, \quad Q_{21}+\frac{M_{21}}{R_1}, \quad Q_{23}+\frac{1}{2A_1}\frac{\partial(M_{12}+M_{21})}{\partial\alpha_1} \qquad (3-29)$$

边界条件也可以由边界上的变形值给出。

在 α_1 = const 边界上,有

$$\varepsilon_{22}, \quad \kappa_{22}, \quad \kappa_{12}-\frac{\varepsilon_{12}}{R_2}, \quad -\frac{1}{2A_2}\frac{\partial\varepsilon_{12}}{\partial\alpha_2} \qquad (3-30)$$

在 α_2 = const 边界上,有

$$\varepsilon_{11}, \quad \kappa_{11}, \quad \kappa_{21}-\frac{\varepsilon_{12}}{R_1}, \quad -\frac{1}{2A_1}\frac{\partial\varepsilon_{12}}{\partial\alpha_1} \qquad (3-31)$$

边界条件还可以由边界上的位移值给出。

在 α_1 = const 边界上,有

$$u, \quad v, \quad w, \quad \theta_1 \qquad (3-32)$$

在 α_2 = const 边界上,有

$$u, \quad v, \quad w, \quad \theta_2 \qquad (3-33)$$

式中:u,v,w 分别为 $\alpha_1,\alpha_2,\alpha_3$ 方向上的位移;θ_1,θ_2 分别为 α_1 = const,α_2 = const 截面的转角。

此外,边界条件还可以力、力矩、变形、位移的混合形式的线性组合给出。在给定的边界条件中,有许多量是具有确定的物理意义的。例如,$Q_{12}+\frac{M_{12}}{R_2}$, $Q_{21}+\frac{M_{21}}{R_1}$,可以换算出切向力;$Q_{13}+\frac{1}{2A_2}\frac{\partial(M_{12}+M_{21})}{\partial\alpha_2}$, $Q_{23}+\frac{1}{2A_1}\frac{\partial(M_{12}+M_{21})}{\partial\alpha_1}$可以换算出横向力;$\kappa_{12}-\frac{\varepsilon_{12}}{R_2}$, $\kappa_{21}-\frac{\varepsilon_{12}}{R_1}$代表边界元素的扭转;$-\frac{1}{2A_2}\frac{\partial\varepsilon_{12}}{\partial\alpha_2}$, $-\frac{1}{2A_1}\frac{\partial\varepsilon_{12}}{\partial\alpha_1}$表示

切平面边界元素的歪曲。通常，当 $\alpha_1 = \mathrm{const}$ 时，面上采用下列边界条件。

（1）自由边界（边界处无载荷作用）

$$N_{11} = 0, \quad M_{11} = 0, \quad Q_{12} + \frac{M_{12}}{R_2} = 0, \quad Q_{13} + \frac{1}{2A_2}\frac{\partial(M_{12} + M_{21})}{\partial \alpha_2} = 0 \quad (3-34)$$

（2）固定铰支边界

$$M_{11} = 0, \quad u = 0, \quad v = 0, \quad w = 0 \quad (3-35)$$

（3）法向方向自由的铰支边界

$$M_{11} = 0, \quad Q_{12} + \frac{M_{12}}{R_2} = 0, \quad u = 0, \quad v = 0 \quad (3-36)$$

（4）切向方向自由的铰支边界

$$N_{11} = 0, \quad M_{11} = 0, \quad v = 0, \quad w = 0 \quad (3-37)$$

（5）固定边界

$$u = 0, \quad v = 0, \quad w = 0, \quad \theta_1 = 0 \quad (3-38)$$

3.3 弹性壳体的平衡方程

正交曲线坐标系 α_1, α_2 变形后并非一定正交，但在导出静力关系时还是认为是正交的。忽略其比 1 小得多的剪切变形，但不忽略其线变形。在 3.2 节中，式（3-21）~式（3-23）分析了作用在微分单元体上的受力状态，同时还需要考虑作用在微分单元体上的体积力 $\boldsymbol{F}_V$ 的作用。

现在的研究对象是微分单元体—薄层的平衡，所有力的几何和为零时，有

$$\frac{\partial(\boldsymbol{p}_1^* A_2^* \,\mathrm{d}\alpha_2 \mathrm{d}\alpha_3)}{\partial \alpha_1}\mathrm{d}\alpha_1 + \frac{\partial(\boldsymbol{p}_2^* A_1^* \,\mathrm{d}\alpha_1 \mathrm{d}\alpha_3)}{\partial \alpha_2}\mathrm{d}\alpha_2 +$$

$$\frac{\partial(\boldsymbol{p}_3^* A_1^* A_2^* \,\mathrm{d}\alpha_1 \mathrm{d}\alpha_2)}{\partial \alpha_3}\mathrm{d}\alpha_3 + \boldsymbol{F}_V \mathrm{d}V = 0 \quad (3-39)$$

式中：$\mathrm{d}V = A_1^* A_2^* \,\mathrm{d}\alpha_1 \mathrm{d}\alpha_2 \mathrm{d}\alpha_3$，去掉式（3-39）中的 $\mathrm{d}\alpha_1 \mathrm{d}\alpha_2 \mathrm{d}\alpha_3$，得到

$$\frac{\partial(\boldsymbol{p}_1^* A_2^*)}{\partial \alpha_1} + \frac{\partial(\boldsymbol{p}_2^* A_1^*)}{\partial \alpha_2} + \frac{\partial(\boldsymbol{p}_3^* A_1^* A_2^*)}{\partial \alpha_3} + \boldsymbol{F}_V A_1^* A_2^* = 0 \quad (3-40)$$

设微分单元体中，$\boldsymbol{\rho}^*$ 是该层内一点 $B^*(\alpha_1, \alpha_2, \alpha_3)$ 的矢径，作用在 α_1 及 $\alpha_1 + \mathrm{d}\alpha_1$ 面上的力对六面体中心取矩（该横截面上无表面力）得到 $\left[\dfrac{\partial \boldsymbol{\rho}^*}{\partial \alpha_1} \boldsymbol{p}_1^*\right] A_2^* \,\mathrm{d}\alpha_2 \mathrm{d}\alpha_3 \mathrm{d}\alpha_1$。同理将 $\alpha_2, \alpha_2 + \mathrm{d}\alpha_2$ 面上的力对中心取矩，可得到 $\left[\dfrac{\partial \boldsymbol{\rho}^*}{\partial \alpha_2} \boldsymbol{p}_2^*\right] A_1^* \,\mathrm{d}\alpha_1 \mathrm{d}\alpha_3 \mathrm{d}\alpha_2$。$\alpha_3$ 面上的

力对中心取矩可得到 $[\boldsymbol{k}_3^* \cdot \boldsymbol{p}_3^*] A_1^* A_2^* \mathrm{d}\alpha_1 \mathrm{d}\alpha_2 \mathrm{d}\alpha_3$。体积力的力矩因为其作用中心距离矩心是非常小量,则总力矩的表达式在去掉 $\mathrm{d}\alpha_1 \mathrm{d}\alpha_2 \mathrm{d}\alpha_3$ 后,建立的矩平衡方程为

$$\left(\frac{\partial \boldsymbol{\rho}^*}{\partial \alpha_1} \boldsymbol{p}_1^*\right) A_2^* + \left(\frac{\partial \boldsymbol{\rho}^*}{\partial \alpha_2} \boldsymbol{p}_2^*\right) A_1^* + (\boldsymbol{k}_3^* \boldsymbol{p}_3^*) A_1^* A_2^* = 0 \qquad (3-41)$$

考虑存在体积力和外表面力的情况,平衡方程可以用壳的变形状态(单位矢量 $\boldsymbol{k}_1^*, \boldsymbol{k}_2^*, \boldsymbol{k}_3^*$)及初始状态(单位矢量 $\boldsymbol{k}_1, \boldsymbol{k}_2, \boldsymbol{k}_3$)在轴 $\alpha_1, \alpha_2, \alpha_3$ 上投影的标量形式表示。将式(3-40),式(3-41)分别乘 $\mathrm{d}\alpha_3$ 并沿壳体厚度由 $-h/2$ 到 $h/2$ 积分,得到力的平衡方程[1]

$$\begin{cases} \dfrac{\partial(A_2^* N_{11}^*)}{\partial \alpha_1} + \dfrac{\partial(A_1^* Q_{21}^*)}{\partial \alpha_2} + Q_{12}^* \dfrac{\partial A_1^*}{\partial \alpha_2} - N_{22}^* \dfrac{\partial A_2^*}{\partial \alpha_1} + \\ \qquad A_1 A_2 (Q_{13}^* k_{11}^* + Q_{23}^* k_{12}^* + X_1^*) = 0 \\[2mm] \dfrac{\partial(A_1^* N_{22}^*)}{\partial \alpha_2} + \dfrac{\partial(A_2^* Q_{12}^*)}{\partial \alpha_1} + Q_{21}^* \dfrac{\partial A_2^*}{\partial \alpha_1} - N_{11}^* \dfrac{\partial A_1^*}{\partial \alpha_2} + \\ \qquad A_1 A_2 (Q_{23}^* k_{22}^* + Q_{13}^* k_{12}^* + X_2^*) = 0 \\[2mm] \dfrac{\partial(A_2 Q_{13}^*)}{\partial \alpha_1} + \dfrac{\partial(A_1 Q_{23}^*)}{\partial \alpha_2} - A_1 A_2 (N_{11}^* k_{11}^* + N_{22}^* k_{22}^* + \\ \qquad 2Q_{12}^* k_{12}^* - X_3^*) = 0 \end{cases} \qquad (3-42)$$

式中:X_i^*($i = 1, 2, 3$)为体积力和外部表面力的投影分量,且由式(3-17)、式(3-20)有

$$k_{ij}^* = k_{ij} + \kappa_{ij}, \quad A_i^* = A_i(1 + \varepsilon_{ii}) \quad (i, j = 1, 2) \qquad (3-43)$$

虽然 $\varepsilon_{ii} \ll 1$,在式(3-42)中的某些项仍然含有系数 A_i^*,这是因为在某些情况下,系数 A_i 代替 A_i^* 会导致精度降低。

得到的力矩方程为[1]

$$\begin{cases} \dfrac{\partial(A_2 M_{11}^*)}{\partial \alpha_1} + \dfrac{\partial(A_1 M_{21}^*)}{\partial \alpha_2} + M_{12}^* \dfrac{\partial A_1}{\partial \alpha_2} - M_{22}^* \dfrac{\partial A_2}{\partial \alpha_1} - A_1 A_2 Q_{13}^* = 0 \\[2mm] \dfrac{\partial(A_1 M_{22}^*)}{\partial \alpha_2} + \dfrac{\partial(A_2 M_{12}^*)}{\partial \alpha_1} + M_{21}^* \dfrac{\partial A_2}{\partial \alpha_1} - M_{11}^* \dfrac{\partial A_1}{\partial \alpha_2} - A_1 A_2 Q_{23}^* = 0 \\[2mm] Q_{12}^* - Q_{21}^* + M_{12}^* k_{11}^* - M_{21}^* k_{22}^* - k_{12}^*(M_{11}^* - M_{22}^*) = 0 \end{cases} \qquad (3-44)$$

变形前的主矢、主矩、外力在单位矢量分别为 $\boldsymbol{k}_1, \boldsymbol{k}_2, \boldsymbol{k}_3$ 的轴上投影将分别用 $N_{ij}, Q_{ij}, M_{ij}, X_i$ 表示,如果用不带 $*$ 号的量来代替 $N_{ij}^*, M_{ij}^*, Q_{ij}^*, A_i^*, k_{ij}^*, X_i^*$ 的话,相应的运动方程仍具有式(3-42)、式(3-44)的形式。这些物理量之间具有如下明显的关系式

$$k_1 N_{11} + k_2 N_{12} + k_3 Q_{13} = k_1^* N_{11}^* + k_2^* N_{12}^* + k_3^* Q_{13}^* ,$$

$$k_1 X_1 + k_2 X_2 + k_3 X_3 = k_1^* X_1^* + k_2^* X_2^* + k_3^* X_3^*$$

上述内容中的部分公式导出的详细过程,可参阅本章提供的参考文献。

参 考 文 献

[1] Муштари X M,Галимов K 3. Нелинейная теория упругих Оболочек[M]. Казань Таткнигоиздат, 1957.

[2] 白象忠,田振国. 板壳磁弹性力学基础[M]. 北京:科学出版社,2006.

第4章 非线性流体弹性力学的理论基础

本章介绍弹性薄壁结构同流体相互作用的非线性流体弹性力学的基础理论,建立介质相互接触表面的必要条件,阐述解决非线性流体弹性问题的几种方法和流体弹性力学的分类原则等内容。

4.1 介质相互作用的描述方法

在研究可变形薄壁板壳与流体相互作用的描述方法时,由于板壳体壁薄,可将其与流体的接触面与其中性面等同起来。在图 4 - 1 中给出的薄壁壳体处于流体作用状态下,具有拉格朗日坐标为 α_1 的固定点,当 $t = 0$ 时和空间点 $M(x_1^{(1)}, x_2^{(1)})$ 重合;当 $t > 0$ 时,由于变形,得到了空间点 $M^*(x_1^{(2)}, x_2^{(2)})$。将作用其上的所有力向运动轴上投影,可得到薄壳在 $M^*(x_1^{(2)}, x_2^{(2)})$ 处的运动方程

$$L^*(\alpha_1, t) = p(x_1^{(2)}, x_2^{(2)}, t) \qquad (4-1)$$

式中:$L^*(\alpha_1, t)$ 为拉格朗日变数的非线性微分算子;而压力 $p(x_1^{(2)}, x_2^{(2)}, t)$ 为欧拉变数的函数。

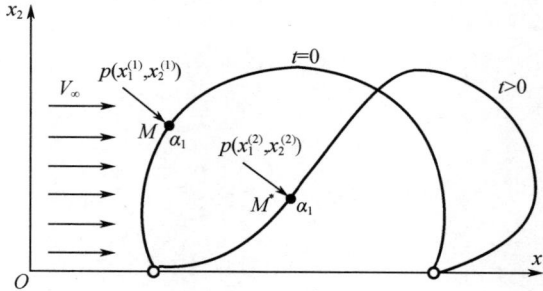

图 4 - 1 薄壳在液体流动中的弯曲

式(4 - 1)中的力 $p(x_1^{(2)}, x_2^{(2)}, t)$ 是由问题的解确定的,所以必须求出接触面上坐标为 α_1 点处的未知压力,同时需要确定流体的流速,以便满足接触面的运动学条件。这样一来,存在一个未知的界限范围。在该范围内,需要找到问题的解。如果壳体的弯曲变形很微小,充满流体部分的轮廓变化不剧烈,则问题可以简化。这时,点 $M^*(x_1^{(2)}, x_2^{(2)})$ 处的流体压力和速度能够通过已知点 $M(x_1^{(1)}, x_2^{(1)})$ 处计算出

来的参数表示,也可用泰勒级数的解析开拓展开式来表示。

在记述接触面条件时,允许把变形表面与未变形表面等同起来,这主要是轮廓的微小变形及流体的压力场、速度场的变化微小的缘故。该方法的优点就在于许多场合都能利用流体力学问题的已知解。

如图 4 - 2(a)所示,在 $t = 0$ 的最初瞬间,标出壳与流体两个相邻的边界点 m 及 M,它们共同具有拉格朗日坐标 $\alpha_1^{(1)}$。当 $t > 0$ 时[图 4 - 2(b)],这些点沿着不同的轨迹移到新的空间位置上。由于质点的相对滑动,原来的 m 与 M 点被分开,与另外流体质点 M' 相邻,其拉格朗日坐标为 $\alpha_1^{(2)}$。因为运动的质点在 m 上,液体各方向所作用的压力进入了为该点所建立的壳体弯曲方程中,所以式(4 - 1)可以采用下面的形式

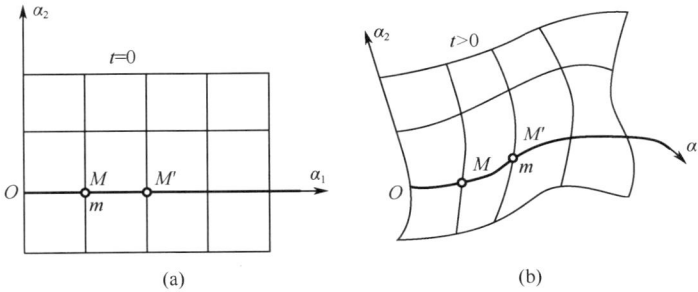

图 4 - 2　介质的相互滑动

$$L^* (\alpha_1^{(1)}, t) = p(\alpha_1^{(2)}, 0, t) \tag{4-2}$$

如果相互滑动($\alpha_1^{(2)} - \alpha_1^{(1)}$)远小于能够引起压力场发生显著变化的量,则式(4 - 2)的右边能够用液体点 M 位于 $\alpha_1^{(1)}$ 处的参数近似表示,这同样属于接触面的运动条件。压力将在没有介质相互滑动时的坐标($\alpha_1^{(1)}$, 0)点处确定,运动学条件在点 m 和 M 位移相对于介质初始位置的位移量很小的情况下是线性的。

在充满流体的区域内,可采用任意拉格朗日 - 欧拉法来描述流体与弹性体相互接触的条件。这时壳体的运动仍然用拉格朗日变数来描述,而流体用在空间任意变形和运动的坐标描述。作为例子,考察图 4 - 3(a)所示的坐标网格,流体的上边界与可弯曲的薄板接触,下边界与不动的刚性壁接触。标注有 β_2 的坐标线若保持直线形状,它们之间的距离不变时,则该坐标线是能够伸长和缩短的,如图 4 - 3(b)所示。

坐标线 β_1 与薄板弯曲线形状($t > 0$)的接触面重合,并且随着薄壁向下将按一定规律变直。β_1 和 β_2 线并不是拉格朗日坐标或欧拉坐标,原因是该坐标线不一定与流体的一些单个质点构成的线重合,而是随着板的变形不断变化,使这些坐标线变长或者缩短。如果板仅仅垂直地沿着 β_2 运动,那么所指定的坐标系便能够简化

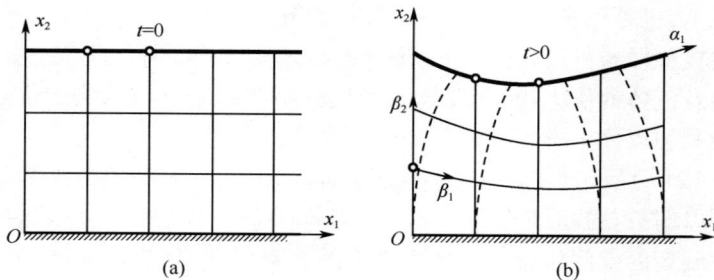

图 4 - 3　运动坐标系统

接触条件。在薄板弯曲过程中,板上各指定点之间的水平方向的距离在发生变化,如图 4 - 3(b)中的虚线。为了消除薄板的拉格朗日坐标 α_1 与流体坐标的相对滑动,在接触面上需取 $\beta_1 = \alpha_1$。这时方程式(4-1)和式(4-2)具有最简单的形式

$$L^*(\alpha_1, t) = p(\alpha_1, t) = p(\beta_1, t) \tag{4-3}$$

坐标线 β_1、β_2 也可以由其他条件提供,如利用坐标的正交性[图 4 - 3(b)中虚线]和采用数值解法来解决大梯度变化时,采取坐标加密措施等。

接触条件的简化是以流体运动方程的复杂化为代价获取的,它们的变化将在不可压缩的理想流体的势运动中。对于描写流体速度势 φ 的拉普拉斯方程为[1,2]

$$\frac{\partial^2 \varphi}{\partial x_1^2} + \frac{\partial^2 \varphi}{\partial x_2^2} = 0 \quad (\text{即 } \nabla^2 \varphi = 0) \tag{4-4}$$

式中:x_1, x_2 为直角欧拉坐标。流体的动压力 p 按照伯努利方程确定[2,3]

$$p = p_0 - \rho_0 \left[\frac{\partial \varphi}{\partial t} + \frac{1}{2} \left(\frac{\partial \varphi}{\partial x_1} \right)^2 + \frac{1}{2} \left(\frac{\partial \varphi}{\partial x_2} \right)^2 \right] \tag{4-5}$$

用传统的研究方法解决固态变形体的力学问题时,只使用拉格朗日变数法;而在流体力学中,主要使用的是欧拉法;两种方法都使用的情况也在流体弹性力学中出现过。流体和弹性物体接触面这一条件的表达包含着两种变数系统。

对于相互接触的两种介质,根据守恒原理和受力平衡的原则,在其接触面处便可以结合拉格朗日法和欧拉法建立相互作用的方程。

4.2　求解流固耦合问题的四种方法

4.2.1　相容拉格朗日 - 欧拉法(ULE 法)

在研究可变形薄壳和流体相互作用的描述方法时,由于壳壁很薄,通常可以将与液体的接触面跟它的中性面等同起来。壳体采用拉格朗日法描述,流体采用欧拉法描述。而在相互接触面处须结合这两种方法来描述,即采用相容拉

52

格朗日－欧拉法来描述它们的相互作用,其优势在于:求解流固耦合问题时,可直接利用流体力学和固体力学中的基本方程;当固体变形不大时,问题还可以进一步简化,这时可将变形后各点的变量通过变形前各量的泰勒级数解析开拓式来表示。

相容拉格朗日－欧拉法中的边值问题,通常在随时间变化的未知区域内得到解决。许多问题中,接触条件的简化是以流体运动方程的复杂化为代价获取的,满足接触条件的方便性要比运动方程自身的复杂性更重要。

文献[4-8]给出的弹性板壳横向绕流的变形和内力计算的算例,都是应用相容拉格朗日－欧拉法来研究和解决的。

人们在研究渗透壳和液体、气体流动相互作用的问题时,研究了它们的普遍关系。这些关系能够用于确定可渗透(带孔的)圆筒、板壳、降落伞、鱼网等物体变形后的形状、受力状态及它们附近流体的压力场、速度场的变化,采用的方法就是相容拉格朗日－欧拉法[9,10]。对于薄板振动的研究、观察波沿着内部含有黏性流体的无限长圆柱壳传播等复杂问题,可采用相容拉格朗日－欧拉法。在生理学的研究工作中,可以应用相容拉格朗日－欧拉法解决血管、胆管蠕动等问题[11,12]。

4.2.2　任意拉格朗日－欧拉法(ALE 法)

移动边界问题存在于流固耦合范畴,单独欧拉描述已不再适用,须将拉格朗日描述与欧拉描述组合起来,即所谓任意拉格朗日－欧拉法描述。

任意拉格朗日－欧拉法描述引入一个可以独立运动的构型 Ω_ξ。在弹性体变形过程中,观察者始终跟随构型运动引入坐标 ξ,网络构型可以是任意给定的,记网络运动速度为 u^i。当 $u^i \neq 0$ 时,网络在空间独立运动,对应于通常的任意拉格朗日－欧拉法描述。当 $u^i = 0$ 时,网络在空间不动,退化为欧拉法描述;网络与弹性体一起运动退化为拉格朗日法描述。

任意拉格朗日－欧拉法最早由 Noh[13]以耦合拉格朗日－欧拉的术语提出,并用有限差分法来求解带有移动边界的二维流体动力学问题。在 Noh 的研究中,坐标系可以随物质质点一起运动,也可以在空间固定不动。

在任意拉格朗日－欧拉法中,壳体的运动仍然用拉格朗日法描述,而流体采用在空间任意变形和运动的坐标描述。流体运动方程显著复杂化了,因而这种方法适用于壳体形状和流动范围有很大变化时,主要采用数值方法求解。

"任意"是指可根据需要来指定这种组合。物体变形过程中,观察者始终跟随参考构形运动。任意拉格朗日－欧拉法能连续而又精确地追踪运动界面,保持良好的单元形态,很容易实现拉氏坐标的变换。对于流体和弹性体而言,容易实现界面的过渡,保证其协调性。

4.2.3 单一拉格朗日法(SL法)

如果相互作用的两种介质都用拉格朗日法来描述,这个方法就称为单一拉格朗日法。这时将采用下面的假定:在接触面贴合的最初瞬间,流体的一些质点被留在弹性体上。当相互作用的介质之间滑动较小且可忽略时,接触条件将表示为比较简单的形式。运用单一拉格朗日法,可部分地克服仅仅满足接触条件的不足之处,边值问题将在流动过程不变化的区域内求解,使流体的运动方程比采用其他变数法复杂,经典流体力学中的一般结论也将会随之发生变化。

然而,针对许多问题,采用单一拉格朗日法将更加方便。这一方法的优点在于,当流体和壳的运动沿着未变形表面法线的方向发生,它们之间相互滑动又很小时,其解将更为精确。单一拉格朗日法可大大地简化控制方程的求解过程,能够准确地描述物体的移动界面,可跟踪质点的运动轨迹。但是,在特大变形问题及其采用有限元法的数值运算中,物质的扭曲将导致计算网格的畸形而使计算失败。

单一拉格朗日法主要应用于固体力学中解决大变形问题。在解决非线性流体弹性力学问题时,该法主要用来解决以下几个方面的问题。

(1)解决流体中气囊漂浮问题,是应用单一拉格朗日法显示出优点的突出例证[14]。这个方法极大地简化了在介质接合处未知且变动的边界条件。

(2)该法可用来研究和流体接触的薄板、薄壳的稳定性及动力学问题。其中,要么问题本身不存在介质间的相对滑动,要么因其相对滑动小而被忽略。

(3)用线性近似法来研究水平置于不同密度不可压缩的理想流体层之间的薄板平衡稳定性[15],考察系统强迫振动的稳定轴对称等问题。

(4)该法可有效地求解充满气体的软球形壳和固体表面的相互冲击,确定出球和绝对刚性平面垂直互撞时球上一点的速度和作用力,可以用来解决弹性管和气体不稳定相互作用问题等[3]。

4.2.4 单一欧拉法(SE法)

两种相互作用的介质运动都用欧拉变数来描述,这就是单一欧拉法。单一欧拉法也称为空间描述法。该法的坐标系固定在空间,在固体变形或流动过程中均保持位置不变。该法主要应用于流体力学,用来解决大变形问题。利用单一欧拉法,很容易处理变形物体的扭曲,但对运动界面需要引入复杂的数学条件,这会导致较大的误差。由于壳体的弹性变形一般不采用欧拉变数方法描述,这里仅提及此方法的存在,但至今尚未见到计算和实验的例证,故这里暂时不作具体讨论。

4.2.5 关于四种方法的应用

上面所介绍的四种方法各适用于解决不同的流体弹性问题。

应用相容拉格朗日－欧拉法时,边值问题通常可在随时间变化的未知区域内得到解决。求解流固耦合问题时可以直接利用流体力学和固体力学中的基本方程。当弹性体变形不大时,变形后各点的变量可通过变形前各量的级数解析开拓式表示,这对于解决边界接触的流固耦合问题是非常方便的。然而许多问题的接触条件的简化是以流体运动方程复杂化为代价的,因为满足接触条件往往比解决问题更重要。应用相容拉格朗日－欧拉法的理论,可以开展解决流固耦合问题的新算法,特别是对数值分析算法的进一步深入研究。

在充满流体的区域内,任意拉格朗日－欧拉法能够采用运动坐标消除上述方法描述接触条件的不足之处。这时,壳体的运动仍然用拉格朗日变数描述,而流体则采用在空间任意变形和运动坐标描述,特别是当这个坐标系不动时,将得到相容拉格朗日－欧拉法。这种相互作用的描述方法,说明流体的运动是采用运动坐标研究的,导致流体运动相应的方程明显复杂化了,因此壳体形状及流动范围会有很大的变化。应用任意拉格朗日－欧拉法特别适用于求解不改变边界且有复杂结构的流动计算问题,通常使用数值计算方法,特别是有限元法。

应用任意拉格朗日－欧拉法计算过程中的边值问题,流体网格在下一个时间步上需要重新划分,致使流体网格需要频繁地自动更新,因此高效的网格更新技术显得非常重要。当流体运动速度大时,往往由于网格更新带来计算误差。耦合界面上也常常出现不匹配网格间的运动,即网格发生畸变,甚至于载荷的传递也会造成计算上的误差。

应用单一拉格朗日法对两种相互作用的介质采用拉格朗日变数法描述,可部分地消除相容拉格朗日－欧拉法的缺点(即部分地克服仅仅满足的接触条件),显然此时采用该法更加方便,但问题需要在流动过程不变化的区域内求解。其优点是:当流体和壳体运动是沿着未变形表面的法线方向发生相互滑动又很小时,计算结果会更精确。缺点是:当介质相互滑动时,接触条件会更加复杂化。这种运动形式,一般是在没有平均分速度的动力学问题中出现,如振动、冲击波作用等耦合问题。

采用单一拉格朗日法时,将利用下面的假定:与接触面贴合的最初瞬间,流体的一些质点被留在其上,跟随壳体一起运动。这样,单一拉格朗日法部分地克服了仅仅满足接触条件的不足之处。而在任意拉格朗日－欧拉法中,边值问题将在随时间变化的未知区域内得到解决。单一拉格朗日法,将在流动过程不变化的区域内求解,其不足之处则在于当介质相互滑动时,接触条件会更加复杂化。

采用拉格朗日变数的流体运动方程要比应用欧拉变数复杂得多(只是在一维情况下例外),因此要从具体问题出发来判断采用哪种方法更合理。在许多问题中,接触条件的简化是以流体运动方程的复杂化为代价获取的,满足接触条件的方便性要比运动方程自身的复杂性更为重要。

单一欧拉法在欧拉描述构架下,流体是固定的空间区域,采用的是相对于惯性系的固定坐标系,流体流经这些网络区域容易解决扭曲变形问题,但仍然存在以下缺点:流体与网格间的相对运动导致计算上的困难,弹性体边界与流体运动界面间的跟踪问题也难以解决。

单一欧拉法的优点是:网格结点固定在空间,描述大变形时没有纠缠。但也存在两个缺点:①网格与物质的相对运动使其处理对流效应更加困难;②无法精确地确定运动边界或运动界面的位置。至今尚未见到该方法的应用,以及计算与实验的例证。

任意拉格朗日 - 欧拉法综合了单一欧拉法和单一拉格朗日法的优点,克服了它们各自的缺点,成为解决非线性流体弹性力学中大变形分析的有效方法。其突出优点:网格可以任意的方式运动,不仅保留了拉格朗日法所具有的精确跟踪运动边界的特点,而且还保证了网格不发生畸变引起的单元缠结。其缺点是使计算复杂且存在迁移影响问题。这需要进一步研究简单有效的计算形式、方程式的求解策略,以及迁移所带来的影响,因为拉格朗日法描述不能令人满意地解决物质扭曲变形,进而导致有限元网格缠绕问题,因而无法解决高速运动出现的畸变。可见选择最佳更新网格技术是任意拉格朗日 - 欧拉法描述成败的关键,往往因为流体与弹性体相对运动速度大而使计算失败,而相容拉格朗日 - 欧拉法就不存在上述缺点。

在一般的情况下,采用拉格朗日变数的流体运动方程要比应用欧拉变数复杂得多,因此,要从具体问题出发来判断采用哪种方法更合理些。

4.3 相容拉格朗日 - 欧拉法

应用相容拉格朗日 - 欧拉法解决流固耦合问题的关键是接触条件的建立。

4.3.1 接触面的运动学条件和动力学条件

如图 4 - 4 所示,在接触面 M 点处建立正交曲线坐标 α_1,α_2,其中 α_1,α_2 与壳体中面重合,且与中面一起变形,其单位矢量沿着 k_1,k_2 射线方向,而外法线的单位矢量为 k_3。按时间变形的单位矢量 k_1^*,k_2^*,k_3^* 用 k_i 按式(3 - 14)计算,即

$$k_3^* = E_1 k_1 + E_2 k_2 + E_3 k_3 \qquad (4-6)$$

式中:$E_i (i = 1, 2, 3)$ 为由于变形在相应的方向上引起的变化。将所有的力向 k_1,k_2,k_3 上投影得到的壳体运动方程,用如下形式表达

$$L_i(u, v, w) = R_i + Z_i \quad (i = 1, 2, 3), \quad l_j(u, v, w) = r_j \quad (j = 1, 2, 3, 4)$$

$$(4-7)$$

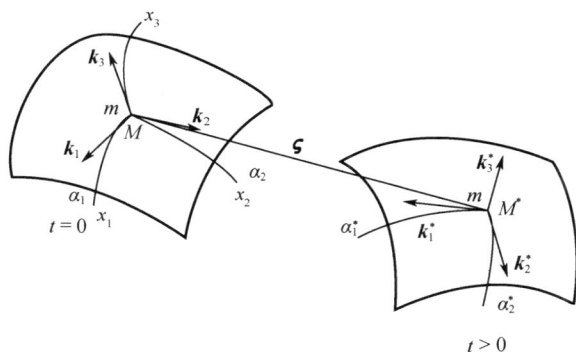

图 4 - 4　壳体元素在空间中的两个位置

式中：u,v,w 为位移矢量投影；L_i 为非线性微分算子；R_i 为非空气动力学特征的外力（支反力、自重等）投影；Z_i 为流体力系；l_j 为确定表面边界处条件的微分算子；r_j 代表位移、应变或者作用在这些边界上力的投影。基于基尔霍夫 - 乐甫假设的壳体理论，i,j 的变化分别从 1 到 3 和从 1 到 4，即可得到三个投影方程和四个边界条件。如果利用壳体的其他模式，则只需要在式（4 - 7）中改变 i,j。

利用第 3 章中变形时的所有力向 $\boldsymbol{k}_1^*$，$\boldsymbol{k}_2^*$，$\boldsymbol{k}_3^*$ 投影后得到的壳体运动方程式（3 - 42）和式（3 - 44），也可以用下面的符号形式来表示

$$L_i^*(u,v,w) = R_i^* + Z_i^* \quad (i = 1,2,3),$$

$$l_j^*(u,v,w) = r_j^* \quad (j = 1,2,3,4) \tag{4 - 8}$$

式中：R_i^*，Z_i^* 为前面所叙述的力在 $\boldsymbol{k}_i^*$ 上的投影。这里，利用了位移矢量 ς 在 $\boldsymbol{k}_i(t=0)$ 上的投影 u,v,w。除 Z_i 和 Z_i^* 外，式（4 - 7）、式（4 - 8）所引入的全部数值都是 α_1,α_2 的函数。

流体的运动用欧拉法描述。不动的欧拉空间坐标为 x_1,x_2,x_3，在第 2 章的理想可压流体中的微分方程可用下式表示：

$$H_c(v_1,v_2,v_3,p,\rho) = Q_c \quad (c = 1,\cdots,5),$$

$$h_d(v_1,v_2,v_3,p,\rho) = q_d \quad (d = 1,2) \tag{4 - 9}$$

式中：H_c 为流体力学的微分算子；Q_c 为已知数值（质量力等）；算子 h_d 和数值 q_d 是由在流体所占据的边界上，而不是和壳体接触表面上的数值来确定。下面将写出壳体变形表面的相互作用的接触条件。

曲线坐标 x_1,x_2 可以这样选取：使它们和拉格朗日坐标 α_1,α_2 在壳体未变形时重合，而坐标 x_3 指向外法线方向（图 4 - 4）。最初瞬间（$t=0$），壳上的拉格朗日坐标为 α_1,α_2 的确定点 m 和欧拉坐标的 $x_1 = \alpha_1,x_2 = \alpha_2,x_3 = 0$ 的空间点 M 重合。

在任意时刻($t>0$),运动点 m 和空间点 M^* 重合。欧拉坐标点 M^* 对于空间点 M 而言,将是另外的点。这时拉格朗日坐标点 m 在 $t=0$ 和 $t>0$ 时,将具有同一数值。由此可见,在 $t>0$ 时,壳上确定点坐标 α_1,α_2 和坐标 x_1,x_2 不重合,因为壳的运动速度$\partial\varsigma/\partial t$ 和来自流体方面的作用力 $\mathbf{Z}$,可在与 M^* 点重合的点 m 处确定,其接触条件将在空间点 M^* 处建立。

对于不可渗透表面,根据流体的质量守恒方程式,当其渗透速度将等于零时,运动学条件为

$$\mathbf{v} \cdot \mathbf{k}_3^* = (\partial\varsigma/\partial t) \cdot \mathbf{k}_3^* \quad (M^*) \tag{4-10}$$

式中:$\mathbf{v}$ 为流体速度矢量,符号(M^*)则进一步表明,条件是在矢量半径为 $\mathbf{r}+\varsigma$ 的空间点 M^* 处建立的,其中 $\mathbf{r}$ 为点 M 的矢量半径。这说明壳体与流体运动的法向分速度相等。为了把式(4-10)化为标量形式,利用式(4-6)及在壳体的位移分量和流体的运动速度问题中的基准矢量 $\mathbf{k}_1,\mathbf{k}_2,\mathbf{k}_3$,有

$$\varsigma = u\mathbf{k}_1 + v\mathbf{k}_2 + w\mathbf{k}_3, \quad \mathbf{v} = v_1\mathbf{k}_1 + v_2\mathbf{k}_2 + v_3\mathbf{k}_3 \tag{4-11}$$

将其代入式(4-10)中,有

$$\left(\frac{\partial u}{\partial t} - v_1\right)E_1 + \left(\frac{\partial v}{\partial t} - v_2\right)E_2 + \left(\frac{\partial w}{\partial t} - v_3\right)E_3 = 0 \quad (M^*) \tag{4-12}$$

这个条件同时具有形式

$$v_3^* = \frac{\partial u}{\partial t}E_1 + \frac{\partial v}{\partial t}E_2 + \frac{\partial w}{\partial t}E_3 \quad (M^*) \tag{4-13}$$

对于不可渗透壳体的动力学条件为

$$Z = (p - p')\mathbf{k}_3^* \quad (M^*) \tag{4-14}$$

式中:p,p' 分别为壁两个方向的压力,由此有

$$Z_1^* = Z_2^* = 0, \quad Z_3^* = p - p' \quad (M^*)$$

由式(4-6)、式(4-14)也可以得到

$$Z_1 = (p-p')E_1, \quad Z_2 = (p-p')E_2, \quad Z_3 = (p-p')E_3 \quad (M^*) \tag{4-15}$$

方程组(4-7)及接触条件式(4-9)、式(4-12)、式(4-15)或方程组(4-8)、式(4-9)及式(4-13)、式(4-14)为流体弹性问题提供了数学准备。其中参数 u,v,w,E_1,E_2,E_3 为拉格朗日坐标 α_1,α_2 的函数,而 v_i,p,ρ 是欧拉坐标 x_1,x_2,x_3 的函数。而且数 R_i,r_j 常常是 α_1,α_2 的函数,Q_c,q_d 常常是 x_1,x_2,x_3 的函数。

采用数值积分法,对时间积分的每一步得到的相互作用表达式,直至得到最终解。

4.3.2　初始表面接触条件

假设流体的速度矢量 v 及压力 p 在空间点 M 的邻域是解析函数,且点 M 在最初瞬间和壳的确定点 m 重合。在未变形表面上点 M 的邻域内,函数 $v(r+\varsigma)$,$p(r+\varsigma)$ 能够用 $v(r)$,$p(r)$ 借助于泰勒级数的展开形式近似地表示

$$\begin{cases} v(r+\varsigma) = v(r) + (\varsigma \cdot \nabla)v + \dfrac{1}{2}(\varsigma \cdot \nabla)^2 v + \cdots \\[2mm] p(r+\varsigma) = p(r) + (\varsigma \cdot \nabla)p + \dfrac{1}{2}(\varsigma \cdot \nabla)^2 p + \cdots \end{cases} \tag{4-16}$$

式中:哈密顿算子 $\nabla = \dfrac{k_1}{h_1}\dfrac{\partial}{\partial x_1} + \dfrac{k_2}{h_2}\dfrac{\partial}{\partial x_2} + \dfrac{k_3}{h_3}\dfrac{\partial}{\partial x_3}$。点 M 处是用已知的欧拉坐标 x_1,x_2,x_3 计算的。如果考虑到式(4-16),则运动学条件式(4-10)具有形式

$$\left[\frac{\partial \varsigma}{\partial t} - v - (\varsigma \cdot \nabla)v - \frac{1}{2}(\varsigma \cdot \nabla)^2 v - \cdots \right] k_3^* = 0 \quad (M) \tag{4-17}$$

式中:速度 v 和它的导数是在空间点 M 处计算的,因此条件式(4-17)及以后类似的关系式用记号 (M) 记载。虽然该式是空间点 M^* 处流体速度的法向分量和壳体运动的近似等式,但是表明了对初始平面的简化。表达式(4-10)在式(4-16)迅速收敛时才有意义,这在位移矢量很小的情况下是可以实现的。为了导出式(4-17)的标量形式,可利用式(4-6)和式(4-11)。由于 k_i 是表示壳未变形时原表面的单位矢量,则有 $\dfrac{\partial k_i}{\partial t} = 0$。

在表达式 $(\varsigma \cdot \nabla)v = \left(\dfrac{u}{h_1}\dfrac{\partial}{\partial x_1} + \dfrac{v}{h_2}\dfrac{\partial}{\partial x_2} + \dfrac{w}{h_3}\dfrac{\partial}{\partial x_3} \right)(v_1 k_1 + v_2 k_2 + v_3 k_3)$ 中,由于单位矢量曲线坐标导数不等于零,利用坐标单位矢量之间的微分关系,则式(4-17)能够化成下面的形式[3]

$$\left(\frac{\partial u}{\partial t} - V_{\mathrm{I}} \right)E_1 + \left(\frac{\partial v}{\partial t} - V_{\mathrm{II}} \right)E_2 + \left(\frac{\partial w}{\partial t} - V_{\mathrm{III}} \right)E_3 = 0 \quad (M) \tag{4-18}$$

式中:参数 E_1,E_2,E_3 由式(3-14)给出;V_{I},V_{II},V_{III} 值是在点 M^* 处的速度分量,可用在 M 点处的近似值表示,且有[3,16]

$$V_{\mathrm{I}} = V_1 + V_1' + \cdots, \quad V_1 = v_1 + \frac{u}{h_1}\left(\frac{\partial v_1}{\partial x_1} + \frac{\partial h_1}{h_2 \partial x_2}v_2 + \frac{\partial h_1}{h_3 \partial x_3}v_3 \right) +$$

$$\frac{v}{h_2}\left(\frac{\partial v_1}{\partial x_2} - \frac{\partial h_2}{h_1 \partial x_1}v_2 \right) + \frac{w}{h_3}\left(\frac{\partial v_1}{\partial x_3} - \frac{\partial h_3}{h_1 \partial x_1}v_3 \right),$$

$$V_1' = \frac{uw}{h_1 h_3}\frac{\partial}{\partial x_3}\left(\frac{\partial h_1}{h_3 \partial x_3} \right)v_3 + \frac{u^2}{2h_1^2}\left[\frac{\partial}{\partial x_1}\left(\frac{\partial v_1}{\partial x_1} - \frac{\partial h_1}{h_3 \partial x_3}v_3 \right) - \frac{\partial h_1}{h_3 \partial x_3}\left(\frac{\partial v_3}{\partial x_1} - \frac{\partial h_1}{h_3 \partial x_3}v_1 \right) \right] +$$

$$\frac{w^2}{2h_3^2}\Big[\frac{\partial}{\partial x_3}\Big(\frac{\partial v_1}{\partial x_3}-\frac{\partial h_3}{h_1\partial x_1}v_3\Big)-\frac{\partial h_3}{h_1\partial x_1}\Big(\frac{\partial v_3}{\partial x_3}-\frac{\partial h_3}{h_1\partial x_1}v_1\Big)\Big]+$$

$$\frac{uw}{h_1h_3}\Big[\frac{\partial^2 v_1}{\partial x_1\partial x_3}+\frac{\partial h_3}{h_1\partial x_1}\frac{\partial h_1}{h_3\partial x_3}v_1+\frac{\partial h_1}{h_3\partial x_3}\frac{\partial v_3}{\partial x_3}-\frac{\partial h_3}{h_1\partial x_1}\frac{\partial v_3}{\partial x_1}\Big] \qquad (4-19)$$

对于其他用到的各量可通过轮换下标求得。应注意在条件式(4-18)中 E_i 的表达式含有对 α_1 和 α_2 的导数，而 V_i 的表达式则是对 x_1,x_2,x_3 的导数。在运算过程中需要掌握两种坐标间的换算方法。

最初时刻($t=0$ 瞬时)，由于选定了坐标系，使式(4-12)中的欧拉坐标和拉格朗日坐标相等，但是对 α_i 和 x_i 的导数必须互相区分，因为 $\partial/\partial\alpha_i\neq\partial/\partial x_i$。在微分运算完成后，变量 x_i 和 α_i 可以互相等同，这是由于在壳体运动方程、流体运动方程和流体动力方程中分别引入了 Lame 系数 $H_i^*(\alpha_1,\alpha_2)$ 和 $h_i(x_1,x_2,x_3)$ 的结果。在微分运算完成后能够确定 $h_1(x_1,x_2,0)=H_1^*(\alpha_1,\alpha_2)$, $h_2(x_1,x_2,0)=H_2^*(\alpha_1,\alpha_2)$。

如果考虑到式(4-16)，则动力学条件式(4-14)具有如下形式(为了不失一般性，省略 p')

$$Z_1^*=Z_2^*=0, \quad Z_3^*=p+\frac{u}{h_1}\frac{\partial p}{\partial x_1}+\frac{v}{h_2}\frac{\partial p}{\partial x_2}+\frac{w}{h_3}\frac{\partial p}{\partial x_3}+\frac{u^2}{2h_1^2}\frac{\partial^2 p}{\partial x_1^2}+\cdots \quad (M)$$

$$(4-20)$$

式(4-16)、式(4-20)中，微分运算对标量 p 进行。因此，级数可以很方便地展开，类似条件式(4-15)有

$$Z_1=E_1\Big(p+\frac{u}{h_1}\frac{\partial p}{\partial x_1}+\frac{v}{h_2}\frac{\partial p}{\partial x_2}+\frac{w}{h_3}\frac{\partial p}{\partial x_3}+\cdots\Big),$$

$$Z_2=E_2\Big(p+\frac{u}{h_1}\frac{\partial p}{\partial x_1}+\frac{v}{h_2}\frac{\partial p}{\partial x_2}+\frac{w}{h_3}\frac{\partial p}{\partial x_3}+\cdots\Big),$$

$$Z_3=E_3\Big(p+\frac{u}{h_1}\frac{\partial p}{\partial x_1}+\frac{v}{h_2}\frac{\partial p}{\partial x_2}+\frac{w}{h_3}\frac{\partial p}{\partial x_3}+\cdots\Big) \quad (M) \qquad (4-21)$$

总之，问题的数学准备就包括方程及条件式(4-7)、式(4-9)、式(4-18)、式(4-21)或者是方程式(4-8)、式(4-9)、式(4-18)、式(4-20)。

采用相容拉格朗日-欧拉法来求解流体弹性问题就是要在流体与弹性壳体相互作用的接触面上，同时应用两种描述方法，即流体采用欧拉方法、弹性体采用拉格朗日描述，通过守恒定律、边界条件使这两种方法相互联系起来。从初始表面条件出发，导出接触条件和动力学条件，建立流固耦合关系方程式。可以直接利用流体力学和固体力学的基本方程来求解弹性壳体的内力与变形，以及流场流动状态的变化。

4.4　流体弹性力学问题的分类

在相互作用的问题中,壳体理论、流体力学和接触条件的非线性不能起到同等重要的作用,特别是在接触面上,往往导致相对精度的冗余。例如,对于式(4－18)和式(4－20)中的高阶量,小变形情况下对最终解的影响是很微小的,然而为计算过程带来的困难却是巨大的。

流体弹性力学的分类是基于壳体位移的法向分量及元素的转角、壳体位移场的可变形性及流体速度、压力的数值估值基础之上进行的。在法线位移变化呈非线性的剧烈弯曲、中等弯曲(包括浅拱形壳)及小弯曲变形(线性理论)的情况下,虽然根据上述参数构成的关系式是足够精确的,但针对具体问题还需要考虑接触面附近的流体状态等因素。

引入弹性体变形的特征参数和描述流体运动特征的数值,可将流固耦合问题进行分类,由此可按类别对运动学条件、动力学条件及界面上的接触条件进行相应的简化提供可靠的依据,因此,接触面问题的简化是十分必要的[16,17]。

4.4.1　参数 m,n,k 和 λ,δ 的引入

设 H 为弹性壳体的特征尺寸,且认为壳体的几何参数均匀变化。采用上述假设,表面曲率 k_{ij}、壳体 Lame 系数为 H_i、流体的 Lame 系数为 h_i 具有的阶次为

$$k_{ij} \sim H_i^{-1} \sim h_i^{-1} \sim H^{-1} \qquad (4-22)$$

为了定性估计弹性体变形,这里引入参数 m,n,k,使

$$\frac{w}{H} \sim \varepsilon_0^m, \quad \omega_i \sim \varepsilon_0^n, \quad \frac{\partial \varsigma_i}{\partial \alpha_j} \sim \varepsilon_0^k \varsigma_i \quad (i,j=1,2) \qquad (4-23)$$

式中: ε_0 为给定的远小于 1 的微量; ω_i 为壳体变形转动量。

为定性估计流体运动状态引入参数 λ,δ,使

$$\frac{\partial v_i}{\partial x_j} \sim \varepsilon_0^\lambda v_i, \quad \frac{\partial p}{\partial x_j} \sim \varepsilon_0^\delta p \quad (i,j=1,2,3) \qquad (4-24)$$

数值 m,n 描述了弯曲时壳体的法向位移 w 和转角特征 ω_i,而数值 k,λ,δ 描述了壳体位移场 ζ_i 的可变性,以及壳体附近流体的运动速度 v_i 及压力 p 变化的特征。

4.4.2　流体弹性力学问题的分类方法

对于式(4－20)中 Z_3^* 的组成部分

$$p + \frac{w}{h_3}\frac{\partial p}{\partial x_3} + \frac{w^2}{2h_3^2}\frac{\partial^2 p}{\partial x_3^2} \tag{4-25}$$

得到下面量级 $\sim p(1 + \varepsilon_0^{m+\delta} + \varepsilon_0^{2(m+\delta)})$。如果 $m + \delta \geqslant 1$，则式（4-25）可只保留第一项 p；如果 $m + \delta < 1, 2(m+\delta) \geqslant 1$，则应保留前两项。以这样的估计,形成了相互作用问题的分类和接触条件简化的思想。

（1）依据流体的动力特征分类。

依据壳体位移场的可变性及流体的动力特性,耦合问题可分为以下两种基本情况：

① 壳体和流体场均匀变化,即对坐标的导数具有函数自身的量级,有 $k \geqslant 0$, $\lambda \geqslant 0, \delta \geqslant 0$。例如,在理想不可压缩流体中壳体的连续稳定绕流即属于此情况。

② 壳体和流体场迅速变化,其导数大于函数自身的量级,此情况下有 $k < 0$, $\lambda < 0, \delta < 0$。这种情况在高频振荡或脉冲等问题中出现过。

（2）依据壳体位移,位移场可变性分类。

诺沃日洛夫的非线性弹性力学的基础理论中[18],较系统地叙述了非线性应变公式、协调方程、平衡方程和应力应变关系,并采用简化方法,从几何非线性方面将弹性力学问题分为大应变问题、小应变大转动问题、应变的大小与转动的平方同级问题、小应变小转动问题,与之相应可以建立流体弹性力学的分类准则。

4.4.3　大应变问题

当 $\varepsilon > \varepsilon_0$ 时,有切向位移分量的最大值和弯曲程度具有同阶的特征,即

$$u \sim v \sim w$$

根据式（3-11）, ω_i 的表达式有

$$\omega_i = \frac{\partial w}{H_i \partial \alpha_i} - k_{ij}u_j \sim \varepsilon_0^{m+k} + \varepsilon_0^m$$

根据式（4-23）的第二式,有

$$\varepsilon_0^{m+k} + \varepsilon_0^m \sim \varepsilon_0^n \tag{4-26}$$

根据式（3-11）, e_{ij} 的表达式有

$$e_{ij} \sim \varepsilon_0^{m+k} + \varepsilon_0^m$$

当壳体的变形场均匀变化时,有

$$k \geqslant 0$$

对应于式（4-26）,因此有

$$m = n$$

62

由于是大应变问题,因而有

$$m < 1$$

或者

$$m + k < 1$$

根据式(4−26),可将式 $m < 1$ 和 $m + k < 1$ 合并为一式

$$m + k < 1 \qquad (4-27)$$

总结上述推导过程可知:当

$$k \geqslant 0, m = n, m + k < 1 \qquad (4-28)$$

同时满足时,可归结为大应变问题。

例如,在估计流体绕弹性壳体的基本运动时,可以认为随坐标的变化,位移发生平稳的变化。设 $\lambda = \delta = 1/3$ 时,伴随着大弯曲变形的相互作用,m, n, k 将比 1 小,对于给定的问题,若取 $m = n = 1/3, k = 0$,给定厚度与半径之比 $\varepsilon_0 = h/H = h/R = 10^{-3}$ 的圆柱挠度能够将近达到半径的 1/10。因为 $w \sim \varepsilon_0^m H \sim (h/R)^m R \sim 10^{-1} R = R/10, w \approx 100h$,于是就出现了壳体的大弯曲变形。

4.4.4　小应变小转动,且应变的大小与转动的平方同量级

当 $\varepsilon < \varepsilon_0$,　$\omega_i < \varepsilon_0$,　$\omega_i^2 \geqslant \varepsilon$ 时,有

$$u \sim \omega_1 w, \quad v \sim \omega_2 w$$

根据 e_{ij} 的表达式,有

$$e_{ij} \sim \varepsilon_0^{m+n+k} + \varepsilon_0^m$$

由于对应于小应变,有

$$m + n + k > 1 \qquad (4-29)$$

或

$$m > 1 \qquad (4-30)$$

结合式 ω_i 的表达式和式(4−23)的第二式,有

$$\omega_i \sim \varepsilon_0^{m+k} + \varepsilon_0^{m+n} \sim \varepsilon_0^n \qquad (4-31)$$

当壳体的变形场剧烈变化时,有

$$k < 0$$

由于 $m > 0$,有

$$m + k = n$$

当 $n + k < 0$ 时,根据 $\omega_i^2 \geqslant \varepsilon$ 以及式(4-29)和式(4-31),有 $m + n + k \geqslant 2n$;当 $n + k \geqslant 0$ 时,根据 $\omega_i^2 \geqslant \varepsilon$ 以及式(4-30)和式(4-31),有 $m \geqslant 2n$。因此,无论 $n + k$ 为何值,均有 $m \geqslant 2n$。

当壳体的变形场均匀变化时,有

$$k \geqslant 0 \qquad\qquad (4-32)$$

由于 $m > 0$,根据式(4-31)有 $m + k = n$。

根据 $\omega_i^2 \geqslant \varepsilon$ 以及式(4-30)和式(4-31),有

$$m = 2(m + k) \qquad\qquad (4-33)$$

由 $m > 0$ 和式(4-32),可知式(4-33)是不能成立的,因而对于小应变小转动,其应变的大小与转动的平方同级时,壳体的变形场不可能均匀变化。这时式(4-32)应该变为 $k < 0$。

总结上述推导过程可知:当

$$k < 0, \quad m + k = n, \quad m \geqslant 2n$$

同时满足时,壳体的变形可归结为小应变小转动,不过应变的大小与转动的平方同级。

如果壳体的最大弯曲值与壁厚同阶,或者即使超过壁厚却小于其他线性尺寸的弯曲,便称为中等弯曲。浅拱形壳具有中等弯曲的特征。这时若取 $m = 1$,$n = 1/3$,$k = -2/3$,厚度与半径之比 $\varepsilon_0 = h/H = 10^{-3}$ 的圆柱挠度将远小于半径,且和壳体厚同量级。

$$w \sim \varepsilon_0^m H \sim (h/R)^m R \sim 10^{-3} R \approx R/1000, w \approx h$$

满足文献[19]壳体中弯曲变形的条件。

4.4.5　小应变小转动问题

对于小应变小转动问题,即 $\varepsilon < \varepsilon_0$,　$\omega_i < \varepsilon_0$,　$\omega_i \sim \varepsilon$ 时,有 $u \sim v \sim w$。

根据式 ω_i 的表达式,有

$$\omega_i \sim \varepsilon_0^{m+k} + \varepsilon_0^m \sim \varepsilon_0^n$$

根据 e_{ij} 的表达式,有

$$e_{ij} \sim \varepsilon_0^{m+k} + \varepsilon_0^m$$

当壳体的变形场均匀变化时,有

$$k \geqslant 0$$

因而有

$$m = n$$

进而有

$$m + k \geqslant 1$$

总结上述推导过程可知:当

$$k \geqslant 0, \quad m = n, \quad m + k \geqslant 1$$

同时满足时,问题可归结为小应变小转动。

对于前面给定的算例,取 $m = 5/3$, $n = 5/3$, $k = 0$,可得 $w \approx h/100 \ll h$。所以上述情况对应于壳体的小弯曲变形条件。

算例分析:流体以均匀速度从无限远处沿垂直于轴线的方向流过一无限长圆柱壳,壳体受非流体支撑从而静止于流体中。流体为理想无质量不可压缩定常势流,在无穷远处压力、密度和速度分别为 p_∞、ρ_∞ 和 V_∞,如图(4-5)所示。壳体厚度为 h,中性面半径为 R,内部压力为 p_i 且在其变形过程中保持不变。采用柱坐标 z, θ, r 来描述,则 $\alpha_2 = x_2 = \theta$, $\alpha_3 = x_3 = r$, $v_2 = \partial \varphi / r \partial \theta$, $v_3 = \partial \varphi / \partial r$。其中,$\varphi$ 为势函数,$\alpha_1 = x_1 = z$,为轴向方向。

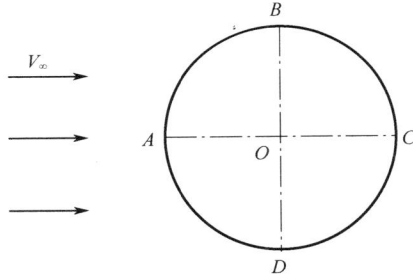

图 4-5 流动状态与圆柱薄壳

设圆柱壳的材料为低碳钢,弹性模量 $E = 200\text{GPa}$,泊松比 $\nu = 0.25$,中性面半径 $R = 0.5\text{m}$,厚度 $h = 1 \times 10^{-3}\text{m}$;流体密度 $\rho = \rho_\infty = 1000\text{kg/m}^3$,流场压力 $p_i = p_\infty = 10^5\text{Pa}$,流场无穷远处速度 V_∞ 分别取 0.02m/s、0.1m/s 和 0.2m/s,相对应的壳体分别发生小弯曲、中等弯曲和大弯曲变形。在图 4-5 给出的柱坐标下,对于小应变小转动问题,接触条件式(4-18)和式(4-20)在式(4-23)和式(4-24)基础上可简化为

$$\begin{cases} \dfrac{\partial w}{\partial t} = \dfrac{\partial \varphi}{\partial r} - \dfrac{1}{r^2} \dfrac{\partial w}{\partial \theta} \dfrac{\partial \varphi}{\partial \theta} + w \dfrac{\partial^2 \varphi}{\partial r^2} + \dfrac{v}{r} \dfrac{\partial^2 \varphi}{\partial r \partial \theta} \\ Z_\theta = 0, Z_r = p_i - p - w \dfrac{\partial p}{\partial r} - \dfrac{v}{r} \dfrac{\partial p}{\partial \theta} \end{cases} \tag{4-34}$$

对于小应变小转动,应变的大小与转动的平方同量级问题,接触条件式(4-18)和式(4-20)在式(4-23)和式(4-24)基础上可简化为

$$\begin{cases} \dfrac{\partial w}{\partial t} = \dfrac{\partial \varphi}{\partial r} - \dfrac{1}{r^2}\dfrac{\partial w}{\partial \theta}\dfrac{\partial \varphi}{\partial \theta} + w\dfrac{\partial^2 \varphi}{\partial r^2} \\ \\ Z_\theta = 0, Z_r = p_i - p - w\dfrac{\partial p}{\partial r} \end{cases} \tag{4-35}$$

对于大应变问题,接触条件式(4-18)和式(4-20)在式(4-23)和式(4-24)基础上可简化为

$$\begin{cases} \dfrac{\partial w}{\partial t} - \dfrac{1}{r^2}\left(v - \dfrac{\partial w}{\partial \theta}\right)\left[\dfrac{\partial \varphi}{\partial \theta} + v\left(\dfrac{\partial^2 \varphi}{r\partial \theta^2} + \dfrac{\partial \varphi}{\partial r}\right) + w\left(\dfrac{\partial^2 \varphi}{\partial r\partial \theta} - \dfrac{\partial \varphi}{r\partial \theta}\right)\right] - \\ \left(1 + \dfrac{\partial v}{r\partial \theta} + \dfrac{w}{r}\right)\left[\dfrac{\partial \varphi}{\partial r} + \dfrac{v}{r}\left(\dfrac{\partial^2 \varphi}{\partial r\partial \theta} - \dfrac{\partial \varphi}{r\partial \theta}\right) + w\dfrac{\partial^2 \varphi}{\partial r^2}\right] - \dfrac{w^2}{2}\dfrac{\partial^3 \varphi}{\partial r^3} = 0 \\ Z_\theta = 0, \quad Z_r = p_i - p - w\dfrac{\partial p}{\partial r} - \dfrac{v}{r}\dfrac{\partial p}{\partial \theta} - \dfrac{w^2}{2}\dfrac{\partial^2 p}{\partial r^2} \end{cases} \tag{4-36}$$

可见,对于变形程度不同类型的问题,其接触条件根据精度要求的不同,所保留的项数是不一样的。这些项数的取舍主要取决于 λ, δ, m, n, k 的取值,因此,流体弹性力学分类的简化准则不仅有利于问题的求解,而且从计算精度的角度来看也是必不可少的。其接触条件分别应用式(4-34)~式(4-36)[16],计算结果如图4-6所示。

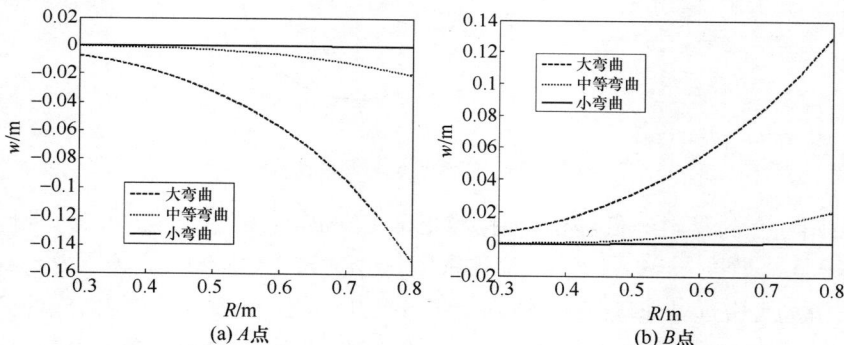

(a) A点　　　　　　　　　　(b) B点

图4-6　三种问题中的 $w-R$ 曲线

4.4.6　流体弹性力学分类的简化准则

研究流体和弹性体相互作用的流固耦合问题,通常可根据需要分别采用相容拉格朗日-欧拉法、任意拉格朗日-欧拉法或者单一拉格朗日法。无论采用哪种方法,均可引入描述弹性体变形状态参数 m、n、k 和描述流体流动状态参数 λ、δ,将所研究的问题分类。由此,可针对不同类型的流固耦合作用的特征对其简化,其中包括对运动方程、动力方程和接触条件的简化,从而可方便问题的求解。

非线性弹性力学的大变形、中变形和小变形的分类原则,在参数 m、n、k 之间,存在关系式 $m+k \geqslant n$,特别是当 $k \leqslant 0$ 时,存在 $m+k=n$。这一准则,为流固耦合问题的分类及确定相应的计算方法提供了依据。

从上面分析结果可知,根据文献[20]对板壳大变形、中变形和小变形的划分,即满足条件 $\frac{c_i}{h} \gg \frac{c_i}{H} \sim 1 (i=1,2,3)$ 时,为大变形;满足 $\frac{c_i}{h} \geqslant 1, \frac{c_i}{H} \ll 1 (i=1,2,3)$ 时,为中变形;满足 $\frac{c_i}{h} \ll 1 (i=1,2,3)$ 时,为小变形。当流体分类已经确定,仅以 m 的取值范围就可确定所研究的耦合问题属于哪类变形,那么其余参数的范围相应地也就可以确定了。当给定 $\varepsilon_0 \sim 10^{-3}$ 时,在满足上述流体弹性力学的三种分类相应的前提下,由表 4-1 给出了仅就 m 在不同范围内取值的情况下,壳体变形分类的具体情况,这里要特别说明:当 $m>2$ 时,挠度将小于壳体厚度的1‰,可将壳体视为刚体的不变形体。

表 4-1 m 的取值范围与耦合类型的关系

m 的取值范围	属 于 类 型
$m \in [0,1/3]$	属于大应变
$m \in [1/3,2/3]$	属于大应变问题向小应变转变,应变的大小向转动的平方同级过渡
$m \in [2/3,1]$	属于小应变小转动,应变的大小与转动的平方同级
$m \in [1,5/3]$	属于小应变小转动,应变的大小与转动的平方同级问题中向小应变小转动的过渡阶段
$m \in [5/3,2]$	属于小应变小转动
$m>2$	可将壳体视为刚体不变形体

从壳体位移、位移场的可变性及流体的动力特性,耦合特征参数取值可分为:

(1)壳体和流体场均匀变化时,$k \geqslant 0, \lambda \geqslant 0, \delta \geqslant 0$。

(2)壳体和流体场迅速变化时,$k<0, \lambda<0, \delta<0$。

(3)当 $k \geqslant 0, m=n, m+k<1$ 同时满足时,壳体变形可归结为大应变问题。

(4)当 $k<0, m+k=n, m \geqslant 2n$ 同时满足时,可归结为小应变小转动问题,应变的大小与转动的平方同级。

(5)当 $k \geqslant 0, m=n, m+k \geqslant 1$ 同时满足时,可归结为小应变小转动问题。

关于对流体参数 λ, δ 如何取值的问题,需要研究者根据流场是均匀变化还是迅速变化,依据流体的动力特征分类及壳体位移、位移场的可变性分类所给出的规律来确定 k, λ, δ 的取值范围;然后再按弹性体大、中、小变形的划分依据,确定 m 的取值范围。在相应的 m 取值范围内,根据弹性体的变形程度确定 m 的数值。再由不同类型变形问题给出的 m, n, k 之间的关系式,来确定 n 和 k 的数值。正确地估算和确定这五个耦合特征参数,可为正确进行理论分析或数值计算,乃至于解决工程实际中的具体问题提供理论依据。

4.5 流体与壳体的相互作用

4.5.1 壳体在大弯曲时的相互作用

对于大弯曲变形,将认为壳体的法向位移和它的特征线尺寸及截面转角均为同一阶量[21],而切向位移分量的最大值和弯曲程度具有同阶的特征,即

$$u,v \sim w \tag{4-37}$$

静态弯曲时,位移随坐标平稳地变化,但对于动力学问题则具有能够迅速变化的位移分量。例如,在研究振动问题时,通常不伴有大的位移,因此在估计壳体的基本运动时,可以认为随坐标的变化,位移发生平稳的变化。又如,假设弹性圆柱壳的壁厚与几何尺寸之比为 $h/H = 10^{-2}$,当取 $m = n = 1/5, k = 0$ 时,其挠度 $w = \varepsilon^m H \sim (h/R)^m R \sim 10^{-2/5} R \sim 0.4R$,即壳体挠度变形约为半径尺度的40%,可为大变形。

现在来考察流体均匀变化($k \geqslant 0, \lambda \geqslant 0, \delta \geqslant 0$)的情况。设 $\lambda = \delta = 1/5, k = 0$,在运动学条件式(4-18)中,首先确定组成 V_i 的各项阶数。按照 $H_i \sim H$ 及 $u/H_1 \sim v/H_2 \sim w/H_3 \sim \varepsilon^m$,进一步假定式(4-19)括号中数值的阶,用它们第一项的阶数来确定,可以写作

$$V_i \sim v_i(1 + \varepsilon^{m+\lambda} + \varepsilon^{2(m+\lambda)} + \cdots), \quad E_1 \sim E_2 \sim \varepsilon^n + \varepsilon^{n+m} + \varepsilon^{n+m+k},$$
$$E_3 \sim 1 + \varepsilon^n + \varepsilon^{m+k} + \varepsilon^{2m} + \varepsilon^{2(m+k)} \tag{4-38}$$

对于 e_{ij},由公式可得

$$e_{ij} \sim \varepsilon^m + \varepsilon^{m+k} \tag{4-39}$$

由式(4-38)可以断定,在组成 V_i 的参数中,m,n,k 和 λ 取合适的值时,可同时保留阶数为 $\varepsilon^{m+\lambda}$ 及 $\varepsilon^{2(m+\lambda)}$ 的项,而在组成 E_i 的成分中,应保留全部项。

因而,伴随壳大弯曲时的相互作用具有上述参数值 m,n,k 和 λ 的流体速度场的均匀变化,其中运动学条件式(4-18)采用下面的形式

$$\left(\frac{\partial u}{\partial t} - V_{\mathrm{I}}\right)E_1 + \left(\frac{\partial v}{\partial t} - V_{\mathrm{II}}\right)E_2 + \left(\frac{\partial w}{\partial t} - V_{\mathrm{III}}\right)E_3 - V_3' = 0 \tag{4-40}$$

式中:$V_i(i = \mathrm{I}, \mathrm{II}, \mathrm{III})$ 及 V_3' 由表达式(4-19)变换角标给出;数值 $E_j(j = 1,2,3)$ 由式(3-14)给出。此后的各章节中,符号(M)在书写相互作用条件时省略。

关系式(4-20)、式(4-21)中,形式为 $\dfrac{u}{h_1}\dfrac{\partial p}{\partial x_1}, \dfrac{u^2}{2h_1^2}\dfrac{\partial^2 p}{\partial x_1^2}$ 的项具有阶 $\varepsilon^{m+\delta} p$,$\varepsilon^{2(m+\delta)} p$,应当保留,所以在考察相互作用时,动力学条件式(4-20)具有形式

$$Z_1^* = Z_2^* = 0,$$

$$Z_3^* = p + \frac{u}{h_1}\frac{\partial p}{\partial x_1} + \frac{v}{h_2}\frac{\partial p}{\partial x_2} + \frac{w}{h_3}\frac{\partial p}{\partial x_3} + \frac{u^2}{2h_1^2}\frac{\partial^2 p}{\partial x_1^2} + \frac{v^2}{2h_2^2}\frac{\partial^2 p}{\partial x_2^2} + \frac{w^2}{2h_3^2}\frac{\partial^2 p}{\partial x_3^2} \quad (4-41)$$

如果速度的变化具有 λ 负值的形式,且式(4-38)不收敛,或收敛不好时,所考查的接触条件不能应用。当壳体的法向位移显著地超过壁厚,却又明显小于其特征线尺寸时,则可采用

$$m = 1/2, \quad n = 1/3, \quad k = -1/3 \quad (4-42)$$

这时速度场与压力场($\lambda, \delta < 0$)剧烈变化。

4.5.2　壳体中等弯曲时的相互作用

如果壳体的最大弯曲值与壁厚同阶,或者即使超过壁厚却小于其他线性尺寸的弯曲,则称为中等弯曲。浅拱形壳具有中等弯曲的特征。当浅拱形壳的曲率 k_{ii} 及底边尺寸 L(或半波长 L)满足条件 $k_{ii}L \sim \varepsilon^{1/2}$ 时,前述所及的大弯曲及中等弯曲之间的过渡情况在 $k_{ii}L \sim \varepsilon^{1/3}$ 时出现。浅拱形理论在假设

$$m = 1, \quad n = 1/2, \quad k = -1/2 \quad (4-43)$$

的情况下建立。这时有

$$u \sim \omega_1 w, \quad v \sim \omega_2 w \quad (4-44)$$

在引入各参数基本关系的基础上,可判定

$$\frac{w}{h_3} \sim \varepsilon, \quad \frac{u}{h_1} \sim \varepsilon^{3/2}, \quad \frac{v}{h_2} \sim \varepsilon^{3/2}, \quad e_{ij} \sim \varepsilon, \quad \omega_k \sim \varepsilon^{1/2} \quad (4-45)$$

和

$$E_1 = -\omega_1, \quad E_2 = -\omega_2, \quad E_3 = 1 \quad (4-46)$$

与单位 1 比,转角精确到 ε。将式

$$\omega_i = \frac{\partial w}{H_i \partial \alpha_i}$$

进一步与式(4-18)中出现的 $E_1(\partial u/\partial t) + E_3(\partial w/\partial t)$ 进行比较。根据式(4-44)、式(4-46)可得出估计指标 $\omega_1\dfrac{\partial(\omega_1 w)}{\partial t} + \dfrac{\partial w}{\partial t} \sim (1+\varepsilon)\dfrac{\partial w}{\partial t}$。不管在何处出现 $E_1(\partial u/\partial t), E_2(\partial v/\partial t)$ 项,当其远小于 $E_3(\partial w/\partial t) = \partial w/\partial t$ 时都应当舍去。因此,在浅拱形壳和快速改变流场($-1/2 \leqslant \delta < 0$)相互作用的情况下,运动条件式(4-18)具有形式[3]

$$v_3 = \frac{\partial w}{\partial t} + \frac{\partial w}{h_1 \partial x_1}v_1 + \frac{\partial w}{h_2 \partial x_2}v_2 - \frac{w}{h_3}\left(\frac{\partial v_3}{\partial x_3} + \frac{\partial h_3}{h_1 \partial x_1}v_1 + \frac{\partial h_3}{h_2 \partial x_2}v_2\right) \quad (4-47)$$

如果流体的流场变化较缓慢（$\lambda \geqslant 0$），则式（4-47）含有因子 w/h_3 的项可被舍去。在流体指数为 $-1/2 > \lambda \geqslant -2/3$ 的快速变化的流场，还需要注意式（4-19）中含有因子 $(w/h_2)^2$，u/h_1，v/h_2 的项的作用。为了写出动力学条件，对式（4-41）中的三项式进行讨论

$$p + \frac{u}{h_1}\frac{\partial p}{\partial x_1} + \frac{w}{h_3}\frac{\partial p}{\partial x_3} \sim p(1 + \varepsilon^{m+n+\delta} + \varepsilon^{m+\delta})$$

这时，考虑到关系式（4-44），对于流体的快速变化场（$-1/2 \leqslant \delta \leqslant 0$），按照式（4-43），项 $(w/h_3)(\partial p/\partial x_3)$ 和 p 同时保留，其余各项舍去，因此，浅拱形壳和流体的快速变化场相互作用时，其动力学条件具有形式

$$Z_1^* = Z_2^* = 0, \quad Z_3^* = p + \frac{w}{h_3}\frac{\partial p}{\partial x_3} \qquad (4-48)$$

中等弯曲和流场快速变化的情况下（$-1/2 \leqslant \delta \leqslant 0$），根据式（4-46）动力学条件，式（4-21）为

$$Z_1 = -\frac{\partial w}{h_1 \partial x_1}p, \quad Z_2 = -\frac{\partial w}{h_2 \partial x_2}p, \quad Z_3 = p + \frac{w}{h_3}\frac{\partial p}{\partial x}$$

这时，在 Z_1 和 Z_2 的右边，省略了阶数为 $\varepsilon^{m+\delta}$ 的 $(w/h_3)(\partial p/\partial x_3)$ 项，原因是浅拱形壳几乎与切线方向的载荷无关。在参数式（4-43）所给出的数值弯曲试验平板中，运动学条件可写成（$h_1 = h_2 = h_3 = 1$）

$$v_3 = \frac{\partial w}{\partial t} + \frac{\partial w}{\partial x_1}v_1 + \frac{\partial w}{\partial x_2}v_2 - w\frac{\partial v_3}{\partial x_3}, \quad Z_3^* = p + w\frac{\partial p}{\partial x_3} \qquad (4-49)$$

由此，很容易得到线性扰动理论中著名的关于速度扰动分量 v_1'，v_2'，v_3' 及压力 p' 的接触条件。考虑到远处速度为 V_∞，沿着 x_1 方向均匀流动的薄板纵向绕流时，$v_1 = V_\infty + v_1'$，$v_2 = v_2'$，$v_3 = v_3'$，$\partial p/\partial x_3 = 0$，经过线性化处理可得

$$v_3' = \frac{\partial w}{\partial t} + V_\infty\frac{\partial w}{\partial x_1}, \quad Z_3^* = p' \quad (x_3 = 0) \qquad (4-50)$$

式中：p' 由伯努利方程确定。

现对条件式（4-47）、式（4-49）作一说明：假设速度分量 v_1，v_2，v_3 是一次式，则形式为 $v_1(\partial w/\partial x_1)$ 的项远小于项 v_3，如壳体和流体的振动问题。均匀流动中的壳体表面附近的 v_1 和 v_2 的值超过 v_3，因此一般情况下的运动学条件应该具有式（4-49）的形式。在式（4-49）中，由于区分变形及未变形的接触面产生的项 $w(\partial v_3/\partial x_3)$、$w(\partial p/\partial x_3)$ 的影响，将在薄板周围的二次流动和曲面绕流问题中作进一步讨论。

流体的势运动情况下，对速度势 $\varphi_*[v_i = \partial\varphi_*/(h_i\partial x_i)]$ 进行研究，相应的流体压力用 p_* 表示，且采用和的形式表示 φ_* 和 p_*，即

$$\varphi_* = \varphi_0 + \varphi, \qquad p_* = p_0 + p_\varphi \qquad (4-51)$$

式中:右边部分的第一项描述了物体表面为绝对刚性条件下($v_3 = \partial\varphi / h_3\partial x_3 = 0$)的流体速度场和压力场,第二项是接触面的位移引起的扰动。

假定$\partial\varphi / \partial x_i \ll \partial\varphi_0 / \partial x_i, p_\varphi \ll p_0$,则运动条件和动力条件式(4-47)、式(4-48)具有形式

$$\frac{\partial\varphi}{h_3\partial x_3} = \frac{\partial w}{\partial t} + \frac{\partial w}{h_1\partial x_1}\frac{\partial\varphi_0}{H_1\partial x_1} + \frac{\partial w}{h_2\partial x_2}\frac{\partial\varphi_0}{H_2\partial x_2} -$$

$$\frac{w}{h_3}\left[\frac{\partial}{\partial x_3}\left(\frac{\partial\varphi_0}{h_3\partial x_3}\right) + \frac{\partial h_3}{h_1\partial x_1}\frac{\partial\varphi_0}{h_1\partial x_1} + \frac{\partial h_1}{h_2\partial x_2}\frac{\partial\varphi_0}{h_2\partial x_2}\right],$$

$$Z_1^* = 0, \quad Z_2^* = 0, \quad Z_3^* = p_\infty + p_\varphi + \frac{w}{h_3}\frac{\partial p_0}{\partial x_3} \qquad (4-52)$$

在接触面$x_3 = 0$处,系数h_1, h_2和H_1, H_2是吻合的。

4.5.3 壳体小弯曲时的相互作用

如果挠度随坐标均匀变化,壳位移的切向分量与壁厚为同量级,而它的元素转角远小于1,则这样的弯曲称为小弯曲,这时薄壳理论的全部关系式呈线性化,位移分量为1阶量,即$u \sim v \sim w$。而参数m, n, k的数值为

$$m = 1, \quad n = 1, \quad k = 0 \qquad (4-53)$$

此时,$u/H_1 \sim v/H_2 \sim w/H_3 \sim \varepsilon^1$,$\quad \omega_1 \sim \omega_2 \sim \varepsilon^1$。由$e_{ij}, E_i$及式(4-53)有

$$e_{ij} \sim \varepsilon^1, \quad E_1 = -\omega_1, E_2 = -\omega_2, E_3 = 1 \qquad (4-54)$$

这里ω_1, ω_2的表达式取自于式(3-11)的简化形式,数值$E_1(\partial u/\partial t)$,$E_2(\partial v/\partial t)$按照式(4-53)选取时,比$E_3(\partial w/\partial t) = \partial w/\partial t$小$\varepsilon$倍。

关于流体速度场及压力场快速变化的情况($-1/2 \leqslant \lambda, \delta < 0$),壳体表面附近有下述运动学条件

$$v_3 = \frac{\partial w}{\partial t} + \omega_1 v_1 + \omega_2 v_2 - \frac{u}{h_1}\left[\frac{\partial v_3}{\partial x_1} - \frac{\partial h_1}{h_3\partial x_3}v_1\right] -$$

$$\frac{v}{h_2}\left[\frac{\partial v_3}{\partial x_2} - \frac{\partial h_2}{h_3\partial x_3}v_2\right] - \frac{w}{h_3}\left[\frac{\partial v_3}{\partial x_3} + \frac{\partial h_3}{h_1\partial x_1}v_1 + \frac{\partial h_3}{h_2\partial x_2}v_2\right] \quad (4-55)$$

相应的动力学条件为

$$Z_1^* = Z_2^* = 0, \quad Z_3^* = p + \frac{u}{h_1}\frac{\partial p}{\partial x_1} + \frac{v}{h_2}\frac{\partial p}{\partial x_2} + \frac{w}{h_3}\frac{\partial p}{\partial x_3} \qquad (4-56)$$

线性理论能够使坐标系α_1, α_2和x_1, x_2等同起来。沿单位矢量$\boldsymbol{k}_i^*$方向的外

载荷 Z_i^* 的分量和沿 $\boldsymbol{k}_i$ 的 Z_i 分量,在允许精度的范围内等同。因此,

$$Z_1 = Z_2 = 0, \quad Z_3 = p + \frac{u}{h_1}\frac{\partial p}{\partial x_1} + \frac{v}{h_2}\frac{\partial p}{\partial x_2} + \frac{w}{h_3}\frac{\partial p}{\partial x_3} \qquad (4-57)$$

如果流体的场变化均匀($\lambda, \delta \geqslant 0$),则运动条件式(4-55)、动力条件式(4-56)可以省略因子(u_i/h_i)项($i = 1,2,3; u_1 = u, u_2 = v, u_3 = w$)

$$v_3 = \frac{\partial w}{\partial t} + \omega_1 v_1 + \omega_2 v_2, \quad Z_1^* = Z_2^* = 0, \quad Z_3^* = p \qquad (4-58)$$

在流体的势运动情况下,用式(4-51)"和"的形式表示势及流体动力压力,由式(4-58)可得线性接触条件

$$\frac{\partial\varphi}{h_3\partial x_3} = \frac{\partial w}{\partial t} + \left(\frac{\partial w}{H_1\partial x_1} - k_{11}u - k_{12}v\right)\frac{\partial\varphi_0}{h_1\partial x_1} + \left(\frac{\partial w}{H_2\partial x_2} - k_{22}v - k_{21}u\right)\frac{\partial\varphi_0}{h_2\partial x_2}$$

$$Z_1^* = Z_2^* = 0, \quad Z_3^* = p_0 + p_\varphi \qquad (4-59)$$

现在来考查不可压缩流体稳定流动情形中流体动压力表达式

$$p = p_\infty + \frac{\rho_\infty}{2}\left[V_\infty^2 - (\boldsymbol{\nabla}\varphi_0)^2\right] \qquad (4-60)$$

令 p_0 值和式(4-60)相同,而 $p_\varphi = -\rho_\infty\boldsymbol{\nabla}\varphi_0\boldsymbol{\nabla}\varphi$,由 $\partial\varphi_0/\partial x_3 = 0$,有[3]

$$Z_3^* = p_\infty + \frac{\rho_\infty}{2}\left[V_\infty^2 - (\boldsymbol{\nabla}\varphi_0)^2\right] - \rho_\infty\left(\frac{1}{h_1^2}\frac{\partial\varphi_0}{\partial x_1}\frac{\partial\varphi}{\partial x_1} + \frac{1}{h_2^2}\frac{\partial\varphi_0}{\partial x_2}\frac{\partial\varphi}{\partial x_2}\right) \qquad (4-61)$$

最后回到本章4.3节中所讨论的关于数 m, n, k 之间可能出现的一般关系式的问题上来。根据前面分析弹性体的大弯曲、中等弯曲及小弯曲情况,可得出 m, n, k 服从的准则:$n = m + k$(当 $k \leqslant 0$ 时)。

实际上,大弯曲变形时,$m = n = 1/5, k = 0$;中等弯曲变形时,$m = 1, n = 1/2$,$k = -1/2$;它们之间过渡时,$m = 2/3, n = 1/3, k = -1/3$;小弯曲变形时,$m = 3/2$,$n = 1, k = -1/2$。

4.6 可渗透壳体和流体的相互作用

在研究可渗透壳体与流体相互作用的问题中,确定接触面的条件时,采用了如下的基本假设:①假定壳体是薄的,且认为接触面与壳体的中性面重合;②壳体的位移和特征尺寸相比较,其比值应远小于1;③穿过壳体的流体渗透仅沿变形表面的法线方向出现;④几何参数、力学参数与渗透性沿表面连续;⑤流体是理想的,可压缩的。

在非接触边界和中性面的边界处,加给弹性体与流体运动的限制条件与通用的流动条件没有不同的地方,因而这里不再重复讨论它们。

4.6.1 接触面上的运动条件

假设当 $t=0$ 时,在表面力、质量力作用下,壳体处于无应力状态,且壳体和流体的相对运动速度条件是确定的。

流体的运动用欧拉正交曲线坐标系 x_1、x_2、x_3 来描述。中性面 Σ 上的轴 x_1、x_2 在 $t=0$ 瞬间指向主曲率线方向,而轴 x_3 指向外法线方向(图4-7)。壳体的变形在拉格朗日曲线坐标系下,用 α_1、α_2 来描述。

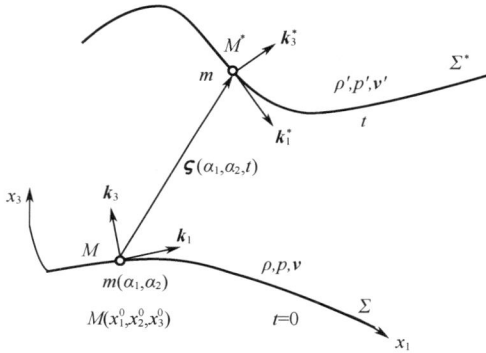

图4-7 壳体在空间的两个位置

当 $t=0$ 时,位于表面 Σ 上的坐标 α_1,α_2 和坐标轴 x_1、x_2 重合,因此,Lame 系数及局部坐标系的三向单位矢量 k_1、k_2、k_3,在两种坐标系中是同一个。单位矢量 $k_i(\alpha_1,\alpha_2)$ 和变形表面上的单位矢量 $k_i^*(\alpha_1,\alpha_2,t)$,彼此通过式(3-14)、式(3-15)相联系。用 ρ、p、v 和 ρ'、p'、v' 表示表面 Σ 的两个方向的密度、压力和速度矢量值(图4-7)。

相对于不动的欧拉坐标系,沿表面 Σ 两个方向的法线方向速度为 $v\cdot k_3^*$ 及 $v'\cdot k_3^*$。流体质点穿过运动速度为 $\partial\varsigma/\partial t$ 的壳体表面后的法向速度等于 $(v-\partial\varsigma/\partial t)\cdot k_3^*$。相应的质量流量为 $\rho(v-\partial\varsigma/\partial t)\cdot k_3^*$,且和值 $\rho V_r\cdot k_3^*$ 相等。式中,V_r 为在点 M^* 处穿过壳体的流体渗透速度矢量。根据引入的假定,它永远垂直于运动表面,即 $V_r=V_3^* k_3^*$,因此 v、v' 是绝对速度矢量,而 V_r 是流体的相对速度矢量(相对于运动的壳体)。显然有等式 $\rho V_r\cdot k_3^*=\rho'V_r'\cdot k_3^*$,利用参数 V_r 和 V_3^*,有

$$\rho\left(v-\frac{\partial\varsigma}{\partial t}\right)k_3^*=\rho'\left(v'-\frac{\partial\varsigma}{\partial t}\right)k_3^*=\rho V_r k_3^* \quad (M^*) \qquad (4-62)$$

这个等式是单位时间内,沿法向在单位面积上渗透的理想流体质量守恒定律。

在穿过表面 Σ 的切向速度分量关系中,一般说来,会遇到不协调的现象,即

$$\left(\boldsymbol{v}-\frac{\partial \boldsymbol{\varsigma}}{\partial t}\right)\boldsymbol{k}_i^* \neq \left(\boldsymbol{v}'-\frac{\partial \boldsymbol{\varsigma}}{\partial t}\right)\boldsymbol{k}_i^* \quad (M^*) \tag{4-63}$$

或者 $\boldsymbol{v}\boldsymbol{k}_i^* \neq \boldsymbol{v}'\boldsymbol{k}_i^* \, (i=1,2)$。

式(4-62)、式(4-63)和以后的叙述中,对应于方程内带有标记(M^*)的空间点 M^* 处,在当前时刻和壳体表面 Σ 上的指定点 m 处的速度是一致的。

方程式(4-62)能够写成各种标量形式,用主基矢 $\boldsymbol{k}_1$、$\boldsymbol{k}_2$、$\boldsymbol{k}_3$ 表示 $\boldsymbol{v}$、$\boldsymbol{v}'$、$\boldsymbol{V}_r$、$\boldsymbol{\varsigma}$, $\boldsymbol{v}=v_i\boldsymbol{k}_i,\boldsymbol{v}'=v_i'\boldsymbol{k}_i,\boldsymbol{V}_r=V_{ri}\boldsymbol{k}_i,\boldsymbol{\varsigma}=\varsigma_i\boldsymbol{k}_i,\partial \boldsymbol{\varsigma}/\partial t=(\partial \varsigma_i/\partial t)\boldsymbol{k}_i$。根据第 3 章式(3-14),得到下述标量形式的方程

$$\left[\rho\left(v_i-\frac{\partial \varsigma_i}{\partial t}\right)-\rho'\left(v_i'-\frac{\partial \varsigma_i}{\partial t}\right)\right]E_i=0, \quad \left(v_i-V_i-\frac{\partial \varsigma_i}{\partial t}\right)E_i=0 \quad (i=1,2,3) \, (M^*)$$

$$\tag{4-64}$$

方程组(4-64)是可渗透壳体和理想可压缩流体相互作用问题的运动条件。下面将求出用变形后的主基矢量 $\boldsymbol{k}_1^*$、$\boldsymbol{k}_2^*$、$\boldsymbol{k}_3^*$ 表示的流体速度分量的运动条件,即表示为 $\boldsymbol{v}=v_i^*\boldsymbol{k}_i^*,\boldsymbol{v}'=v_i'^*\boldsymbol{k}_i^*,\boldsymbol{V}=V_3^*\boldsymbol{k}_3^*$。将得到采用位移基本分量 ς_i 于基矢量 $\boldsymbol{k}_1$、$\boldsymbol{k}_2$、$\boldsymbol{k}_3$ 的表达式

$$\rho v_3^* - \rho'v_3'^* - (\rho-\rho_i')E_i\frac{\partial \varsigma_i}{\partial t}=0, \quad v_3^*-V_3^*-E_i\frac{\partial \varsigma_i}{\partial t}=0 \quad (M^*) \tag{4-65}$$

如果壳体的弯曲变形被认为是静态($\partial \varsigma_i/\partial t=0$)的,式(4-65)将会特别简单。

4.6.2 接触面上的动力条件

在空间点 M^* 处,单位时间内通过单位面积渗透的理想可压缩流体的动量守恒方程为

$$p\boldsymbol{k}_3^* + \rho\boldsymbol{v}\left[\left(\boldsymbol{v}-\frac{\partial \boldsymbol{\varsigma}}{\partial t}\right)\boldsymbol{k}_3^*\right]-\boldsymbol{Z}=p'\boldsymbol{k}_3^* + \rho'\boldsymbol{v}'\left[\left(\boldsymbol{v}'-\frac{\partial \boldsymbol{\varsigma}}{\partial t}\right)\boldsymbol{k}_3^*\right] \quad (M^*) \tag{4-66}$$

式中:$\boldsymbol{Z}$ 为壳体作用于流体的力矢量。由此,得到初始时刻($\boldsymbol{k}_1$、$\boldsymbol{k}_2$、$\boldsymbol{k}_3$)及当前时刻($\boldsymbol{k}_1^*$、$\boldsymbol{k}_2^*$、$\boldsymbol{k}_3^*$)力 Z_m 和 Z_m^* 在轴向投影的表达式,最终这些力的投影包括在壳体运动方程组(4-7)、式(4-8)的右边部分之中。考虑到式(4-64)和式(4-65)的第一个条件,得到

$$Z_m = (p-p')E_m + \rho(v_m-v_m')\left(v_i-\frac{\partial \varsigma_i}{\partial t}\right)E_i,$$

$$Z_m^* = (p-p')\delta_{3m} + \rho(v_m^*-v_m'^*)\left(v_3^*-\frac{\partial \varsigma_i}{\partial t}\right)E_i \quad (m,i=1,2,3) \quad (M^*)$$

$$\tag{4-67}$$

式中:δ_{3m} 为克罗涅克尔符号。

按照式(4－67)，前述所确定方程的右边部分含有位移分量 ς_i。借助于式(4－64)和式(4－65)中的后一个条件，能够从 Z_m 和 Z_m^* 的分量中消去它们，则式(4－67)将用渗透速度分量来表示

$$Z_m = (p - p')E_m + \rho V_i E_i(v_m - v'_m), \quad Z_m^* = (p - p')\delta_{3m} + \rho V_3^*(v_m^* - v'^*_m) \quad (M^*)$$

$$(4－68)$$

如同式(4－67)、式(4－68)所得出的结论，渗透性将导致壳切向力的出现，甚至在理想液体的情况也是如此。只有在表面 Σ 上流体速度切向分量相同($v_1^* - v'^*_1 = 0, v_2^* - v'^*_2 = 0$)的环流作用下，它们才等于零。这就是渗透壳体和非渗透壳体的相互作用问题的基本特征之一。

4.7 壳体和黏性流体之间的相互作用

前面介绍了不可渗透壳体、可渗透壳体和理想流体相互作用问题的接触条件，本节将利用这种描述方法，研究在黏性流体作用下一些问题的提出。这里，假定壳体是不可渗透的。

显然，这里可以给出类似于理想流体情况的综合分析。同前面一样，所附加的限制是在描述接触条件时，允许在变形前不区分壳体表面上拉格朗日坐标和被流体所占据部分的欧拉坐标的区别，但必须区分变形后表面和未变形表面之间的差异，即对于薄壳和理想流体作用的初始状态下定义接触条件时，采用与中性面相联系的拉格朗日坐标 α_1、α_2，在最初瞬间，它和流体中的欧拉坐标 x_1、x_2 重合，并且薄壳占据 $x_3 = 0$ 的位置。

表面接触条件可以从黏性流体状态下的守恒方程中得到。但在不可渗透表面状态中，需建立黏性流体分子对壁的黏附条件和压力平衡条件。

壳体上有矢径为 r 的固定点 m，在初始瞬间($t = 0$)和空间点 M 重合。在任意时刻($t > 0$)，该点 m 和矢量为 $r + \varsigma$ 的空间点 M^* 重合，式中 ς 依然是固定点 m 的位移矢量(图4－4)，黏附条件简化为等式

$$v = \partial\varsigma/\partial t \quad (M^*) \tag{4－69}$$

动力条件为

$$Z = p_3 - p'_3 \quad (M^*) \tag{4－70}$$

式中：v, p_3, p'_3 为速度及液体中的表面压力矢量；Z 为空间 M^* 点处作用于壳体上的力矢量。

采用展开式(4－16)，用空间点 M 邻域上的速度矢量值，可近似地表示在空间点 M^* 处所确定的速度矢量值。例如，在圆柱坐标系($h_1 = 1, x_1 = x, h_2 = r, x_2 = \theta$，

$h_3 = 1, x_3 = r$）中，可得到沿单位矢量 $\boldsymbol{k}_m$ 方向的速度矢量近似分量值 V_j［参见式(4-19)］

$$V_j = v_j + \varsigma_x \frac{\partial v_j}{\partial x} + \varsigma_\theta \frac{\partial v_j}{r\partial\theta} + \varsigma_r \frac{\partial v_j}{\partial r} \quad (j = x,\theta,r) \tag{4-71}$$

由于薄壳位移分量太小，故泰勒级数展开时，高阶项可不予考虑。

注意到上述矢量等式(4-69)可得下面运动条件

$$\frac{\partial\varsigma_x}{\partial t} - V_x = 0, \quad \frac{\partial\varsigma_\theta}{\partial t} - V_\theta = 0, \quad \frac{\partial\varsigma_r}{\partial t} - V_r = 0 \quad (\boldsymbol{M}) \tag{4-72}$$

式中：V_x、V_θ、V_r 值可以从式(4-71)在空间点 M 处计算得到。

同理想流体情况不同，在引用未变形表面的动力条件式(4-70)时，需要用矢量函数式(4-16)的展开式

$$\boldsymbol{Z} = \boldsymbol{p}_r + (\boldsymbol{u} \cdot \boldsymbol{\nabla})\boldsymbol{p}_r + \cdots \quad (\boldsymbol{M}) \tag{4-73}$$

这里将各项一律换成 $\boldsymbol{P}_r'$ 是一样的。

令运动方程中的右部为非零项，由所有的力在变形前各轴上的投影可得到下面形式的运动方程[3]

$$L_j(\varsigma_x, \varsigma_\theta, \varsigma_r) = p_{rj} + \left(\varsigma_x \frac{\partial}{\partial x} + \varsigma_\theta \frac{\partial}{r\partial\theta} + \varsigma_r \frac{\partial}{\partial r}\right)p_{rj} \quad (j = x,\theta,r) \tag{4-74}$$

并应当将它们同流体的运动方程、连续性方程及状态方程结合在一起。同时还要建立相应于无限远处的条件，或者建立在接触表面上流场的相应条件。

4.8　单一拉格朗日法

在单一拉格朗日法中，两种相互作用的介质都用拉格朗日变数描述。该方法最主要的优点在于当流体和壳体的运动是沿着未变形表面法线方向发生，它们之间相互滑动又很小时，其解将更精确些。运动的这种形式，通常在没有平均分速度的动力学问题（如振动、冲击波等）中出现。例如，在壳体 1 和壳体 2 之间的径向运动（图 4-8）时，它们之间和气体 3 不发生相互滑动。

当然，在一些问题中采用单一拉格朗日法将会遇到很大困难。例如，对于可渗透壳体来说，当液体和气体的流动具有很大的相对位移时，出现了对时间平均的运动分量。特别是当研究环流相互作用的问题时，一般都不采用这种方法。

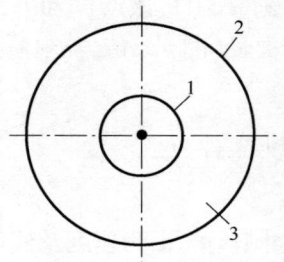

图 4-8　介质径向的相互作用

76

4.8.1 单一拉格朗日法的特点

为了更详细地用实例说明接触条件,先来考察一空间有确定作用线的固定杆件,在定常集中力 p 作用下的大弯曲问题(图 4-9)[3]。设连接杆有重量,且在刚性导向器中可以自由移动,杆和连接杆之间没有摩擦力。该例子中,连接杆系统起到杆和杆件相互接触的介质作用。这相当于两种介质相互作用且都采用拉格朗日描述,故为单一拉格朗日法的典型例证。

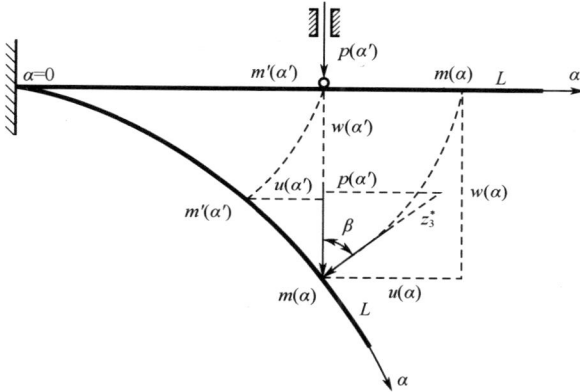

图 4-9 弹性杆件的大弯曲变形

当弯曲变形时,杆上拉格朗日坐标为 α 的弯曲点 m 在力 p 的作用下,落到了空间某点。变形前,该力位于坐标为 α' 的 m' 上。变形后,该点落到空间的一个新位置上,但还保持和坐标 α' 相同的值,力 $p(\alpha')$ 也将有拉格朗日坐标 α'。沿弯曲成弧形的轴的法向分力为

$$Z_3^* = p(\alpha')/\cos(\boldsymbol{k}_3\boldsymbol{k}_3^*) = p(\alpha')/E_3$$

式中:$\boldsymbol{k}_3$ 及 $\boldsymbol{k}_3^*$ 分别为变形前和变形后点 $m(\alpha)$ 处法线方向的单位矢量。如同第 3 章所知,这些单位矢量之间夹角的余弦是 E_3 值,根据式(3-11)、式(3-14),该值等于 $1 + \partial u/\partial \alpha$。以后,这里用 $u(\alpha)$、$w(\alpha)$ 和 $u(\alpha')$、$w(\alpha')$ 表示杆上点 $m(\alpha)$ 及 $m'(\alpha')$ 的位移单位矢量 $\boldsymbol{k}_1$,$\boldsymbol{k}_3$ 方向的投影,因而,在力 $p(\alpha')$ 的分布系统中,弯曲方程将具有如下形式

$$L_a^*[u(\alpha),w(\alpha)] = \delta_{3a}[1 + \partial u(\alpha)/\partial \alpha]^{-1}p(\alpha') \quad (a=1,3) \quad (4-75)$$

式中:L_1^*,L_3^* 为所有力在单位矢量 $\boldsymbol{k}_1^*$,$\boldsymbol{k}_3^*$ 上的投影得到的大变形弯曲方程的非线性微分算子,δ_{3a} 为克罗涅克尔符号。

这样一来,所考察系统的状态具有弹性物体和流体相互作用的基本性质,即介

质间的压力值及滑动值取决于弹性体的变形。式(4-75)右边的值 $p(\alpha')$ 可借助于泰勒级数展开式,近似地用点 $m(\alpha)$ 处的力来表示,即

$$p(\alpha') \approx p(\alpha) + (\alpha' - \alpha)\partial p(\alpha)/\partial\alpha + \cdots \qquad (4-76)$$

由图4-9得 $\alpha' - \alpha = -u(\alpha)$,因此,式(4-75)可写成下面的形式

$$L_a^*[u(\alpha),w(\alpha)] = \delta_{3a}[1 + \partial u(\alpha)/\partial\alpha]^{-1}[p(\alpha) + u(\alpha) \cdot \partial p(\alpha)/\partial\alpha]$$

$$(a = 1,3) \qquad (4-77)$$

这里全部的数值都是坐标 α 的函数。式(4-77)的右边与式(4-75)的右边不同,在当杆的弯曲变形与杆长相比不大时,它是足够精确的。

边界条件为

$$\begin{cases} u(\alpha) = w(\alpha) = \dfrac{\partial w(\alpha)}{\partial\alpha} = 0 & (\alpha = 0) \\[2mm] N_{\alpha\alpha}^* = Q_\alpha^*(\alpha) = M_{\alpha\alpha}^*(\alpha) = 0 & (\alpha = L) \end{cases} \qquad (4-78)$$

式中:$N_{\alpha\alpha},M_{\alpha\alpha},Q_\alpha$ 分别为轴力、弯矩和剪力;角度 $(\boldsymbol{k}_3\boldsymbol{k}_3^*)$ 也是 α 的函数。

力 $p(\alpha')$ 沿杆发生迅速变化时,式(4-77)右边部分将出现精度损失,因此方程式(4-75)最好表示成不同于式(4-77)的形式。

如果杆的位移及它们的导数沿其长度平稳地变化,尽管力迅速变化(例如集中力),参数 $u(\alpha),w(\alpha)$ 则可以近似用函数 $u(\alpha'),w(\alpha')$ 表示。这样一来,点 $m(\alpha)$ 及 $m'(\alpha')$ 的位移分量之间的近似关系可表示成

$$u(\alpha) = u(\alpha') + (\alpha - \alpha')\partial u(\alpha')/\partial\alpha', \quad w(\alpha) = w(\alpha') + (\alpha - \alpha')\partial w(\alpha')/\partial\alpha'$$

$$(4-79)$$

由图4-9有,$-u(\alpha') = mm'\cos(\boldsymbol{k}_3\boldsymbol{k}_3^*)$。由于 $mm' = \alpha - \alpha'$ 及点 α' 处的角度 $(\boldsymbol{k}_3\boldsymbol{k}_3^*)$ 余弦等于 E_3 或 $1 + \partial u(\alpha')/\partial\alpha'$,于是

$$\alpha - \alpha' = -u(\alpha')[1 + \partial u(\alpha')/\partial\alpha']^{-1} \qquad (4-80)$$

考虑到式(4-80),式(4-79)及有通常精度的任意函数 $N(\alpha)$,可得到

$$u(\alpha) = u(\alpha') - u(\alpha')\partial u(\alpha')/\partial\alpha', N(\alpha) = N(\alpha') - u(\alpha')\partial N(\alpha')/\partial\alpha'$$

$$(4-81)$$

导数为

$$\frac{\partial w(\alpha)}{\partial\alpha} = \frac{\partial w(\alpha')}{\partial\alpha'} - u(\alpha')\frac{\partial^2 w(\alpha')}{\partial\alpha'^2}, \cdots$$

因此,方程式(4-75)的算子 L_a^* 中,可以用如下形式表示:

$$L_a^* = [u(\alpha') - u(\alpha')\partial u(\alpha')/\partial\alpha', w(\alpha') - u(\alpha')\partial w(\alpha')/\partial\alpha']$$

$$= \delta_{3a} \left[1 + \partial u(\alpha') / \partial \alpha' \right]^{-1} p(\alpha') \quad (a = 1, 3) \tag{4-82}$$

微分运算按 α' 进行,方程式(4-82)右边括号中二次项的值均舍去。

4.8.2 表面接触条件

当采用具有固定质点运动速度 $\boldsymbol{v}_0 = \boldsymbol{v}$ 的运动坐标系时,拉格朗日形式的流体运动方程可以从第 2 章式(2-72)得出。方程中出现了压力 p、密度 ρ 和速度矢量 $\boldsymbol{v}$。三维情况也可以采用关于 p, ρ 和指定质点位移矢量 $\boldsymbol{U}$ 的方程,因为这时可以利用非线性弹性力学关系式引入位移分量。

在理想流体情况下,所有的应力张量分量中只出现压力,则运动方程里没有质量力,有下述形式[3]

$$\frac{\partial^2 U_1}{\partial t^2}(1 + E_{11}) + \frac{\partial^2 U_2}{\partial t^2}\Theta_{12} + \frac{\partial^2 U_3}{\partial t^2}\Theta_{31} = -\frac{1}{\rho H_1}\frac{\partial p}{\partial \alpha_1},$$

$$\frac{\partial^2 U_1}{\partial t^2}\Theta_{21} + \frac{\partial^2 U_2}{\partial t^2}(1 + E_{22}) + \frac{\partial^2 U_3}{\partial t^2}\Theta_{23} = -\frac{1}{\rho H_2}\frac{\partial p}{\partial \alpha_2},$$

$$\frac{\partial^2 U_1}{\partial t^2}\Theta_{13} + \frac{\partial^2 U_2}{\partial t^2}\Theta_{32} + \frac{\partial^2 U_3}{\partial t^2}(1 + E_{33}) = -\frac{1}{\rho H_3}\frac{\partial p}{\partial \alpha_3} \tag{4-83}$$

式中: U_1, U_2, U_3 分别为初始位置时位移在单位矢量 $\boldsymbol{k}_1, \boldsymbol{k}_2, \boldsymbol{k}_3$ 方向上的投影; Θ_{ij} 的值具有下列形式

$$\Theta_{12} = \frac{1}{2}E_{12} + \Omega_3, \quad \Theta_{21} = \frac{1}{2}E_{12} - \Omega_3, \quad \Theta_{13} = \frac{1}{2}E_{13} + \Omega_2$$

$$\Theta_{31} = \frac{1}{2}E_{13} - \Omega_2, \quad \Theta_{23} = \frac{1}{2}E_{23} + \Omega_1, \quad \Theta_{32} = \frac{1}{2}E_{23} - \Omega_1 \tag{4-84}$$

参数 E_{ij}, Ω_k 具有下述弹性理论的意义[18]

$$E_{11} = \frac{1}{H_1}\frac{\partial U_1}{\partial \alpha_1} + \frac{1}{H_1 H_2}\frac{\partial H_1}{\partial \alpha_1}U_2 + \frac{1}{H_1 H_2}\frac{\partial H_1}{\partial \alpha_3}U_3,$$

$$E_{12} = E_{21} = \frac{H_2}{H_1}\frac{\partial}{\partial \alpha_1}\left(\frac{U_2}{H_2}\right) + \frac{H_1}{H_2}\frac{\partial}{\partial \alpha_2}\left(\frac{U_1}{H_1}\right),$$

$$2\Omega_1 = \frac{1}{H_2 H_3}\left[\frac{\partial}{\partial \alpha_2}(H_3 U_3) - \frac{\partial}{\partial \alpha_3}(H_2 U_2)\right] \tag{4-85}$$

式中: H_1, H_2, H_3 为 Lame 系数,其余的参数可通过周期地置换下标得到。表达式(4-84)借助于式(4-85)同样可以通过位移矢量表示

$$\Theta_{12} = \frac{1}{H_1}\frac{\partial U_2}{\partial \alpha_1} - \frac{U_1}{H_1 H_2}\frac{\partial H_1}{\partial \alpha_2}, \quad \Theta_{13} = \frac{1}{H_3}\frac{\partial U_1}{\partial \alpha_3} - \frac{U_3}{H_1 H_3}\frac{\partial H_3}{\partial \alpha_1}, \quad \Theta_{23} = \frac{1}{H_2}\frac{\partial U_3}{\partial \alpha_2} - \frac{U_2}{H_3 H_2}\frac{\partial H_2}{\partial \alpha_3}$$

其余的值 $\Theta_{21}, \Theta_{32}, \Theta_{31}$ 可以从 $\Theta_{12}, \Theta_{13}, \Theta_{23}$ 的表达式中置换下标 1 和 2 得到。连续性方程具有形式

$$\rho\Delta = \rho \begin{vmatrix} 1+E_{11} & \Theta_{21} & \Theta_{13} \\ \Theta_{12} & 1+E_{22} & \Theta_{32} \\ \Theta_{31} & \Theta_{23} & 1+E_{33} \end{vmatrix} = \rho_0 \tag{4-86}$$

当 $t=0$ 时，拉格朗日正交曲线坐标系 $\alpha_1, \alpha_2, \alpha_3$ 被两种介质共同采用，它们之间的接触沿表面 $\alpha_3 = \alpha_3^0$ 实现。如果物体是薄壁的，同 4.8.1 节，采用中性层来表示变形，坐标 α_1, α_2 指向 Σ 的主曲率线方向。这一瞬时，可采用弹性体的未变形状态。

这样一来，在最初瞬间用同一个拉格朗日坐标值来书写 Σ 面两个方向的相邻点，虽然随后这些质点因在表面 Σ 上散开，沿不同的轨迹运动，但它们的坐标值却相同。所以当出现滑动时，接触条件将具有在 Σ 面上不同的拉格朗日坐标值点，例如 $(\alpha_1, \alpha_2, \alpha_3^0)$ 和 $(\alpha_1', \alpha_2', \alpha_3^0)$。

于是，当 $t>0$ 时，弹性物体的点 $m(\alpha_1, \alpha_2)$ 与位于同一表面 Σ 上的流体质点 M' 重合；当 $t=0$ 时，M' 为坐标 α_1', α_2' 的点，点 $m'(\alpha_1', \alpha_2')$ 和 $M(\alpha_1, \alpha_2, \alpha_3^0)$ 的新位置也在图 4-10 中示出。运动条件将由下面等式构成

$$\boldsymbol{r}(\alpha_1, \alpha_2) + \boldsymbol{u}(\alpha_1, \alpha_2, t) = \boldsymbol{r}(\alpha_1', \alpha_2') + \boldsymbol{U}(\alpha_1', \alpha_2', t) \quad (\alpha_3 = \alpha_3^0) \tag{4-87}$$

式中：r 为矢量半径；u, U 分别为弹性物体和流体质点的位移矢量。

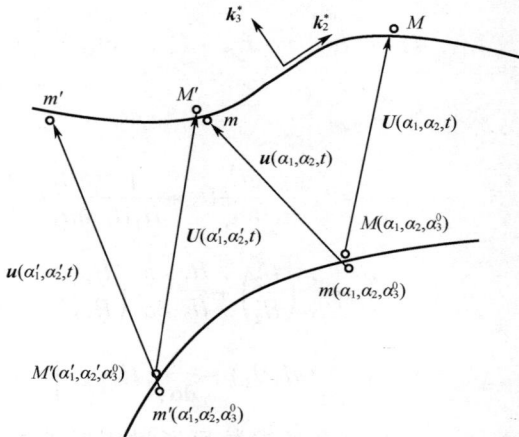

图 4-10　接触表面的两个位置

理想流体的动力学条件具有如下形式

$$\boldsymbol{\sigma}_n(\alpha_1,\alpha_2,t)\cdot\boldsymbol{k}_i^*(\alpha_1,\alpha_2,t)=0,$$

$$\boldsymbol{\sigma}_n(\alpha_1,\alpha_2,t)\cdot\boldsymbol{k}_3^*(\alpha_1,\alpha_2,t)=-p(\alpha_1',\alpha_2',t)\quad(i=1,2)\qquad(4-88)$$

式中：$\boldsymbol{\sigma}_n$ 为应力矢量；$\boldsymbol{k}_i^*$ 为变形后的点 m 处坐标线 α_i 切向方向的单位矢量；$\boldsymbol{k}_3^*$ 法向单位矢量。如果弹性体是薄壁壳，则式(4-87)不变化，代替式(4-88)，将有方程

$$L_b^*=[u_1(\alpha_1,\alpha_2,t),u_2,u_3]=\delta_{3b}p(\alpha_1',\alpha_2',\alpha_3^0,t)\quad(b=1,2,3)\qquad(4-89)$$

该方程式是由所有力在单位矢量 $\boldsymbol{k}_m^*$ 方向上的投影得到的，位移将具有壳体特征尺寸的量级，变形被认为远小于1，符合基尔霍夫-乐甫假说法向单位矢量为 $\boldsymbol{k}_3^*$。在壳体的边界处，给出条件

$$l_c^*[u_1(\alpha_1,\alpha_2,t),u_2,u_3]=0\quad(c=1,2,3,4;\alpha_1=\alpha_1^0)\qquad(4-90)$$

上述所导出的方程连同流体在非接触表面处的条件及初始条件，均是流体弹性力学问题中的完全拉格朗日法的数学表达式。如果采用离散法来求解，可以被认为是最终结果。这时，在按时间划分的每一步中，由于 α_i 和 α_i' 之间的微小差别，是可以把它们等量齐观的。如果解是借助于分析法求得，则必须确定 α_i 和 α_i' 之间的关系。

参 考 文 献

[1] 林建忠,等. 流体力学[M]. 北京:清华大学出版社,2005:179-182.

[2] 董曾南,章梓雄. 非粘性流体力学[M]. 北京:清华大学出版社,2003:60-67.

[3] Ильгамов М А. Введение в нелинейную гидроупругость[M]. Москва:Изд. наука. 1991.

[4] 周小利,白象忠. 弹性圆柱薄壳在流体中的变形与内力分析[J]. 工程力学,2007,24(5):47-52.

[5] 宋晓娟,白象忠. 浅拱形薄壳在流体作用下的变形与应力分析[J]. 机械强度,2011,33(5):62-67.

[6] 郝亚娟,白象忠. 弹性梁式薄板在横向绕流中的大变形[J]. 应用力学学报,2009,26(2):304-307.

[7] 郝亚娟,白象忠. ULE法求解横向绕流条件下固支弹性薄板[J]. 工程力学,2009,26(11):17-22.

[8] Hao Yajuan,Bai Xiangzhong,Bo Xiaohua. Deformation of an elastic thin plate in lateral flow of fluid by using of ULE method[C]. Second International Conference on Innovative Computing,Information and Control,September 5-7,2007,Kumamoto,Japan.

[9] 曹文斌,常福清,白象忠. 可渗透圆柱壳流固耦合问题的流场与内力分析[J]. 应用力学学报,2007,24(4):622-627.

[10] 曹文斌,常福清,白象忠. 渗透球壳流固耦合问题的位移及内力解[J]. 船舶力学,2009,13(1):63-71.

[11] 刘纯,白象忠,李小宝. 受支架支撑的血管管壁变形及应力分析[J]. 固体力学,2012,33(6):557-565.

［12］刘纯,白象忠,李小宝. 狭窄血管处管壁的变形与应力分析[J]. 工程力学,2013,30(2):464－469.

［13］Noh W F. CEL A time－dependent,two－space dimensional,coupled Eulerian－Lagrangian code[J]. Methods in Computational Physics,1964,(3):117,Academic Press.

［14］Овсянников Л. В. О всплывании пузыря \\ Некоторые проблемы математики и механики［М］Л. : Наука,1970:85－95.

［15］II'gamov M A. Rearrangement of harmonics during bending of a cylindrical shell under dynamic compression [J]. Journal of Applied Mechanics and Technical Physics,2011,52(3):471－477.

［16］朱洪来,白象忠. 流固耦合问题的描述方法及分类简化准则[J]. 工程力学,2007,24(10):92－99.

［17］白象忠,郝亚娟. 非线性流体弹性力学研究进展[J]. 力学进展,2008,38(5):545－560.

［18］诺沃日洛夫 B B. 非线性弹性力学基础［M］. 朱兆祥,译. 北京:科学出版社,1958.

［19］Григоренко Я М,Мукоёд П А. Решение Нелинейных Задач Теории Оболочек На ЭВМ ［М］. Киев: Изд Вища Школа,1983:20－22.

［20］白象忠,田振国. 板壳磁弹性力学基础［M］. 北京:科学出版社,2006.

［21］Муштари Х М,Галимов К. З. Нелинейная теория упругих оболочек［M］. Казань:Таткниго－издат, 1957:431с.

82

第5章　相容拉格朗日－欧拉法求解弹性薄壳的变形

为了便于读者理解如何应用相容拉格朗日－欧拉法求解在流体作用下的弹性薄壳变形问题,本章首先由求解弹性圆柱薄壳绕流的小变形问题开始,逐步深入到中等变形和大变形以及浅拱形壳变形的非线性问题。

5.1　弹性圆柱薄壳绕流的小变形

5.1.1　问题描述

流体以均匀速度从无限远处沿垂直于轴线的方向流过一无限长圆柱壳,壳体受非流体支撑从而静止于流体中(如图5-1所示)。设流体为理想不考虑质量力的不可压缩定常势流,在无穷远处压力、密度和速度分别为 $p_\infty, \rho_\infty, V_\infty$;壳体为弹性等厚度薄壳,厚度为 h,中面半径为 R,内部压力为 p_0 且在其变形过程中保持不变。假设在流体荷载下圆柱壳发生小弯曲变形,求解壳体的变形和流场变化[1]。

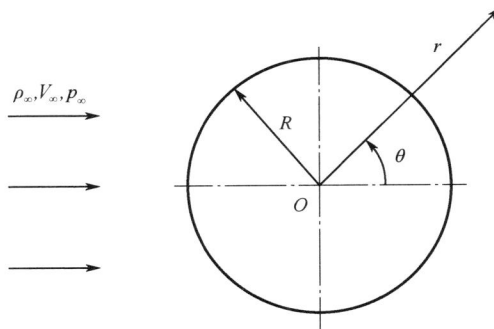

图5-1　流体绕圆柱壳横向流动

小弯曲问题中,壳体中面的不可延伸性的假设是相当精确的,且壳体平衡方程可进一步简化为线性方程。

5.1.2　方程组的建立

采用柱坐标系 (z, θ, r),z, θ 位于壳体中面上,z 沿着壳体的轴向,θ 以逆时针方向为正，r 以从壳体横截面圆心向外为正。

由 2.1.5 节和式（2-57）知，速度势 φ 和流体动压力 p 的求解归结到求解方程组

$$\nabla^2\varphi = 0, \quad p = p_\infty + \frac{\rho_\infty}{2}\left[V_\infty^2 - (\nabla\varphi)^2\right] \tag{5-1}$$

和边界条件[2]

$$\varphi = V_\infty r\cos\theta \quad (r \to \infty) \tag{5-2}$$

由第 3 章壳体理论的基本关系式，对于圆柱薄壳有

$$\omega_2 = \omega_\theta = \frac{1}{R}\left(\frac{\partial w}{\partial\theta} - v\right), \quad e_{22} = e_{\theta\theta} = \frac{1}{R}\left(\frac{\partial v}{\partial\theta} + w\right), \quad E_2 = E_\theta = -\omega_2, \quad E_3 = E_r = 1,$$

$$\varepsilon_{22} = \varepsilon_{\theta\theta} = \frac{\partial v}{R\partial\theta} + \frac{w}{R}, \quad \kappa_{22} = \kappa_{\theta\theta} = \frac{1}{R^2}\left(\frac{\partial v}{\partial\theta} - \frac{\partial^2 w}{\partial\theta^2}\right)$$

式中：w 和 v 分别为壳体中面沿 r 和 θ 方向的变形。

根据式（4-19）和式（4-20）在定常流动的情况下，式中 $\alpha_2 = \theta, \alpha_3 = r, h_2 = r,$ $h_3 = l, H_2 = R, H_3 = 1, k_{11} = 0, k_{22} = \frac{1}{R}, k_{21} = k_{12} = 0, v_2 = \frac{\partial\varphi}{r\partial\theta}, v_3 = \frac{\partial\varphi}{\partial r}$，由此可得壳体发生小弯曲变形时接触面运动学条件及动力学条件

$$\frac{\partial\varphi}{\partial r} = \frac{1}{r^2}\frac{\partial w}{\partial\theta}\frac{\partial\varphi}{\partial\theta} - w\frac{\partial^2\varphi}{\partial r^2} - \frac{v}{r}\frac{\partial^2\varphi}{\partial r\partial\theta} \quad (r = R) \tag{5-3}$$

$$Z_\theta = 0, Z_r = p_0 - p - w\frac{\partial p}{\partial r} - \frac{v}{r}\frac{\partial p}{\partial\theta} \quad (r = R) \tag{5-4}$$

式中：Z_r 为沿 r 方向的外力分量；Z_θ 为沿 θ 方向的外力分量。

注意到 $X_2 = Z_\theta, X_3 = Z_r$，则壳体理论线性化平衡方程为

$$\partial N_{\theta\theta}/\partial\theta + Q_\theta + RZ_\theta = 0, \quad \partial Q_\theta/\partial\theta - N_{\theta\theta} + RZ_r = 0, \quad \partial M_{\theta\theta}/\partial\theta - RQ_\theta = 0 \tag{5-5}$$

式中：$N_{\theta\theta}$、Q_θ 为壳体中面内力；$M_{\theta\theta}$ 为内力矩。

连续消掉这个方程组中的 $Q_\theta, N_{\theta\theta}, M_{\theta\theta}$，并将 $M_{\theta\theta} = D_M\kappa_{\theta\theta} = \dfrac{D_M}{R^2}\left(\dfrac{\partial v}{\partial\theta} - \dfrac{\partial^2 w}{\partial\theta^2}\right)$ 代入，可得

$$\frac{D_M}{R^4}\left(\frac{\partial^6 w}{\partial\theta^6} + 2\frac{\partial^4 w}{\partial\theta^4} + \frac{\partial^2 w}{\partial\theta^2}\right) = \frac{\partial^2 Z_r}{\partial\theta^2} \tag{5-6}$$

利用中面不可屈伸的条件 $\varepsilon_{\theta\theta} = \dfrac{\partial v}{R\partial\theta} + \dfrac{w}{R} = 0$ 可得

$$\partial v/\partial\theta = -w, \quad v = -\int w\mathrm{d}\theta + v_0 \tag{5-7}$$

在只引起壳体位移变形的情况下，$v_0 = 0$。

考虑式(5-4)和式(5-7)，式(5-3)和式(5-6)变成

$$\frac{\partial \varphi}{\partial r} = \frac{1}{r^2} \frac{\partial w}{\partial \theta} \frac{\partial \varphi}{\partial \theta} - w \frac{\partial^2 \varphi}{\partial r^2} + \left(\int w \mathrm{d}\theta \right) \frac{\partial^2 \varphi}{r \partial r \partial \theta} \quad (r = R) \qquad (5-8)$$

$$\frac{\partial^6 w}{\partial \theta^6} + 2 \frac{\partial^4 w}{\partial \theta^4} + \frac{\partial^2 w}{\partial \theta^2} = \frac{R^4}{D_M} \frac{\partial^2}{\partial \theta^2} \left[p_0 - p - w \frac{\partial p}{\partial r} + \left(\int w \mathrm{d}\theta \right) \frac{\partial p}{r \partial \theta} \right] \quad (r = R)$$

$$(5-9)$$

5.1.3　方程组的求解

研究相互作用的定常流动问题时，将问题引入的参数简化为由两部分构成。其中在绝对刚性壳($w_1 \equiv 0$)的假设下，引入流体的势 φ_1 和压力 p_1；而在接触面变形的情况下引起扰动 φ_2 和 p_2，则

$$\varphi = \varphi_1 + \varphi_2, \quad p = p_1 + p_2, \quad w = w_2 \qquad (5-10)$$

把式(5-10)代入到式(5-1)、式(5-2)、式(5-8)和式(5-9)中，得出分别对应于 φ_1, p_1 和 φ_2, p_2, w 的两组方程。对于 φ_1, p_1 得到下面的边值问题

$$\boldsymbol{\nabla}^2 \varphi_1 = 0, \quad p_1 = p_\infty + \frac{\rho_\infty}{2} \left[V_\infty^2 - (\boldsymbol{\nabla} \varphi_1)^2 \right], \quad \frac{\partial \varphi_1}{\partial r} = 0 \quad (r = R)$$

$$\varphi_1 = V_\infty r \cos\theta \quad (r \to \infty) \qquad (5-11)$$

对于 φ_2, p_2, w，小弯曲情形下，有 $p_2 \ll p_1, \varphi_2 \ll \varphi_1$，在精度允许范围内，相对于 φ_1, p_1 的导数，可以舍去部分 φ_2, p_2 的导数项，因此 φ_2, p_2, w 满足

$$\boldsymbol{\nabla}^2 \varphi_2 = 0, \quad \varphi_2 = 0 \quad (r \to \infty) \qquad (5-12)$$

$$p_2 = -\rho_\infty \left(\frac{\partial \varphi_1}{\partial r} \frac{\partial \varphi_2}{\partial r} + \frac{1}{r^2} \frac{\partial \varphi_1}{\partial \theta} \frac{\partial \varphi_2}{\partial \theta} \right) \qquad (5-13)$$

$$\frac{\partial \varphi_2}{\partial r} = \frac{\partial w}{r \partial \theta} \frac{\partial \varphi_1}{r \partial \theta} - w \frac{\partial^2 \varphi_1}{\partial r^2} \quad (r = R) \qquad (5-14)$$

$$\frac{\partial^6 w}{\partial \theta^6} + 2 \frac{\partial^4 w}{\partial \theta^4} + \frac{\partial^2 w}{\partial \theta^2} = \frac{R^4}{D_M} \frac{\partial^2}{\partial \theta^2} \left[p_0 - p_1 - p_2 - w \frac{\partial p_1}{\partial r} + \left(\int w \mathrm{d}\theta \right) \frac{\partial p_1}{r \partial \theta} \right] \quad (r = R)$$

$$(5-15)$$

φ_1 和 p_1 的解为[3]

$$\varphi_1 = V_\infty \left(r + \frac{R^2}{r} \right) \cos\theta \qquad (5-16)$$

$$p_1 = p_\infty - \frac{\rho_\infty V_\infty^2}{2} \left(\frac{R}{r} \right)^2 \left(\frac{R^2}{r^2} - 2\cos 2\theta \right) \qquad (5-17)$$

下面求解 φ_2, p_2, w。φ_2 满足式 $(5-12)$ 中的第一个方程，在理想流体的作用下绕圆柱流动以线 $\theta = 0, \pi$ 对称，则 φ_2 的表达式如下

$$\varphi_2 = A_0^* \ln r + B_0^* + \sum_{n=1}^{N} (A_n^* r^{-n} + B_n^* r^n) \cos n\theta$$

式中：A_0^*、B_0^*、A_n^* 和 B_n^* 为待定参数，根据式 $(5-12)$ 可得

$$A_0^* = 0, \quad B_0^* = 0 = B_1^* = B_2^* = \cdots$$

则有

$$\varphi_2 = \sum_{n=1}^{N} A_n^* r^{-n} \cos n\theta$$

壳体法向位移也可以表达成 θ 的偶函数的级数

$$w = \sum_{n=0}^{N} W_n \cos n\theta \tag{5-18}$$

将 w, φ_1, φ_2 的表达式代入式 $(5-14)$，令方程两边相同幅角的 $\cos k\theta$ 项的系数相等，可得

$$A_n^* = V_\infty R^n (W_{n+1} - W_{n-1}) \cos n\theta$$

则有

$$\varphi_2 = V_\infty \sum_{n=1}^{N} \left(\frac{R}{r} \right)^n (W_{n+1} - W_{n-1}) \cos n\theta \tag{5-19}$$

将式 $(5-16)$ 和式 $(5-19)$ 代入式 $(5-13)$ 求壳表面压力 p_2 的分布时，其中第一项由于 $\partial \varphi_1 / \partial r = 0 (r = R)$ 可以省略，则有

$$p_2 = \frac{\rho_\infty V_\infty^2}{R} \sum_{n=1}^{N} n(W_{n+1} - W_{n-1}) [\cos(n-1)\theta - \cos(n+1)\theta] \tag{5-20}$$

这样一来，弯曲方程式 $(5-15)$ 右边的全部项都能用稳定流动参数和壳体的挠度函数来表示。将式 $(5-17)$、式 $(5-18)$ 和式 $(5-20)$ 代入式 $(5-15)$，可得

$$-\frac{1}{2\mu_0} \sum_{n=1}^{N} (n^2 - 1)^2 n^2 W_n \cos n\theta = 4R\cos 2\theta + \sum_{n=1}^{N} n(W_{n+1} - W_{n-1}) \times$$

$$[(n-1)^2 \cos(n-1)\theta - (n+1)^2 \cos(n+1)\theta] + 2\sum_{n=1}^{N} n^2 W_n \cos n\theta -$$

$$\sum_{n=1}^{N} W_n [(n-2)^2 \cos(n-2)\theta + (n+2)^2 \cos(n+2)\theta] +$$

$$\sum_{n=1}^{N} \frac{1}{n} W_n [(n-2)^2 \cos(n-2)\theta - (n+2)^2 \cos(n+2)\theta] \tag{5-21}$$

这里用 μ_0 表达速度压力 $\rho_\infty V_\infty^2/2$ 与具有壳体刚性特征的数值 D_M/R^3 之比

$$\mu_0 = \frac{\rho_\infty V_\infty^2 R^3}{2D_M}$$

式中：μ_0 为流体弹性参数。

在式（5-21）中，令方程两边相同幅角的 $\cos k\theta$ 项的系数相等，这时将得到关于 W_n 的代数方程组

$$W_3 = 0$$

$$\left(\frac{9}{2\mu_0} - 2\right) W_2 + \frac{9}{4} W_4 = -R$$

$$\left(n - 2 - \frac{1}{n-2}\right) W_{n-2} + \left[\frac{(n^2-1)^2}{2\mu_0} - 2(n-1)\right] W_n + \left(n + \frac{1}{n+2}\right) W_{n+2} = 0 \quad (n \geqslant 3)$$

考察上面三个方程，可得非偶数下标的挠度幅值恒等于零。式（5-18）中 $N=4$ 时，可得关于 W_2 和 W_4 的方程组

$$\left(\frac{9}{2\mu_0} - 2\right) W_2 + \frac{9}{4} W_4 = -R, \quad W_2 + \left(\frac{75}{\mu_0} - 4\right) W_4 = 0$$

解得

$$W_2 = -\frac{2R\mu_0}{9 - 4\mu_0\left(1 + \dfrac{9\mu_0}{600 - 32\mu_0}\right)}$$

$$W_4 = \frac{4R\mu_0^2}{\left[9 - 4\mu_0\left(1 + \dfrac{9\mu_0}{600 - 32\mu_0}\right)\right](150 - 8\mu_0)}$$

此时壳体法向位移可表示为

$$w = W_2\cos 2\theta + W_4\cos 4\theta$$

可以得出 μ_0 和 R 取不同值时对应的壳体挠度值，进而求出壳体的变形、内力及其流场函数值。

5.1.4　小弯曲问题中的壳体内力、流场压力系数与流场函数

1. 壳体内力

小弯曲变形问题的壳体内力中，只有弯矩 $M_{\theta\theta}$ 不为零，且不考虑 v 的影响

$$M_{\theta\theta} = D_M \kappa_{\theta\theta} = \frac{D_M}{R^2}\left(\frac{\partial v}{\partial \theta} - \frac{\partial^2 w}{\partial \theta^2}\right) = \frac{Eh^3}{3(1-\nu^2)R^2}(W_2\cos 2\theta + 4W_4\cos 4\theta) \quad (5-22)$$

由于 $\sigma_{\theta\theta} = \dfrac{12M_{\theta\theta}\gamma}{h^3}$，$\quad \gamma \in \left[\dfrac{-h}{2}, \dfrac{h}{2}\right]$，式中 γ 为沿壳厚的坐标变量,则有

$$\sigma_{\theta\theta} = \frac{4E\gamma}{(1-\nu^2)R^2}(W_2\cos2\theta + 4W_4\cos4\theta)$$

2. 压力系数

定义壳体表面的压力系数为

$$C_p = \frac{p-p_\infty}{\rho V_\infty^2/2} = \frac{p_1+p_2-p_\infty}{\rho V_\infty^2/2}$$

由式(5-17)和式(5-20)可以求得

对于刚性壳 $C_{p1} = 1 - 4\sin^2\theta$；

弹性壳 $C_{p2} = 1 - 4\sin^2\theta + 2W_2(1 - 4\cos2\theta + 3\cos4\theta)/R + 6W_4(\cos2\theta - \cos4\theta)/R$。

3. 流场函数

由势函数 φ 可求得流场速度分量表达式

$$v_r = \frac{\partial\varphi}{\partial r} = \frac{\partial(\varphi_1+\varphi_2)}{\partial r} = V_\infty(1 - R^2 r^{-2})\cos\theta -$$

$$V_\infty[Rr^{-2}W_2\cos\theta + 3R^3 r^{-4}(W_4 - W_2)\cos3\theta]$$

$$v_\theta = \frac{\partial\varphi}{r\partial\theta} = \frac{\partial(\varphi_1+\varphi_2)}{r\partial\theta} = -V_\infty(1 + R^2 r^{-2})\sin\theta +$$

$$V_\infty[Rr^{-2}W_2\sin\theta + 3R^3 r^{-4}(W_4 - W_2)\sin3\theta]$$

5.2　弹性圆柱薄壳绕流的中等变形

5.2.1　方程组的建立

弹性圆柱薄壳绕流状态下中等变形的基本关系式与小变形不同的是

$$\omega_2 = \omega_\theta = \frac{\partial w}{R\partial\theta}, \quad \varepsilon_{22} = \varepsilon_{\theta\theta} = \frac{\partial v}{R\partial\theta} + \frac{w}{R} + \frac{1}{2}\left(\frac{\partial w}{R\partial\theta}\right)^2, \quad \kappa_{22} = \kappa_{\theta\theta} = -\frac{1}{R^2}\frac{\partial^2 w}{\partial\theta^2}$$

由式(4-35)、式(4-49)得接触面运动学条件和动力学条件为

$$\frac{\partial\varphi}{\partial r} = \frac{\partial w}{r\partial\theta}\frac{\partial\varphi}{r\partial\theta} - w\frac{\partial^2\varphi}{\partial r^2} \quad (r = R) \tag{5-23}$$

$$Z_\theta^* = 0; \quad Z_r^* = p_0 - p - w\frac{\partial p}{\partial r} \quad (r = R) \tag{5-24}$$

引入壳体曲率变化函数 $U_r = R/R^*$，这里 R 和 R^* 分别为变形前和变形后的曲率半径。考虑到 $X_r^* = Z_r^*$，则圆柱壳体中等弯曲平衡方程为

$$\frac{\partial N_{\theta\theta}}{\partial \theta} + U_r Q_\theta = 0, \quad \frac{\partial Q_\theta}{\partial \theta} - U_r N_{\theta\theta} + R Z_r^* = 0, \quad \frac{\partial M_{\theta\theta}}{\partial \theta} - R Q_\theta = 0 \quad (5-25)$$

弯矩和曲率变化之间的关系为

$$M_{\theta\theta} = D_M \kappa_{\theta\theta} = -\frac{D_M}{R^2} \frac{\partial^2 w}{\partial \theta^2} \quad (5-26)$$

曲率变化和法向位移之间的关系

$$w = \frac{R}{U_r} - R = R\left(\frac{1}{U_r} - 1\right), \quad U_r = \frac{R}{R+w} \quad (5-27)$$

连续消掉方程组（5-25）中的 $Q_\theta, N_{\theta\theta}, M_{\theta\theta}$，并利用式（5-24）、式（5-26）和式（5-27）得

$$\left(1 + \frac{1}{R}w\right)\frac{1}{R}\frac{\partial w}{\partial \theta}\left[\frac{\partial^4 w}{\partial \theta^4} - \frac{R^4}{D_M}\left(p_0 - p - w\frac{\partial p}{\partial r}\right)\right] +$$

$$\left(1 + \frac{1}{R}w\right)^2 \left[\frac{\partial^5 w}{\partial \theta^5} + \frac{R^4}{D_M}\left(\frac{\partial p}{\partial \theta} + w\frac{\partial^2 p}{\partial r\partial \theta} + \frac{\partial w}{\partial \theta}\frac{\partial p}{\partial r}\right)\right] + \frac{\partial^3 w}{\partial \theta^3} = 0 \quad (r = R)$$

5.2.2 方程组的求解

设式（5-10）成立，则对于 φ_1, p_1 满足的边值问题以及问题的解与小变形时相同。

对于 φ_2, p_2, w，除了满足式（5-12）外，还满足以下各式

$$p_2 = -\frac{\rho_\infty}{2}(\nabla \varphi_2)^2 - \rho_\infty\left(\frac{\partial \varphi_1}{\partial r}\frac{\partial \varphi_2}{\partial r} + \frac{1}{r^2}\frac{\partial \varphi_1}{\partial \theta}\frac{\partial \varphi_2}{\partial \theta}\right) \quad (5-28)$$

$$\frac{\partial \varphi_2}{\partial r} = \frac{\partial w}{r\partial \theta}\frac{\partial(\varphi_1 + \varphi_2)}{r\partial \theta} - w\frac{\partial^2(\varphi_1 + \varphi_2)}{\partial r^2} \quad (r = R) \quad (5-29)$$

$$\left(1 + \frac{1}{R}w\right)\frac{1}{R}\frac{\partial w}{\partial \theta}\left[\frac{\partial^4 w}{\partial \theta^4} - \frac{R^4}{D_M}\left(p_0 - p_1 - p_2 - w\frac{\partial(p_1 + p_2)}{\partial r}\right)\right] +$$

$$\left(1 + \frac{1}{R}w\right)^2\left[\frac{\partial^5 w}{\partial \theta^5} + \frac{R^4}{D_M}\left(\frac{\partial(p_1 + p_2)}{\partial \theta} + w\frac{\partial^2(p_1 + p_2)}{\partial r\partial \theta} + \frac{\partial w}{\partial \theta}\frac{\partial(p_1 + p_2)}{\partial r}\right)\right] + \frac{\partial^3 w}{\partial \theta^3} = 0$$

$$(r = R) \quad (5-30)$$

求解 φ_2, p_2, w 时，由于绕圆柱流动的对称性，势函数 φ_2 可展开成关于变量 θ 的偶函数形式，于是可设

$$\varphi_2 = A_1 r^{-1}\cos\theta + A_3 r^{-3}\cos3\theta \tag{5-31}$$

壳体挠度 w 也表示为两项级数形式

$$w = W_2\cos2\theta + W_4\cos4\theta \tag{5-32}$$

将式(5-16)和式(5-31)代入式(5-28)中,得 p_2

$$p_2 = -\frac{\rho_\infty}{2r^8}\big[A_1^2 r^4 + 9A_3^2 + 2V_\infty r^4 R^2 A_1 + (6r^2 A_1 A_3 - 2V_\infty r^6 A_1 +$$
$$6V_\infty r^2 R^2 A_3)\cos2\theta - 6V_\infty r^4 A_3\cos4\theta\big] \tag{5-33}$$

将式(5-16)、式(5-31)和式(5-32)代入式(5-29),令方程两边 $\cos\theta$ 和 $\cos3\theta$ 的系数分别相等,得 A_1,A_3 与 W_2,W_4 之间的关系式

$$A_1 = -W_2 V_\infty R + 2W_2^2 V_\infty, \quad A_3 = \frac{1}{3}\Big(2W_2 - \frac{2W_2^2}{R} - 3W_4\Big)V_\infty R^3 \tag{5-34}$$

将式(5-17)、式(5-32)、式(5-33)、式(5-34)代入式(5-30),令式左边 $\sin2\theta$ 和 $\sin4\theta$ 项的系数为零,得关于 W_2,W_4 的代数方程组

$$(\mu_0 - 16)W_2^3 + 45\mu_0 W_2^2 W_4 - 34\mu_0 R W_2^2 + R(19\mu_0 - 768 + \gamma_0)W_2 W_4 +$$
$$2R^2(7\mu_0 - 12 + \gamma_0)W_2 - 12R^2\mu_0 W_4 - 4R^3\mu_0 = 0$$

$$24\mu_0 W_2^3 - (78\mu_0 + 544)W_2^2 W_4 + R(23\mu_0 - 48 - \gamma_0)W_2^2 - 10R\mu_0 W_2 W_4 -$$
$$22R^2\mu_0 W_2 + 4R^2(7\mu_0 - 240 + \gamma_0)W_4 = 0 \tag{5-35}$$

式中:γ_0 为流体静压力差参数,定义为

$$\gamma_0 = (p_0 - p_\infty)\frac{R^3}{D_M}$$

方程组中只考虑 W_4 的一次项,而 W_2 不高于三次,可采用牛顿迭代法解这个二元三次非线性方程组,得出在 μ_0、γ_0 和 R 取不同值时的法向位移函数值和流场函数值。

5.2.3 中等弯曲问题中的壳体内力与流场函数

壳体切向弯矩为

$$M_{\theta\theta} = D_M \kappa_{\theta\theta} = -\frac{D_M}{R^2}\frac{\partial^2 w}{\partial\theta^2} = \frac{D_M}{R^2}(4W_2\cos2\theta + 16W_4\cos4\theta)$$

壳体上表面应力为

$$\sigma_{\theta\theta} = \frac{6D_M}{R^2 h^2}(4W_2\cos2\theta + 16W_4\cos4\theta)$$

p_1,p_2 按式(5-17)和式(5-33)计算,进而可求得流场压力系数 C_p。

90

流场速度分量表达式为

$$v_r = \frac{\partial \varphi}{\partial r} = \frac{\partial (\varphi_1 + \varphi_2)}{\partial r} = V_\infty \left(1 - R^2 r^{-2}\right)\cos\theta - A_1 r^{-2}\cos\theta - 3A_3 r^{-4}\cos 3\theta$$

$$v_\theta = \frac{\partial \varphi}{r\partial \theta} = \frac{\partial (\varphi_1 + \varphi_2)}{r\partial \theta} = -V_\infty \left(1 + R^2 r^{-2}\right)\sin\theta - A_1 r^{-2}\sin\theta - 3A_3 r^{-4}\sin 3\theta$$

5.3　弹性圆柱薄壳绕流的大变形

5.3.1　方程组的建立

与小变形情况不同的是:圆柱壳大变形壳体理论的部分基本关系式有如下的形式

$$E_3 = E_r = 1 + \frac{\partial v}{R\partial \theta} + \frac{w}{R}, \varepsilon_{22} = \varepsilon_{\theta\theta} = e_{\theta\theta} + \frac{1}{2}\left(e_{\theta\theta}^2 + \omega_\theta^2\right),$$

$$\kappa_{22} = \kappa_{\theta\theta} = -\frac{1}{R}\left(E_2 \frac{\partial e_{\theta\theta}}{\partial \theta} + E_3 \frac{\partial \omega_\theta}{\partial \theta}\right)$$

由式(4-40)得接触面运动学条件为

$$\frac{\partial w}{\partial t} - \frac{1}{r^2}\left(v - \frac{\partial w}{\partial \theta}\right)\left[\frac{\partial \varphi}{\partial \theta} + v\left(\frac{\partial^2 \varphi}{r\partial \theta^2} + \frac{\partial \varphi}{\partial r}\right) + w\left(\frac{\partial^2 \varphi}{\partial \theta\partial r} - \frac{\partial \varphi}{r\partial \theta}\right)\right] -$$

$$\left(1 + \frac{\partial v}{r\partial \theta} + \frac{w}{r}\right)\left[\frac{\partial \varphi}{\partial r} + \frac{v}{r}\left(\frac{\partial^2 \varphi}{\partial \theta\partial r} - \frac{\partial \varphi}{r\partial \theta}\right) + w \frac{\partial^2 \varphi}{\partial r^2}\right] - \frac{w^2}{2}\frac{\partial^3 \varphi}{\partial r^3} = 0 \quad (r = R)$$

$$(5-36)$$

由式(4-41)得接触面动力学条件为

$$Z_r^* = p_0 - p - \frac{v}{r}\frac{\partial p}{\partial \theta} - w \frac{\partial p}{\partial r} - \frac{w^2}{2}\frac{\partial^2 p}{\partial r^2} \quad (r = R) \tag{5-37}$$

圆柱壳体大弯曲平衡方程与中等弯曲平衡方程形式是相同的。弯矩和曲率变化的关系式为

$$M_{\theta\theta} = D_M \kappa_{\theta\theta} = \frac{D_M}{R}\left(\frac{R}{R^*} - 1\right) = \frac{D_M}{R}(U_r - 1) \tag{5-38}$$

由式(5-25)和式(5-38)消去 $M_{\theta\theta}, Q_\theta, N_{\theta\theta}$ 后,可得

$$\frac{\partial}{\partial \theta}\left[\frac{1}{U_r}\left(\frac{\partial^2 U_r}{\partial \theta^2} + \frac{1}{2}U_r^3 + \frac{R^3}{D_M}Z_r^*\right)\right] = 0$$

将式(5-37)代入上式得

$$\frac{\partial^2 U_r}{\partial \theta^2} + \frac{1}{2}U_r^3 + CU_r = -\frac{R^3}{D_M}\left(p_0 - p - \frac{v}{r}\frac{\partial p}{\partial \theta} - w\frac{\partial p}{\partial r} - \frac{w^2}{2}\frac{\partial^2 p}{\partial r^2}\right) \quad (r = R)$$

$$(5-39)$$

式中：C 为积分常数，对方程式(5-39)积分即可确定它。注意到 $R\mathrm{d}\theta = R^*\mathrm{d}\theta^*$，式中 $\mathrm{d}\theta^*$ 为由曲率变化而产生的角度变化，且

$$\int_0^{2\pi} U_r \mathrm{d}\theta = \int_0^{2\pi} (R/R^*)\mathrm{d}\theta = \int_0^{2\pi} (\mathrm{d}\theta^*/\mathrm{d}\theta)\mathrm{d}\theta = 2\pi,$$

$$\int_0^{2\pi} (\mathrm{d}^2 U_r/\mathrm{d}\theta^2)\mathrm{d}\theta = (\mathrm{d}U_r/\mathrm{d}\theta)\Big|_0^{2\pi} = 0$$

这时有

$$C = -\frac{1}{4\pi}\int_0^{2\pi} U_r^3 \mathrm{d}\theta - \frac{R^3}{2\pi D_M}\int_0^{2\pi}\left(p_0 - p - \frac{v}{r}\frac{\partial p}{\partial \theta} - w\frac{\partial p}{\partial r} - \frac{w^2}{2}\frac{\partial^2 p}{\partial r^2}\right)\mathrm{d}\theta$$

$$(5-40)$$

由于在式(5-39)和式(5-40)的右边项中含有位移分量 v, w，则必须确定它们和函数 U_r 之间的关系。为此利用无量纲曲率表达式 $U_r = 1 + R\kappa_{\theta\theta}$，由

$$\kappa_{\theta\theta} = -\frac{1}{R}\left(E_2\frac{\partial e_{\theta\theta}}{\partial \theta} + E_3\frac{\partial \omega_\theta}{\partial \theta}\right), \quad e_{\theta\theta} = \frac{\partial v}{R\partial \theta} + \frac{w}{R}, \quad \omega_\theta = \frac{\partial w}{R\partial \theta} - \frac{v}{R},$$

$$E_2 = -\omega_\theta, \quad E_3 = 1 + e_{\theta\theta}$$

得到

$$U_r = 1 + \frac{1}{R}\left[\left(1 + \frac{\partial v}{R\partial \theta} + \frac{w}{R}\right)\left(\frac{\partial v}{\partial \theta} - \frac{\partial^2 w}{\partial \theta^2}\right) - \frac{1}{R}\left(v - \frac{\partial w}{\partial \theta}\right)\left(\frac{\partial^2 v}{\partial \theta^2} + \frac{\partial w}{\partial \theta}\right)\right] \quad (5-41)$$

v 和 w 之间的关系用中性面不可拉伸性条件来确定，即

$$\varepsilon_{\theta\theta} = \frac{1}{R}\left(\frac{\partial v}{\partial \theta} + w\right) + \frac{1}{2R^2}\left(\frac{\partial v}{\partial \theta} + w\right)^2 + \frac{1}{2R^2}\left(v - \frac{\partial w}{\partial \theta}\right)^2 = 0 \quad (5-42)$$

5.3.2 方程组的求解

曲率变化函数 U_r 采用三项近似表示[3]

$$U_r = U_{r0} + U_{r2}\cos2\theta + U_{r4}\cos4\theta \quad (5-43)$$

其中根据壳中性面不可拉伸性的假设有 $U_{r0} = 1$。利用流线和壳体变形对于直线 $\theta = 0$ 与 π 和 $\theta = \pi/2$ 与 $3\pi/2$ 的对称性，还可设定壳体位移和流场势函数

$$v = V_2\sin2\theta + V_4\sin4\theta \quad (5-44)$$

$$w = W_0 + W_2\cos2\theta + W_4\cos4\theta \quad (5-45)$$

$$\varphi = \phi_0 + \phi_2\cos\theta + \phi_3\cos3\theta \quad (5-46)$$

求解方程组(5-1)中拉普拉斯方程得

$$\phi_0 = A_0 \ln r + B_0, \quad \phi_2 = A_1 r^{-1} + B_1 r, \quad \phi_3 = A_3 r^{-3} + B_3 r^3$$

并利用无穷远处边界条件,得 $A_0 = 0, B_0 = B_3 = 0, B_1 = V_\infty$。则

$$\varphi = \left(\frac{A_1}{r} + V_\infty r\right)\cos\theta + \frac{A_3}{r^3}\cos 3\theta \qquad (5-47)$$

代入方程组(5-1)中压力表达式,得

$$p = p_\infty - 1/2\rho_\infty\left[A_1^2 r^{-4} + 9A_3^2 r^{-8} + (6A_1 A_3 r^{-6} - 2A_1 r^{-2} V_\infty)\cos 2\theta - 6V_\infty A_3 r^{-4}\cos 4\theta\right]$$

为了确定 A_1, A_3,需利用接触面运动学条件式(5-36)。首先必须确定 U_{r2}, $U_{r4}, V_2, V_4, W_0, W_2, W_4$ 之间的关系。把式(5-44)和式(5-45)代入式(5-42)中,在 $1, \cos 2\theta, \cos 4\theta$ 时比较,用 V_2, W_2 表示 W_0, V_4, W_4 各项。在关于 W_0, V_4, W_4 的表达式中,只考虑主要项,和 R 比较舍弃 $W_0, 4V_4 + W_4$;和 $(V_2 + 2W_2)^2$ 比较,舍弃 $(2V_2 + W_2)^2$。这时

$$4w_0 = -(v_2 + 2w_2)^2, \quad v_4 + 4w_4 = -2(2v_2 + w_2)(v_2 + 2w_2)^{-1},$$
$$4(4v_4 + w_4) = (v_2 + 2w_2)^2 \qquad (5-48)$$

在方程组(5-48)中引入位移参数

$$w_i = W_i R^{-1} (i = 0, 2, 4), \quad v_i = V_i R^{-1} \quad (i = 2, 4)$$

系数 U_{r2}, U_{r4} 之间的关系,用式(5-43)来确定。将式(5-43)、式(5-44)和式(5-45)代入式(5-41),在 $1, \cos 2\theta, \cos 4\theta$ 时分离各项,并且利用方程组(5-48),得到 w_0, w_2, w_4, v_2, v_4 的近似表达式

$$w_0 = -\frac{1}{16}U_{r2}^2, \quad w_2 = \frac{1}{3}U_{r2}\left(1 + \frac{1}{16}U_{r4}\right), \quad w_4 = \frac{1}{15}\left(U_{r4} - \frac{1}{16}U_{r2}^2\right) \quad (5-49)$$

$$v_2 = -\frac{1}{6}U_{r2}\left(1 + \frac{1}{4}U_{r4}\right), \quad v_4 = -\frac{1}{60}(U_{r4} - U_{r2}^2) \qquad (5-50)$$

为了保证近似过程的准确度,假定挠度不超过 $R/3$,而 $|U_{r2}| \leqslant 1, |U_{r4}| < 0.1$。

把 w, v, φ 的式(5-44)~式(5-47)和式(5-49)、式(5-50)代入式(5-36)中,可得用 U_{r2}, U_{r4} 表示的 A_1, A_3 的表达式

$$A_1 = V_\infty R^2\left(1 - \frac{1}{3}U_{r2} + \frac{1}{36}U_{r2}^2 - \frac{1}{432}U_{r2}^3 - \frac{1}{48}U_{r2}U_{r4} - \frac{1}{576}U_{r2}^2 U_{r4}\right),$$

$$A_3 = \frac{1}{3}V_\infty R^4\left(U_{r2} - \frac{1}{4}U_{r2}^2 + \frac{1}{48}U_{r2}^3 + \frac{1}{16}U_{r2}U_{r4} - \frac{3}{64}U_{r2}^2 U_{r4}\right)$$

由此可计算 p,进而计算弯曲方程(5-39)的右边及式(5-40)的系数。

根据式(5-39)并考虑到式(5-43)得关于 U_{r2}, U_{r4} 的非线性代数方程组

$$\left(\frac{3}{8} - \frac{1157}{1080}\mu_0\right)U_{r2}^3 + \frac{7}{120}\mu_0 U_{r2}^2 + \left(3 + \gamma_0 - \frac{1}{3}\mu_0\right)U_{r2} +$$

$$\frac{382}{675}\mu_0 U_{r2}^2 U_{r4} - \left(\frac{3}{2} - \frac{17}{180}\mu_0\right)U_{r2}U_{r4} - \frac{1}{10}\mu_0 U_{r4} + 2\mu_0 = 0,$$

$$\frac{553}{1080}\mu_0 U_{r2}^3 + \left(\frac{287}{180}\mu_0 - \frac{3}{4}\right)U_{r2}^2 + \mu_0 U_{r2} + \frac{27}{160}\mu_0 U_{r2}^2 U_{r4} -$$

$$\frac{17}{45}\mu_0 U_{r2}U_{r4} + \left(15 + \gamma_0 + \frac{19}{15}\mu_0\right)U_{r4} = 0 \qquad (5-51)$$

方程组中,只考虑了 U_{r4} 的一次项,而 U_{r2} 不高于三次。

5.3.3 大弯曲问题中的壳体内力与流场函数

壳体切向弯矩为

$$M_{\theta\theta} = D_M \kappa_{\theta\theta} = \frac{D_M}{R}(U_r - 1) = \frac{D_M}{R}(U_{r2}\cos2\theta + U_{r4}\cos4\theta)$$

壳体上表面的应力为

$$\sigma_{\theta\theta} = \frac{6D_M}{Rh^2}(U_{r2}\cos2\theta + U_{r4}\cos4\theta)$$

流场速度分布

$$v_r = \frac{\partial\varphi}{\partial r} = (-A_1 r^{-2} + V_\infty)\cos\theta - 3A_3 r^{-4}\cos3\theta,$$

$$v_\theta = \frac{\partial\varphi}{r\partial\theta} = -(A_1 r^{-2} + V_\infty)\sin\theta - 3A_3 r^{-4}\sin3\theta$$

5.4 圆柱壳绕流变形问题的算例

本节给出在理想流体流动中的圆柱壳绕流大、中、小三种弯曲问题的具体算例,分析壳体弯曲变形和流体压力变化同相关参数的关系,并将三种弯曲变形问题进行比较分析。

首先定义四个特征点。壳体横截面的对称轴上分别取 A、B、C、D 四个特征点如图 5-2 所示。A、B 两点分别称为迎流点和周边点。由于问题的对称性,可选取 A、B 两点为代表来分析壳体的变形和表面流体压力。

设圆柱壳的材料为低碳钢,弹性模量 $E = 200\text{GPa}$,泊松比 $\nu = 0.25$,中面半径 $R = 0.5\text{m}$,厚度 $h = 1 \times 10^{-3}\text{m}$;流体密度 $\rho = \rho_\infty = 1000\text{kg/m}^3$,流场压力 $p_0 = p_\infty = 10^5\text{Pa}$,流场无穷远处速度 V_∞ 分别取 0.2m/s、0.1m/s 和 0.02m/s,相对应地壳体分

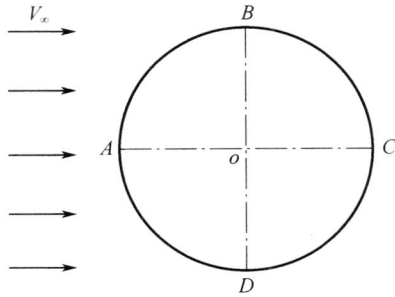

图 5 - 2　四个特征点

别发生大弯曲、中等弯曲和小弯曲变形。以 A、B 两点为例,分析三种弯曲变形问题中的壳体法向位移值、内力值以及流场分布的情况。

5.4.1　特定参数下壳体位移及内力

1. 壳体位移

对于壳体大弯曲变形问题,取上述参数,解方程组(5 - 51),得 $U_{r2} = -0.0952$,$U_{r4} = 0.0012$。最大负法向位移为 16.1mm,发生在 A 点。最大正法向位移为 15.6mm,发生在 B 点。最大负切向位移为 7.95mm,发生在中面横截面上 $\theta = 3\pi/4$ 点处,最大正切向位移为 7.95mm,发生在中面横截面上 $\theta = \pi/4$ 点处。最大法向位移为壳体厚度的 16 倍之多,是中面半径的 3.2% ,属于大弯曲情况。图 5 - 3 为壳体变形示意图,图中虚线表示变形后中面的截面形状。由图可知,壳体迎流面受压而周边受拉,中面由原来的圆形变形为近似椭圆形。图 5 - 4 为圆柱壳总位移的绝对值分布图。可以看出位移绝对值关于直线 $\theta = 0, \pi$ 和直线 $\theta = \pi/2, 3\pi/2$ 对称。

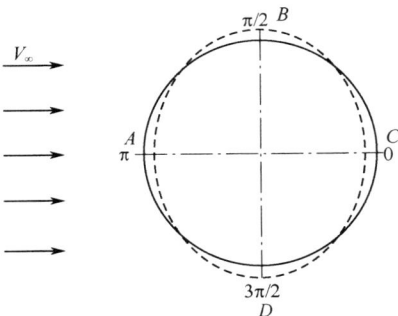

图 5 - 3　壳体变形示意图

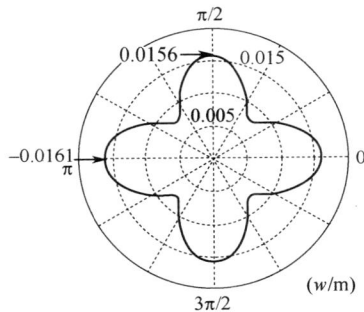

图 5 - 4　壳体总位移的绝对值分布图

对于壳体中等弯曲变形问题,取上述参数,解方程组(5 - 35)得 $W_2 = -0.003\text{m}$,$W_4 = 0$。最大负法向位移为 3mm,最大正法向位移为 3mm,最大负切向位移为

1.5mm,最大正切向位移为 1.5mm,位置与大变形相同。最大法向位移是壳体厚度的 3 倍,但远远小于中面半径,属于中等弯曲情况。

对于壳体小弯曲变形问题,最大负法向位移为 0.156mm,最大正法向位移为 0.156mm,最大负切向位移为 0.078mm,最大正切向位移为 0.078mm,位置也与大变形相同。最大法向位移小于壳体厚度 1mm,且远远小于中面半径,属于小弯曲情况。

2. 壳体内力

由于理论求解时采用中面不可伸缩假设,所以壳体内力中只有切向弯矩 $M_{\theta\theta}$ 不为零,应力中只有切向应力 $\sigma_{\theta\theta}$ 不恒为零。

对于壳体大弯曲变形问题,A 点处切向弯矩为 $-3.34\text{N}\cdot\text{m}$,$B$ 点处切向弯矩为 $3.43\text{N}\cdot\text{m}$。$A$ 点对应的上表面切向应力为 20.1MPa,B 点对应的上表面切向应力为 20.6MPa。图 5-5 为圆柱壳横截面上质点的切向弯矩 $M_{\theta\theta}$ 和切向应力 $\sigma_{\theta\theta}$ 的绝对值分布图。可以看出内力和应力关于直线 $\theta=0,\pi$ 和直线 $\theta=\pi/2,3\pi/2$ 对称。对于壳体中等弯曲变形问题,A 点处切向弯矩为 $-0.8533\text{N}\cdot\text{m}$,$B$ 点处切向弯矩为 $0.8533\text{N}\cdot\text{m}$。$A$ 点对应的上表面切向应力为 -5.12MPa,B 点对应的上表面切向应力为 5.12MPa。

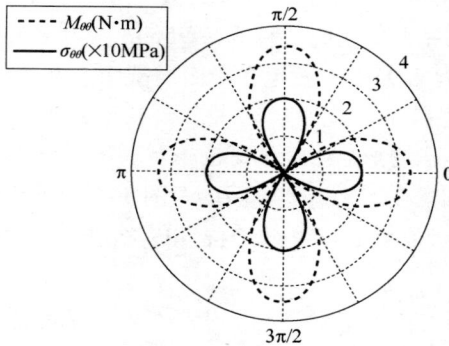

图 5-5　壳体大弯曲变形 $M_{\theta\theta}$ 和 $\sigma_{\theta\theta}$ 的绝对值分布图

对于壳体小弯曲变形问题,A 点处切向弯矩为 $-0.0334\text{N}\cdot\text{m}$,$B$ 点处切向弯矩为 $0.0334\text{N}\cdot\text{m}$。$A$ 点对应的上表面切向应力为 -0.20MPa,B 点对应的上表面切向应力为 0.20MPa。

5.4.2　流场分布

对于壳体大弯曲变形问题,A 点流场压力为 19.91Pa,压力系数为 0.996;B 点流场压力为 -70.69Pa,压力系数为 -3.53。刚性壳在相应参数下的压力系数分别为 1 和 -3。图 5-6 显示的是圆柱壳表面压力系数的绝对值分布图,关于直线 $\theta=0$,

π 和直线 $\theta = \pi/2, 3\pi/2$ 对称。A 点切向流速为 0,而径向流速为 -0.0018m/s,相应刚性壳情形下径向流速为 0m/s;B 点径向流速为 0m/s,而切向流速为 -0.4113m/s,相应刚性壳情形下切向流速为 -0.4m/s。可见大弯曲情形下流场有明显变化,这是耦合效应的结果。

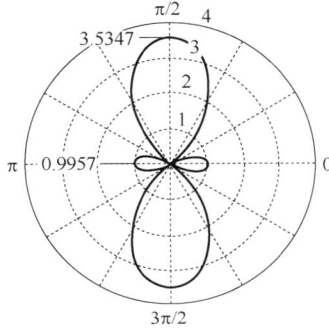

图 5-6 大弯曲变形壳体表面压力系数的绝对值分布图

对于壳体中等弯曲变形问题,A 点流场压力为 4.9998Pa,压力系数为 1;B 点流场压力为 -15.35Pa,压力系数为 -3.07。A 点切向流速为 0,而径向流速为 -0.002m/s,相应刚性壳情形下径向流速为 0m/s;B 点径向流速为 0m/s,而切向流速为 -0.1993m/s,相应刚性壳情形下切向流速为 -0.2m/s。可见中等弯曲情形下流场变化不明显。

对于壳体小弯曲变形问题,在 A 点流场压力为 0.2Pa,压力系数为 1;B 点流场压力为 -0.601Pa,压力系数为 -3.005。可见压力系数同刚性壳的数值相差很小。A 点切向流速为 0,而径向流速为 $-1.25 \times 10^{-5}\text{m/s}$,相应刚性壳情形下径向流速为 0m/s;B 点径向流速为 0m/s,而切向流速为 -0.04m/s,相应刚性壳情形下切向流速为 -0.04m/s。可见在小弯曲情形下流场变化非常小。

5.4.3 壳体变形和表面流体压力系数随相关参数的变化

壳体大弯曲问题和中等弯曲问题中,与壳体挠度 w 和表面流场压力系数 C_p 直接相关的是流体弹性参数 μ_0 和流场静压力差参数 γ_0;小弯曲问题中,w, C_p 只与 μ_0 直接相关。具体来说,w, C_p 又与壳体材料、壳体半径 R、壳体厚度 h 和流场边界速度 V_∞ 相关。下面分析壳体挠度 w 和表面流场压力系数 C_p 随主要相关参数的变化而变化的趋势。

图 5-7 和图 5-8 显示的是当流场静压力差参数 γ_0 分别为 $-1, 0$ 和 1 时,大弯曲问题和中等弯曲问题中壳体 A 点和 B 点的挠度 w 与流体弹性参数 μ_0 之间的关系曲线;图 5-9 显示的是小弯曲问题中 w 与 μ_0 的关系曲线。

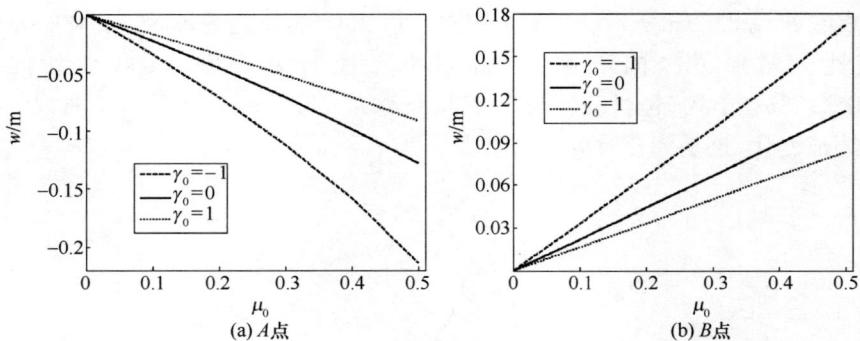

图 5 - 7　大弯曲问题中不同 γ_0 下的 w - μ_0 曲线

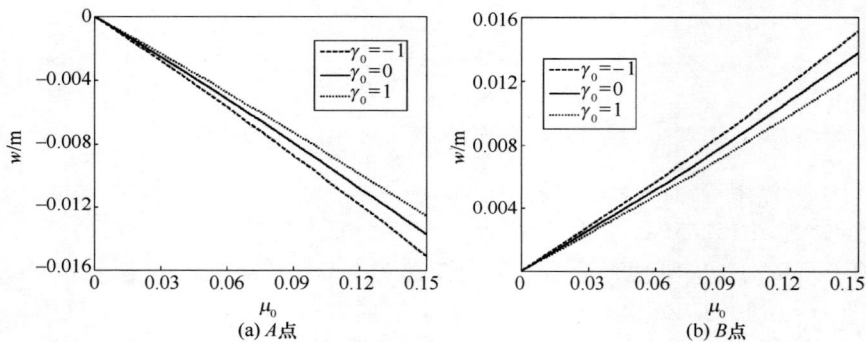

图 5 - 8　中等弯曲问题中不同 γ_0 下的 w - μ_0 曲线

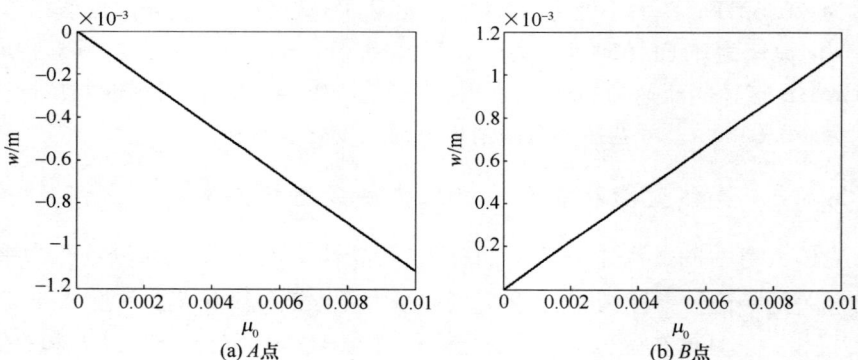

图 5 - 9　小弯曲问题中的 w - μ_0 曲线

可以看出 A 点挠度为负，B 点挠度为正，A 点受流体正压，B 点受负压。随着 μ_0 的增大，两点处 w 的绝对值都增大。大弯曲问题中，w 取值可到 200mm，远远大于壳厚，达到中面半径的 40%；中等弯曲问题中，A、B 两点的挠度可达到厚度同量级;而小弯曲问题中,A、B 两点的挠度都小于壳体厚度。大弯曲和中等弯曲问题中,随着 γ_0 取值的增大,w 随 μ_0 的变化规律不变,但变化减缓。

图 5 – 10 和图 5 – 11 显示的是 γ_0 取不同值时,大弯曲问题和中等弯曲问题中壳体 A 点和 B 点的压力系数 C_p 与 μ_0 的关系曲线。图 5 – 12 显示的是小弯曲问题中这两点的 C_p 与 μ_0 的关系曲线。可以看出,三种问题中,随着 μ_0 的增大,A 点的 C_p 由 1 逐渐减小,即正压逐渐减小,而 B 点的 C_p 由 -3 逐渐减小,即负压逐渐增大。两点的 C_p – μ_0 曲线的形状不同,B 点的 C_p 受 μ_0 的影响比 A 点的 C_p 所受影响明显大很多,尤其是在小弯曲问题中,B 点的 C_p – μ_0 曲线呈近似直线变化,而 A 点 C_p 变化很小,在 μ_0 的变化区域内都近似取 1。大弯曲和中等弯曲问题中,随着 γ_0 取值的增大,C_p 随 μ_0 的变化规律不变,但变化减缓。

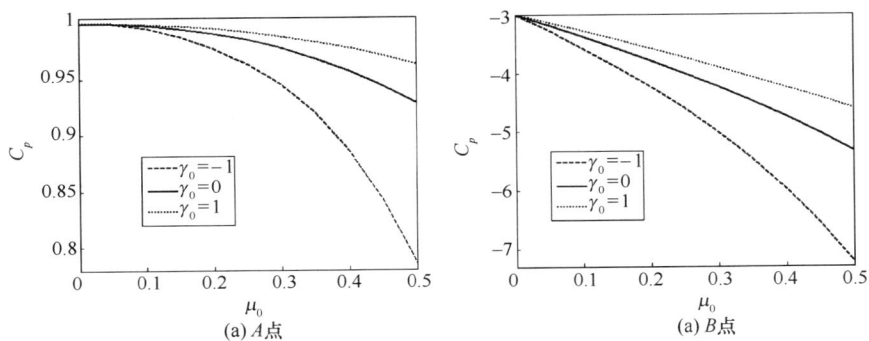

图 5 – 10 大弯曲问题中不同 γ_0 下的 C_p – μ_0 曲线

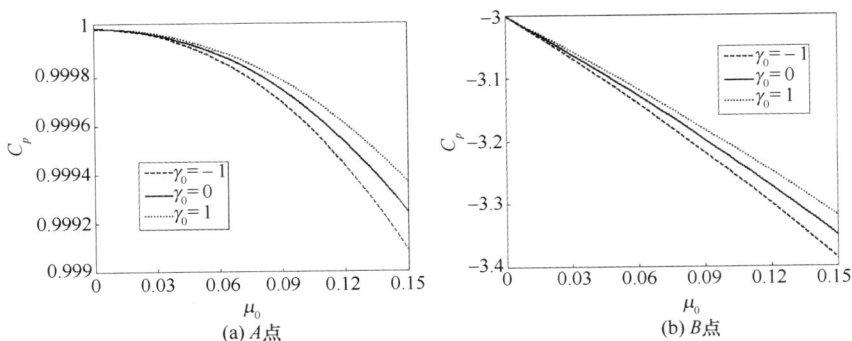

图 5 – 11 中等弯曲问题中不同 γ_0 下的 C_p – μ_0 曲线

图 5 – 13 显示的是三种弯曲问题中壳体 A 点和 B 点的挠度 w 与无穷远处流速 V_∞ 的关系曲线。

(a) A点

(b) B点

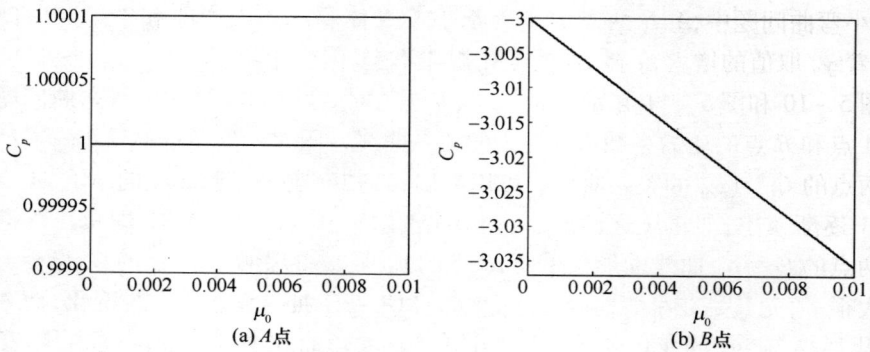

图 5 - 12   小弯曲问题中的 $C_p - \mu_0$ 曲线

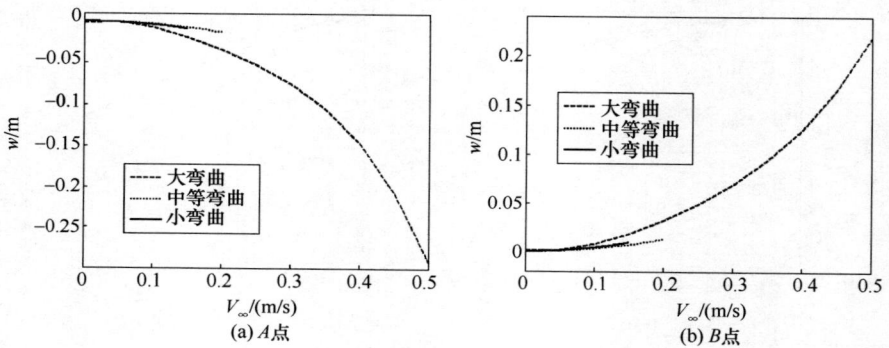

(a) A点

(b) B点

图 5 - 13   三种问题中的 $w - V_\infty$ 曲线

图 5 - 14 显示的是三种弯曲问题中 A、B 两点的压力系数 C_p 与 V_∞ 的关系曲线,图 5 - 15 和图 5 - 16 是中等弯曲和小弯曲问题中 $C_p - V_\infty$ 的放大图。可以看出,三种弯曲问题中,A 点受流体正压而 B 点受负压,C_p 随 V_∞ 的变化规律类似,但

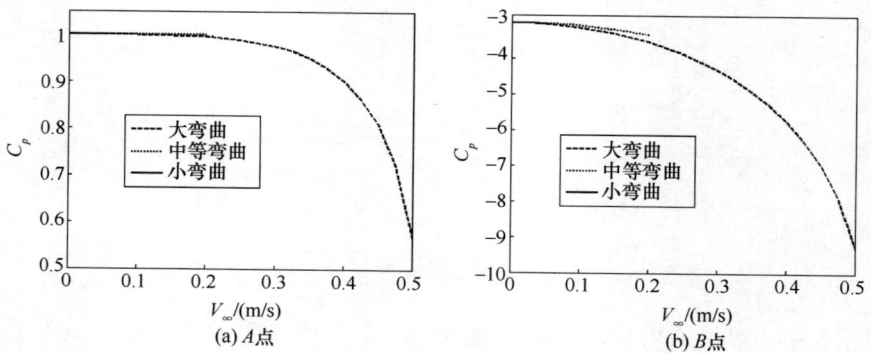

(a) A点

(b) B点

图 5 - 14   三种问题中的 $C_p - V_\infty$ 曲线

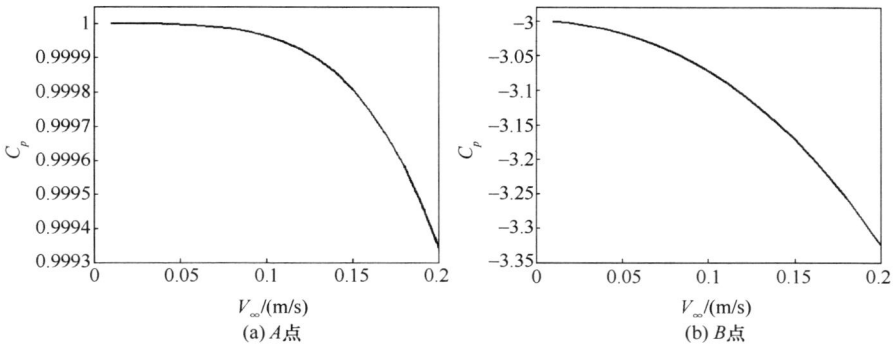

图 5 - 15　中等弯曲问题的 C_p - V_∞ 曲线

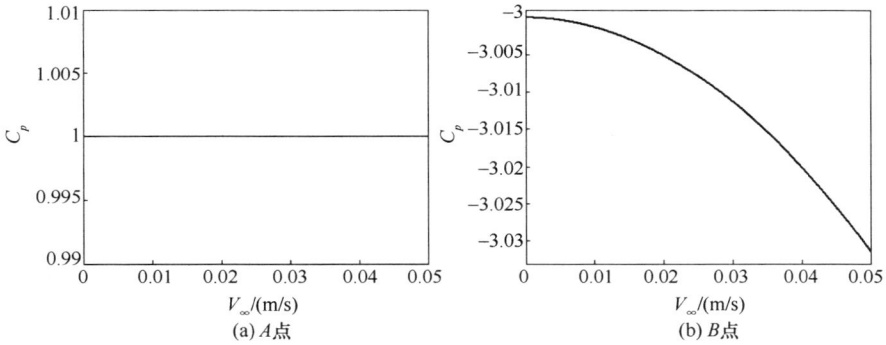

图 5 - 16　小弯曲问题的 C_p - V_∞ 曲线

数值相差明显,大弯曲时 C_p 取值可到 0.55 和 -9,中等弯曲时 C_p 取值到 0.9993 和 -3.35,小弯曲时 C_p 取值非常接近 1 和 -3,即接近刚性壳情形下的流场压力系数值。B 点的 C_p 的变化幅度比 A 点明显大得多。

图 5 - 17 显示的是三种弯曲问题中壳体 A 点和 B 点的挠度 w 与壳体中面半径 R 的关系曲线,图 5 - 18 显示的是三种弯曲问题中这两点的压力系数 C_p 与 R 的关系曲线。

大弯曲问题中,w 取值可到 150mm,远远大于壳厚,达到中面半径的 18.8%;中等弯曲问题中,w 可达到厚度同量级;而小弯曲问题中,w 都小于壳体厚度。三种弯曲问题的 C_p 数值相差明显:壳大弯曲问题中,C_p 取值接近 0.9 和 -6;中等弯曲问题中 C_p 取值到 0.9993 和 -3.35;小弯曲问题中 C_p 取值非常接近 1 和 -3。三种弯曲问题中的 B 点 C_p 的变化幅度比 A 点明显大得多。

图 5 - 19 显示的是三种弯曲问题中壳体 A 点和 B 点的挠度 w 与壳体厚度 h 的关系曲线,图 5 - 20 显示的是三种弯曲问题中这两点的压力系数 C_p 与 h 的关系

101

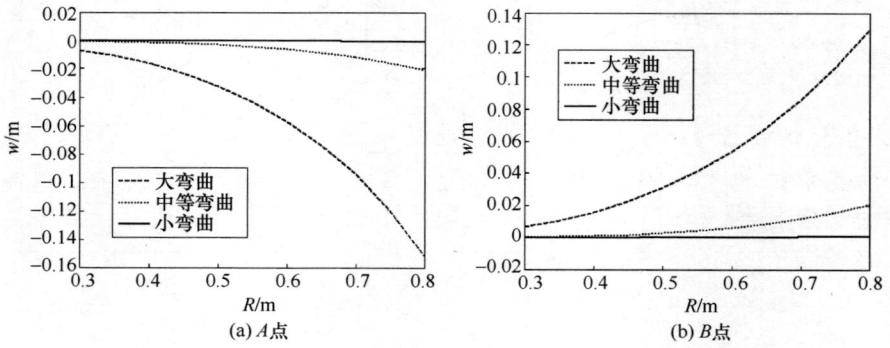

图 5-17　三种问题中的 w - R 曲线

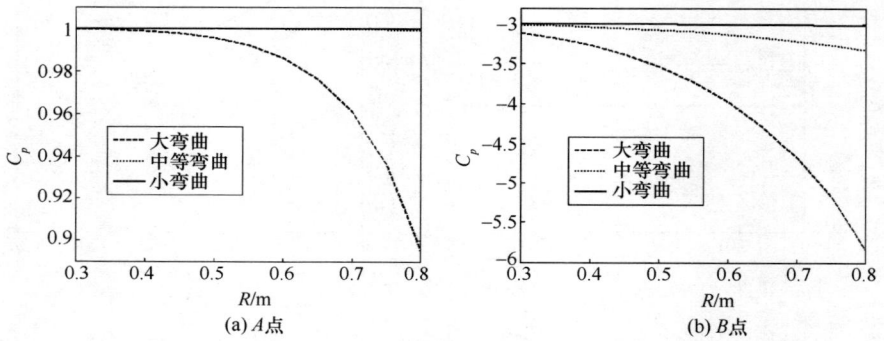

图 5-18　三种问题中的 C_p - R 曲线

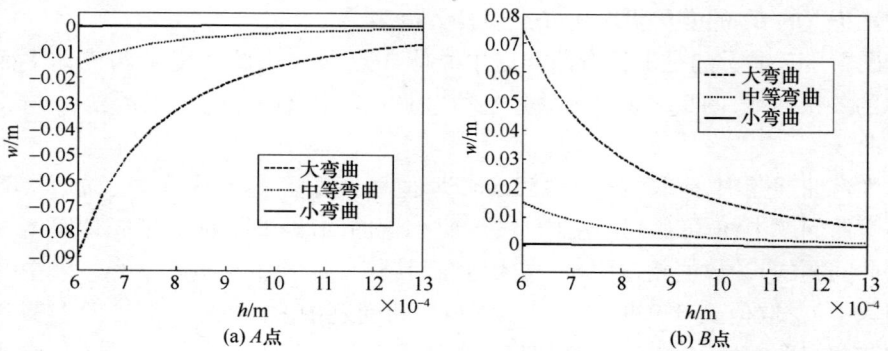

图 5-19　三种问题中的 w - h 曲线

曲线。可以看出，随着 h 的增大，两点处 w 的绝对值都减小且趋向 0；A 点的 C_p 逐渐增大且趋向 1，B 点 C_p 逐渐增大且趋向 -3。大弯曲问题中，w 取值可到 90mm，远远大于壳厚，达到中面半径的 18%；中等弯曲问题中，w 可达到厚度同量级；而小弯曲问题中，w 都小于壳体厚度。三种弯曲问题中的 C_p 数值相差明显：壳大弯曲时 C_p 取值接近 0.85 和 -6.5；中等弯曲时 C_p 取值到 0.997 和 -3.35；小弯曲时 C_p 取值非常接近 1 和 -3。三种弯曲问题中，B 点 C_p 的变化幅度比 A 点明显大得多。

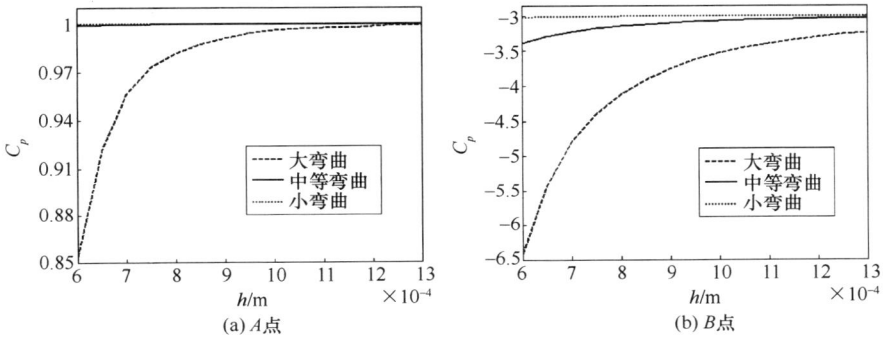

图 5-20　三种问题中的 $C_p - h$ 曲线

5.5　流固耦合问题的数值模拟

5.5.1　结构设置、界面标定及计算结果的后处理

应用 ANSYS 软件模拟弹性圆柱薄壳绕流的流固耦合问题。随着流体速度边界条件的改变分别模拟圆柱壳在发生大弯曲变形、中等弯曲变形以及小弯曲变形时的流固耦合问题。设圆柱壳的材料为低碳钢，参数为 $E = 200\mathrm{GPa}$，$\nu = 0.25$，$R = 0.5\mathrm{m}$，$h = 1 \times 10^{-3}\mathrm{m}$；流体参数为密度 $\rho = \rho_\infty = 1000\mathrm{kg/m}^3$，动力黏度 $\mu = 0.001\mathrm{Pa \cdot s}$，$V_\infty$ 分别取 0.2m/s，0.1m/s 和 0.02m/s，以便使壳体产生不同程度的弯曲变形。求解圆柱壳的变形、应力和流场压力分布和速度分布。

1. 设置流体分析

首先创建流体模型及流体区域的有限元网格。为了便于施加边界条件并考虑到问题的对称性，流体模型为 $4\mathrm{m} \times 4\mathrm{m} \times 10\mathrm{m}$ 的长方体，并在中心开半径为 0.5m 的圆柱通孔（见图 5-21）。采用三维流体单元 FLUID142，并设置此种单元支持网格位移。先用映射的方法划分横截面网格作为源面，再用扫掠的方法划分六面体网格，图 5-22 为流体网格图。

设置流体材料密度和黏度为常数,不可压缩绝热,打开 ALE 和湍流模型选项,施加入口处沿 X 轴正向的速度边界条件和出口处零压力边界条件,其余边界面为静止光滑壁面。

2. 设置结构分析

结构部分为圆柱面,几何尺寸和流体模型中圆柱面相同,即结构中圆柱面与流体模型的圆柱面为流固接触面。采用壳单元 SHELL63,材料杨氏模量 E 为 200GPa,泊松比 ν 为 0.25,壳体实常数中设为等厚度 0.001m。采用映射法划分网格。图 5-23 为结构有限元模型。选取沿壳体轴向最左端和最右端的两条线,约束其 Y 和 Z 方向的位移自由度,选取沿壳体轴向最上端和最下端的两条线,约束其 X 和 Z 方向的位移自由度。

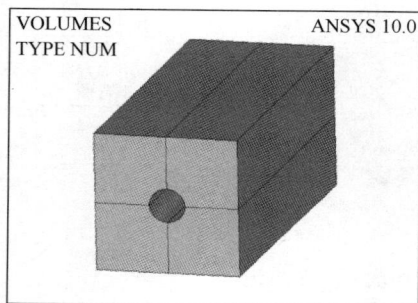

图 5-21　流体模型

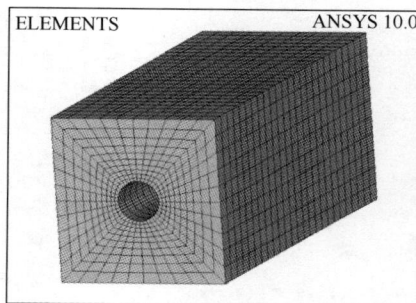

图 5-22　流体网格

3. 流体结构界面标定

标记带有流体-结构界面号的流体-结构界面,在这里发生载荷传递。施加流体结构界面两次,一次是在界面的流体侧,一次是界面的固体侧。分别选择附属于流体和结构的流固接触面的节点,用 SF 和 SFIN 命令标记表面载荷,设置相同的界面号,这里设为1。图 5-24 为标定流固界面后的模型,流体-结构界面用红色标出。

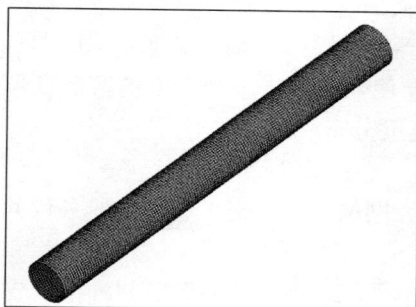

图 5-23　结构有限元模型

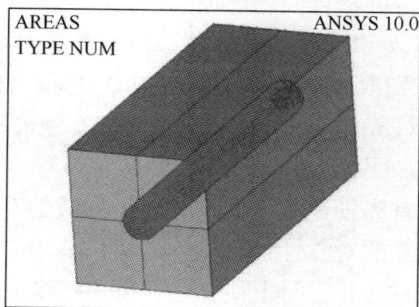

图 5-24　标定流固界面后的模型

4. 流体结构耦合求解选项求解

打开流体 - 结构耦合分析,设置求解顺序为流体优先,指定流体分析为稳态分析,结构分析为静力分析,指定 FSI 分析的终止时间 0.005 及时间增量 0.001,指定交错迭代的最大次数为 5,收敛值为 0.1,输出频率为 1,松弛系数为 0.5。

5. 求解并进行结果后处理

使用 SOLVE 命令求解。求解结束后用 ANSYS 通用后处理器进行后处理。必须重新读入数据库。先读入以 RST 为后缀的结构结果文件,设置读入最后一个载荷步。设置结果坐标系为柱坐标系,这样可显示法向位移和切向应力。绘图显示圆柱壳横截面上法向位移分布图、切向应力分布图,列表显示部分节点的位移和应力值。再读入以 RFL 为后缀的流体结果文件,设置读入载荷步为最后一步。绘图显示流场压力分布等值云图和流场速度分布等值云图。图 5 - 25 ~ 图 5 - 28 分别是大弯曲变形问题的法向位移等值图、切向应力等值图、流场压力分布云图和流场速度分布云图。

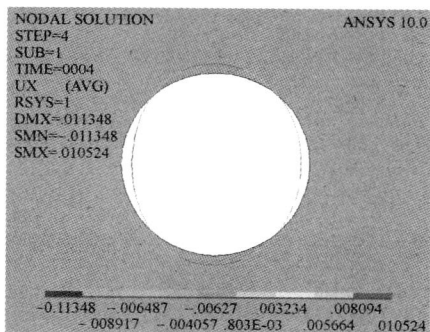

图 5 - 25　壳大弯曲时法向位移等值图

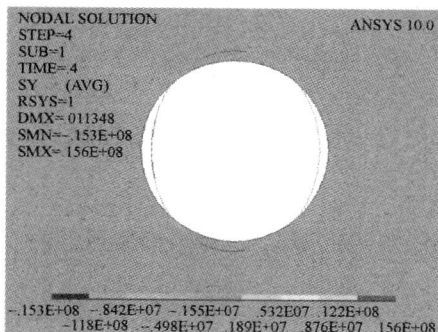

图 5 - 26　壳大弯曲时切向应力等值图

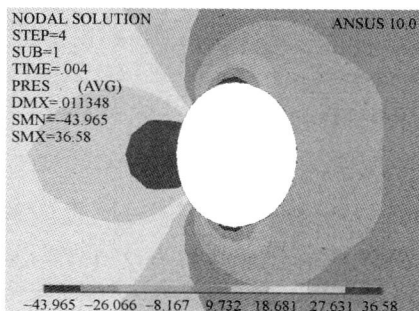

图 5 - 27　壳大弯曲时流场压力分布云图

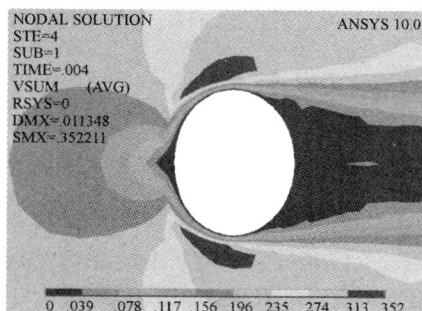

图 5 - 28　壳大弯曲时流场速度分布云图

由图可知,大弯曲问题中,壳体变形后中面由圆形变为近似椭圆形。壳体最大位移值为 11.35mm,发生在最左边的节点附近,最大切应力为 15.6MPa,流场中正压力最值为 36.58Pa，负压力最值为 −43.97 Pa，最大流速为 0.35m/s。流场压力分布层次清晰。圆柱壳附近，前部为正压区，后部为绝对值较小的负压区，壳体上下部分均为负压区。流速分布和刚性圆柱绕流问题的流速分布规律基本相同，但由于受壳体变形影响，且为黏性流体，流速数值有变化，圆柱壳后边有漩涡形成，但此处流速较小。

图 5−29 ~ 图 5−32 是中等弯曲变形问题的结果图。由图可知，中等弯曲问题中，壳体最大位移值为 2.84mm，发生在最左边的节点处，最大切应力为 3.91MPa，流场正压力最值为 8.83Pa，负压力最值为 −10.88Pa，最大流速为 0.175m/s。

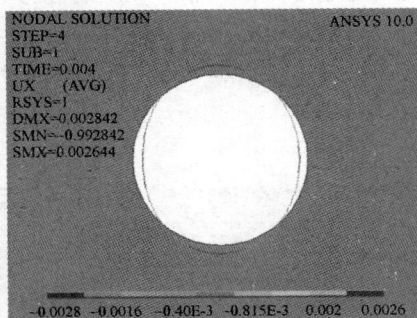

图 5−29　壳中等弯曲时法向位移等值图　　　图 5−30　壳中等弯曲时切向应力图

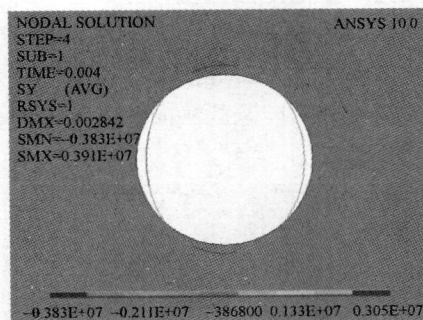

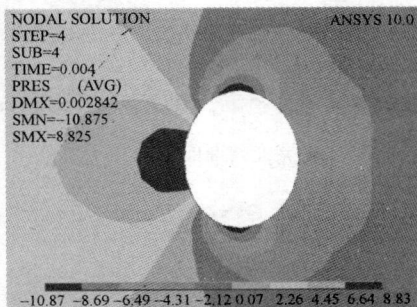

图 5−31　壳中等弯曲时流场压力分布云图　　图 5−32　壳中等弯曲时流场速度分布云图

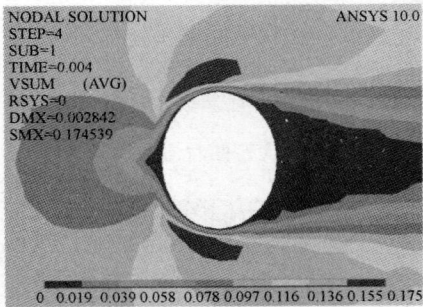

图 5−33 ~ 图 5−36 是小弯曲变形问题的结果图。由图可知，小弯曲问题中，壳体最大位移值为 0.114mm，最大切应力为 0.16MPa，流场正压力最值为 0.35Pa，负压力最值为 −0.43Pa，最大流速为 0.035m/s。

综合三种弯曲问题的结果图可以看出，三种弯曲情况下的圆柱壳变形规律类似，横截面都由圆形变形为近似椭圆形，但是变形程度不同，位移量级不同。圆柱壳位移上下基本对称，而前后略不对称，这是因为数值模拟时考虑了流体黏性，从而使得壳前部和后部的压力不等，但因为流体黏性很小，接近于理想流体，因此压

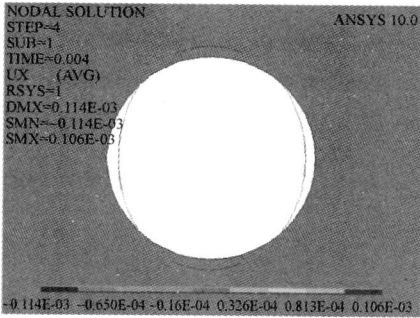

图 5 – 33　壳小弯曲时法向位移等值图

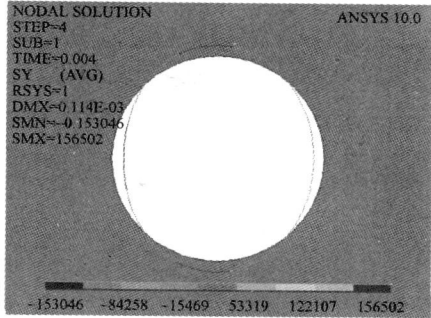

图 5 – 34　壳小弯曲时切向应力图

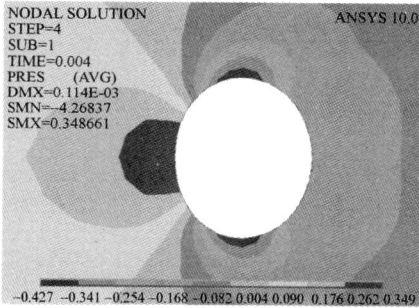

图 5 – 35　壳小弯曲时流场压力分布云图

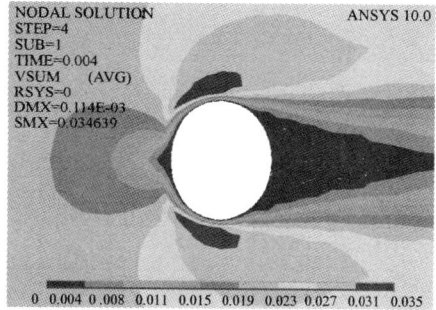

图 5 – 36　壳小弯曲时流场速度分布云图

力差比较小,圆柱壳前后变形差别比较小。

5.5.2　数值解和理论解的比较分析

对应于5.4节中定义的特征点,以 A、B 两点为例列出圆柱壳的法向位移(即挠度)、上表面处的切向应力值、压力和流速。表5-1列出了 ANSYS 解出的三种弯曲情形下 A、B 两点的挠度,并与理论解比较。

表 5 – 1　A 点和 B 点的挠度

问题	特征点	ANSYS 挠度/mm	理论挠度/mm	ANSYS解与理论解误差/%
大弯曲变形	A	− 11. 35	− 16. 10	29. 5
	B	10. 52	15. 60	32. 6
中等弯曲变形	A	− 2. 84	− 3. 00	5. 3
	B	2. 64	3. 00	12. 0
小弯曲变形	A	− 0. 114	− 0. 156	26. 9
	B	0. 106	0. 156	32. 1

107

由表 5－1 可知，ANSYS 得出的 A、B 两点的挠度比理论挠度偏小。和理论解类似，A 点挠度的绝对值比 B 点的略大。ANSYS 解和理论解之间的最大误差不超过 33%。

表 5－2 为 ANSYS 解出的三种弯曲情形下这两个点的切向应力，并与理论解进行比较。由表可知，ANSYS 应力解比理论应力解偏小，两者之间最大误差不超过 25.2%。

表 5－2　A 点和 B 点的切向应力值

问题	特征点	ANSYS 切应力/MPa	理论切应力/MPa	ANSYS 解与理论解误差/%
大弯曲变形	A	－ 15.3	－ 20.1	23.9
	B	15.6	20.6	24.3
中等弯曲变形	A	－ 3.83	－ 5.12	25.2
	B	3.91	5.12	23.6
小弯曲变形	A	－ 0.153	－ 0.20	23.5
	B	0.157	0.20	21.5

表 5－3 列出了 ANSYS 解出的三种情况下压力和流速的最大值和最小值，并与理论解进行比较。由表可知，ANSYS 得出的压力较之理论解偏大，最大负压的绝对值与最大正压不再满足近似 3 倍的关系。流速分布的数值有偏差，ANSYS 解出的最大流速均小于 $2V_\infty$，但理论解的最大流速大于 $2V_\infty$ 或者与 $2V_\infty$ 相差很小。

表 5－3　压力和流速的最大值和最小值

问题	特征值	ANSYS 压力/MPa	理论压力/MPa	ANSYS 流速/(m/s)	理论流速/(m/s)
大弯曲变形	最大值	36.58	19.91	0.35	0.41
	最小值	－ 43.97	－ 70.69	0	0
中等弯曲变形	最大值	8.83	5.00	0.18	0.20
	最小值	－ 10.88	－ 15.35	0	0
小弯曲变形	最大值	0.349	0.20	0.035	0.04
	最小值	－ 0.427	－ 0.60	0	0

就数值而言，有限元模拟的结果和理论结果之间存在偏差，偏差的产生是因为有限元模拟和理论分析，两者在处理问题的思想、模型建立以及求解的方法等均不同，偏差就产生于两者处理问题的每一步骤中。下面具体分析影响结果的各个因素。

（1）理论分析时，应用相容拉格朗日－欧拉法求解问题，用变形前函数的泰勒展开近似表示变形后的函数并以此来处理边界的接触条件。有限元模拟时，应用任意拉格朗日－欧拉法处理动边界，流体网格移动以满足移动边界面处的边界条件。不同的算法自然有不同的计算精度和稳定性，由此造成结果出现一定的偏差。

108

（2）理论分析时,位移和流场速度势都是用三角函数级数近似表示的,因此解的精度与级数的项数有关。忽略高阶项,势必产生误差,并且壳体弯曲变形越大,误差越大。进一步计算虽能得到更好的结果,但这样会大大增加求解难度。有限元模拟时,求解精度与有限元网格划分的形状、疏密有关,因此必须划分形状、疏密适当的网格,以便能在精度和计算速度上取得平衡。

（3）理论分析时,流体为理想不可压缩流体,且为层流。数值模拟时,由于ANSYS FLOTRAN 目前只支持黏性流体分析,所以模拟时流体设有很小的黏性,且采用了湍流模型。由于黏性的影响,壳体前后存在着压力差。虽然模拟时施加了适当的约束,消除了壳体沿边界流速方向的整体刚体位移,但是黏度的存在仍会影响壳体的变形,尤其是大弯曲变形问题中,压力差比较大,影响将会比较明显。表 5 - 4 列出了对于大弯曲问题,当流体黏度取不同值时对应壳体特征点的挠度值。可以看出,随着流体黏度的不同,挠度值的变化没有确定的规律,但是,当黏度取值很小时,随着黏度的改变,挠度解的变化不明显,即此时黏度的影响趋于稳定。

表 5 - 4　流体黏度取不同值时 A、B 两点的挠度值

挠度	黏度 $\mu/(\text{Pa}\cdot\text{s})$						理论挠度/mm
	0.1	0.01	0.001	0.0008	0.0006	0.0005	
A 点挠度/mm	-11.26	-11.41	-11.35	-11.32	-11.37	-11.43	-16.10
B 点挠度/mm	10.44	10.59	10.52	10.48	10.52	10.58	15.60

综合考虑上述各个因素,有限元模拟的结果和理论解存在一定的偏差是必然的。只能把比较的重点放在圆柱壳变形规律和流场的分布规律上。

5.6　固支浅拱形弹性壳绕流的小弯曲变形

图 5 - 37(a)所建立的柱坐标系 (z,θ,r) 中,O 为坐标原点,z 沿壳体的轴线方向,θ 为环向坐标且从左侧水平线起顺时针为正,r 为浅拱径向坐标。无限长浅拱形壳为圆柱壳中的一部分,位于理想不可压缩的连续横向绕流中,在无穷远处流体的压力、密度和速度分别为 p_∞,ρ_∞,V_∞。浅拱形壳体弧长为 $2L$,中面半径为 R,迎角 θ_0 为壳体横截面的对称轴方向与流体流动方向的夹角[如图 5 - 37(b)所示]。在流场作用下浅拱形弹性壳体发生小弯曲变形,现来求解浅拱壳体的变形和内力[4]。

壳体理论的基本关系式除下面两式外,其余关系式与圆柱薄壳绕流小变形的情形相同。

$$\omega_\theta = \frac{\partial w}{R\partial\theta}, \quad \kappa_{\theta\theta} = -\frac{1}{R^2}\frac{\partial^2 w}{\partial\theta^2}$$

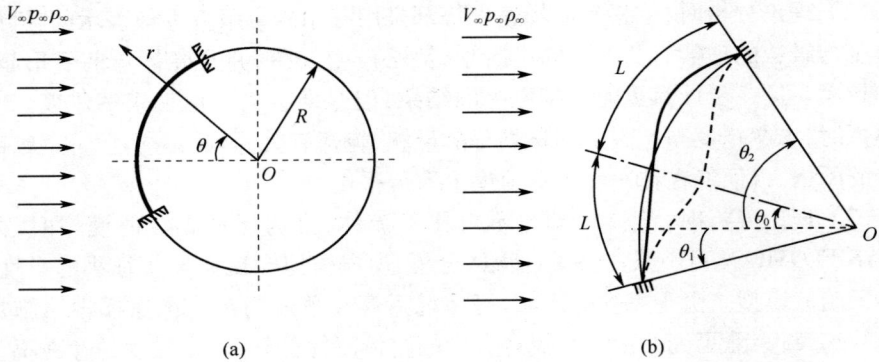

图 5 – 37　绕浅拱形壳体横向流动

设壳体的内部压力 p_0（背流面）在变形过程中保持不变。定常流状态的流体速度势函数 φ 可由方程组(5 – 1)及边界条件

$$\varphi = - V_\infty r\cos\theta \quad (r\rightarrow\infty) \tag{5 – 52}$$

确定。

浅拱形壳壳体两边刚性固定,则有边界条件

$$v = w = \frac{\partial w}{\partial\theta} = 0 \quad (\theta = \theta_1, \theta_2) \tag{5 – 53}$$

5.6.1　求解浅拱形弹性壳体在流场中的小弯曲变形

1. 基本方程组的建立

相互作用的接触面上应用相容拉格朗日 – 欧拉法,在流体为定常流动的状态下,所研究的问题相当于静力问题时,小弯曲变形的浅拱形壳体表面的运动学条件可表示为

$$\frac{\partial\varphi}{\partial r} = \frac{1}{r^2}\frac{\partial w}{\partial\theta}\frac{\partial\varphi}{\partial\theta} - w\frac{\partial^2\varphi}{\partial r^2} \quad (r = R) \tag{5 – 54}$$

动力学条件为

$$Z_\theta = 0, \quad Z_r = p_0 - p \quad (r = R) \tag{5 – 55}$$

浅拱形壳平衡方程为式(5 – 5)

$$\partial N_{\theta\theta}/\partial\theta + Q_\theta + RZ_\theta = 0, \quad \partial Q_\theta/\partial\theta - N_{\theta\theta} + RZ_r = 0, \quad \partial M_{\theta\theta}/\partial\theta - RQ_\theta = 0$$

$M_{\theta\theta}$ 的计算为式(5 – 26)

$$M_{\theta\theta} = D_M\kappa_{\theta\theta} = -\frac{D_M}{R^2}\frac{\partial^2 w}{\partial\theta^2}$$

110

将式(5 - 26)代入式(5 - 5)中,连续地消去 $M_{\theta\theta}$, Q_θ, $N_{\theta\theta}$ 后,结合式(5 - 55)得到

$$\frac{\partial^5 w}{\partial \theta^5} + \frac{\partial^3 w}{\partial \theta^3} = \frac{R^4}{D_M} \frac{\partial}{\partial \theta}(p_0 - p) \quad (r = R) \tag{5 - 56}$$

2. 方程组的解析解

将式(5 - 10)代入到式(5 - 1)和式(5 - 52)中,对于 φ_1、p_1 满足式

$$\varphi_1 = -V_\infty r\cos\theta \quad (r \to \infty) \tag{5 - 57}$$

对于 φ_2、p_2、w 分别满足式(5 - 12)和式(5 - 13)及

$$\frac{\partial \varphi_2}{\partial r} = \frac{1}{r^2} \frac{\partial w}{\partial \theta} \frac{\partial \varphi_1}{\partial \theta} - w \frac{\partial^2 \varphi_1}{\partial r^2} \quad (r = R, \theta_1 < \theta < \theta_2) \tag{5 - 58}$$

$$\frac{\partial \varphi_2}{\partial r} = 0 \quad (r = R, \theta_2 \leqslant \theta \leqslant 2\pi + \theta_1) \tag{5 - 59}$$

$$\frac{\partial^4 w}{\partial \theta^4} + \frac{\partial^2 w}{\partial \theta^2} = \frac{R^4}{D_M} \frac{\partial}{\partial \theta}(p_0 - p_1 - p_2) \quad (r = R, \theta_1 < \theta < \theta_2) \tag{5 - 60}$$

根据问题的性质,可以采用三角级数来寻找 φ_1 的解,设

$$\varphi_1 = \sum_{n=0}^{N} \Phi_n \cos n\theta$$

式中:Φ_n 为待定系数。由式 $\boldsymbol{\nabla}^2 \varphi_1 = 0$,有 $\dfrac{\mathrm{d}^2 \Phi_n}{\mathrm{d}r^2} + \dfrac{1}{r} \dfrac{\mathrm{d}\Phi_n}{\mathrm{d}r} - \dfrac{n^2}{r^2} \Phi_n = 0$,代入上式得

$$\varphi_1 = a_0^* \ln r + b_0^* + \sum_{n=0}^{N} (a_n^* r^{-n} + b_n^* r^n) \cos n\theta$$

由边界条件,可以确定 $a_0^* = b_0^* = 0$, $a_1^* = b_1^* R^2$, $b_1^* = -V_\infty$, $a_n^* = b_n^* = 0$,能得到整个域内 φ_1,p_1 的表达式为

$$\varphi_1 = -V_\infty \left(r + \frac{R^2}{r} \right) \cos\theta \tag{5 - 61}$$

及式(5 - 17)。求解 φ_2、p_2、w 时,满足边界条件式(5 - 53)的函数 w 可以表示为如下形式

$$w = -\frac{L^2}{R} \left\{ \sum_{i=1}^{I} f_i [1 + (-1)^{i-1} \cos i\pi\xi] + \sum_{j=1}^{J} q_j \sin j\pi\xi \cos j \frac{\pi}{2} \xi \right\} \tag{5 - 62}$$

式中:$\xi = (\theta - \theta_0) \dfrac{R}{L}$。

若浅拱形壳是按任意角度摆放的,则满足条件式(5 - 12)、式(5 - 58)及式(5 - 59)的速度势 φ_2 可以写成如下形式

111

$$\varphi_2 = \sum_{n=1}^{N} \left(\frac{R}{r}\right)^n (A_n \cos n\theta + B_n \sin n\theta) \tag{5-63}$$

将式(5-61)、式(5-62)和式(5-63)代入式(5-58)和式(5-59)中,采用布勃诺夫 - 伽辽金积分,有

$$\int_0^{2\pi} \frac{\partial \varphi_2}{\partial r} \binom{\cos n\theta}{\sin n\theta} \mathrm{d}\theta = \int_{\theta_1}^{\theta_2} \left(\frac{\partial w}{r^2 \partial \theta} \frac{\partial \varphi_1}{\partial \theta} - w \frac{\partial^2 \varphi_1}{\partial r^2}\right) \binom{\cos n\theta}{\sin n\theta} \mathrm{d}\theta$$

整理后,得到式(5-63)中的 A_n 和 B_n,即

$$A_n = \frac{2V_\infty L^2}{n\pi R} \left(\sum_{i=1}^{I} C_{ni} f_i + \sum_{j=1}^{J} D_{nj} q_j\right), \quad B_n = \frac{2V_\infty L^2}{n\pi R} \left(\sum_{i=1}^{I} F_{ni} f_i + \sum_{j=1}^{J} G_{nj} q_j\right)$$

式中:C_{ni}、D_{nj}、F_{ni}、G_{nj} 具有如下的形式

$$C_{ni} = (i\pi)^2 n \left[\frac{\cos(n+1)\theta_0 \sin\beta_{n+1}}{(n+1)(\beta_{n+1}^2 - i^2\pi^2)} - \frac{\cos(n-1)\theta_0 \sin\beta_{n-1}}{(n-1)(\beta_{n-1}^2 - i^2\pi^2)}\right]$$

$$D_{nj} = \frac{(-1)^j}{2} \left[\left(\frac{l\beta_{n-1} + \alpha_{j+1}^2}{\beta_{n-1}^2 - \alpha_{j+1}^2} - \frac{l\beta_{n-1} + \alpha_{j-1}^2}{\beta_{n-1}^2 - \alpha_{j-1}^2}\right) \sin(n-1)\theta_0 \cos\beta_{n-1} + \right.$$

$$\left. \left(\frac{l\beta_{n+1} - \alpha_{j+1}^2}{\beta_{n+1}^2 - \alpha_{j+1}^2} - \frac{l\beta_{n+1} - \alpha_{j-1}^2}{\beta_{n+1}^2 - \alpha_{j-1}^2}\right) \sin(n+1)\theta_0 \cos\beta_{n+1}\right]$$

$$F_{ni} = (i\pi)^2 n \left[\frac{\sin(n+1)\theta_0 \sin\beta_{n+1}}{(n+1)(\beta_{n+1}^2 - i^2\pi^2)} - \frac{\sin(n-1)\theta_0 \sin\beta_{n-1}}{(n-1)(\beta_{n-1}^2 - i^2\pi^2)}\right]$$

$$G_{nj} = \frac{(-1)^j}{2} \left[\left(\frac{l\beta_{n-1} + \alpha_{j-1}^2}{\beta_{n-1}^2 - \alpha_{j-1}^2} - \frac{l\beta_{n-1} + \alpha_{j+1}^2}{\beta_{n-1}^2 - \alpha_{j+1}^2}\right) \cos(n-1)\theta_0 \cos\beta_{n-1} + \right.$$

$$\left. \left(\frac{l\beta_{n+1} - \alpha_{j-1}^2}{\beta_{n+1}^2 - \alpha_{j-1}^2} - \frac{l\beta_{n+1} - \alpha_{j+1}^2}{\beta_{n+1}^2 - \alpha_{j+1}^2}\right) \cos(n+1)\theta_0 \cos\beta_{n+1}\right]$$

此处引入记号 $\alpha_{j\pm1} = (2j\pm1)\dfrac{\pi}{2}$, $\quad \beta_{n\pm1} = (n\pm1)l$, $\quad l = \dfrac{L}{R}$。

将式(5-61)和式(5-63)代入到式(5-13)中,当 $r=R$ 时压力 p_2 扰动式如下

$$p_2 = \frac{2\rho_\infty V_\infty^2 l^2}{\pi} \sum_{n=1}^{N} \left\{ \sum_{i=1}^{I} C_{ni} f_i + \sum_{j=1}^{J} D_{nj} q_j \right) \left[\cos(n-1)\theta - \cos(n+1)\theta\right] + $$

$$\left(\sum_{i=1}^{I} F_{ni} f_i + \sum_{j=1}^{J} G_{nj} q_j\right) \left[\sin(n-1)\theta - \sin(n+1)\theta\right] \right\} \tag{5-64}$$

在这里引入流体弹性力学参数

$$\mu_0 = \frac{\rho_\infty V_\infty^2 R L^2}{2D_M} \tag{5-65}$$

将式(5-17)、式(5-62)和式(5-64)代入式(5-60)中,可求得法向挠度 w 的系数 f_i,q_j 的表达式,其中取一级近似,即取 $i=1$、$j=1$、$n=1$,则有

$$f_1\left[\frac{32}{15}\pi^2\left(1-\frac{\pi^2}{l^2}\right)+\mu_0 T_{11}\right]+q_1\mu_0 Q_{11}=\mu_0\frac{256\pi^2\cos2l\cos2\theta_0}{9\pi^4-160\pi^2l^2+256l^4},$$

$$f_1\mu_0 K_{11}-q_1\left[\frac{2}{15}\pi^2\left(16-31\frac{\pi^2}{l^2}\right)+\mu_0 S_{11}\right]=\mu_0\frac{4\pi^2\sin2l\sin2\theta_0}{l^2(\pi^2-4l^2)}$$

式中:$T_{11}=\dfrac{128}{15}+\dfrac{512l^2\pi^2\cos2l}{9\pi^4-160\pi^2l^2+256l^4}(C_{11}\cos2\theta_0+F_{11}\sin2\theta_0)-$

$$\frac{384\pi^4(5\pi^2-16l^2)\cos2l\cos2\theta_0}{225\pi^6-4144\pi^4l^2+8960\pi^2-4096l^6}$$

$$Q_{11}=\frac{256\pi^2l^2\cos2l}{9\pi^4-160\pi^2l^2+256l^4}(D_{11}\cos2\theta_0+G_{11}\sin2\theta_0)-$$

$$\frac{3\pi^4(3\pi^2-8l^2)\sin2\theta_0\sin2l}{9\pi^6-49\pi^4l^2+56\pi^2l^4-16l^4}$$

$$K_{11}=\frac{8\pi^2\sin2l}{\pi^2-4l^2}(C_{11}\sin2\theta_0-F_{11}\cos2\theta_0)+\frac{12\pi^2\sin2\theta_0\sin2l}{\pi^4-5\pi^2l^2+4l^2}$$

$$S_{11}=-\frac{15}{8}+\frac{8\pi^2\sin2l}{\pi^2-4l^2}(D_{11}\sin2\theta_0-G_{11}\cos2\theta_0)+$$

$$\frac{384\pi^4(5\pi^2-16l^2)}{225\pi^6-4144\pi^4l^2+8960\pi^2l^4-4096l^6}$$

浅拱形壳的法向位移可以表示为

$$w=-\frac{L^2}{R}\left[f_1(1+\cos\pi\xi)+q_1\sin\pi\xi\cos\frac{\pi}{2}\xi\right]$$

3. 壳体应力表达式

将位移表达式代入式(5-26)中,得到

$$M_{\theta\theta}=-\frac{D_M}{R^2}\frac{\partial^2 w}{\partial\theta^2}=-\frac{D_M\pi^2}{R}\left(f_1\cos\pi\xi+\frac{5}{4}q_1\sin\pi\xi+q_1\cos\pi\xi\sin\frac{\pi}{2}\xi\right)$$

弯曲小变形情况下,壳体上表面的应力表达式为

$$\sigma_{\theta\theta}=-\frac{6D_M}{h^2R^2}\frac{\partial^2 w}{\partial^2\theta}=-\frac{6D_M\pi^2}{h^2R}\left(f_1\cos\pi\xi+\frac{5}{4}q_1\sin\pi\xi+q_1\cos\pi\xi\sin\frac{\pi}{2}\xi\right)$$

4. 流场速度分量表达式

$$v_r=\frac{\partial\varphi}{\partial r}=\frac{\partial(\varphi_1+\varphi_2)}{\partial r}=-V_\infty\left(1-\frac{R^2}{r^2}\right)\cos\theta+\frac{V_\infty}{r^2}\frac{\partial w}{\partial\theta}\left(r+\frac{R^2}{r}\right)\sin\theta-\frac{2V_\infty wR^2}{r^3}\cos\theta$$

$$v_\theta = \frac{\partial \varphi}{r \partial \theta} = \frac{\partial (\varphi_1 + \varphi_2)}{r \partial \theta} = V_\infty \left(1 + \frac{R^2}{r^2} \right) \sin\theta + \frac{R}{r^2} (-A_1 \sin\theta + B_1 \cos\theta)$$

5.6.2 算例分析

浅拱形弹性壳的材料为低碳钢,弹性模量 $E = 210\text{GPa}$,泊松比 $\nu = 0.23$;某铝的弹性模量 $E = 110\text{GPa}$,泊松比 $\nu = 0.28$;某铜的弹性模量 $E = 70\text{GPa}$,泊松比 $\nu = 0.32$。中面半径 $R = 0.85\text{m}$,壳体的弧长 $2L = 1.04\text{m}$(跨高比为 6.33 较赵州桥的跨高比 5.12 的弯曲程度还要浅),厚度 $h = 2 \times 10^{-3}\text{m}$,壳体的迎角 $\theta_0 = 13°$;流体密度 $\rho = \rho_\infty = 1000\text{kg/m}^3$,流场压力 $p_\infty = 10^3\text{Pa}$。

图 5 – 38 为不同材料情况下小弯曲变形的法向位移曲线图,无穷远流速取为 $V_\infty = 0.25\text{m/s}$。材料为铜的壳体变形最大,其次是铝,再次是低碳钢。

图 5 – 39、图 5 – 40 和图 5 – 41 反映了其他条件不变时,在壳体最大变形处,壳体的厚度、无量纲量 $l(l = L/R)$ 和流体速度参数的变化分别对不同材料壳体法向位移的影响。由图可见,壳体越厚,l 越小,流速越小,壳体位移越小。

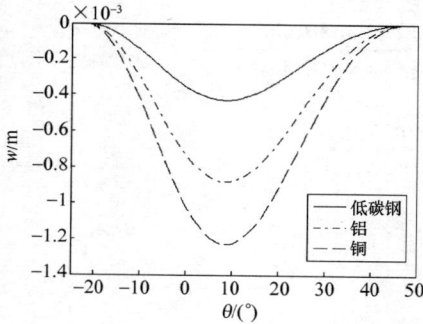

图 5 – 38 不同材料的法向位移曲线

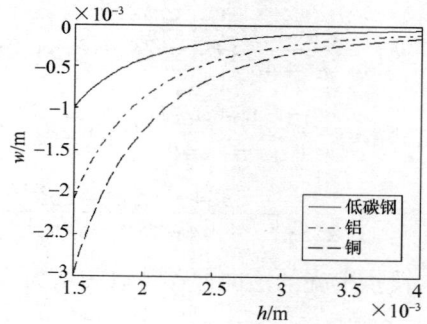

图 5 – 39 法向位移与壳体厚度相关曲线

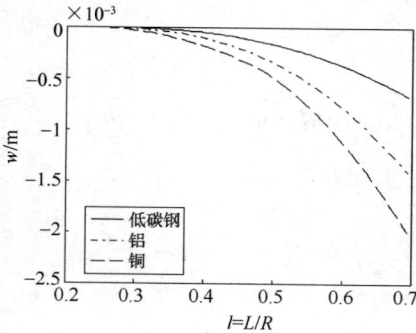

图 5 – 40 法向位移与 l 相关曲线

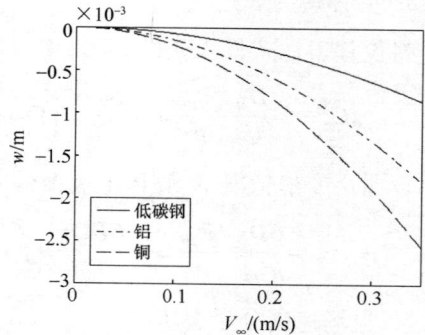

图 5 – 41 法向位移与流速相关曲线

图 5 - 42 ~ 图 5 - 45 的无穷远流速均取 $V_\infty = 0.35\text{m/s}$。壳体材料为低碳钢。如不声明则均不考虑流体静压力参数的影响。

图 5 - 42 为不同流速作用下,壳体法向位移曲线图,流体速度越大,壳体变形越大。无穷远流速取 $V_\infty = 0.35\text{m/s}$ 时,壳体法向位移的最大值为 $w = 0.857\text{mm}$;最大法向位移小于壳体的厚度 0.002m,且远远小于中面半径,属于小弯曲变形情况。

图 5 - 43 为壳体弯矩与应力曲线图。壳体的最大法向位移处应力 $\sigma_{\theta\theta} = -10.51\text{MPa}$,弯矩为 $M_{\theta\theta} = -7.01\text{N} \cdot \text{m}$,发生在 $\theta = 8.79°$ 处。

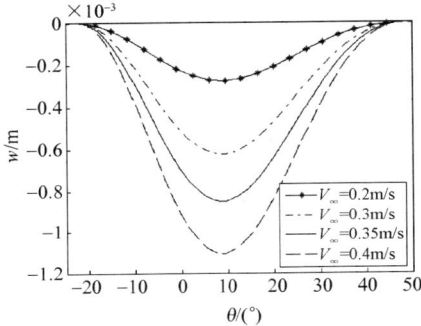

图 5 - 42 法向位移在不同速度作用下的曲线

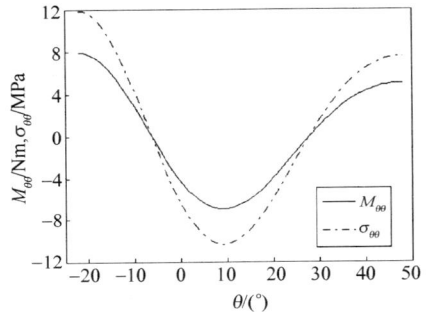

图 5 - 43 弯矩 $M_{\theta\theta}$、应力 $\sigma_{\theta\theta}$ 曲线

图 5 - 44 为不同迎角下壳体的法向位移,来流方向与壳体横截面对称轴方向一致时,即在 $\theta_0 = 0$ 时,法向位移达到最大值 $w = 1.049\text{mm}$,且壳体变形关于横截面对称轴对称。迎角越大,壳体的法向位移越小,由于壳体几何尺寸的原因,迎角有一定的范围。

图 5 - 45 为接触面上流体的压力 p_1 与 p_2 的曲线图。由图可见,壳体产生的扰动压力 p_2 与压力 p_1 相比小得多。

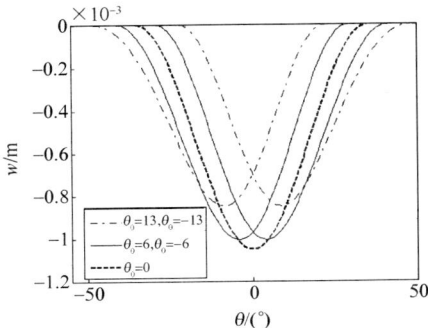

图 5 - 44 不同迎角 θ_0 下壳体的法向位移

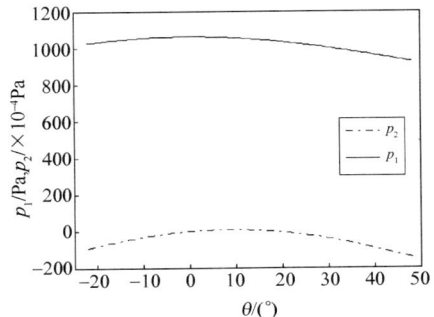

图 5 - 45 在 $r = R$ 处 p_1, p_2 曲线

图 5 - 46 为壳体外部流体压力分布曲线图,图中表示浅拱形壳外表面(即 $r = R$ 处)的流体压力在 $\theta = 0°$ 处达到最大值 $p = 1061\text{Pa}$,当离浅拱形壳体外表面越远

（随着 r 的增大），流体的压力 p 逐渐趋向于 $p = p_\infty = 10^3\mathrm{Pa}$，趋向于稳定值。

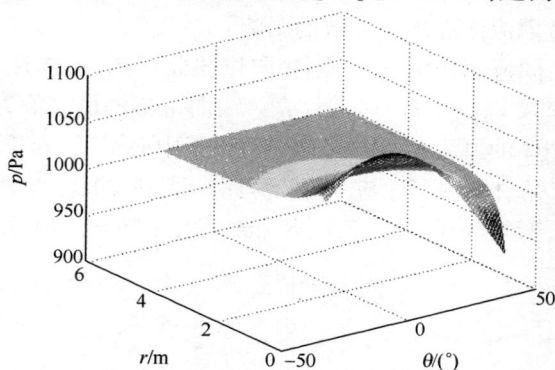

图 5 - 46　壳体外部的流体压力

5.7　固支浅拱形弹性壳绕流的中等弯曲变形

流体以均匀速度从无穷远处沿垂直于壳体轴线的方向，绕过无限长两边固支的浅拱形壳体流动，如图 5 - 37 所示。求解在流场作用下浅拱形壳体发生中等弯曲变形时的壳体变形、应力和流场的变化。

5.7.1　求解浅拱形弹性壳体在流场中的中等弯曲变形

1. 基本方程组的建立

本节所研究的浅拱形弹性壳体在流场中的中等弯曲变形问题，所采用的壳体理论的基本关系式与圆柱薄壳绕流中等变形情形相同。

定常流状态的流体速度势函数 φ 可由方程组（5 - 1）及方程组（5 - 52）确定。浅拱形壳壳体两边刚性固定，边界条件为式（5 - 53）。

应用相容拉格朗日 - 欧拉法，由式（4 - 49）确定的浅拱形壳体中等弯曲变形静力学问题的运动学条件和动力学条件可分别表示为式（5 - 54）和下式的形式

$$Z_\theta^* = 0, Z_r^* = p_0 - p - w\frac{\partial p}{\partial r} \quad (r = R) \tag{5 - 66}$$

由式（3 - 42）和式（3 - 44），中等弯曲变形的平衡方程可相应地简化为

$$\frac{\partial N_{\theta\theta}}{R\partial\theta} + \frac{Q_\theta}{R^*} = 0, \quad \frac{\partial Q_\theta}{R\partial\theta} - \frac{N_{\theta\theta}}{R^*} + Z_r^* = 0, \quad \frac{\partial M_{\theta\theta}}{R\partial\theta} - Q_\theta = 0 \tag{5 - 67}$$

由式（3 - 18），R 与 R^* 分别为壳体中面变形前和变形后的曲率半径

$$\frac{1}{R^*} = \frac{1}{R} + \kappa_{\theta\theta} = \frac{1}{R} - \frac{\partial^2 w}{R^2\partial\theta^2} \tag{5 - 68}$$

116

由式(3-27),内力表达式为

$$N_{\theta\theta} = D_N \varepsilon_{\theta\theta} = D_N \left[\frac{\partial v}{R\partial \theta} + \frac{w}{R} + \frac{1}{2}\left(\frac{\partial w}{R\partial \theta} \right)^2 \right]$$

$M_{\theta\theta}$仍采用式(5-26)计算。将式(5-26)和式(5-68)代入到式(5-67)中,消去 $M_{\theta\theta}$,Q_θ,$N_{\theta\theta}$后,得到

$$\frac{\partial^5 w}{\partial \theta^5}\left(1 - \frac{\partial^2 w}{R\partial \theta^2} \right) + \frac{1}{R}\frac{\partial^4 w}{\partial \theta^4}\frac{\partial^3 w}{\partial \theta^3} + \frac{\partial^3 w}{\partial \theta^3}\left(1 - \frac{\partial^2 w}{R\partial \theta^2} \right)^3 -$$

$$\frac{R^4}{D_M}\frac{\partial Z_r^*}{\partial \theta}\left(1 - \frac{\partial^2 w}{R\partial \theta^2} \right) - \frac{R^3}{D_M}Z_r^*\frac{\partial^3 w}{\partial \theta^3} = 0 \quad (r = R) \qquad (5-69)$$

2. 方程组的解析解

同样引入速度势 φ_1,φ_2 和压力 p_1,p_2。对于 φ_1、p_1 具有式(5-61)、式(5-17)的形式。对于 φ_2、p_2、w 具有式(5-12)、式(5-58)~式(5-60)的形式。w,φ_2、p_2 的表达式分别取式(5-62)~式(5-64)的形式。将 p_1,p_2 表达式及式(5-62)代入式(5-69)中,并取一次近似级数进行伽辽金积分,可得到方程式[5]

$$f_1\left[\frac{64\pi^2}{3}\left(\frac{\pi^2}{l^2} - 1 \right) + \gamma_{st}\frac{32\pi^4}{15l^4} + \mu_0 F_{11} \right] + q_1\mu_0 K_{11} + f_1^2\left(\frac{41184\pi^2}{45045} + \mu_0 Q_{11} \right) +$$

$$q_1^2\left[-\frac{2\pi^2}{45045}\left(11583\frac{\pi^2}{l^2} - 10296\pi^2 \right) + \mu_0 S_{11} \right] +$$

$$f_1 q_1\mu_0 U_{11} + \mu_0\frac{256\pi^2\cos2\theta_2\cos2l}{9\pi^4 - 160\pi^2 l^2 + 256l^4} = 0 \qquad (5-70)$$

$$f_1\mu_0 F_{11}^* + q_1\left[-\frac{\pi^2}{3}\left(124\frac{\pi^2}{l^2} - 64 \right) + \gamma_{st}\frac{172\pi^2}{105l^2} + \mu_0 K_{11}^* \right] + f_1^2\mu_0 Q_{11}^* +$$

$$q_1^2\mu_0 S_{11}^* + f_1 q_1\left[-\frac{18304\pi^2}{5005} + \frac{44902\pi^6}{5005l^2} + \mu_0 U_{11}^* \right] - \mu_0\frac{4\pi^2\sin2l\sin2\theta_0}{l^2(\pi^2 - 4l^2)} = 0 \qquad (5-71)$$

式中

$$F_{11} = -\frac{128}{15} + \frac{32\pi^4}{15l^4}(1 + 4C_{11}) - \frac{256\pi^4\cos2\theta_0\cos2l}{256l^4 - 544\pi^2 l^2 + 225\pi^4} +$$

$$\frac{\pi^2}{l^2}\frac{192\pi^4(48l^2 - 15\pi^2)\cos2l\cos2\theta_0}{4096l^6 - 8960\pi^2 l^4 + 4144\pi^4 l^2 - 225\pi^6} +$$

$$\frac{512l^2\pi^2\cos2l}{9\pi^4 - 160\pi^2 l^2 + 256l^4}(C_{11}\cos2\theta_0 + F_{11}\sin2\theta_0) ;$$

$$K_{11} = \frac{\pi^2}{l^2}\frac{384\pi^6 - 428\pi^4 l^2 + 696\pi^2 l^4 - 270\pi^2 + 384l^4}{49\pi^4 l^2 - 56\pi^2 l^4 + 16l^6 - 9\pi^6}\sin2l\sin2\theta_0 +$$

$$\frac{256\pi^2 l^2 \cos2l}{9\pi^4 - 160\pi^2 l^2 + 256 l^4}(D_{11}\cos2\theta_0 + G_{11}\sin2\theta_0)\,;$$

$$Q_{11} = -\frac{384\pi^3 l(16l^2 - 5\pi^2)\cos2l}{4096 l^6 - 8964\pi^2 l^4 + 4144\pi^4 l^2 - 225\pi^6}(C_{11}\cos2\theta_0 + F_{11}\sin2\theta_0)\,;$$

$$S_{11} = \frac{\pi^2}{6}\frac{(-135\pi^4 + 168\pi^2 l^2 + 192 l^4 + 1498\pi l^3 - 1218\pi^3 l)\sin2l}{49\pi^4 l^2 - 56\pi^2 l^4 + 16 l^6 - 9\pi^6} \times$$

$$(D_{11}\sin2\theta_0 - G_{11}\cos2\theta_0)\,;$$

$$U_{11} = -\frac{384\pi^3 l(16l^2 - 5\pi^2)\cos2l}{4096 l^6 - 8964\pi^2 l^4 + 4144\pi^4 l^2 - 225\pi^6}(D_{11}\cos2\theta_0 + G_{11}\sin2\theta_0) +$$

$$\frac{\pi^2}{6}\frac{(-135\pi^4 + 168\pi^2 l^2 + 192 l^4 + 1498\pi l^3 - 1218\pi^3 l)\sin2l}{49\pi^4 l^2 - 56\pi^2 l^4 + 16 l^6 - 9\pi^6} \times$$

$$(C_{11}\sin2\theta_0 - D_{11}\cos2\theta_0)\,;$$

$$F_{11}^* = -\frac{8\pi^2\sin2l}{\pi^2 - 4l^2}(C_{11}\sin2\theta_0 - F_{11}\cos2\theta_0) - \frac{\pi^2}{l^2}\frac{(10\pi^4 - 8\pi^2 l^2)\sin2l\sin2\theta_0}{\pi^4 - 5\pi^2 l^2 + 4l^4}\,;$$

$$K_{11}^* = \frac{15}{8} - \frac{172\pi^2}{105 l^2}D_{11} - \frac{8\pi^2\sin2l}{\pi^2 - 4l^2}(D_{11}\sin2\theta_0 - G_{11}\cos2\theta_0) +$$

$$\frac{\pi^2}{l^2}\frac{(16080\pi^4 l^2 - 40960\pi^2 l^4 - 1572\pi^6)\cos2l\cos2\theta}{4096 l^6 - 8960\pi^2 l^4 + 4144\pi^4 l^2 - 225\pi^6}\,;$$

$$Q_{11}^* = \frac{2\pi^4(\pi^2 - 4l^2)\sin2l}{\pi^4 - 5\pi^2 l^2 + 4l^4}(C_{11}\sin2\theta_0 - F_{11}\cos2\theta_0)\,;$$

$$S_{11}^* = -\frac{\pi^5}{3}\frac{(11984\pi l^2 - 1512\pi^3)\sin2l + (44544\pi^2 l^2 + 24576 l^4)\cos2l}{4096 l^6 - 8960\pi^2 l^4 + 4144\pi^4 l^2 - 225\pi^6} \times$$

$$(D_{11}\cos2\theta_0 + G_{11}\sin2\theta_0)\,;$$

$$U_{11}^* = \frac{2\pi^4(\pi^2 - 4l^2)\sin2l}{\pi^4 - 5\pi^2 l^2 + 4l^4}(D_{11}\sin2\theta_0 - G_{11}\cos2\theta_0) -$$

$$\frac{\pi^5}{3}\frac{(11984\pi l^2 - 1512\pi^3)\sin2l + (44544\pi^2 l^2 + 24576 l^4)\cos2l}{4096 l^6 - 8960\pi^2 l^4 + 4144\pi^4 l^2 - 225\pi^6} \times$$

$$(C_{11}\cos2\theta_0 + F_{11}\sin2\theta_0)\,。$$

这里引入的流体弹性参数为 $\mu_0 = \dfrac{\rho_\infty V_\infty^2 R L^2}{2 D_M}$、流体静压力参数为 $\gamma_{st} = \dfrac{(p_0 - p_\infty)R L^2}{D_M}$。运用牛顿迭代法来求解非线性方程组式(5-70)和式(5-71),在 μ_0、γ_{st} 不同取值情况下,可以得到相应的 f_1,q_1 值。在中等弯曲变形情况下,浅拱形壳的法向位移为

$$w = \frac{-L^2}{R}\left[f_1(1 + \cos\pi\xi) + q_1\sin\pi\xi\cos\frac{\pi}{2}\xi \right]$$

将上式代入式 $M_{\theta\theta} = \frac{-D_M}{R^2}\frac{\partial^2 w}{\partial\theta^2}$ 中,可得

$$M_{\theta\theta} = -\frac{D_M\pi^2}{R}\left(f_1\cos\pi\xi + \frac{5}{4}q_1\sin\pi\xi + q_1\cos\pi\xi\sin\frac{\pi}{2}\xi \right)$$

这时壳体上表面的应力表达式

$$\sigma_{\theta\theta} = \frac{N_{\theta\theta}}{h} + \frac{12M_{\theta\theta}}{h^3}Z\bigg|_{z=\frac{h}{2}} = \frac{N_{\theta\theta}}{h} - \frac{6D_M}{h^2 R^2}\frac{\partial^2 w}{\partial\theta^2} \tag{5-72}$$

由式(5-67)得 $N_{\theta\theta} = R^* Z_r^* - R^* \dfrac{D_M}{R^4}\dfrac{\partial^4 w}{\partial\theta^4}$;而 $w, M_{\theta\theta}, v_r$ 和 v_θ 的表达式与5.6节中小变形的情形相同。

流场速度分量表达式

$$v_r = \frac{\partial\varphi}{\partial r} = \frac{\partial(\varphi_1 + \varphi_2)}{\partial r} = -V_\infty\left(1 - \frac{R^2}{r^2} \right)\cos\theta + \frac{V_\infty}{r^2}\frac{\partial w}{\partial\theta}\left(r + \frac{R^2}{r} \right)\sin\theta + \frac{2V_\infty w R^2}{r^3}\cos\theta$$

$$v_\theta = \frac{\partial\varphi}{r\partial\theta} = \frac{\partial(\varphi_1 + \varphi_2)}{r\partial\theta} = V_\infty\left(1 + \frac{R^2}{r^2} \right)\sin\theta + \frac{R}{r^2}(-A_1\sin\theta + B_1\cos\theta)$$

5.7.2 算例分析

浅拱形弹性壳的材料为低碳钢,弹性模量 $E = 210\text{GPa}$,泊松比 $\nu = 0.23$,中面半径 $R = 0.85\text{m}$,壳体弧长 $2L = 1.04\text{m}$,厚度 $h = 2 \times 10^{-3}\text{m}$,迎角 $\theta_0 = 13°$,$\rho_\infty = 1000\text{kg/m}^3$,$P_\infty = 10^3\text{Pa}$,流体无穷远流速为 $V_\infty = 0.55\text{m/s}$,其余参数与5.6节中小变形情形相同。分析中等弯曲变形问题中的壳体法向位移、内力、应力以及流场分布。如不声明则均不考虑流体静压力参数的影响。

图5-47为不同流体静压力参数 γ_{st} 作用下的壳体法向位移曲线图,可见流体静压力参数值越小壳体变形越小。当 $\gamma_{st} = 0$ 时,法向位移最大值为 $w = 2.4\text{mm}$,与壳体厚度同数量级,远小于中面半径,属于壳体中等弯曲变形的范围。

图5-48为壳体弯矩、应力、内力曲线图。计算得出,最大法向位移处应力值为 $\sigma_{\theta\theta} = -26.14\text{MPa}$,最大弯矩为 $M_{\theta\theta} = -17.16\text{N·m}$,发生在 $\theta = 8.79°$ 处;内力最大值为 $N_{\theta\theta} = 0.936\text{kN}$,发生在 $\theta = 48.05°$ 处。可见影响应力的主要因素为弯矩。

图5-49为不同迎角下壳体的法向位移,在 $\theta_0 = 0$ 时,法向位移达到最大值

$w=3.05\text{mm}$,关于壳体横截面对称轴对称。同时可知,迎角越大,壳体的法向位移越小。由于壳体几何尺寸的原因,迎角应有一定的变化范围。

图5-50为在流体作用下壳体法向位移最大点($\theta=8.79°$)的法向位移和无穷远流速及流体静压力参数γ_{st}之间的关系曲线,流速越小,流体压力越小,壳体法向位移变化越小。法向位移的取值与壳体厚度同数量级且远远小于中面半径。

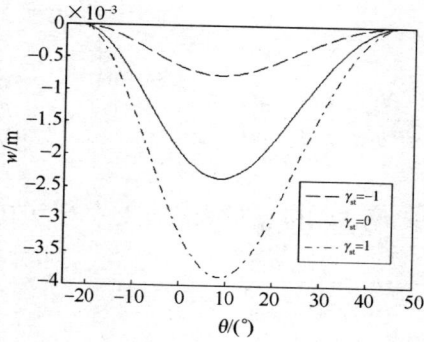

图5-47　不同γ_{st}下法向位移

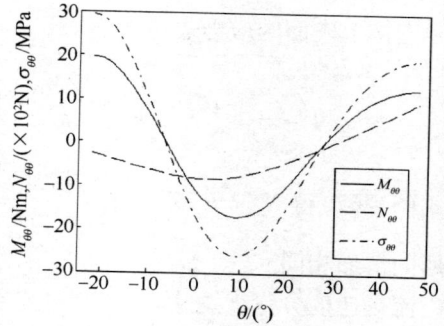

图5-48　弯矩$M_{\theta\theta}$、内力$N_{\theta\theta}$、应力$\sigma_{\theta\theta}$

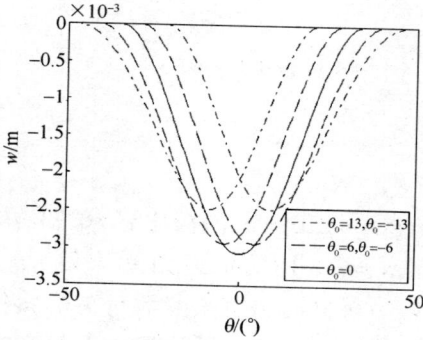

图5-49　不同迎角θ_0下
壳体的法向位移

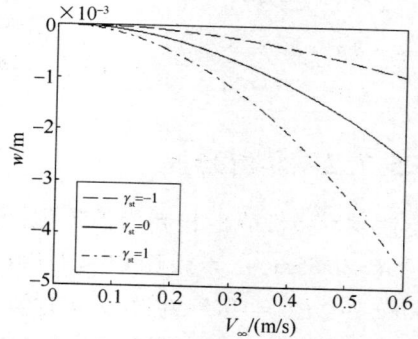

图5-50　不同γ_{st}法向位移
与流速的相关曲线

图5-51为中等弯曲变形壳体外部流体压力分布曲线图,图中表示浅拱形壳外表面(即$r=R$处)的压力在$\theta=0°$处达到最大值$p=1151\text{Pa}$,当离浅拱形壳体外表面越远时,即随着r的增大,流体的压力p逐渐趋向于$p=p_\infty=1000\text{Pa}$,趋向于稳定值。

图5-52显示的是中等弯曲问题中浅拱形壳体法向位移的最大值与无量纲量$l(l=L/R)$及壳体厚度之间关系的曲线图,无量纲量l与中面半径和壳体的弧长有关。

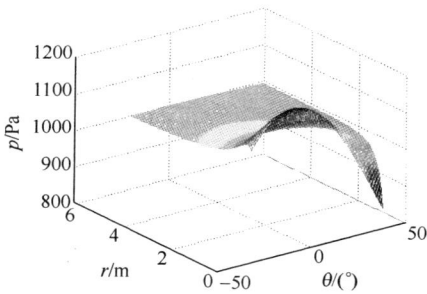

图 5 – 51　壳体外部的流体压力

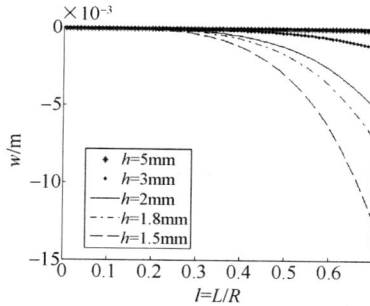

图 5 – 52　壳体法向位移与 l、壳体
厚度关系曲线

5.8　固支浅拱形弹性壳绕流的大弯曲变形

求解在流场作用下浅拱形弹性壳体发生大弯曲变形时的壳体变形和流场的变化。采用柱坐标系 (z,θ,r)，壳体理论的基本关系式为

$$\omega_\theta = \frac{1}{R}\left(\frac{\partial w}{\partial \theta} - v\right), \quad e_{\theta\theta} = \frac{1}{R}\left(\frac{\partial v}{\partial \theta} + w\right), \quad E_\theta = -\omega_\theta,$$

$$E_r = 1 + \frac{\partial v}{R\partial\theta} + \frac{w}{R}, \quad \varepsilon_{\theta\theta} = e_{\theta\theta} + \frac{1}{2}\left(e_{\theta\theta}^2 + \omega_\theta^2\right)$$

其中,关系式与圆柱薄壳绕流大变形情形不同的是

$$\kappa_{\theta\theta} = -\frac{1}{R^2}\left(\frac{\partial^2 w}{\partial \theta^2} - \frac{\partial v}{\partial \theta}\right)$$

定常流动状态的流体速度势函数 φ 可由方程组(5 – 1)及式(5 – 52)确定,边界条件为式(5 – 53)。

5.8.1　求解浅拱形弹性壳体在流场中的大弯曲变形

1. 基本方程组的建立

由式(3 – 42)和式(3 – 44),可得拉伸浅拱形弹性壳体的平衡方程为式(5 – 67)。

依据简化准则,由式(4 – 40)和式(4 – 41)确定的浅拱形弹性壳大弯曲变形静力学问题的运动学条件和动力学条件为

$$\frac{1}{r^2}\left(\frac{\partial w}{\partial \theta} - v\right)\left[\frac{\partial \varphi}{\partial \theta} + v\left(\frac{\partial^2 \varphi}{r\partial\theta^2} + \frac{\partial \varphi}{\partial r}\right) + w\frac{\partial^2 \varphi}{\partial\theta\partial r}\right] -$$

$$\left(1 + \frac{\partial v}{r\partial\theta} + \frac{w}{r}\right)\left[\frac{\partial \varphi}{\partial r} + w\frac{\partial^2 \varphi}{\partial r^2} + \frac{v}{r}\left(\frac{\partial^2 \varphi}{\partial r\partial\theta} - \frac{\partial \varphi}{r\partial\theta}\right)\right] +$$

121

$$\frac{v^2}{2r^2}\left(2\frac{\partial^2\varphi}{r\partial\theta^2}+\frac{\partial\varphi}{\partial r}\right)+\frac{vw}{r}\left(2\frac{\partial^2\varphi}{r\partial r\partial\theta}\right)-\frac{w^2}{2}\frac{\partial^3\varphi}{\partial r^3}=0 \quad (r=R,\quad \theta_1\leqslant\theta\leqslant\theta_2)$$

$$(5-73)$$

$$Z_r^*=p_0-p-\frac{v}{r}\frac{\partial p}{\partial\theta}-w\frac{\partial p}{\partial r}-\frac{w^2}{2}\frac{\partial^2 p}{\partial r^2} \quad (r=R,\quad \theta_1\leqslant\theta\leqslant\theta_2) \quad (5-74)$$

由式(3-13)和式(3-27),内力和曲率变化之间的关系如下

$$N_{\theta\theta}=D_N\varepsilon_{\theta\theta}=D_N\left[\frac{1}{R}\left(\frac{\partial v}{\partial\theta}+w\right)+\frac{1}{2R^2}\left(\frac{\partial v}{\partial\theta}-w\right)^2+\frac{1}{2R^2}\left(v-\frac{\partial w}{\partial\theta}\right)^2\right] \quad (5-75)$$

$$M_{\theta\theta}=D_M\kappa_{\theta\theta}=-\frac{D_M}{R^2}\left(\frac{\partial^2 w}{\partial\theta^2}-\frac{\partial v}{\partial\theta}\right) \quad (5-76)$$

$$\frac{1}{R^*}=\frac{1}{R}+\kappa_{\theta\theta}=\frac{1}{R}-\frac{\partial^2 w}{R^2\partial\theta^2}+\frac{\partial v}{R^2\partial\theta}=\frac{1}{R}\left(1-\frac{\partial^2 w}{R\partial\theta^2}+\frac{\partial v}{R\partial\theta}\right) \quad (5-77)$$

将式(5-76)和式(5-77)代入式(5-67)后两式中,有

$$Q_\theta=-\frac{D_M}{R^3}\left(\frac{\partial^3 w}{\partial\theta^3}-\frac{\partial^2 v}{\partial\theta^2}\right) \quad (5-78)$$

$$N_{\theta\theta}=R^*Z_r^*-\frac{D_M R^*}{R^4}\left(\frac{\partial^4 w}{\partial\theta^4}-\frac{\partial^3 v}{\partial\theta^3}\right) \quad (5-79)$$

将式(5-78)和式(5-79)代入式(5-67)中,并消去 $M_{\theta\theta},N_{\theta\theta},Q_\theta$ 得

$$-\frac{\partial^5 w}{\partial\theta^5}+\frac{\partial^4 v}{\partial\theta^4}-\frac{\partial^3 w}{\partial\theta^3}+\frac{\partial^2 v}{\partial\theta^2}+\frac{1}{R}\frac{\partial^2 w}{\partial\theta^2}\frac{\partial^5 w}{\partial\theta^5}-\frac{1}{R}\frac{\partial^2 w}{\partial\theta^2}\frac{\partial^4 v}{\partial\theta^4}+$$

$$\frac{1}{R}\frac{\partial v}{\partial\theta}\frac{\partial^4 v}{\partial\theta^4}-\frac{1}{R}\frac{\partial^2 v}{\partial\theta^2}\frac{\partial^3 v}{\partial\theta^3}+\frac{1}{R}\frac{\partial^4 w}{\partial\theta^4}\frac{\partial^2 v}{\partial\theta^2}-\frac{1}{R}\frac{\partial^5 w}{\partial\theta^5}\frac{\partial v}{\partial\theta}+$$

$$\frac{3}{R}\frac{\partial v}{\partial\theta}\frac{\partial^2 v}{\partial\theta^2}-\frac{3}{R}\frac{\partial^3 w}{\partial\theta^3}\frac{\partial v}{\partial\theta}+\frac{1}{R}\frac{\partial^3 w}{\partial\theta^3}\frac{\partial^3 v}{\partial\theta^3}-\frac{1}{R}\frac{\partial^4 w}{\partial\theta^4}\frac{\partial^3 w}{\partial\theta^3}-$$

$$\frac{\partial^2 w}{\partial\theta^2}\frac{R^3}{D_M}\frac{\partial Z_r^*}{\partial\theta}+\frac{\partial v}{\partial\theta}\frac{R^3}{D_M}\frac{\partial Z_r^*}{\partial\theta}-\frac{3}{R}\frac{\partial^2 w}{\partial\theta^2}\frac{\partial^2 v}{\partial\theta^2}+\frac{3}{R}\frac{\partial^3 w}{\partial\theta^3}\frac{\partial^3 w}{\partial\theta^3}+$$

$$\frac{R^4}{D_M}\frac{\partial Z_r^*}{\partial\theta}+\frac{\partial^3 w}{\partial\theta^3}\frac{R^3}{D_M}Z_r^*-\frac{\partial^2 v}{\partial\theta^2}\frac{R^3}{D_M}Z_r^*=0 \quad (5-80)$$

式中: Z_r^* 由式(5-74)来确定。

2. 方程组的解析解

设定速度势函数[5]

$$\varphi=\sum_{n=1}^{N}(A_n^*\cos n\theta+B_n^*\sin n\theta) \quad (5-81)$$

122

将其代入方程(5-1)中的拉普拉斯方程及式(5-52),可得

$$\varphi = \left(\frac{A^*}{r} - V_\infty r \right) \cos\theta + \frac{B^*}{r} \sin\theta \qquad (5-82)$$

式中:A^*,B^* 为速度势中的待定系数。将速度势函数(5-82)代入到式(5-1)中,求出流体动压力为

$$p = p_\infty + \frac{\rho_\infty}{2} \left[\left(-V_\infty^2 - \frac{2A^{*2}}{r^4} \right) + \cos 2\theta \left(\frac{2A^* B^*}{r^4} - \frac{2A^* V_\infty}{r^2} \right) + \right.$$

$$\left. (1 + \sin 2\theta) \left(\frac{B^{*2}}{r^4} - \frac{A^{*2}}{r^4} - \frac{2B^* V_\infty}{r^2} + V_\infty^2 \right) \right] \qquad (5-83)$$

考虑边界条件式(5-53),位移函数用一次近似级数表示的表达式为

$$w = -\frac{L^2}{R} \left[w_1 (1 + \cos\pi\xi) + w_2 \sin\pi\xi \cos\frac{\pi}{2}\xi \right] \qquad (5-84)$$

$$v = -\frac{L^2}{R} \left[v_1 (1 + \cos\pi\xi) + v_2 \sin\pi\xi \cos\frac{\pi}{2}\xi \right] \qquad (5-85)$$

将式(5-75)和式(5-78)代入式(5-67)中的第一式,来确定 v 和 w 之间的关系,即

$$\int_{\theta_1}^{\theta_2} \left(\frac{\partial N_{\theta\theta}}{R\partial\theta} + \frac{Q_\theta}{R^*} \right) \binom{1 + \cos\pi\xi}{\sin\pi\xi \cos\pi/\xi} \mathrm{d}\theta = 0$$

积分后,得

$$v_1 = w_2 \frac{32l}{15\pi^2} + w_1 w_2 \frac{64}{105} \left(\frac{1}{lR} + \frac{4l}{\pi^2 R} \right),$$

$$v_2 = -w_1 \frac{256l}{75\pi^2} + w_1^2 \frac{256}{525} \left(-\frac{1}{lR} + \frac{8l}{\pi^2 R} \right) + w_2^2 \frac{256}{525lR} \qquad (5-86)$$

速度势的系数 A^* 和 B^* 可利用位移函数的系数 w_1、w_2 来表示。将式(5-82)、式(5-84)、式(5-85)和式(5-86)代入到方程(5-73)中,继续运用伽辽金积分,得

$$\int_{\theta_1}^{\theta_2} \left\{ \frac{1}{r^2} \left(\frac{\partial w}{\partial\theta} - v \right) \left[\frac{\partial\varphi}{\partial\theta} + v \left(\frac{\partial^2\varphi}{r\partial\theta^2} + \frac{\partial\varphi}{\partial r} \right) + w \frac{\partial^2\varphi}{\partial\theta\partial r} \right] - \right.$$

$$\left(1 + \frac{\partial v}{r\partial\theta} + \frac{w}{r} \right) \left[\frac{\partial\varphi}{\partial r} + w \frac{\partial^2\varphi}{\partial r^2} + \frac{v}{r} \left(\frac{\partial^2\varphi}{\partial r\partial\theta} - \frac{\partial\varphi}{r\partial\theta} \right) \right] +$$

$$\left. \frac{v^2}{2r^2} \left(2 \frac{\partial^2\varphi}{r\partial\theta^2} + \frac{\partial\varphi}{\partial r} \right) + \frac{vw}{r} \left(2 \frac{\partial^2\varphi}{r\partial r\partial\theta} \right) - \frac{w^2}{2} \frac{\partial^3\varphi}{\partial r^3} \right\} \binom{\cos\theta}{\sin\theta} \mathrm{d}\theta = 0$$

积分后可得

$$A^* = V_\infty R^2 a, \quad B^* = V_\infty R^2 b$$

其中系数 a,b 为

$$a = -1 + \frac{w_1 l^2}{\pi}\left(l + \sin 2l - \frac{\pi^2 - 2l^2}{\pi^2 - 4l^2}\sin 2l\cos 2\theta_0\right) -$$

$$\frac{w_2 l^2}{\pi}\left(\frac{\pi^2/2 + \pi/2 + l^2}{(\pi/2)^2 - 4l^2} + \frac{3\pi^2/2 - 3\pi/2 - l^2}{(3\pi/2)^2 - 4l^2}\right)\cos 2l\sin 2\theta_0 +$$

$$\frac{l^2}{\pi}\left[w_2\frac{32l}{15\pi^2} - w_1 w_2\frac{64}{105}\left(l + \frac{4l^3}{\pi^2}\right)\right]\frac{\pi^2 - 2l^2}{\pi^2 - 4l^2}\sin 2l\sin 2\theta_0 -$$

$$\frac{l^2}{\pi}\left[w_1\frac{256l}{75\pi^2} - w_1^2\frac{256}{525}\left(l - \frac{8l^3}{\pi^2}\right) + w_2^2\frac{256l}{525}\right] \times$$

$$\left[\left(\frac{\pi^2/2 - l^2}{(\pi/2)^2 - 4l^2} - \frac{3\pi^2/2 - l^2}{(3\pi/2)^2 - 4l^2}\right)\cos 2l\cos 2\theta_0 + \frac{1}{3}\right]$$

$$b = \frac{w_1 l^2}{\pi}\frac{\pi l}{\pi^2 - 4l^2}\sin 2l\sin 2\theta_0 +$$

$$\frac{w_2 l^2}{\pi}\left[\frac{1}{3} + \left(\frac{9\pi^2/4 - l^2}{(3\pi/2)^2 - 4l^2} - \frac{3\pi^2/4 + l^2}{(\pi/2)^2 - 4l^2}\right)\cos 2l\cos 2\theta_0\right] -$$

$$\frac{l^2}{\pi}\left[w_2\frac{32l}{15\pi^2} - w_1 w_2\frac{64}{105}\left(l + \frac{4l^3}{\pi^2}\right)\right]\left(l - \sin 2l + \frac{\pi^2 - 2l^2}{\pi^2 - 4l^2}\sin 2l\cos 2\theta_0\right) +$$

$$\frac{l^2}{\pi}\left[-w_1\frac{256l}{75\pi^2} + w_1^2\frac{256}{525}\left(l - \frac{8l^3}{\pi^2}\right) + w_2^2\frac{256l}{525}\right] \times$$

$$\left(\frac{3\pi l/4 - l^2}{(\pi/2)^2 - 4l^2} - \frac{5\pi l/4 - l^2}{(3\pi/2)^2 - 4l^2}\right)\cos 2l\sin 2\theta_0$$

将式(5-83)~式(5-86)代入到式(5-80)中,应用伽辽金积分,得

$$-w_1 l^2\left[\frac{58}{315}\left(\frac{\pi}{l}\right)^6 - \frac{48}{105}\left(\frac{\pi}{l}\right)^5 - \frac{189}{128}\left(\frac{\pi}{l}\right)^4 - \frac{21}{40}\left(\frac{\pi}{l}\right)^2 + \frac{6272}{875\pi^2}\right] +$$

$$w_1^2 l^4\left[-\frac{96}{105}\left(\frac{\pi}{l}\right)^5 - \frac{168}{75}\left(\frac{\pi}{l}\right)^4 + \frac{56}{25}\left(\frac{\pi}{l}\right)^2 + \frac{4096}{1575l^2} + \frac{2048}{2625\pi^2}\right] +$$

$$w_2^2 l^4\left[\frac{58}{315}\left(\frac{\pi}{l}\right)^6 - \frac{48}{105}\left(\frac{\pi}{l}\right)^5 - \frac{5}{8}\left(\frac{\pi}{l}\right)^4 - \frac{2}{5}\left(\frac{\pi}{l}\right)^2 + \frac{32768}{7875\pi^2}\right] +$$

$$\mu_0 K^* \cos 2l \left(\frac{4l^2}{(\pi/2)^2 - 4l^2} + \frac{4l^2}{(3\pi/2)^2 - 4l^2} \right) +$$

$$\mu_0 w_1 \pi^2 K^* \cos 2l \left(\frac{\pi^2/2}{(\pi/2)^2 - 4l^2} + \frac{3\pi^2/4 + 2l^2}{(3\pi/2)^2 - 4l^2} + \frac{5\pi^2/4 - 2l^2}{(5\pi/2)^2 - 4l^2} \right) -$$

$$\mu_0 w_2 \pi^2 T^* \sin 2l \left(\frac{37\pi^2/32 + 15l^2/8}{\pi^2 - 4l^2} + \frac{7\pi^2/4 + 5l^2/4}{(2\pi)^2 - 4l^2} - \frac{91\pi^2/32 + 5l^2/8}{(3\pi)^2 - 4l^2} \right) -$$

$$\mu_0 \frac{32l^2}{15\pi} w_2 T^* \left(\frac{\pi l}{(\pi/2)^2 - 4l^2} - \frac{4\pi l}{(3\pi/2)^2 - 4l^2} \right) \cos 2l +$$

$$\mu_0 \frac{256l^2}{75\pi} w_1 K^* \sin 2l \left(\frac{17\pi l/8}{\pi^2 - 4l^2} - \frac{3\pi l/4}{(2\pi)^2 - 4l^2} + \frac{31\pi l/8}{(3\pi)^2 - 4l^2} \right) -$$

$$w_1 \frac{32}{15} \mu_0 (3a^2 - b^2 + 2b)(\pi^2 - l^2) = 0 \tag{5-87}$$

$$w_2 l^2 \left[\frac{26}{15} \left(\frac{\pi}{l} \right)^4 + \frac{3}{2} \left(\frac{\pi}{l} \right)^2 + \frac{14}{5} \right] + w_2^2 \frac{14}{5} \pi^4 +$$

$$w_1 w_2 l^4 \left[\frac{458}{21} \left(\frac{\pi}{l} \right)^6 + \frac{108}{15} \left(\frac{\pi}{l} \right)^4 + \frac{18}{5} \left(\frac{\pi}{l} \right)^2 - \frac{32768}{1125l^2} + \frac{14132}{5625\pi^2} \right] -$$

$$\mu_0 T^* \left(1 + \frac{4l^2}{\pi^2 - 4l^2} \right) \sin 2l + \mu_0 w_1 T^* \frac{8\pi^2 l^2}{\pi^2 - 4l^2} \sin 2l -$$

$$\mu_0 w_2 K^* \pi^2 \cos 2l \left(\frac{15\pi^2/16 + 9l^2}{(\pi/2)^2 - 4l^2} + \frac{87\pi^2/32 + 2l^2}{(3\pi/2)^2 - 4l^2} + \frac{205\pi^2/32 + 5l^2}{(5\pi/2^2 - 4l^2)} \right) -$$

$$\frac{256l^3}{75\pi^2} \mu_0 w_1 T^* \cos 2l \left(\frac{9\pi^2/4}{(\pi/2)^2 - 4l^2} - \frac{15\pi^2/4}{(3\pi/2)^2 - 4l^2} + \frac{15\pi^2/4}{(5\pi/2)^2 - 4l^2} \right) +$$

$$\frac{32l^3}{15\pi^2} \mu_0 w_2 K^* \left(\frac{8\pi l}{\pi^2 - 4l^2} - \frac{8\pi l}{(4\pi)^2 - 4l^2} \right) \sin 2l + w_2 \frac{32}{15} \mu_0 (3a^2 - b^2 + 2b)(\pi^2 - 1) = 0$$

$$\tag{5-88}$$

式中:系数 T^*,K^* 为

$$K^* = 2a(b-1)\cos 2\theta_0 + (b^2 - a^2 - 2b + 1)\sin 2\theta_0,$$

$$T^* = 2a(b-1)\sin 2\theta_0 + (b^2 - a^2 - 2b + 1)\cos 2\theta_0$$

运用牛顿迭代法求解非线性方程式(5-87)和式(5-88),可以得到相应的 w_1,w_2 值。壳体上表面的应力表达式为

$$\sigma_{\theta\theta} = \frac{N_{\theta\theta}}{h} + \frac{6M_{\theta\theta}}{h^2}$$

式中:$N_{\theta\theta}$、$M_{\theta\theta}$ 由式(5-79)和式(5-76)计算。

流场的速度为

$$v_r = \frac{\partial \varphi}{\partial r} = -(A^* r^{-2} + V_\infty)\cos\theta - B^* r^{-2}\sin\theta,$$

$$v_\theta = \frac{\partial \varphi}{r\partial\theta} = -(A^* r^{-2} - V_\infty)\sin\theta + B^* r^{-2}\cos\theta$$

5.8.2　算例分析

浅拱形弹性壳的材料为低碳钢,弹性模量 $E = 210\text{GPa}$,泊松比 $\nu = 0.23$,中面半径 $R = 0.85\text{m}$,壳体弧长 $2L = 1.04\text{m}$,厚度 $h = 2 \times 10^{-3}\text{m}$,迎角 $\theta_0 = 13°$,$\rho_\infty = 1000\text{kg/m}^3$,$p_\infty = p = 10^3\text{Pa}$,流场无穷远处速度 $V_\infty = 1.05\text{m/s}$,其余参数与5.6节小变形情形相同,相对应地壳体发生大弯曲变形,分析大弯曲变形问题中的壳体法向位移、内力和流场分布,以及三种问题相比较的曲线图。以下各图如不特殊声明,均未考虑流体静压力的影响[5]。

图 5-53 为浅拱形壳体在三种弯曲问题情况下的法向位移曲线图,最大法向位移均发生在 $\theta = 8.79°$,而没有发生在 $\theta = 13°$处。图 5-54 给出了壳体大弯曲变形时的最大法向位移 $w = -8.17\text{mm}$。最大的法向位移为壳体厚度的 4 倍多,属于大弯曲变形情况。又由于在大弯曲变形的推导过程中考虑了 v 的影响,切向位移的最大值为 $v = 1.1\text{mm}$,发生在 $\theta = 24.22°$。

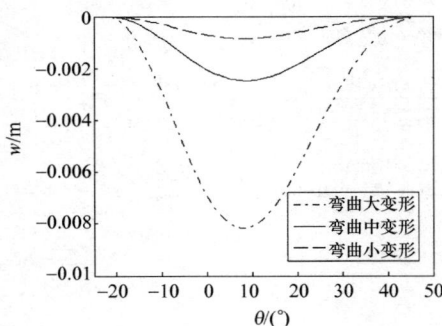
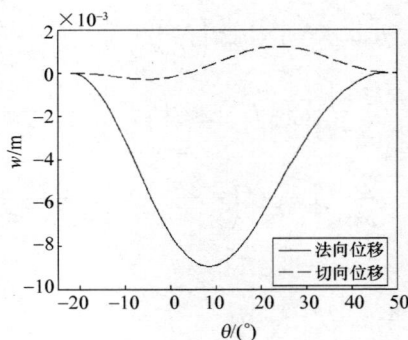

图 5-53　不同问题的法向位移曲线　　图 5-54　大弯曲变形法向和切向位移曲线

图 5-55 给出了最大法向位移处应力 $\sigma_{\theta\theta} = -95.36\text{MPa}$,弯矩为 $M_{\theta\theta} = -64.04\text{N·m}$,发生在 $\theta = 8.79°$处。拉力最大值位置接近法向位移最大值点。弯矩为影响应力的主要因素。

图 5-56 为不同迎角下壳体的法向位移。壳体迎角越大,法向位移越小,由于壳体几何尺寸的原因,迎角有一定的范围。当对称形式的绕流作用壳体状态下,即在 $\theta_0 = 0$ 时,法向位移达到最大值 $w = 10.11\text{mm}$,且壳体变形关于壳体横截面对称

126

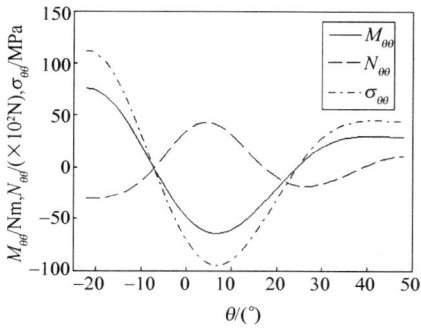

图 5 - 55　弯矩 $M_{\theta\theta}$、拉力 $N_{\theta\theta}$、应力 $\sigma_{\theta\theta}$ 曲线　图 5 - 56　不同迎角 θ_0 下壳体的法向位移

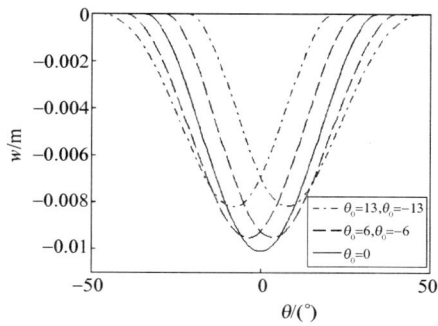

轴对称。

图 5 - 57 给出了在 $\theta = 8.79°$ 处,分别为大、中、小弯曲变形壳体的法向位移和无穷远流速的关系曲线,三种曲线的变化规律类似,即流速越大,壳体法向位移变化越大,但取值的数量级有所不同。大弯曲变形问题中法向位移可以达到18.0mm,远大于壳体的壁厚。

图 5 - 58 为大弯曲变形时壳体法向位移随流速和流体静压力差参数 γ_{st} 的变化情况,可以看出,随着流体速度的增大,壳体位移呈现增大趋势,并且对应相同的速度值,流体静压力差参数 γ_{st} 越小,产生位移越小。

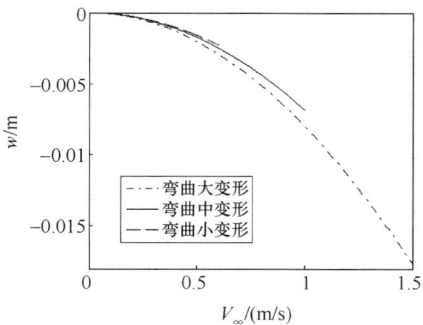

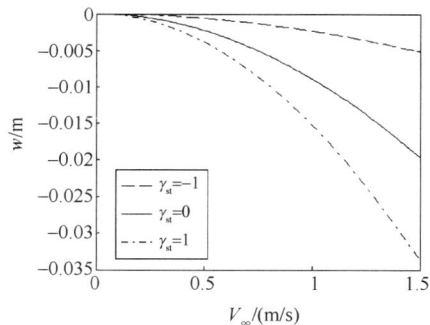

图 5 - 57　三种问题的法向　　　图 5 - 58　不同 γ_{st} 下的大变形的
位移与流速相关曲线　　　　　法向位移与流速相关曲线

图 5 - 59 和图 5 - 60 分别为三种情况壳体外部流体的法向速度和切向速度的变化情况。在 $\theta = 5.99°$ 处,法向速度数值上出现最大值,在 $\theta = -8.73°$ 和 $\theta = 20.01°$ 处,法向速度为 0;而切向速度在 $\theta = 0°$ 处为 0,在壳体两端固定处达到最大值。由图可知,在数值上法向分速度远小于切向分速度。

图 5 - 61 为三种情况下,壳体所受压力的曲线图。三种曲线显示的压力在取值有所不同时,壳体所承受的最大压力也有所不同:大弯曲变形壳体所受的最大压

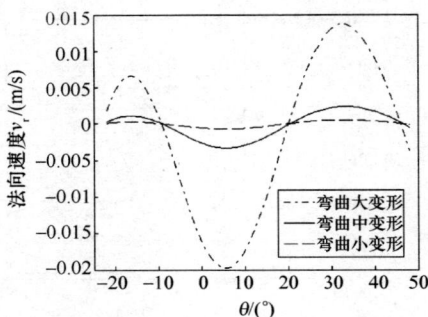

图 5-59　三种情况下壳体
外部流体的法向速度

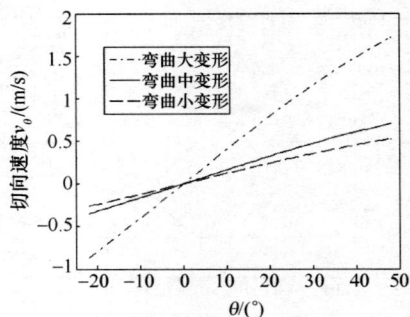

图 5-60　三种情况下壳体
外部流体的切向速度

力可达到 $p = 1511\text{Pa}$，中等弯曲变形的最大压力可达到 $p = 1151\text{Pa}$，小弯曲变形的最大压力为 $p = 1061\text{Pa}$。三种曲线的变化规律类似，均在 $\theta = 0°$ 时取到最大值。

图 5-62 为大弯曲变形外部流体压力分布曲线图，图中显示浅拱形壳外表面（即 $r = R$ 处）的压力在 $\theta = 0°$ 处达到最大值，与图 5-61 所示变化趋势情况相同；当远离浅拱形壳体外表面即随着 r 的增大，流体的压力 p 逐渐趋向于 $p = p_\infty = 1000\text{Pa}$，趋向于稳定值。

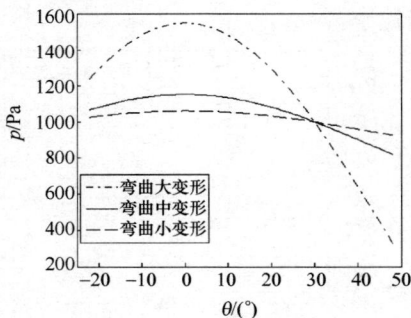

图 5-61　三种情况下壳体
所受的压力曲线

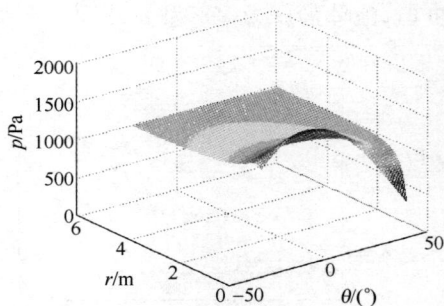

图 5-62　大弯曲变形壳体
外部的流体压力图

图 5-63 显示的是三种弯曲问题中浅拱形壳体法向位移的最大点（即 $\theta = 8.79°$ 处）与壳体厚度的关系曲线图，三种曲线的变化趋势类似，壳体的厚度越薄，壳体法向位移的变化越大，当壳体厚度取 $h = 1.5\text{mm}$ 时，大弯曲变形的法向位移为 $w = 21.8\text{mm}$，为壳体厚度 14 倍多；中等弯曲问题中，$w = 3.8\text{mm}$，与壳体厚度同数量级；小弯曲变形中，$w = 1.4\text{mm}$，小于壳体的厚度。大弯曲变形的变化幅度大得多。

图 5-64 显示的是三种弯曲问题中浅拱形壳体法向位移的最大值与无量纲量 $l(l = L/R)$ 的关系曲线图。壳体弧度与中面半径和壳体的弧长有关，l 越大，壳体产

生的法向位移越大;同样大弯曲变形的变化幅度要比中、小弯曲变形的变化大得多。

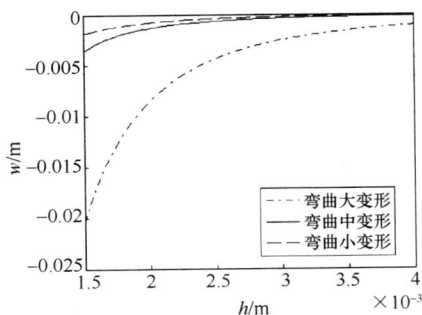

图 5 - 63　三种问题的法向
位移与壳体厚度的相关曲线

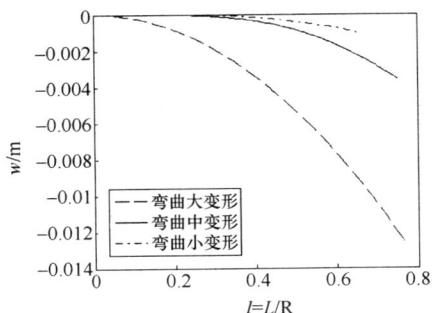

图 5 - 64　三种问题的法向
位移与 l 的相关曲线

5.9　简支浅拱形弹性壳绕流的大弯曲变形

5.9.1　基本方程组的建立

如图 5 - 65 所示,无限长浅拱形弹性圆柱壳两边简支,位于理想不可压缩的稳定横向绕流中。壳体理论的基本关系式除下式外与 5.8 节中固支浅拱形弹性壳绕流大弯曲变形情形相同,即有

$$\omega_\theta = \frac{1}{R}\left(\frac{\partial w}{\partial \theta} - v\right), \quad e_{\theta\theta} = \frac{1}{R}\left(\frac{\partial v}{\partial \theta} + w\right), \quad E_\theta = -\omega_\theta, \quad E_r = 1 + \frac{\partial v}{R\partial \theta} + \frac{w}{R},$$

$$\varepsilon_{\theta\theta} = e_{\theta\theta} + \frac{1}{2}\left(e_{\theta\theta}^2 + \omega_\theta^2\right), \quad \kappa_{\theta\theta} = -\frac{1}{R}\left(E_\theta \frac{\partial e_{\theta\theta}}{\partial \theta} + E_r \frac{\partial \omega_\theta}{\partial \theta}\right)$$

定常流状态的流体速度势函数可由方程组(5 - 1)和式(5 - 52)确定,且壳体理论的基本关系式与圆柱薄壳绕流大变形的情形相同。

浅拱形壳体两边简支,则有边界条件

$$w = v = 0, \quad M_{\theta\theta} = 0 \quad (\theta = \theta_1, \theta_2) \tag{5 - 89}$$

由于壳体的厚度很小,可以把壳体中面和流体的接触表面等同起来,其运动学条件和动力学条件为式(5 - 73)及式(5 - 74)。

弯矩和曲率变化之间的关系为式(5 - 38)。用函数 U_r 表示的平衡方程即式(5 - 25)。将式(5 - 38)代入到式(5 - 25),得出用 U_r 表示的 $N_{\theta\theta}$、Q_θ 表达式为

$$Q_\theta = \frac{D_M}{R^2}\frac{\partial U_r}{\partial \theta}, \quad N_{\theta\theta} = \frac{D_M}{U_r R^2}\frac{\partial^2 U_r}{\partial \theta^2} + \frac{R}{U_r}Z_r^* \tag{5 - 90}$$

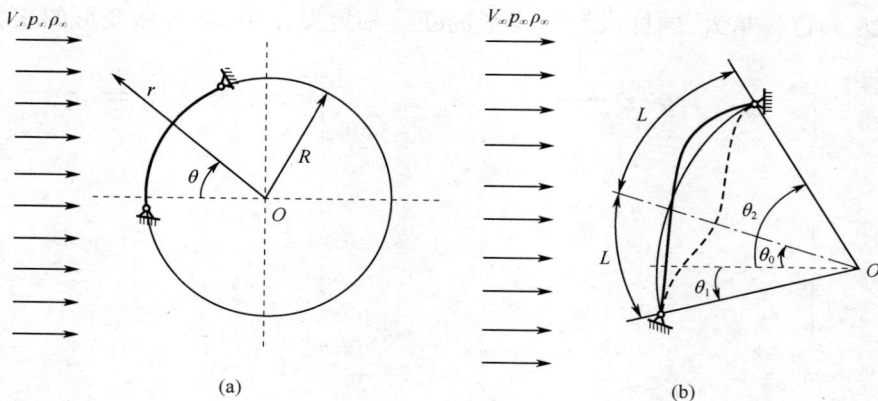

图 5 - 65　流体绕浅拱形壳横向流动

连续的消去式(5-25)中的 $M_{\theta\theta}, Q_\theta, N_{\theta\theta}$ 后,得

$$U_r^3 \frac{\partial U_r}{\partial \theta} + U_r \frac{\partial^3 U_r}{\partial \theta^3} - \frac{\partial U_r}{\partial \theta} \frac{\partial^2 U_r}{\partial \theta^2} - \frac{R^3}{D_M} \frac{\partial U_r}{\partial \theta} Z_r^* + \frac{R^3}{D_M} U_r \frac{\partial Z_r^*}{\partial \theta} = 0 \quad (5-91)$$

5.9.2　方程组的解析解

速度势函数为式(5-81),同样有流体压力表达式(5-83)。结合边界条件式(5-89),曲率变化函数 U_r 和位移函数均取一级近似级数表达式

$$U_r = 1 + U_1 \cos\pi\xi \cos\frac{\pi}{2}\xi + U_2 \sin\pi\xi, \quad w = w_1 \cos\pi\xi \cos\frac{\pi}{2}\xi + w_2 \sin\pi\xi,$$

$$v = v_1 \cos\pi\xi \cos\frac{\pi}{2}\xi + v_2 \sin\pi\xi \quad (5-92)$$

式中:$\xi = (\theta - \theta_0)\dfrac{R}{L}$。

对位移函数 v、w 与函数 U_r 之间的关系式(5-41)进行伽辽金积分,可得

$$U_1 = \frac{56}{15lR}v_2 + \frac{5\pi^2}{4l^2R}w_1, \quad U_2 = -\frac{28}{15lR}v_1 + \frac{\pi^2}{l^2R}w_2 \quad (5-93)$$

将式(5-75)及式(5-41)代入到式(5-25)的第一个方程,并运用伽辽金积分,可确定 v 和 w 系数之间的关系为

$$v_1 = \frac{224l}{75\pi^2}w_2, \quad v_2 = -\frac{28l}{15\pi^2}w_1 \quad (5-94)$$

结合式(5-93)和式(5-94)得

$$w_1 = \frac{900\pi^2 l^2 R}{1125\pi^4 - 6272l^2}U_1 \quad (5-95)$$

130

$$w_2 = \frac{1125\pi^2 l^2 R}{1125\pi^4 - 6242l^2} U_2 \qquad (5-96)$$

$$v_1 = \frac{3260l^3 R}{1125\pi^4 - 6272l^2} U_2 \qquad (5-97)$$

$$v_2 = -\frac{1680l^3 R}{1125\pi^4 - 6272l^2} U_1 \qquad (5-98)$$

式中:$l = L/R$。

式(5-83)中的系数 A^* 和 B^*,可用式(5-92)中曲率变化的系数 U_1、U_2 来表示。将式(5-82)、式(5-95)~式(5-98)代入到方程式(5-73)中,继续运用伽辽金积分,得

$$A^* = -V_\infty R^2 (1 + U_1 D + U_2 K), \qquad B^* = -V_\infty R^2 (U_1 F + U_2 N) \qquad (5-99)$$

式中 $D = \dfrac{900\pi l^2}{1125\pi^4 - 6272l^2}\left(-\dfrac{3\pi}{2l} - \cos2l\cos2\theta_0 \dfrac{3\pi l/2}{(3\pi/2)^2 - 4l^2} + \right.$

$$\left. \sin2l\cos2\theta_0 \frac{28l^2}{15\pi(\pi^2 - 4l^2)} \right);$$

$$K = \frac{1225\pi l^2}{1125\pi^4 - 6272l^2}\left[\sin2l\sin2\theta_0 \frac{3\pi l}{\pi^2 - 4l^2} + \cos2l\sin2\theta_0 \frac{112l^2}{25\pi((3\pi/2)^2 - 4l^2)} \right];$$

$$F = \frac{900\pi l^2}{1125\pi^4 - 6272l^2}\left[\sin2l\sin2\theta_0 \frac{28l^2}{15\pi(\pi^2 - 4l^2)} + \right.$$

$$\left. \cos2l\sin2\theta_0 \left(\frac{9\pi l/2}{(3\pi/2)^2 - 4l^2} - \frac{2\pi l}{(\pi/2)^2 - 4l^2} \right) \right];$$

$$N = \frac{1225\pi l^2}{1125\pi^4 - 6272l^2}\left[-\sin2l\cos2\theta_0 \frac{3\pi l}{\pi^2 - 4l^2} + \right.$$

$$\left. \cos2l\cos2\theta_0 \frac{224}{75\pi}\left(\frac{2l^2}{3\pi^2} + \frac{-9l^2/2}{(3\pi/2)^2 - 4l^2} + \frac{2l^2}{(\pi/2)^2 - 4l^2} \right) \right]。$$

将式(5-74)代入到式(5-91)中,并考虑到式(5-83)、式(5-95)~式(5-99),应用伽辽金积分,可得到关于系数 U_1、U_2 的非线性方程组为

$$-U_2^2 \frac{108}{35}\left(\frac{\pi}{l}\right)^3 + U_1 U_2\left[-\frac{8\pi}{9}\left(\frac{\pi}{l}\right)^3 + \frac{13\pi}{64}\left(\frac{\pi}{l}\right)^2 \right] +$$

$$U_1\mu_0 \sin2l\sin2\theta_0\left(2 + \frac{9\pi^2/4 + 2l^2}{(3\pi)^2 - 4l^2} + \frac{-2\pi^2 - 4l^2}{(2\pi)^2 - 4l^2} + \frac{-\pi^2/4 + 3l^2}{\pi^2 - 4l^2} \right) -$$

$$U_2\left[\frac{28}{15}\left(\frac{\pi}{l}\right)^3 + \frac{28}{15}\left(\frac{\pi}{l}\right)^2 + \frac{28}{15}(\gamma_{st} + \mu_0) + \mu_0\cos2l\cos2\theta_0 \times \right.$$

$$\left(\frac{\pi^2}{(\pi/2)^2 - 4l^2} - \frac{3\pi^2/2 - 4l^2}{(3\pi/2)^2 - 4l^2} + \frac{5\pi^2/2 + 4l^2}{(5\pi/2)^2 - 4l^2} \right) \Bigg] +$$

$$8\mu_0 \cos 2l \sin 2\theta_0 \left(\frac{-3\pi l}{(3\pi/2)^2 - 4l^2} + \frac{\pi l}{(\pi/2)^2 - 4l^2} \right) = 0 \qquad (5-100)$$

$$U_1^2 \left[-\frac{9\pi}{16}\left(\frac{\pi}{l}\right)^3 + \frac{\pi}{4}\left(\frac{\pi}{l}\right)^2 \right] + \frac{35 U_1 U_2}{76}\left(\frac{\pi}{l}\right)^3 + U_2 \mu_0 \sin 2l \sin 2\theta_0 \left(2 + \frac{4\pi^2 + 8l^2}{(2\pi)^2 - 4l^2} \right) +$$

$$U_1 \left[\frac{28}{15}\left(\frac{\pi}{l}\right)^3 + \frac{43}{15}\left(\frac{\pi}{l}\right)^2 + \frac{28}{15}(\gamma_{st} + \mu_0) - \mu_0 \cos 2l \cos 2\theta_0 \times \right.$$

$$\left(\frac{2\pi^2}{(\pi/2)^2 - 4l^2} + \frac{3\pi^2/2 + 4l^2}{(3\pi/2)^2 - 4l^2} + \frac{-5\pi^2/2 + 4l^2}{(5\pi/2)^2 - 4l^2} \right) \Bigg] +$$

$$\mu_0 \sin 2l \cos 2\theta_0 \frac{16\pi l}{\pi^2 - 4l^2} = 0 \qquad (5-101)$$

运用牛顿迭代法求解非线性方程式（5-100）和式（5-101），在 $\gamma_{st} = (p_0 - p_\infty)\dfrac{R^3}{D_M}$、$\mu_0 = \dfrac{\rho_\infty V_\infty R^3}{2D_M}$ 不同取值情况下，可以得到相应的 U_1、U_2 值，由式（5-93）可求 v、w 值。由于壳体上表面的应力表达式为 $\sigma_{\theta\theta} = \dfrac{N_{\theta\theta}}{h} + \dfrac{6M_{\theta\theta}}{h^2}$，根据式（5-38）、式（5-90）和式（5-92），即可计算得到壳体表面上的应力 $\sigma_{\theta\theta}$。

5.9.3 算例分析

流体为理想不可压缩势流，其参数与 5.8 节中固支浅拱形弹性壳的大变形情形相同。用 MATLAB 编程求解二元二次非线性方程组，得 $U_1 = -0.1791$、$U_2 = 0.0791$。

图 5-66 为壳体的位移曲线图。由图可见，壳体的法向位移最大值为 $w = -9.7\,\mathrm{mm}$，发生在 $\theta = 10.19$ 处；切向位移最大值为 $v = 1.3\,\mathrm{mm}$，发生在 $\theta = 14.43°$ 处。

图 5-67 为壳体环向拉力、剪力、弯矩与应力曲线。最大弯矩为 $M_{\theta\theta} = -68.93\,\mathrm{N \cdot m}$，在 $\theta = 10.19°$ 处；拉力有正有负，最大值为 $N_{\theta\theta} = 3.094\,\mathrm{kN}$，在 $\theta = 12.43°$ 处；应力为拉力与弯矩共同作用下产生的，最大应力在 $\theta = 10.91°$ 处，数值为 $\sigma_{\theta\theta} = -101.9\,\mathrm{MPa}$。

图 5-68 显示了壳体位移变化与壳体参数之间的关系，横坐标 $l = L/R$，图中显示法向位移 w 随壳体厚度 h 的增大而减小，随 l 增大而增大。

图 5-69 给出了壳体变形最大点的法向位移随流体的流速和流体静压力参数 γ_{st} 的变化情况，可以看出随着流体速度的增大，壳体位移呈现增大趋势，并且对应相同的速度值，流体静压力参数 γ_{st} 越小，产生位移越小。

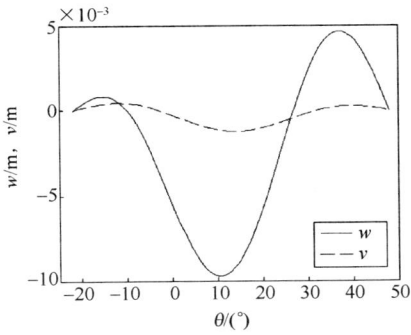

图 5 - 66 法向位移和切向位移的曲线

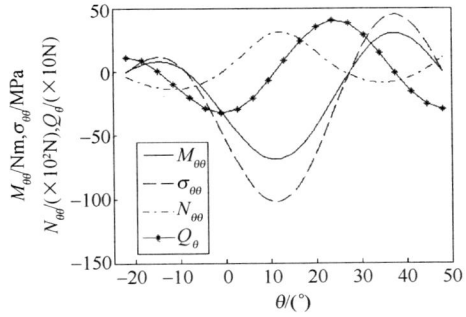

图 5 - 67 $M_{\theta\theta}$、$\sigma_{\theta\theta}$、$N_{\theta\theta}$、Q_θ 曲线

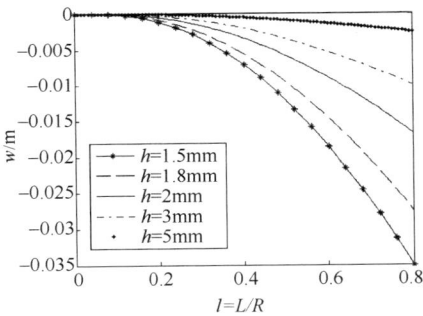

图 5 - 68 不同壳体厚度法向
位移与 l 相关曲线

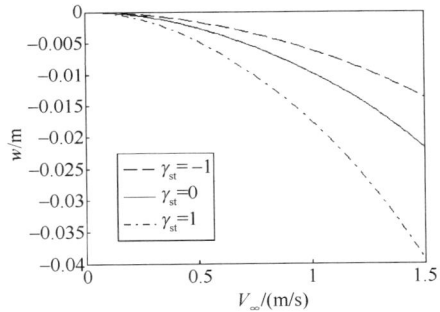

图 5 - 69 不同 γ_{st} 法向
位移与流速的相关曲线

图 5 - 70 为流体稳定横向绕流情况下,壳体外部的流体压力分布图。流体压力在壳体外表面 $\theta = 0°$ 处有最大值 $p = 2017\text{Pa}$;在远离壳体的外表面,即 r 逐渐增大时,流体压力逐渐减小并趋于 $p_\infty = 1000\text{Pa}$。

图 5 - 71 为不同迎角下壳体的法向位移。在 $\theta_0 = 0°$ 时,法向位移达到最大值

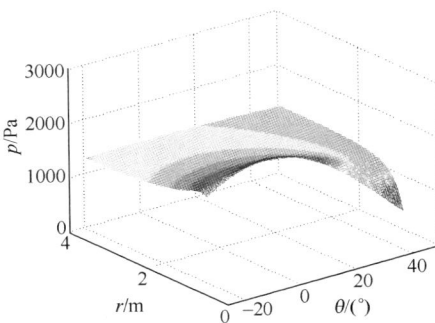

图 5 - 70 壳体外部的流体压力分布图

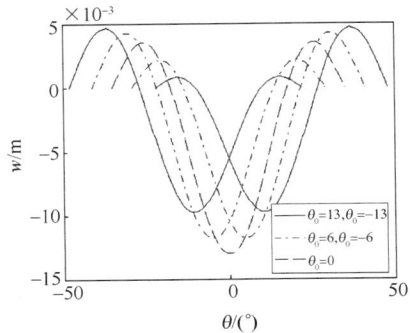

图 5 - 71 不同迎角 θ_0 下壳体的法向位移

133

$w = 13.01\mathrm{mm}$，且壳体变形关于壳体横截面轴对称。壳体迎角越大，法向位移越小，由于壳体几何尺寸的原因，迎角有一定的范围。

图 5-72 和图 5-73 为不同边界条件下壳体法向位移和应力曲线图。在相同的条件下，两边固支较两边简支薄壳的变形及应力要小。

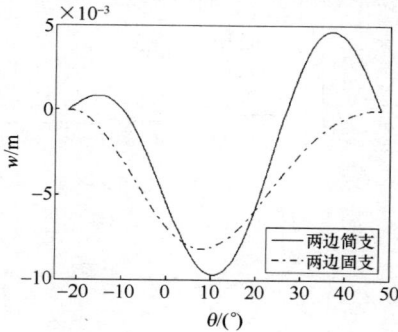

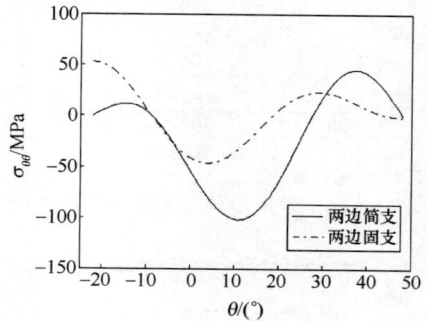

图 5-72　不同边界条件下壳体的法向位移　图 5-73　不同边界条件下壳体的应力 $\sigma_{\theta\theta}$

5.10　弹性圆锥壳绕流的变形

本节采用奇点法，通过解积分方程来求得圆锥壳的理想不可压缩、无旋纵向绕流轴对称问题的流函数，以及相关各量。

5.10.1　刚性圆锥壳绕流

1.　流函数方程的建立

无论是定常或非定常运动，理想流体或黏性流体，只要是不可压缩流体的二元流，都存在流函数。流函数是根据连续方程定义的，即满足连续方程是流函数的存在条件。等值线 $\psi = \mathrm{const}$ 与平面流的流线重合。流过任意曲线的流量等于曲线两端点流函数的函数值之差，而与曲线形状无关。

旋转体的特点是有一个对称轴，和对称轴垂直的任一横截面都是圆心在对称轴上的圆。描述这样的物体采用柱坐标系（图 5-74）。对轴对称运动只需在一个通过对称轴的平面上研究流体的运动就可以了，这样三维问题退化为二维问题[6]。

任意回旋体在均匀来流中的无攻角绕流问题，可以用奇点法求解。问题在于如何选择合适的奇点，并合理地布置它们，使它们和均匀来流叠加后的流函数满足方程[2]，即

$$\frac{\partial^2 \psi}{\partial z^2} - \frac{1}{r}\frac{\partial \psi}{\partial r} + \frac{\partial^2 \psi}{\partial r^2} = 0$$

及无穷远边界条件和物面条件。对于圆锥形壳体(图5-74),物面方程为已知

$$z = r\cot\alpha$$

式中:α 为锥角;r 为位于 z 处的直截面圆的半径。若奇点布置在对称轴上,且单位长度轴线上的源强度为 $f_0(\xi)$,则任一微元段上的源强度为[7]

$$dm = f_0(\xi)d\xi$$

式中:变量 ξ 和 z 轴重合。任一微元段上的源所引起的流函数为[2]

$$-\frac{f_0(\xi)d\xi}{4\pi}\frac{z-\xi}{\sqrt{(z-\xi)^2 + r^2}}$$

轴线段 OA 上的所有源引起的流函数为

$$\psi_1 = -\int_0^{H_0}\frac{(z-\xi)f_0(\xi)d\xi}{4\pi\sqrt{(z-\xi)^2 + r^2}}$$

式中:H_0 为锥体的高度。均匀流场的流函数为

$$\psi_2 = \frac{1}{2}V_\infty r^2$$

因此,由奇点和均匀来流组合成的流场流函数为

$$\psi = \psi_1 + \psi_2 = \frac{1}{2}V_\infty r^2 - \int_0^{H_0}\frac{(z-\xi)f_0(\xi)d\xi}{4\pi\sqrt{(z-\xi)^2 + r^2}} \qquad (5-102)$$

这个流函数是由基本解叠加起来的,它们满足流函数方程,同时也满足无穷远来流条件。式中的 $f_0(\xi)$ 是未知函数,它可由物面条件确定。

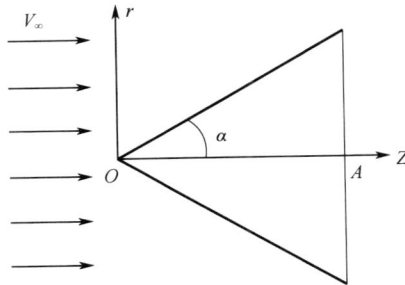

图5-74 圆锥绕流

物面上流线应与物面重合,即

$$\frac{1}{2}V_\infty z^2\tan^2\alpha - \int_0^{H_0}\frac{(z-\xi)f_0(\xi)d\xi}{4\pi\sqrt{(z-\xi)^2 + z^2\tan^2\alpha}} = 0 \qquad (5-103)$$

2. 积分方程的求解

由式(5-103),问题转化为求解积分方程[8]

$$\int_0^{H_0} k(z,r,\xi)f_0(\xi)\mathrm{d}\xi = 2\pi V_\infty z^2\tan^2\alpha \qquad (5-104)$$

式中：$k(z,r,\xi) = \dfrac{z-\xi}{\sqrt{(z-\xi)^2 + z^2\tan^2\alpha}}$为积分方程的核；$2\pi V_\infty z^2\cot^2\alpha$ 为积分方程的自由项。上述方程属于第一种 Fredholm 型积分方程，在方程中将 z 和 r 视为参变量，因此方程的核可以退化为

$$k(z,r,\xi) = a \cdot b$$

式中：$a = 1$；$b = \dfrac{z-\xi}{\sqrt{(z-\xi)^2 + z^2\tan^2\alpha}}$，且线性无关。

取积分方程的解为 $f_0(\xi) = f_1 \cdot b$，其中 f_1 为待定常数。代入积分方程式(5-104)后可得

$$f_0(\xi) = \frac{2\pi V_\infty z^2\tan^2\alpha}{\beta}\frac{z-\xi}{\sqrt{(z-\xi)^2 + z^2\tan^2\alpha}}$$

式中：$\beta = \displaystyle\int_0^{H_0}\frac{(z-\xi)^2}{(z-\xi)^2 + r^2}\mathrm{d}\xi$。将上式代入式(5-102)，可得圆锥壳的理想不可压缩无旋纵向绕流问题的流函数为

$$\psi = V_\infty z - \frac{V_\infty z^2\tan^2\alpha}{2\beta}\int_0^{H_0}\frac{(z-\xi)\mathrm{d}\xi}{[(z-\xi)^2 + r^2]^{1/2}[(z-\xi)^2 + z^2\tan^2\alpha]^{1/2}}$$

$$= V_\infty z + \frac{V_\infty z^2\tan^2\alpha}{4\beta}\ln\left\{(z-\xi)^2 + \frac{r^2 + z^2\tan^2\alpha}{2} + \right.$$

$$\left.\sqrt{\left[(z-\xi)^2 + \frac{r^2 + z^2\tan^2\alpha}{2}\right]^2 + \left(\frac{r^2 - z^2\tan^2\alpha}{2}\right)^2}\right\}\Bigg|_0^{H_0}$$

3. 速度势和压力的求解

1）速度势

轴对称势流的速度势满足拉普拉斯方程，而流函数不满足。流函数和速度势的关系为

$$\frac{\partial \varphi}{\partial r} = -\frac{1}{r}\frac{\partial \psi}{\partial z}, \quad \frac{\partial \varphi}{\partial z} = \frac{1}{r}\frac{\partial \psi}{\partial r}$$

将流函数 ψ 代入上式，即可得速度势函数 φ。

不可压无旋轴对称流动的势函数方程和流函数方程分别是

$$\frac{\partial^2\varphi}{\partial z^2} + \frac{1}{r}\frac{\partial\varphi}{\partial r} + \frac{\partial^2\varphi}{\partial r^2} = 0, \quad \frac{\partial^2\psi}{\partial z^2} - \frac{1}{r}\frac{\partial\psi}{\partial r} + \frac{\partial^2\psi}{\partial r^2} = 0$$

且都是线性方程。根据线性方程解的可叠加原理,两个或更多个满足以上两式的解叠加在一起,可以组成一个新的流场。反之,某种复杂的流场也可以分解为若干简单流场。

2)偶极

空间偶极是直线 L 上两强度相同并满足 $m \cdot OO' \to M$(M 为偶极强度)的源汇点对无限逼近时所产生的流动,如图 5-75 所示。设 O 点处有一点汇,其强度为 m,O' 点有一点源,其强度亦为 m,则它们对任一点 M_0 所产生的速度势是[6]

$$\varphi = -\frac{m}{4\pi r'} + \frac{m}{4\pi r} = -\frac{m}{4\pi} \cdot OO' \frac{\dfrac{1}{r'} - \dfrac{1}{r}}{OO'}$$

式中:r,r' 及 θ 的几何意义见图 5-75。令 O' 趋于 O,并要求 $m \cdot OO' \to M$,则

$$\varphi = \lim_{\substack{O \to O' \\ m \cdot OO' \to M}} \varphi = -\frac{M}{4\pi} \frac{\mathrm{d}}{\mathrm{d}s}\left(\frac{1}{r}\right)$$

式中:$\dfrac{\mathrm{d}}{\mathrm{d}s}\left(\dfrac{1}{r}\right)$ 为函数 $\dfrac{1}{r}$ 在 L 方向的方向导数,$\mathrm{d}s$ 为直线 L 上的微分弧长。考虑到

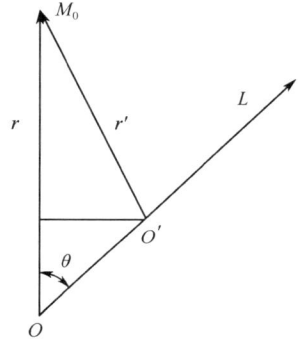

图 5-75　偶极

$$\frac{\mathrm{d}}{\mathrm{d}s}\left(\frac{1}{r}\right) = -\frac{1}{r^2} \frac{\mathrm{d}r}{\mathrm{d}s} = \frac{\cos\theta}{r^2}$$

则有 $\varphi = -\dfrac{M\cos\theta}{4\pi r^2}$。

引进偶极矩矢量 $\boldsymbol{M}$,其大小为 M,方向由汇到源,则上式亦可改写为

$$\varphi = -\frac{\boldsymbol{M} \cdot \boldsymbol{r}}{4\pi r^3}$$

将该式转换成柱坐标有

$$\varphi = -\frac{M}{4\pi} \frac{z}{(z^2 + r^2)^{\frac{3}{2}}}$$

若偶极位于 (ξ,η) 点上,则其势函数为

$$\varphi = -\frac{M}{4\pi} \frac{z - \xi}{\left[(z-\xi)^2 + (r-\eta)^2\right]^{\frac{3}{2}}}$$

利用该式,经过计算可得偶极的流函数为

$$\psi = \frac{M}{4\pi} \frac{(r-\eta)^2}{\left[(z-\xi)^2 + (r-\eta)^2\right]^{\frac{3}{2}}}$$

3）平行流和偶极的叠加

将无穷远处速度为 V_∞ 且平行 z 轴的均匀平行流与位于原点的大小为 M、偶极矩方向指向 z 轴负方向的偶极叠加,将得到复合流动的速度势和流函数在球坐标系中的表达式为

$$\varphi = V_\infty r\cos\theta + \frac{M\cos\theta}{4\pi r^2}, \quad \psi = \frac{1}{2}V_\infty r^2\sin^2\theta - \frac{M\sin^2\theta}{4\pi r}$$

令 $\psi = 0$,得零流线的方程为

$$\left(\frac{1}{2}V_\infty r^2 - \frac{M}{4\pi r}\right)\sin^2\theta = 0$$

于是零流线是 $\theta = 0$, $\pm\pi$, … 或

$$r = \sqrt[3]{M/(2\pi V_\infty)}$$

前者为正 z 轴和负 z 轴,后者为半径等于 $\sqrt[3]{M/(2\pi V_\infty)}$ 的圆球。由此可见,复合流动代表的是半径为 $\sqrt[3]{M/(2\pi V_\infty)}$ 的圆球绕流问题。若圆球的半径 a 为已知,则 M 可通过 a 求出为

$$M = 2\pi V_\infty a^3$$

对于定常流动,可以利用伯努利方程求压力分布。在忽略重力的条件下,可以得到结论:无界均匀来流的不可压理想流体圆球定常绕流中,圆球所承受的合力为零。

4）采用偶极的奇点法

一般说来可选用源或汇、偶极,及轴对称环状涡进行叠加,以求满足物面条件和无穷远条件。奇点一般布置在对称轴上,也可轴对称地布置在物体内部。

若轴对称物体的物面方程已知为 $r = r_b(z)$,对称轴 Oz 上的线段 OA 上连续布以偶极,如图 5 – 76 所示[6]。

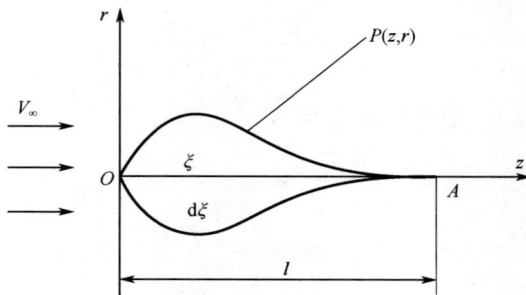

图 5 – 76　旋成体无攻角绕流

138

如果单位长度轴线上的偶极矩强度为 $f(\xi)$，则任一微元段上的偶极矩强度为

$$\mathrm{d}M = f(\xi)\mathrm{d}\xi$$

式中:ξ 与 z 轴重合,因此任一微元段上的偶极所引起的势函数为

$$-\frac{f(\xi)\mathrm{d}\xi}{4\pi}\frac{z-\xi}{\left[(z-\xi)^2+(r-\eta)^2\right]^{\frac{3}{2}}}$$

轴线段 OA 上的所有偶极引起的势函数为

$$\varphi_d = -\int_0^l \frac{1}{4\pi}\frac{f(\xi)(z-\xi)\mathrm{d}\xi}{\left[(z-\xi)^2+(r-\eta)^2\right]^{\frac{3}{2}}}$$

式中:l 为线段 OA 的长度。

均匀流场的势函数为

$$\varphi_u = V_\infty z$$

因此,由奇点和均匀来流组合成的流场势函数为

$$\varphi = \varphi_d + \varphi_u = V_\infty z - \int_0^l \frac{1}{4\pi}\frac{f(\xi)(z-\xi)\mathrm{d}\xi}{\left[(z-\xi)^2+(r-\eta)^2\right]^{\frac{3}{2}}} \qquad (5-105)$$

式中:$f(\xi)$ 为未知函数,它可由物面条件确定。

5) 无攻角任意旋成体绕流的分解

根据前面分析可知,对于不同形状旋成体的无攻角绕流之势函数取决于位置函数 $f(\xi)$。通常情况,$f(\xi)$ 是一些比较复杂的函数。根据泰勒中值定理,如果函数 $f(\xi)$ 在含有 ξ_0 的某个开区间 (a,b) 内具有直到 $n+1$ 阶的导数,则当 ξ 在 (a,b) 内时,$f(\xi)$ 可以表示为 $(\xi-\xi_0)$ 的一个 n 次多项式与一个余项 $R_n(\xi)$ 之和,即

$$f(\xi) = f(\xi_0) + f'(\xi_0)(\xi-\xi_0) + \frac{f''(\xi_0)}{2!}(\xi-\xi_0)^2 + \cdots +$$

$$\frac{f^{(n)}(\xi_0)}{n!}(\xi-\xi_0)^n + R_n(\xi)$$

式中

$$R_n(\xi) = \frac{f^{(n+1)}(\lambda)}{(n+1)!}(\xi-\xi_0)^{n+1}$$

这里 λ 是 ξ_0 与 ξ 之间的某个值。该泰勒公式中,如果取 $\xi_0 = 0$,则 λ 在 0 与 ξ 之间,因此可令 $\lambda = \theta\xi(0<\theta<1)$,从而泰勒公式变成较简单的形式,即麦克劳林公式

$$f(\xi) = f(0) + f'(0)\xi + \frac{f''(0)}{2!}\xi^2 + \cdots + \frac{f^{(n)}(0)}{n!}\xi^n + \frac{f^{(n+1)}(\theta\xi)}{(n+1)!}\xi^{n+1}$$

$$(0<\theta<1)$$

由此得近似公式

$$f(\xi) \approx a_0 + a_1\xi + a_2\xi^2 + \cdots + a_n\xi^n$$

根据该近似公式将式(5-105)写为

$$\varphi = V_\infty z - \int_0^l \frac{1}{4\pi} \frac{\sum\limits_{n=1}^s a_n\xi^n(z-\xi)\,\mathrm{d}\xi}{[(z-\xi)^2 + (r-\eta)^2]^{3/2}}$$

5.10.2 弹性圆锥壳流固耦合的解析解

在理想不可压缩无旋流的绕流条件下,圆锥壳处于流体的定常流动中(图 5-77)。假定圆锥壳被静止安放在空间,而在无穷远处均匀流动的压力、密度和速度分别为 p_∞, ρ_∞, V_∞,壳体内部压力为 p_0,且在其变形过程中保持不变。对于圆锥壳变形,假定 $u = v = 0$。沿中面的法向位移被认为小于壁厚,因此适应小弯曲状态下的运动学条件和动力学条件。

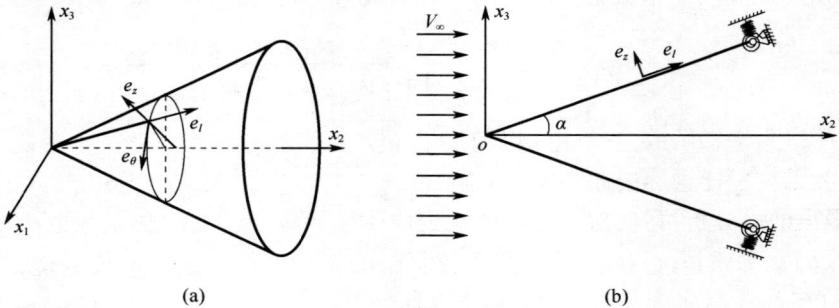

图 5-77 圆锥壳的绕流

1. 流体与弹性圆锥壳接触条件

建立如图 5-77 所示坐标系。根据流体弹性力学分类中的小变形情况,将接触条件精度保持在 ε 量级,同时考虑圆锥壳体的 Lame 系数为

$$H_l = 1, \quad H_\theta = l\sin\alpha, \quad H_z = 1$$

流体的 Lame 系数为

$$h_1 = 1, \quad h_2 = 1, \quad h_3 = 1$$

圆锥壳体的参数为

$$e_{\theta\theta} = \frac{w}{l}\cot\alpha, \quad \omega_l = \frac{\partial w}{\partial l}, \quad E_l = -\frac{\partial w}{\partial l}, \quad E_z = 1$$

从而可得壳体的应变和曲率变化为

$$\varepsilon_{\theta\theta} = \frac{w}{l}\tan\alpha, \quad \kappa_{ll} = -\frac{\partial^2 w}{\partial l^2}, \quad \kappa_{\theta\theta} = -\frac{1}{l}\frac{\partial w}{\partial l} \tag{5-106}$$

以及流体的速度为

$$v_2 = \frac{\partial \varphi}{\partial x_2}$$

根据流体弹性力学的运动学条件和动力学条件式（4－55）、式（4－56），可得圆锥壳绕流接触面的运动学条件

$$\frac{\partial w}{\partial t} + \frac{\partial \varphi}{\partial z} + \frac{\partial w}{\partial l}\frac{\partial \varphi}{\partial l} = 0 \quad (z = 0) \tag{5－107}$$

和动力学条件

$$Z_l^* = 0, \quad Z_z^* = p \quad (z = 0)$$

2. 轴对称弹性圆锥壳平衡方程的简化

圆锥壳的平衡方程为

$$\frac{\partial N_l l}{\partial l} + \frac{1}{\sin\alpha}\frac{\partial S}{\partial \theta} - N_\theta + q_l l = 0$$

$$\frac{\partial Sl}{\partial l} + \frac{1}{\sin\alpha}\frac{\partial N_\theta}{\partial \theta} + S + \frac{\cot\alpha}{l}\left(2\frac{\partial Tl}{\partial l} + \frac{1}{\sin\alpha}\frac{\partial M_\theta}{\partial \theta}\right) + q_\theta l = 0$$

$$\frac{\partial}{\partial l}\left(\frac{\partial M_l l}{\partial l} - M_\theta\right) - \cot\alpha N_\theta + \frac{1}{l\sin\alpha}\frac{\partial}{\partial \theta}\left(2\frac{\partial Tl}{\partial l} + \frac{1}{\sin\alpha}\frac{\partial M_\theta}{\partial \theta}\right) + q_z l = 0$$

式中：$N_i(i = l, \theta)$ 为轴向力；S 为剪切力；$M_i(i = l, \theta)$ 为弯矩；T 为扭矩；$q_k(k = l, \theta, z)$ 为外部质量力和表面力在 k 轴方向上的投影。

根据轴对称条件，化简后的圆锥壳小变形平衡方程为

$$\frac{\partial}{\partial l}\left(\frac{\partial M_l l}{\partial l} - M_\theta\right) - \cot\alpha N_\theta + q_z l = 0 \tag{5－108}$$

式中

$$N_\theta = D_N \varepsilon_{\theta\theta}, \quad M_l = D_M(\kappa_{ll} + \nu\kappa_{\theta\theta}), \quad q_z = -\left(p + \frac{\partial^2 w}{\partial t^2}\right) \tag{5－109}$$

将式（5－109）代入式（5－108）得

$$D_M\left(-l\frac{\partial^4 w}{\partial l^4} - 2\frac{\partial^3 w}{\partial l^3} + \frac{1}{l}\frac{\partial^2 w}{\partial l^2} - \frac{1}{l^2}\frac{\partial w}{\partial l}\right) - D_N\frac{w}{l} - l\left(p + \frac{\partial^2 w}{\partial t^2}\right) = 0 \quad (z = 0)$$

$$\tag{5－110}$$

3. 绕圆锥壳的边值问题

假定圆锥壳未发生静态失稳。定常条件下忽略重力的不可压缩流体运动的速度势，可以归结到求解方程组（5－1），并满足无穷远处的边界条件，即

$$\varphi = V_\infty x_2 \quad (x_2 \to \infty) \tag{5-111}$$

对于刚性圆锥壳的理想不可压缩的无旋纵向绕流问题的速度势 φ_1 和压力 p_1，可得到下面的边值问题

$$\nabla^2 \varphi_1 = 0, \quad p_1 = p_\infty + \frac{\rho_\infty}{2}\left[V_\infty^2 - (\nabla\varphi_1)^2\right], \quad \varphi_1 = V_\infty x_2 (x_2 \to \infty) \tag{5-112}$$

$$\frac{\partial \varphi_1}{\partial z} = 0 \quad (z = 0)$$

4. 偶极的引入

均匀来流和空间偶极叠加可模拟圆球空间绕流，且圆球半径 R 与偶极子强度 M 存在如下关系

$$M = 2\pi V_\infty R^3$$

由此可知，当偶极强度从零开始以立方形式连续递增，便可模拟无穷远处来流绕无数半径连续递增的球流动，这些球的包络面就是圆锥面。经计算可知，当偶极子强度为 $2\pi V_\infty(\cos^2\alpha/\sin\alpha)^3\xi^3$ 且与均匀来流叠加，可模拟圆锥壳在均匀来流的无攻角绕流，其速度势为

$$\varphi_1 = V_\infty x_2 - \int_0^{H_0} \frac{2\pi V_\infty(\cos^2\alpha/\sin\alpha)^3\xi^3}{4\pi} \frac{x_2 - \xi}{\left[(x_2 - \xi)^2 + x_3^2\right]^{3/2}}\mathrm{d}\xi \tag{5-113}$$

将速度势 φ_1 代入式(5-112)第二式，可得压力 p_1

$$p_1 = p_\infty + \frac{\rho_\infty}{2}\left\{V_\infty^2 - \left(\nabla\int_0^{H_0} \frac{2\pi V_\infty(\cos^2\alpha/\sin\alpha)^3\xi^3}{4\pi} \frac{x_2 - \xi}{\left[(x_2 - \xi)^2 + x_3^2\right]^{3/2}}\mathrm{d}\xi\right)^2\right\}$$

$$\tag{5-114}$$

式中：H_0 为锥体高度。

5. 圆锥壳挠度的求解

由于绕流是定常的，所有量与时间无关。将式(5-10)代入到式(5-1)、式(5-111)、式(5-107)和式(5-110)，由于圆锥壳弯曲所产生的扰动量与刚性圆锥壳的量比较微小，$(\nabla\varphi_2)^2$ 和 $\partial\varphi_2/\partial l$ 可以忽略不计，因此可得

$$\nabla^2\varphi_2 = 0, \quad p_2 = -\rho_\infty(\nabla\varphi_1\nabla\varphi_2), \quad \varphi_2 = 0 \quad (x_2 \to \infty) \tag{5-115}$$

$$\frac{\partial\varphi_2}{\partial z} + \frac{\partial w}{\partial l}\frac{\partial\varphi_1}{\partial l} = 0 \quad (z = 0) \tag{5-116}$$

$$D_M\left(-l\frac{\partial^4 w}{\partial l^4} - 2\frac{\partial^3 w}{\partial l^3} + \frac{1}{l}\frac{\partial^2 w}{\partial l^2} - \frac{1}{l^2}\frac{\partial w}{\partial l}\right) - D_N\frac{w}{l} - l(p_1 + p_2 - p_0) = 0 \quad (z = 0)$$

$$\tag{5-117}$$

式中：p_0 为锥体内部压力。

142

根据边界条件,可将挠度 w 和扰动速度势 φ_2 写成如下形式

$$w = \sum_{n=0}^{\infty} W_n l^n \tag{5-118}$$

$$\varphi_2 = \sum_{n=0}^{\infty} \Phi_n \int_0^{H_0} \frac{\xi^n \mathrm{d}\xi}{\sqrt{x_3^2 + (x_2 - \xi)^2}} \tag{5-119}$$

当 w 和 φ_2 均只取其前四项时,根据圆锥壳的约束条件和绕流情况,很容易知道 $W_0 = 0$ 和 $\Phi_0 = 0$。将式(5-113)、式(5-118)和式(5-119)代入到式(5-116),可得

$$\Phi_1 = \frac{V_\infty \cos\alpha}{F_2 \sin\alpha} W_1 \tag{5-120}$$

$$\Phi_2 = \frac{2l V_\infty \cos\alpha}{F_3 \sin\alpha} W_2 + \frac{G_0 (2F_3 - 3x_2 F_2) \cos\alpha}{F_3 \sin\alpha} W_1 \tag{5-121}$$

$$\Phi_3 = \frac{2l^2 V_\infty \cos\alpha}{F_4 \sin\alpha} W_3 + \frac{2l G_0 (2F_3 - 3x_2 F_2) \cos\alpha}{F_4 \sin\alpha} W_2 \tag{5-122}$$

式中: $F_i = \int_0^{H_0} \frac{\xi^i \mathrm{d}\xi}{[x_3^2 + (x_2 - \xi)^2]^{3/2}} (i = 1, 2, 3, 4)$; $G_0 = \frac{V_\infty \cot^3\alpha}{2\sin^3\alpha}$。

将式(5-113)和由式(5-120)、式(5-121)和式(5-122)组成的 φ_2 代入式(5-115)第二式,可得

$$p_2 = -\rho_\infty [V_\infty + G_0 (2F_3 - 3x_2 F_2)] \sum_{i=1}^{3} \Phi_i (F_{i+1} - x_2 F_i - x_3 F_i) \tag{5-123}$$

将式(5-118)、式(5-123)和式(5-114)代入式(5-117),根据同阶次项系数为零并化简,可得

$$9D_M W_3 + D_N W_1 - p_0 = 0 \tag{5-124}$$

$$\rho_\infty V_\infty^2 \cot\alpha (1 - \cos\alpha - \sin\alpha) W_1 - p_\infty - D_N W_2 = 0 \tag{5-125}$$

$$-D_N W_3 + 2\rho_\infty V_\infty^2 \cot\alpha W_2 + 2\rho_\infty V_\infty G_0 \frac{2 - 3\cos\alpha}{\sin\alpha} (1 - \cos\alpha - \sin\alpha) W_1$$

$$= -\frac{\rho_\infty V_\infty G_0 (2 - 3\cos\alpha)}{9} \tag{5-126}$$

联立求解式(5-124)~式(5-126)可得到 W_1、W_2 和 W_3,进而可求得 w、φ 和 p 为

$$w = \sum_{n=1}^{3} W_n l^n$$

$$\varphi = V_\infty x_2 - \int_0^{H_0} \frac{2\pi V_\infty (\cos^2\alpha / \sin\alpha)^3 \xi^3}{4\pi} \frac{x_2 - \xi}{[(x_2 - \xi)^2 + x_3^2]^{3/2}} \mathrm{d}\xi +$$

$$\frac{V_\infty \cos\alpha}{F_2 \sin\alpha} W_1 \int_0^{H_0} \frac{\xi \mathrm{d}\xi}{\sqrt{x_3^2 + (x_2 - \xi)^2}} +$$

$$\left[\frac{2lV_\infty \cos\alpha}{F_3 \sin\alpha} W_2 + \frac{G_0(2F_3 - 3x_2 F_2)\cos\alpha}{F_3 \sin\alpha} W_1 \right] \int_0^{H_0} \frac{\xi^2 \mathrm{d}\xi}{\sqrt{x_3^2 + (x_2 - \xi)^2}} +$$

$$\left[\frac{2l^2 V_\infty \cos\alpha}{F_4 \sin\alpha} W_3 + \frac{2lG_0(2F_3 - 3x_2 F_2)\cos\alpha}{F_4 \sin\alpha} W_2 \right] \int_0^{H_0} \frac{\xi^3 \mathrm{d}\xi}{\sqrt{x_3^2 + (x_2 - \xi)^2}} ,$$

$$p = p_\infty + \frac{\rho_\infty}{2} \left\{ V_\infty^2 - \left(\nabla \int_0^{H_0} \frac{2\pi V_\infty (\cos^2\alpha / \sin\alpha)^3 \xi^3}{4\pi} \frac{x_2 - \xi}{[(x_2 - \xi)^2 + x_3^2]^{3/2}} \mathrm{d}\xi \right)^2 \right\} -$$

$$\rho_\infty [V_\infty + G_0(2F_3 - 3x_2 F_2)] \sum_{i=1}^{3} \Phi_i (F_{i+1} - x_2 F_i - x_3 F_i)$$

5.10.3 算例分析

圆锥壳处在无穷远处来流 $v = V_\infty k_2$ 的流场中,壳体的支撑条件如图 5 - 77 所示。已知圆锥壳的底面半径 $R = 2.5 \times 10^{-1}$ m,半顶角 $\alpha = \arctan 2.5 \times 10^{-1}$,厚 $h = 1.0 \times 10^{-3}$ m,材料弹性模量 $E = 71$ GPa,泊松比 $\nu = 0.33$,无穷远处来流密度 $\rho_\infty = 1.0 \times 10^3$ kg·m^{-3},速度 $V_\infty = 0.5$ m·s^{-1},压力 $p_\infty = 0$,圆锥壳内部压力 $p_0 = 0$。

将上述参数代入式(5 - 124)~式(5 - 126)可求得 $W_1 \approx 0$;$W_2 \approx 0$;$W_3 = -7.119 \times 10^{-4}$。壳体的挠度为

$$w = -7.119 \times 10^{-4} l^3 \tag{5 - 127}$$

第四强度等效应力为

$$\sigma_{Ⅳ} = \sqrt{\frac{1}{2}[(\sigma_1 - \sigma_2)^2 + (\sigma_2 - \sigma_3)^2 + (\sigma_3 - \sigma_1)^2]} \tag{5 - 128}$$

式中:σ_1,σ_2,σ_3 为主应力。

根据式(5 - 127),可直接得到挠度,如图 5 - 78 所示。

将挠度表达式(5 - 127)代入几何方程(5 - 106)的第一式,可得应变表达式为

$$\varepsilon_{\theta\theta} = \frac{w}{l} \tan\alpha = -1.780 \times 10^{-4} l^2$$

应用胡克定律,可由应变得应力的表达式为

$$\sigma_3 = E\varepsilon_{\theta\theta} = -1.264 \times 10^7 l^2 \text{Pa} \tag{5 - 129}$$

$$\sigma_1 = -\nu E\varepsilon_{\theta\theta} = 4.170 \times 10^6 l^2 \text{Pa} \tag{5 - 130}$$

将应力的表达式(5 - 129)和式(5 - 130)代入到第四强度等效应力表达

144

式(5-128),即可得图5-79。

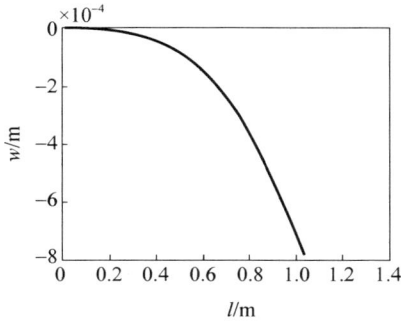

图 5-78 壳体的挠度

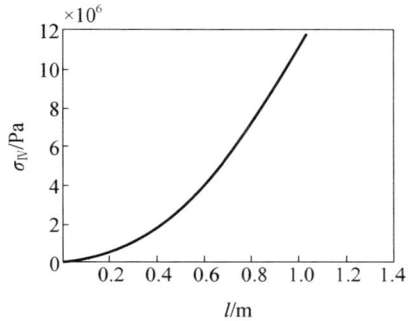

图 5-79 第四强度等效应力

5.10.4 数值模拟

1. ANSYS 模拟结果

依照 ANSYS 模拟的步骤,对理想不可压缩定常无旋流的圆锥形弹性薄壳绕流进行数值模拟。如图 5-80 所示建立实体模型,为方便观看本图将三维实体模型剖开,且将流体和弹性壳体分开来表示。左侧部分为流体实体模型,右侧半圆锥面为弹性壳体的实体模型。残差收敛由两部分组成,一部分为 FLOTRAN 流体计算过程中流体各物理量的残差收敛,另一部分为流体与固体相互作用的残差收敛。

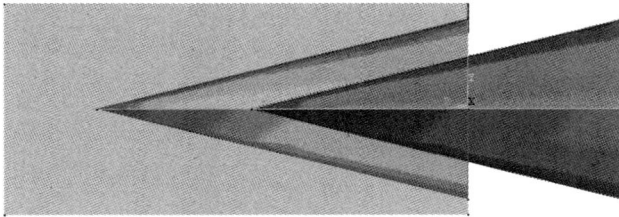

图 5-80 实体模型

当流体和弹性体相互作用收敛以后,就可得到最终结果。选取只显示壳体单元和其计算结果的文件,经过后处理便可得到位移等值线图 5-81。由于是轴对称问题,可以只研究一条母线上的变形情况。定义沿母线方向为投影路径,位移向母线方向投影值 d 如图 5-82 所示。将壳体元素的转动量沿母线方向积分,可以得到壳体沿母线方向上的刚体转动位移 d_1,其计算结果如图 5-83 所示。

将壳体沿投影路径的位移 d(图 5-82)减去由转动引起的刚体位移 d_1(图 5-83),便可以得到在流体作用下的圆锥形弹性壳体的挠度 w,如图 5-84 所示。同样将第四强度等效应力投影到母线方向上,便可得图 5-85。

145

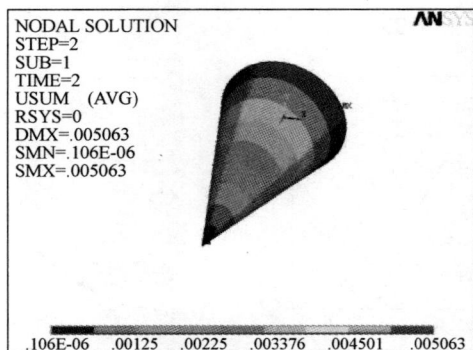

NODAL SOLUTION
STEP=2
SUB=1
TIME=2
USUM   (AVG)
RSYS=0
DMX=.005063
SMN=.106E-06
SMX=.005063

.106E-06   .00125   .00225   .003376   .004501   .005063

图 5 - 81   位移等值线

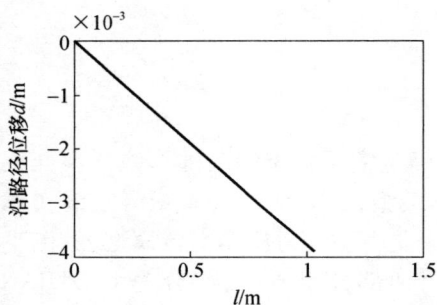

图 5 - 82   沿母线路径位移

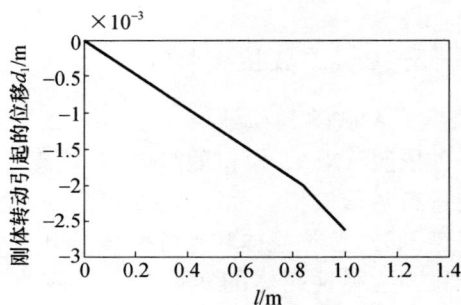

图 5 - 83   转动刚体位移

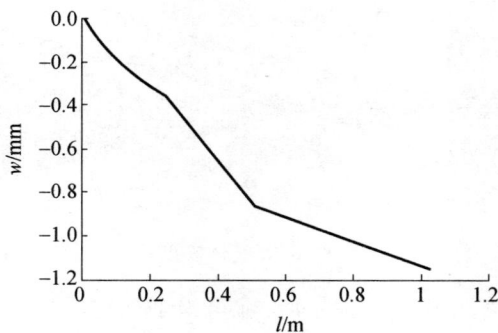

图 5 - 84   数值模拟壳体的挠度

2. 理论解与数值模拟结果比较

比较图 5 - 78 与图 5 - 84 可知,理论计算挠度结果和数值模拟挠度结果是基本相符的。两者所得出的挠度最大值均发生在圆锥壳体的根部,但理论最大值小于数值模拟最大值,其原因是根据流体弹性力学的分类原则[9],在数值模拟时忽略了次要且模拟十分困难的约束条件。在挠度曲线变化趋势方面,理论计算结果

146

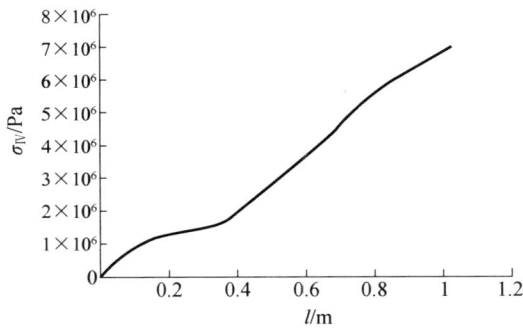

图 5 - 85　数值模拟第四强度等效应力

是上凸的,而数值模拟结果是下凸的,究其原因是理论计算过程中忽略了高阶挠度项和高阶势函数项。若作进一步计算,将会得到更好的结果。本节研究的理论计算结果与数值模拟结果得到了相互印证。若进一步考虑高阶挠度项和高阶势函数项,将会使理论计算过程十分复杂,故此挠度和势函数均取前四项。

比较图 5 - 79 与图 5 - 85 可知,理论计算第四强度等效应力结果和数值模拟第四强度等效应力结果相符。数值模拟的结果比理论计算的结果偏小,这是由上面已经提到的数值模拟时忽略了次要的且模拟十分困难的约束条件造成的。第四强度等效应力的变化趋势相对于挠度的变化趋势是比较接近的,原因是挠度只取到其前四项,而第四强度等效应力对于挠度是低阶量。理论计算第四强度等效应力结果和数值模拟第四强度等效应力结果在圆锥顶部出现较大偏差,这是由于圆锥顶点的奇异性造成的,但总体上来看还是相互一致的。

参 考 文 献

[1] 周小利,白象忠. 弹性圆柱薄壳在流体中的变形与内力分析[J]. 工程力学,2007,24(5):47 - 52.

[2] 许维德. 流体力学[M]. 北京:国防工业出版社,1979.

[3] 周小利. 弹性圆柱薄壳在流体作用下的变形与内力分析[D]. 秦皇岛:燕山大学,2006.

[4] 宋晓娟,白象忠. 浅拱形薄壳在流体作用下的变形与应力分析[J]. 机械强度,2011,33(5):62 - 67.

[5] 宋晓娟. 浅拱形薄壳与流体耦合作用下的力学分析[D]. 秦皇岛:燕山大学,2006.

[6] 吴望一. 流体力学[M]. 北京:北京大学出版社,1983,127 - 136.

[7] 朱洪来. 圆锥薄壳在流体作用下的应力与变形分析[D]. 秦皇岛:燕山大学,2006.

[8] 陈传璋,侯宗义,李明忠. 积分方程论及其应用[M]. 上海:上海科学技术出版社,1987.

[9] 朱洪来,白象忠. 流固耦合问题的描述方法及分类简化准则[J]. 工程力学,2007,24(10):92 - 99.

第6章 相容拉格朗日－欧拉法
求解弹性薄板的变形

本章主要介绍应用相容拉格朗日－欧拉法来求解不同形状、不同约束形式的弹性薄板流固耦合的非线性问题;在导出弹性薄板于流体作用下的变形和应力状态解析解的基础上,给出算例和数值模拟结果。

6.1 简支梁式弹性薄板横向绕流的变形及应力分析

6.1.1 基本关系式

在理想不可压缩、连续、定常横向绕流的条件下,宽度为 b,厚度为 h 有限长板长 $L \gg b$ 的简支梁式弹性薄板如图 $6-1$ 所示。假设流体沿接触面连续,薄板背流面压力不变,边界约束条件为板宽两端简支,其余两端自由。在无穷远处($|z| \to \infty$)均匀流动的压力、密度和速度分别为 p_∞、ρ_∞、V_∞,现求解小变形时的挠度和应力状态[1]。在上述指定状态下,不可压缩流体运动的速度势 φ 和流体动压力 p 可归结到求解方程组($5-1$),其中拉普拉斯(Laplace)算子 $\nabla^2 = \dfrac{\partial^2}{\partial y^2} + \dfrac{\partial^2}{\partial z^2}$,且速度势 φ 不但要满足无限远处的条件,即

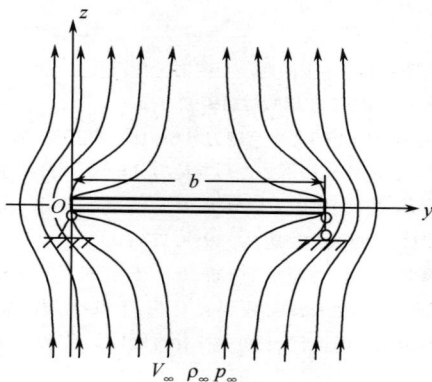

图 $6-1$ 流体绕梁式弹性薄板横向流动

$$\varphi = V_\infty z \quad (z \to \infty) \tag{6-1}$$

而且还要满足接触面的运动学条件和动力学条件。薄板发生小变形时接触面运动学条件为[1]

$$\frac{\partial w}{\partial t} = \frac{\partial \varphi}{\partial z} + v \frac{\partial^2 \varphi}{\partial z \partial y} + w \frac{\partial^2 \varphi}{\partial z^2} - \frac{\partial w}{\partial y} \frac{\partial \varphi}{\partial y} \tag{6-2}$$

式中：v、w 分别为薄板中面位移矢量在 y 轴和 z 轴的投影。

接触面动力学条件为[1]

$$Z_1 = Z_2 = 0, \quad Z_3 = p + v \frac{\partial p}{\partial y} + w \frac{\partial p}{\partial z} \tag{6-3}$$

式中：$Z_i(i = 1,2,3)$ 为流体对板作用力分别在 x 轴、y 轴和 z 轴上的投影。注意到

$$X_2 = Z_2 - \rho h \frac{\partial^2 v}{\partial t^2} = -\rho h \frac{\partial^2 v}{\partial t^2}, \ X_3 = Z_3 - \rho h \frac{\partial^2 w}{\partial t^2} \tag{6-4}$$

式中：$X_i(i = 2,3)$ 为单位中面面积范围内，包括体力和面力在内的载荷分别在 y 轴和 z 轴上的投影。这样，由式(3-42)和式(3-44)得到薄板平面问题的平衡方程为

$$\frac{\partial N_{22}}{\partial y} - \rho h \frac{\partial^2 v}{\partial t^2} = 0, \quad \frac{\partial Q_2}{\partial y} + Z_3 - \rho h \frac{\partial^2 w}{\partial t^2} = 0, \quad \frac{\partial M_{22}}{\partial y} - Q_2 = 0 \tag{6-5}$$

式中：N_{22}、Q_2、M_{22} 分别为中面内力和内力矩。

利用中性面不可伸缩的条件，线应变 $\varepsilon_{22} = 0$，小弯曲变形略去二次项，得出 $\frac{\partial v}{\partial y} = 0$。因为 $M_{22} = -D_M \frac{\partial^2 w}{\partial y^2}$，$\frac{\partial^2 w}{\partial t^2} = 0$，由式(6-3)和式(6-5)得

$$D_M \frac{\partial^4 w}{\partial y^4} = p + v \frac{\partial p}{\partial y} + w \frac{\partial p}{\partial z} \tag{6-6}$$

6.1.2　解析解

同样设式(5-10)成立。将式(5-10)代入到式(5-1)、式(6-1)、式(6-2)和式(6-6)中，得出分别对应于 φ_1, p_1 和 φ_2, p_2, w 的两组方程。对于 φ_1, p_1，得到下面的边界问题，即

$$\nabla^2 \varphi_1 = 0, \quad p_1 = p_\infty + \frac{\rho_\infty}{2} [V_\infty^2 - (\nabla \varphi_1)^2] \tag{6-7}$$

对于 φ_2, p_2, w 有

$$\nabla^2 \varphi_2 = 0, \quad p_2 = -\rho_\infty \left(\frac{\partial \varphi_1}{\partial z} \frac{\partial \varphi_2}{\partial z} + \frac{\partial \varphi_1}{\partial y} \frac{\partial \varphi_2}{\partial y} \right), \quad \varphi_2 = 0 \quad (z \to \infty) \tag{6-8}$$

$$\frac{\partial \varphi_2}{\partial z} = \frac{\partial w}{\partial y} \frac{\partial \varphi_1}{\partial y} - w \frac{\partial^2 \varphi_1}{\partial z^2} \tag{6-9}$$

$$D_M \frac{\partial^4 w}{\partial y^4} = p_1 + p_2 + v \frac{\partial p_1}{\partial y} + w \frac{\partial p_1}{\partial z} \tag{6-10}$$

假设弹性平板内连续分布有无穷多个偶极,这些偶极的包络即为板的边界,因此平板绕流问题可以分解为均匀流动和一族偶极的叠加。

均匀流动的速度势是 $\varphi_{11} = V_\infty z$。

由文献[2],偶极的速度势为

$$\varphi_{12} = -\int_0^b \frac{\pi h z}{z^2 + (y-s)^2} \mathrm{d}s$$

式中:s 为沿 y 轴的积分变量。

将均匀流动与偶极的速度势叠加,即可得出流体势在接触面上的表达式 φ_1

$$\varphi_1 = \varphi_{11} + \varphi_{12} = V_\infty z - \int_0^b \frac{\pi h z}{z^2 + (y-s)^2} \mathrm{d}s = V_\infty z - \pi h \left(\arctan \frac{y}{z} - \arctan \frac{y-b}{z} \right)$$

由式(6-7)有

$$p_1 = p_\infty + \pi \rho_\infty V_\infty h \left[\frac{y}{y^2 + z^2} - \frac{y-b}{(y-b)^2 + z^2} \right]$$

弹性薄板的边界条件为

$$(w)_{y=0} = 0, \quad \left(\frac{\partial^2 w}{\partial y^2} \right)_{y=0} = 0; \quad (w)_{y=b} = 0, \quad \left(\frac{\partial^2 w}{\partial y^2} \right)_{y=b} = 0$$

设挠度 w 的形式为

$$w = \sum_{n=1}^N W_n \sin \frac{n\pi y}{b}$$

式中:待定参数 W_n 为挠度 w 的第 n 次项的幅值。将 w 和 φ_1 的表达式代入式(6-9)并积分,再考虑条件式(6-8),得

$$\varphi_2 = \sum_{n=1}^N W_n \frac{n\pi}{b} \cos \frac{n\pi y}{b} \cdot \pi h \left\{ \frac{1}{2} \ln(y^2 + z^2) - \frac{1}{2} \ln[(y-b)^2 + z^2] \right\} -$$
$$\sum_{n=1}^N W_n \sin \frac{n\pi y}{b} \cdot \pi h \left[\frac{-y}{y^2 + z^2} - \frac{-(y-b)}{(y-b)^2 + z^2} \right]$$

将 φ_1 和 φ_2 的表达式代入到式(6-8)的第二式,省略 h 的高次项,保留主要部分的正弦形式,得

$$p_2 = 2\pi \rho_\infty V_\infty h \left\{ \frac{yz}{(y^2 + z^2)^2} - \frac{(y-b)z}{[(y-b)^2 + z^2]^2} \right\} \sum_{n=1}^N W_n \sin \frac{n\pi y}{b}$$

由此简支薄板在流体横向绕流条件下的弯曲平衡方程式(6-6)为

$$D_M \sum_{n=1}^N W_n \left(\frac{n\pi}{b} \right)^4 \sin \frac{n\pi y}{b} = p_\infty + \pi \rho_\infty V_\infty h + \left[\frac{y}{y^2 + z^2} - \frac{y-b}{(y-b)^2 + z^2} \right] +$$

$$2\pi\rho_\infty V_\infty h\left\{\frac{yz}{(y^2+z^2)^2}-\frac{(y-b)z}{[(y-b)^2+z^2]^2}\right\}\sum_{n=1}^{N}W_n\sin\frac{n\pi y}{b}$$

取 $z=\dfrac{h}{2}$，将上式右边项中非级数形式展为 $\sin\dfrac{n\pi y}{b}$ 的级数，其中，应用 Simpson 公式计算展开系数，比较系数得

$$W_n=\frac{\dfrac{2p_\infty}{n\pi}[1-\cos(n\pi)]+\dfrac{16\pi\rho_\infty V_\infty hb}{3(b^2+h^2)}\sin\dfrac{n\pi}{2}}{D_M\left(\dfrac{n\pi}{b}\right)^4-\pi\rho_\infty V_\infty h\left\{\dfrac{yh}{[y^2+0.25h^2]^2}-\dfrac{(y-b)h}{[(y-b)^2+0.25h^2]^2}\right\}}$$

以上系数当 n 为偶数时等于零，挠度表达式仅取奇数的前两项即可得到很精确的解答，这样

$$w=W_1\sin\frac{\pi y}{b}+W_3\sin\frac{3\pi y}{b}$$

$$=\frac{\dfrac{4p_\infty}{\pi}+\dfrac{16\pi\rho_\infty V_\infty hb}{3(b^2+h^2)}}{D_M\left(\dfrac{\pi}{b}\right)^4-\pi\rho_\infty V_\infty h\left\{\dfrac{yh}{[y^2+0.25h^2]^2}-\dfrac{(y-b)h}{[(y-b)^2+0.25h^2]^2}\right\}}\sin\frac{\pi y}{b}+$$

$$\frac{\dfrac{4p_\infty}{3\pi}+\dfrac{16\pi\rho_\infty V_\infty hb}{3(b^2+h^2)}\times(-1)}{D_M\left(\dfrac{3\pi}{b}\right)^4-\pi\rho_\infty V_\infty h\left\{\dfrac{yh}{[y^2+0.25h^2]^2}-\dfrac{(y-b)h}{[(y-b)^2+0.25h^2]^2}\right\}}\sin\frac{3\pi y}{b}$$

y 方向的应力表达式为[3]

$$\sigma_y=-\frac{Eh}{1-\nu^2}\left(\frac{\partial^2 w}{\partial y^2}+\nu\frac{\partial^2 w}{\partial x^2}\right)=\frac{Eh}{1-\nu^2}\left[\left(\frac{\pi}{b}\right)^2 W_1\sin\frac{\pi y}{b}+\left(\frac{3\pi}{b}\right)^2 W_3\sin\frac{3\pi y}{b}\right]$$

流速分量分别为

$$v_y=\frac{\partial\varphi_1}{\partial y}+\frac{\partial\varphi_2}{\partial y}=-\pi h\left[\frac{z}{y^2+z^2}-\frac{z}{(y-b)^2+z^2}\right]+$$

$$\left[W_1\left(\frac{\pi}{b}\right)^2\sin\frac{\pi y}{b}+W_3\left(\frac{3\pi}{b}\right)^2\sin\frac{3\pi y}{b}\right]\cdot$$

$$\pi h\left\{\frac{1}{2}\ln(y^2+z^2)-\frac{1}{2}\ln[(y-b)^2+z^2]\right\}-$$

$$2\left[W_1\left(\frac{\pi}{b}\right)^2\cos\frac{\pi y}{b}+W_3\left(\frac{3\pi}{b}\right)^2\cos\frac{3\pi y}{b}\right]\cdot\pi h\left[\frac{y}{y^2+z^2}-\frac{y-b}{(y-b)^2+z^2}\right]+$$

$$\left(W_1\sin\frac{\pi y}{b}+W_3\sin\frac{3\pi y}{b}\right)\cdot\pi h\left\{\frac{y^2-z^2}{(y^2+z^2)^2}-\frac{(y-b)^2-z^2}{[(y-b)^2+z^2]^2}\right\}$$

$$v_z=\frac{\partial\varphi_1}{\partial z}+\frac{\partial\varphi_2}{\partial z}=V_\infty-\pi h\left[\frac{-y}{y^2+z^2}-\frac{-(y-b)}{(y-b)^2+z^2}\right]+$$

$$\left[-W_1 \frac{\pi}{b} \cos \frac{\pi y}{b} - W_3 \frac{3\pi}{b} \cos \frac{3\pi y}{b} \right] \pi h \left[\frac{z}{y^2 + z^2} - \frac{z}{(y-b)^2 + z^2} \right] +$$

$$\left(W_1 \sin \frac{\pi y}{b} + W_3 \sin \frac{3\pi y}{b} \right) \cdot \pi h \left\{ \frac{2yz}{(y^2 + z^2)^2} - \frac{2(y-b)z}{[(y-b)^2 + z^2]^2} \right\}$$

由以上表达式可以分析流场速度的变化。

6.1.3 算例及参数分析

设弹性薄板的材料为低碳钢,弹性模量 $E = 200\text{GPa}$,泊松比 $\nu = 0.3$,厚度 $h = 1 \times 10^{-3}\text{m}$。流体密度 $\rho = \rho_\infty = 1000\text{kg/m}^3$,无穷远处流场压力 $p_\infty = 0\text{Pa}$,流体无穷远处速度 $V_\infty = 0.06\text{m/s}$,板宽 $b = 0.8\text{m}$。在上述基本参数下,得出 $y = b/2$ 点挠度 $w = 2.92 \times 10^{-4}\text{m}$,应力 $\sigma_y = 1.086\text{MPa}$。

1. 参数对挠度的影响

图 6-2 是不同板宽、不同板厚和不同流速的挠度沿板宽变化的曲线图,图中未标示的参数取基本参数。从图中可以看出,简支薄板在流体横向绕流条件下的变形为正弦波形,最大位移发生在中点处。

图 6-3 是不同板厚和不同流速时板中点 $y = b/2$ 处挠度与板宽的关系曲线。从图中可以看出,当厚度 h、流速 V_∞ 不变时,随着板宽 b 的增加,板中点处的挠度值迅速增大,呈非线性增长,并且板宽数值越大,挠度值增大越快,板宽较小时,增长不明显。

图 6-4 是不同板宽和不同流速时板中点 $y = b/2$ 处挠度随板厚的变化曲线。从图中可以看出,当其他参数不变时,随着板厚的增加,板中点处的挠度值迅速减小,呈非线性变化,并且板厚数值越小,挠度值减小得越快;当板厚较大时,变化减慢,挠度梯度趋近于零。

图 6-5 是不同板宽和不同板厚时板中点 $y = b/2$ 处挠度随流速的变化曲线。从图中可以看出,当其他参数不变时,随着流速的增加,板中点处的挠度值迅速增大,近似线性变化。

图 6-6 是低碳钢、铜和铝沿板宽的挠度曲线。其中铜:弹性模量 $E = 100\text{GPa}$,泊松比 $\nu = 0.33$;铝:弹性模量 $E = 70\text{GPa}$,泊松比 $\nu = 0.33$。在中点 $y = b/2$ 处,铝、铜和低碳钢的挠度分别为 $w = 8.20 \times 10^{-4}\text{m}$,$w = 5.67 \times 10^{-4}\text{m}$ 和 $w = 2.92 \times 10^{-4}\text{m}$。可见薄板的材料属性对于挠度的影响很明显。

2. 参数对薄板应力的影响

图 6-7 是不同板宽、板厚和不同流速的应力 σ_y 沿着板宽的变化曲线图,图中未标示的其他参数取基本参数。

从图 6-7 可以看出,应力的最大值点位于薄板的中心处,端点处 σ_y 的数值为0,并且 σ_y 随着板宽的增加、板厚的减小和流速的增加而增大,且它们对于 σ_y 的影

152

（a）

（b）

（c）

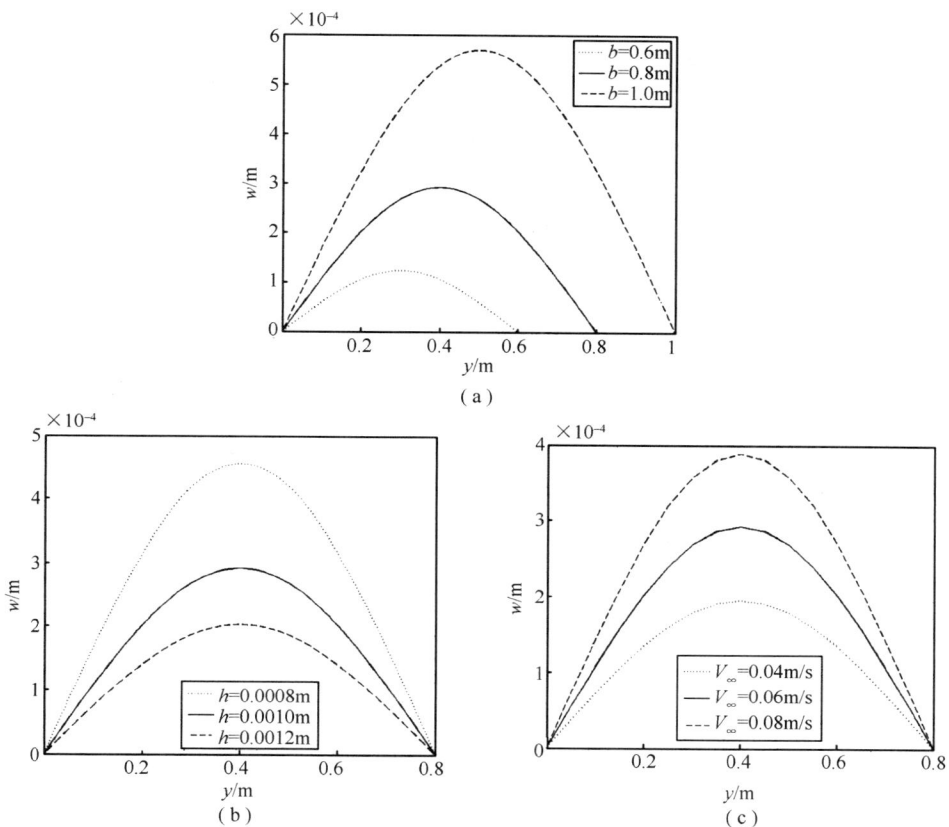

图 6-2　不同板宽、板厚及流速时 w 沿板宽的分布曲线

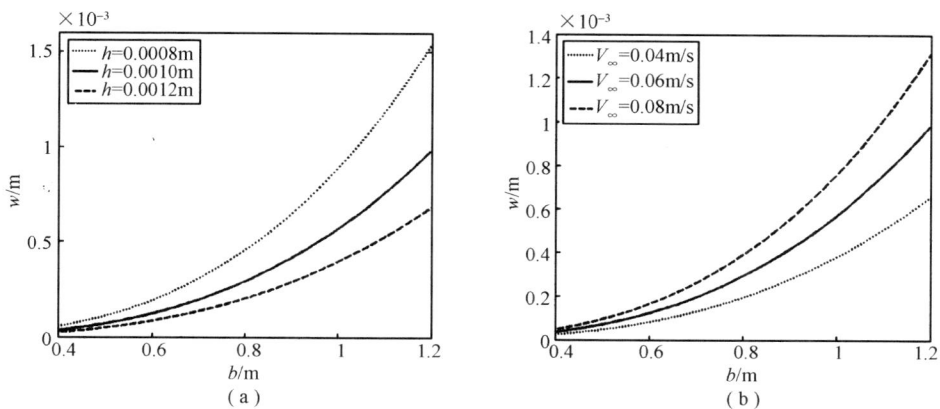

（a）

（b）

图 6-3　中心挠度 w 随板宽 b 的变化曲线

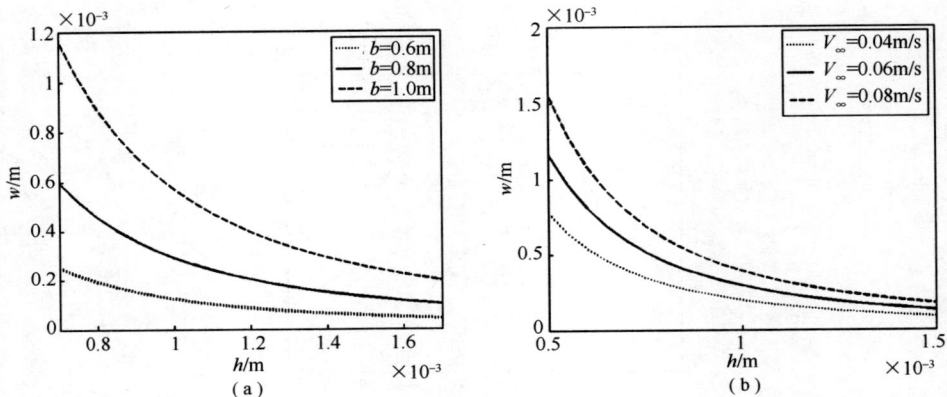

图 6-4　中心挠度 w 随板厚 h 的变化曲线

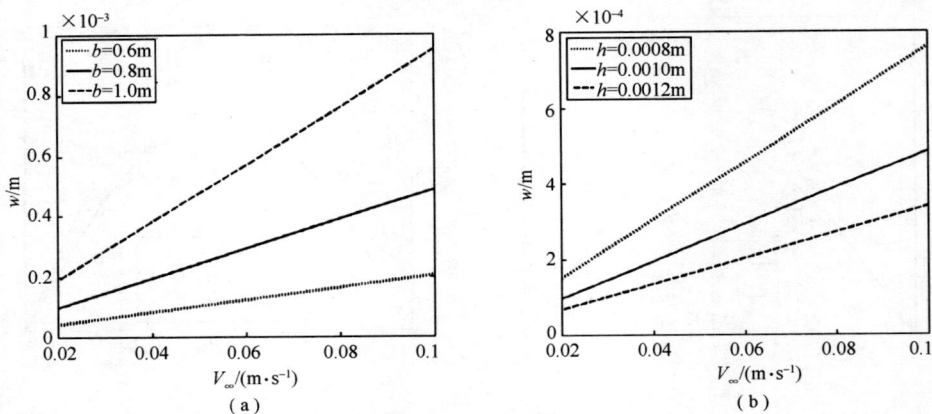

图 6-5　中心挠度 w 随流速 V_∞ 的变化曲线

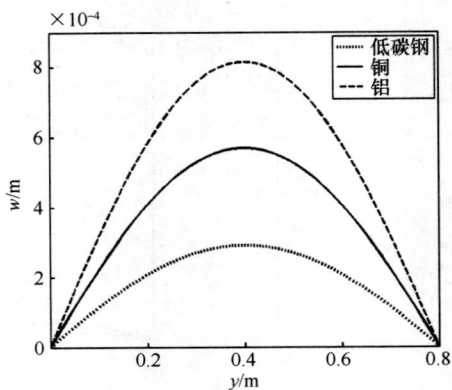

图 6-6　低碳钢、铜和铝的挠度 w 沿板宽分布曲线

154

响也很明显。

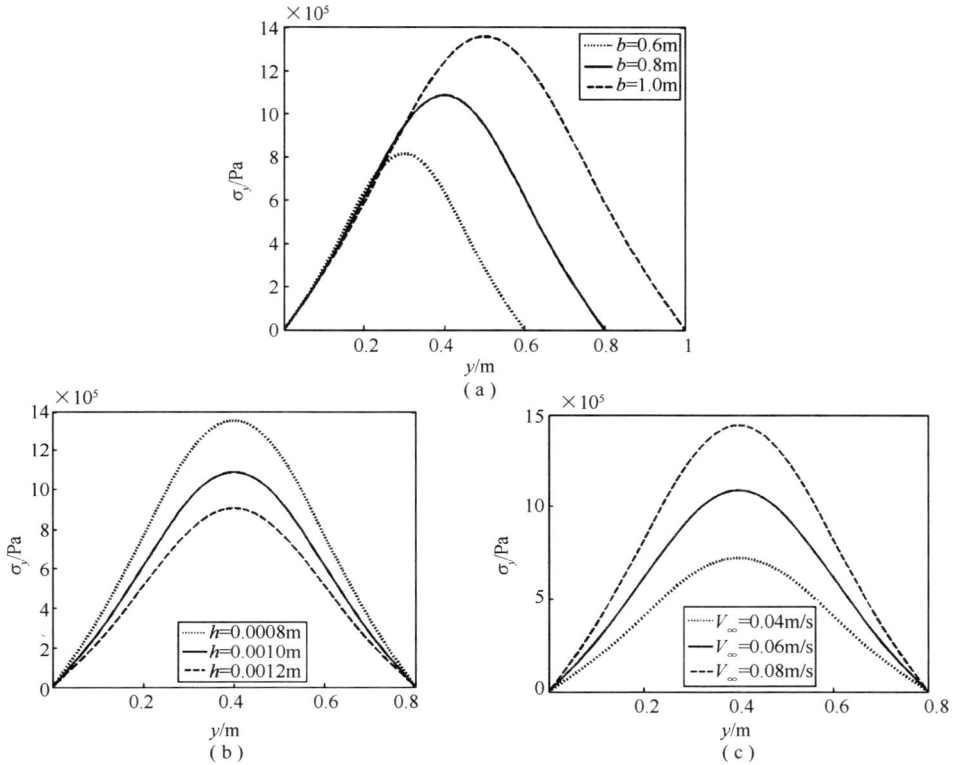

图6-7 不同板宽、板厚及流速时 σ_y 沿板宽的分布曲线

3. 流速分布曲线

图6-8是流速分量 v_y 和 v_z 沿板宽分布的曲线图。流体流经薄板时，$\psi = 0$（包括 y 轴）这一条流线的速度变化特点为：流体从无限远处以速度 V_∞ 流向薄板，当接近薄板时速度逐渐减小，到达薄板的中心点时降为0，然后分为两支，对称地分别向左右两个方向流去，速度逐渐增大，到达薄板左右边界点时速度增至极大值。图6-8中第一个图给出的是 $z = -0.15\text{m}$ 时，速度 v_y 沿薄板宽度方向的分布曲线。从图中可以看出，中点 $y = 0.4\text{m}$ 处 v_y 为0，由中点向两侧流速 v_y 绝对值逐渐增大，右半部分数值为正，左半部分数值为负，在左右边界处数值趋于无穷。图6-8中第二个图是当 $z = -0.0005\text{m}$ 时，速度 v_z 沿薄板宽度方向的分布曲线。从图中可以看出，板中点处 v_z 数值最小，由中点向两侧流速 v_z 逐渐增大，两端处数值趋于无穷。

图6-9是薄板左侧 $y = 0.05\text{m}$ 位置流速分量 v_y 和 v_z 沿垂直板宽方向的分布曲线图。从 v_y 随 z 的变化图中可以看出，当流体与薄板的距离较远时，流体流动几乎不受板变形的影响。流体沿垂直于 y 轴的方向流动，所以流体速度 v_y 很小，接近于

155

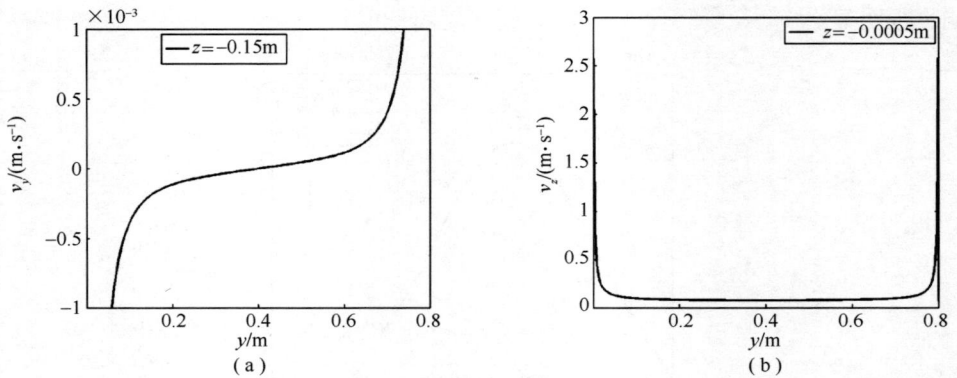

图 6 - 8 流速沿板宽分布曲线

0。随着与薄板距离的减小，流体的流动受到薄板的阻挡，流体的流动由沿垂直于
y 轴的方向开始向薄板边界方向偏移，发生薄板的绕流，速度 v_y 的绝对值逐渐增
大，在与薄板接触的边界处的数值达到极值。从 v_z 随 z 的变化图中可以看出，当流
体与薄板的距离较远时，速度 v_z 的数值接近于无穷远处的流速 V_∞，随着与薄板距
离的减小，流体的流动受到薄板的阻挡，v_z 的数值逐渐减小，由于薄板不可渗透，所
以在与薄板接触的边界处数值达到最小为 0。

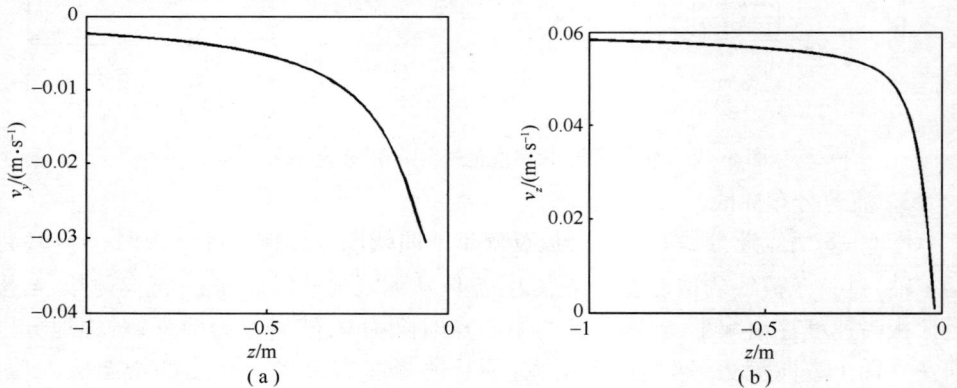

图 6 - 9 $y = 0.05\text{m}$ 处速度 v_y 和 v_z 随 z 的变化曲线

6.1.4 数值模拟

图 6 - 10 是采用数值模拟方法，应用 ANSYS 软件中具有流动网格的流固耦合
模块计算得出的弹性薄板在流体作用下的位移矢量图。从图中可以看出，板由变
形前的一条直线变成正弦半波曲线，板两端简支处位移为 0，越靠近薄板中心，变
形越大，最大位移出现在薄板中部，数值为 $w = 3.50 \times 10^{-4}\text{m}$，属于小弯曲变形范

156

围。通过比较可知,数值模拟和理论分析的结果基本相符。理论推导求出的弹性薄板最大位移为 $w = 2.92 \times 10^{-4}$ m,数值模拟得出的最大位移比理论解大,但都在小弯曲变形范围内。理论得出的薄板变形图和数值模拟得出的薄板变形图形状一样,都是正弦波形,位移变化规律也相同。最大位移都发生在薄板中心处。

图 6-11 是数值模拟得出的弹性薄板在流体作用下的 y 方向应力云图。从图中可以看出,沿着板宽方向,应力 σ_y 呈正弦波形,薄板中心处最大,$\sigma_y = 1.34$ MPa。通过比较可知,数值模拟和理论分析的结果基本相符。理论推导求出弹性薄板中心处 $\sigma_y = 1.086$ MPa,数值模拟得出的最大应力比理论解大。

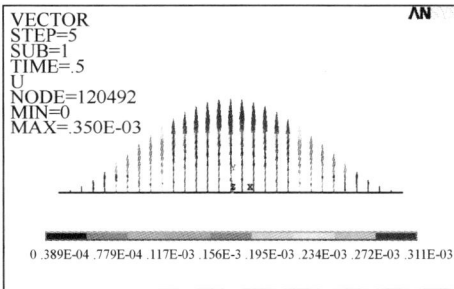

图 6-10 弹性薄板位移等值矢量图

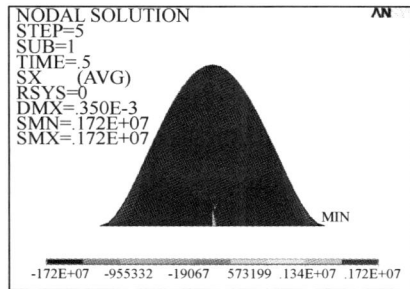

图 6-11 弹性薄板 y 方向应力云图

图 6-12 是数值模拟得出的流场速度矢量图。从图中可以看出,数值模拟的流速分布与理论求解的流速分布基本相同。左右边界处的流速,理论分析的结果为趋于无穷,而数值模拟的结果为一个较大的有限值,二者数值上的差异主要是由于理论分析认为流体理想不可压缩,作定常流动,且为层流。而数值模拟时,AN-SYS 流体动力学模块的流体分析目前只能处理黏性流体,且在分析中选择的流动

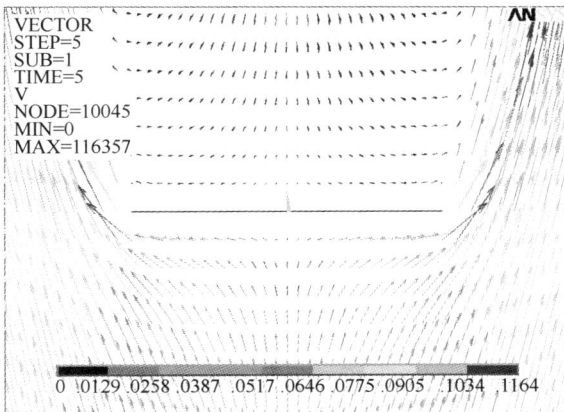

图 6-12 流场速度矢量图

157

模型为湍流模型,图中可以看出流场中在薄板的后面存在漩涡。

6.2 固支弹性圆平板的变形

6.2.1 解析解

1. 考虑变形对流场影响的解析解

采用柱坐标(r,θ,z)求解在理想不可压缩、连续、定常的横向绕流条件下,半径为R,厚度为h的弹性圆平板的小变形问题(如图6-13所示)。假设圆板背流面压力不变,约束条件为周边固定。在无穷远处($|z|\rightarrow\infty$)均匀流动的压力、密度和速度分别为p_∞、ρ_∞、V_∞。

设流体沿接触面连续流动,在问题指定状态下,不可压缩流体运动的速度势φ的确定,可归结到求解方程组(5-1)及边界条件(6-1),其中拉普拉斯算子$\nabla^2 = \dfrac{\partial^2}{\partial r^2}+\dfrac{1}{r}\dfrac{\partial}{\partial r}+\dfrac{\partial^2}{\partial z^2}$。

根据式(6-2),接触面运动学条件为

$$\frac{\partial\varphi}{\partial z}=\frac{\partial w}{\partial r}\frac{\partial\varphi}{\partial r}-u\frac{\partial^2\varphi}{\partial z\partial r}-w\frac{\partial^2\varphi}{\partial z^2}$$

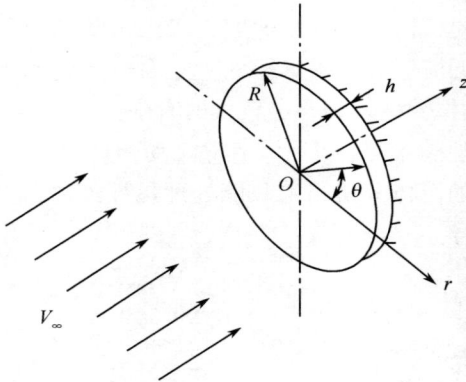

图6-13 流体绕周边固定圆平板的横向流动

式中:u、w分别为薄板中面位移矢量在r轴和z轴的投影。

由式(6-3),接触面动力学条件为

$$Z_r = Z_\theta = 0 \ , \ Z_z = p+u\frac{\partial p}{\partial r}+w\frac{\partial p}{\partial z}$$

式中:$Z_i(i=r,\theta,z)$分别为流体对圆平板作用力在坐标轴r、θ、z方向上的投影。注意到

158

$$X_\theta = Z_\theta = 0, \quad X_z = Z_z$$

其中：$X_i(i = \theta, z)$ 为单位中面面积范围内载荷分别在坐标轴 θ、z 上的投影，包括体力和面力在内。

圆形薄板轴对称弯曲的平衡方程为[4]

$$\frac{d^4 w}{dr^4} + \frac{2}{r}\frac{d^3 w}{dr^3} - \frac{1}{r^2}\frac{d^2 w}{dr^2} + \frac{1}{r^3}\frac{dw}{dr} = \frac{Z_z}{D_M} \qquad (6-11)$$

设式（5-10）成立，得出分别对应于 φ_1, p_1 和 φ_2, p_2, w 的两组方程。对于 φ_1，p_1，满足方程组（6-7）；对于 φ_2, p_2, w 有

$$\nabla^2 \varphi_2 = 0, \quad p_2 = -\rho_\infty \left(\frac{\partial \varphi_1}{\partial z}\frac{\partial \varphi_2}{\partial z} + \frac{\partial \varphi_1}{\partial r}\frac{\partial \varphi_2}{\partial r} \right) \qquad (6-12)$$

$$\varphi_2 = 0 \quad (z \to \infty) \qquad (6-13)$$

$$\frac{\partial \varphi_2}{\partial z} = \frac{\partial w}{\partial r}\frac{\partial \varphi_1}{\partial r} - w\frac{\partial^2 \varphi_1}{\partial z^2} \qquad (6-14)$$

$$D_M \frac{\partial^4 w}{\partial r^4} = p_1 + p_2 + u\frac{\partial p_1}{\partial r} + w\frac{\partial p_1}{\partial z} \qquad (6-15)$$

这里采用均匀来流和偶极的叠加方法。由于圆板的变形是绕 z 轴对称的，所以只研究某一直径线的变形。设圆板的任意一条直径上连续分布无穷多个偶极，则这些偶极的包络恰好是一条直径线，与均匀来流叠加，即可描绘绕弹性圆平板的绕流问题。

偶极的速度势是[2]

$$\varphi_{12} = -\int_{-r}^{r} \frac{Mz}{4\pi[z^2 + (r-s)^2]^{\frac{3}{2}}} ds = -\frac{M}{2\pi z}\frac{r}{\sqrt{z^2 + 4r^2}}$$

式中：M 为偶极的强度；s 为沿 r 轴的积分变量。

将均流与偶极的速度势叠加，即可得出流体势在接触面一条直径上的 φ_1 表达式

$$\varphi_1 = \varphi_{11} + \varphi_{12} = V_\infty z - \frac{M}{2\pi z}\frac{r}{\sqrt{z^2 + 4r^2}} \qquad (6-16)$$

这样

$$p_1 = p_\infty - \frac{\rho_\infty V_\infty M r}{2\pi}\left(\frac{1}{z^2\sqrt{z^2 + 4r^2}} + \frac{1}{\sqrt{(z^2 + 4r^2)^3}} \right)$$

弹性圆平板的边界条件为

$$(w)_{r=R} = 0, \quad \left(\frac{\partial w}{\partial r}\right)_{r=R} = 0$$

由于圆板变形的轴对称性，选取圆板沿任一半径方向的挠度函数表达式为

$$w = C(R^4 - 2R^2 r^2 + r^4), \quad r \in (0, R) \qquad (6-17)$$

159

式中:C 为待定参数。将式(6－16)和式(6－17)代入到式(6－14),积分并考虑条件式(6－13),得

$$\varphi_2 = \frac{2CM}{\pi} \frac{r(r^2 - R^2)}{\sqrt{z^2 + 4r^2}} - \frac{CM}{2\pi} r(R^4 - 2R^2 r^2 + r^4) \left(\frac{1}{z^2 \sqrt{z^2 + 4r^2}} + \frac{1}{\sqrt{(z^2 + 4r^2)^3}} \right)$$

$$(6-18)$$

将式(6－16)和式(6－18)代入到式(6－12),得

$$p_2 = -\rho_\infty \left\{ Cr(R^4 - 2R^2 r^2 + r^4) \frac{V_\infty M}{2\pi} \left[-\frac{2}{z^3 \sqrt{z^2 + 4r^2}} \cdot \right. \right.$$
$$\left. \left. \frac{1}{z \sqrt{(z^2 + 4r^2)^3}} + \frac{h^2 r}{\pi z^5 (z^2 + 4r^2)} + \frac{3h^2 r}{2\pi z^3 (z^2 + 4r^2)^2} \right] \right\}$$

这里,省略了 h 的高次项。

经计算,偶极的强度取为 $-4\pi V_\infty h^2$ 和均流叠加可以模拟圆板的绕流。这样,微分方程式(6－15)化为如下形式

$$64 D_M C = p_\infty + \rho_\infty V_\infty^2 + \frac{\rho_\infty V_\infty^2 h^2}{4r^2} - C(R^4 - 2R^2 r^2 + r^4) \rho_\infty V_\infty^2 \left(\frac{3h}{16\pi r^2} + \frac{1}{2\pi h} \right)$$

解得

$$C = \frac{p_\infty + \rho_\infty V_\infty^2 + \dfrac{\rho_\infty V_\infty^2 h^2}{4r^2}}{64 D_M + (R^4 - 2R^2 r^2 + r^4) \rho_\infty V_\infty^2 \left(\dfrac{3h}{16\pi r^2} + \dfrac{1}{2\pi h} \right)}$$

这样,挠度的表达式为

$$w = \frac{p_\infty + \rho_\infty V_\infty^2 + \dfrac{\rho_\infty V_\infty^2 h^2}{4r^2}}{64 D_M + (R^4 - 2R^2 r^2 + r^4) \rho_\infty V_\infty^2 \left(\dfrac{3h}{16\pi r^2} + \dfrac{1}{2\pi h} \right)} \cdot (R^4 - 2R^2 r^2 + r^4)$$

薄板表面的应力分量 σ_r 和 σ_θ 为[5]

$$\sigma_r = -\frac{12z}{h^3} D_M \left[\frac{\partial^2 w}{\partial r^2} + \nu \left(\frac{1}{r} \frac{\partial w}{\partial r} + \frac{1}{r^2} \frac{\partial^2 w}{\partial \theta^2} \right) \right] = -\frac{4Eh}{1 - \nu^2} C \left[-(1+\nu) R^2 + (3+\nu) r^2 \right]$$

$$= -\frac{4Eh}{1 - \nu^2} \frac{p_\infty + \rho_\infty V_\infty^2 + \dfrac{\rho_\infty V_\infty^2 h^2}{4r^2}}{64 D_M + (R^4 - 2R^2 r^2 + r^4) \rho_\infty V_\infty^2 \left(\dfrac{3h}{16\pi r^2} + \dfrac{1}{2\pi h} \right)} \left[-(1+\nu) R^2 + (3+\nu) r^2 \right]$$

$$\sigma_\theta = -\frac{12z}{h^3} D_M \left[\frac{1}{r} \frac{\partial w}{\partial r} + \frac{1}{r^2} \frac{\partial^2 w}{\partial \theta^2} + \nu \frac{\partial^2 w}{\partial r^2} \right] = -\frac{4Eh}{1 - \nu^2} C \left[-(1+\nu) R^2 + (1+3\nu) r^2 \right]$$

$$= -\frac{4Eh}{1-\nu^2} \frac{p_\infty + \rho_\infty V_\infty^2 + \dfrac{\rho_\infty V_\infty^2 h^2}{4r^2}}{64D_M + (R^4 - 2R^2r^2 + r^4)\rho_\infty V_\infty^2 \left(\dfrac{3h}{16\pi r^2} + \dfrac{1}{2\pi h}\right)} [-(1+\nu)R^2 +$$

$$(1+3\nu)r^2]$$

弯矩 M_r 和 M_θ 为[6]

$$M_r = -D_M\left[\frac{\partial^2 w}{\partial r^2} + \nu\left(\frac{1}{r}\frac{\partial w}{\partial r} + \frac{1}{r^2}\frac{\partial^2 w}{\partial \theta^2}\right)\right]$$

$$= -\frac{Eh^3}{3(1-\nu^2)} \frac{p_\infty + \rho_\infty V_\infty^2 + \dfrac{\rho_\infty V_\infty^2 h^2}{4r^2}}{64D_M + (R^4 - 2R^2r^2 + r^4)\rho_\infty V_\infty^2 \left(\dfrac{3h}{16\pi r^2} + \dfrac{1}{2\pi h}\right)} \times$$

$$[-(1+\nu)R^2 + (3+\nu)r^2]$$

$$M_\theta = -D_M\left[\frac{1}{r}\frac{\partial w}{\partial r} + \frac{1}{r^2}\frac{\partial^2 w}{\partial \theta^2} + \nu\frac{\partial^2 w}{\partial r^2}\right]$$

$$= -\frac{Eh^3}{3(1-\nu^2)} \frac{p_\infty + \rho_\infty V_\infty^2 + \dfrac{\rho_\infty V_\infty^2 h^2}{4r^2}}{64D_M + (R^4 - 2R^2r^2 + r^4)\rho_\infty V_\infty^2 \left(\dfrac{3h}{16\pi r^2} + \dfrac{1}{2\pi h}\right)} \times$$

$$[-(1+\nu)R^2 + (1+3\nu)r^2]$$

2. 不考虑变形对流场影响的解析解

下面研究忽略变形对于流场影响的挠度计算,与考虑变形影响的结果比较。方程式(6-11)的解为如下形式[4]

$$w = A + Br^2 + \int\frac{1}{r}\int r\int\frac{1}{r}\int\frac{rZ_z(r)}{D_M}\,\mathrm{d}r\mathrm{d}r\mathrm{d}r\mathrm{d}r \qquad (6-19)$$

式中:A、B 为待定参数。$Z_z(r)$ 中含有 w,隐式求解有困难,如果不考虑变形的影响,$Z_z(r)$ 用 p_1 近似代替,即

$$Z_z(r) \approx p_1 = p_\infty - \frac{\rho_\infty V_\infty Mr}{2\pi}\left[\frac{1}{z^2\sqrt{z^2+4r^2}} + \frac{1}{\sqrt{(z^2+4r^2)^3}}\right]$$

根号中 z 近似取为 0,则

$$Z_z(r) = p_\infty - \frac{\rho_\infty V_\infty M}{4\pi}\left(\frac{1}{z^2} + \frac{1}{4r^2}\right)$$

将该式代入式(6-19)积分,则

$$w = A + Br^2 + \left(\frac{p_\infty}{D_M} - \frac{\rho_\infty V_\infty M}{4\pi D_M z^2}\right)\frac{r^4}{64} - \frac{\rho_\infty V_\infty M}{64\pi D_M}\left(\frac{1}{2}r^2\ln^2 r - r^2\ln r + \frac{3}{4}r^2\right)$$

对于上式,一方面,由于圆板中心没有开孔,同时在中心处既无支座又无集中

荷载,所以中心处的挠度不应为无限大,内力应为有限大,因此必须舍掉含 $\ln r$ 的项,这样,w 为多项式形式,含有常数项、二次项和四次项,设为

$$w = A + Cr^2 + Fr^4$$

式中:$C = B - \dfrac{3\rho_\infty V_\infty M}{256\pi D_M}$;$F = \dfrac{p_\infty}{64 D_M} - \dfrac{\rho_\infty V_\infty M}{256\pi D_M h^2}$。

另一方面,令 w 满足固定边界条件,可以确定出常数项、二次项与四次项系数之间的关系,$A = FR^4$,$C = -2FR^2$,同时代入偶极子强度的数值 $M = -4\pi V_\infty h^2$,最后得到不考虑变形对于流场影响的圆板挠度的表达式为

$$w = F(R^4 - 2R^2 r^2 + r^4) = \left(\frac{p_\infty}{64 D_M} + \frac{\rho_\infty V_\infty^2}{64 D_M} \right)(R^4 - 2R^2 r^2 + r^4)$$

应力分量 σ_r 和 σ_θ 为[6]

$$\sigma_r = -\frac{4Eh}{1 - \nu^2} \left(\frac{p_\infty}{64 D_M} + \frac{\rho_\infty V_\infty^2}{64 D_M} \right) [-(1 + \nu)R^2 + (3 + \nu)r^2]$$

$$\sigma_\theta = -\frac{4Eh}{1 - \nu^2} \left(\frac{p_\infty}{64 D_M} + \frac{\rho_\infty V_\infty^2}{64 D_M} \right) [-(1 + \nu)R^2 + (1 + 3\nu)r^2]$$

弯矩 M_r 和 M_θ 为

$$M_r = -\frac{Eh^3}{3(1 - \nu^2)} \left(\frac{p_\infty}{64 D_M} + \frac{\rho_\infty V_\infty^2}{64 D_M} \right) [-(1 + \nu)R^2 + (3 + \nu)r^2]$$

$$M_\theta = -\frac{Eh^3}{3(1 - \nu^2)} \left(\frac{p_\infty}{64 D_M} + \frac{\rho_\infty V_\infty^2}{64 D_M} \right) [-(1 + \nu)R^2 + (1 + 3\nu)r^2]$$

6.2.2　算例及参数分析

弹性圆平板的材料为低碳钢,弹性模量 $E = 200\text{GPa}$,泊松比 $\nu = 0.3$,半径 $R = 0.5\text{m}$,厚度 $h = 0.001\text{m}$。流体密度 $\rho = \rho_\infty = 1000\text{kg/m}^3$,无穷远处流场压力 $p_\infty = 0$,流场无穷远处速度 $V_\infty = 0.10\text{m/s}$。在上述基本参数下,讨论并比较考虑变形对于流场影响和不考虑变形对于流场影响两种情况的解[6]。

1. 参数对挠度的影响

图 6-14 是不同半径、不同板厚和不同流速时圆板沿着半径的挠度曲线图。从图中可以看出,不论是否考虑圆板变形对于流场的影响,沿着半径方向弹性薄圆板的挠度曲线均呈现半波形,最大挠度均发生在薄板中心 $r = 0$ 处,越接近边界,挠度越小,固定边界处挠度为 0。比较图 6.14(a)和(b)可以看出,考虑变形对于流场影响的挠度比不考虑变形对于流场影响的挠度数值要小,原因是圆板的变形可以削弱一部分流体压力。二者数值相差很小,原因是圆板的变形很小,对于流场的影响几乎可以忽略不计。

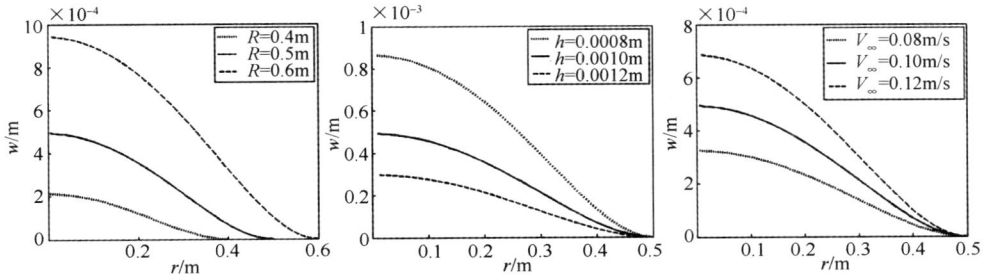

（a）考虑变形对流场的影响

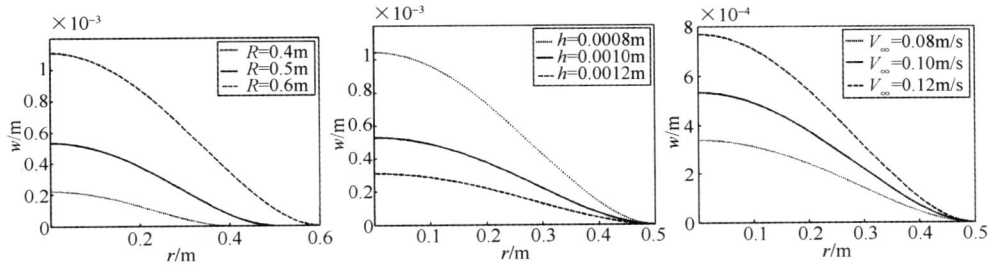

（b）不考虑变形对流场的影响

图 6-14　不同半径、板厚及流速时 w 沿圆板半径的分布曲线

2. 参数对圆板应力的影响

图 6-15 是圆板径向应力分量 σ_r 沿着半径的曲线图。从图中可以看出,圆板中心的 σ_r 值为正,周边的 σ_r 值为负,且周边 σ_r 的绝对值比中心的 σ_r 数值要大。随着半径的增大,σ_r 为 0 的位置数值也增大。当 $R=0.4\text{m}$ 时,σ_r 为 0 的点约为 $r=0.25\text{m}$;当 $R=0.5\text{m}$ 时,约为 $r=0.314\text{m}$;当 $R=0.6\text{m}$ 时,约为 $r=0.38\text{m}$。当 $R=0.5\text{m}$ 不变,其他参数变化时,σ_r 为 0 节点的点是一致的,均为 $r=0.314\text{m}$。圆板中心处,考虑变形对于流场影响的应力 σ_r 的数值比不考虑变形对于流场影响的 σ_r 数值要小,而圆板周边处二者数值相等,原因是周边固定,变形为 0,所以二者没有区别。

当厚度较小和流速较大时,应力分量 σ_r 变化幅度更加明显,随着厚度的增大和流速的减小,应力分量 σ_r 的变化趋于平缓。各种情况下,径向应力为 0 节点的点是一致的,为 $r=0.314\text{m}$ 处。

图 6-16 是圆板环向应力分量 σ_θ 沿着半径的曲线图。

从图中可以看出,圆板中心的 σ_θ 值为正,周边的 σ_θ 值为负,且周边 σ_θ 的绝对值比中心 σ_θ 的数值要小。随着半径的增大。σ_θ 为 0 的位置数值也增大。当 $R=0.4\text{m}$ 时,σ_θ 为 0 的点约为 $r=0.33\text{m}$;当 $R=0.5\text{m}$ 时,约为 $r=0.413\text{m}$;当 $R=0.6\text{m}$ 时,约为 $r=0.49\text{m}$。当 $R=0.5\text{m}$ 不变,其他参数变化时,σ_θ 为 0 节点的点是一致

163

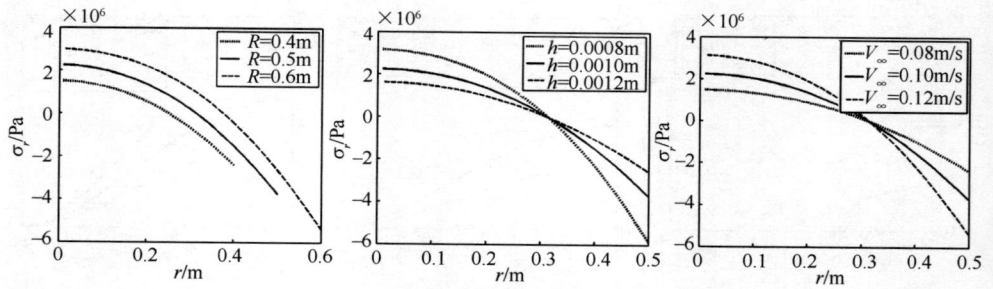

（a）考虑变形对流场的影响

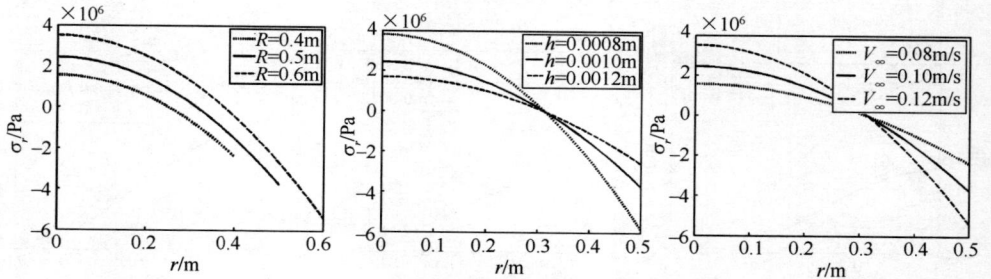

（b）不考虑变形对流场的影响

图 6-15　不同半径、板厚及流速时 σ_r 沿圆板半径的分布曲线

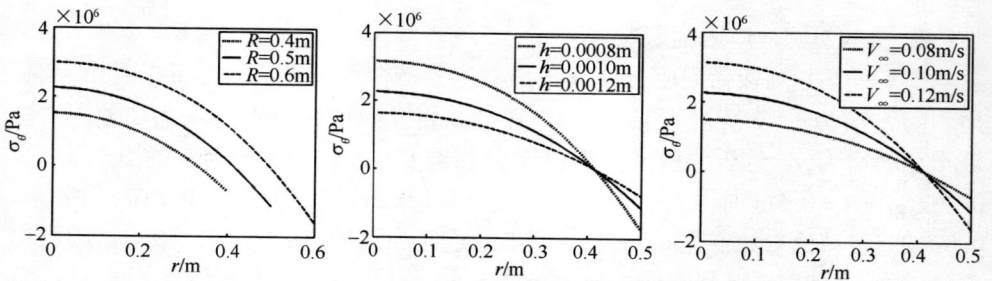

（a）考虑变形对流场的影响

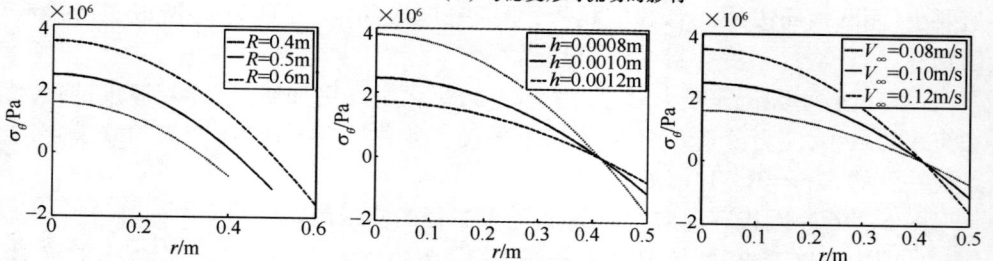

（b）不考虑变形对流场的影响

图 6-16　不同半径、板厚及流速时 σ_θ 沿圆板半径的分布曲线

164

的,均为 $r = 0.413\text{m}$。圆板中心处,考虑变形对于流场影响的应力 σ_θ 的数值比不考虑变形对于流场影响的应力 σ_θ 的数值要小,而圆板周边处二者数值相等,原因是周边固定,变形为 0,所以二者没有区别。圆板中心处 $\sigma_\theta = \sigma_r$。

特别是 σ_θ 为 0 的点比 σ_r 为 0 的点远离圆心位置,径向应力的 0 节点和环向应力的 0 节点不重合,在圆板中不存在零各向同性点。

3. 参数对圆板弯矩的影响

图 6-17 是不同半径、不同板厚和不同流速时圆板弯矩 M_r 沿着半径的分布曲线图。从图中可以看出,圆板中心的 M_r 值为正,周边的 M_r 值为负,并且圆板中心的 M_r 值比周边的 M_r 绝对值小,其他参数不变,只有板厚变化时,弯矩 M_r 变化不明显。考虑变形影响时,数值为负的部分曲线基本重合;不考虑变形影响时,整个曲线基本重合。弯矩 M_r 为 0 的点与应力 σ_r 为 0 的点一致,M_r 与参数的变化规律和 σ_r 与参数的变化规律相同。

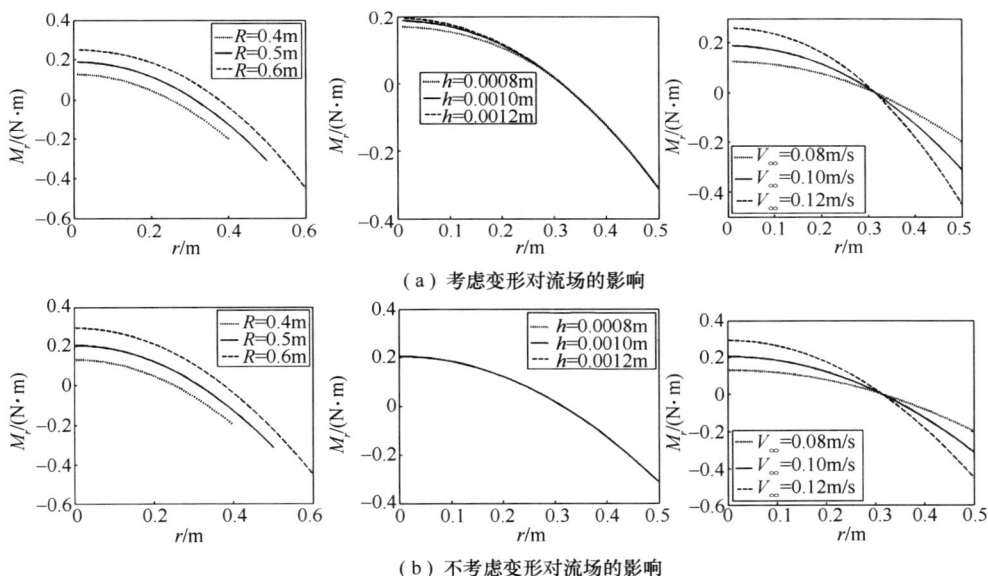

（a）考虑变形对流场的影响

（b）不考虑变形对流场的影响

图 6-17 不同半径、板厚及流速时 M_r 沿圆板半径的分布曲线

图 6-18 是不同半径、不同板厚和不同流速时圆平板弯矩 M_θ 沿着半径的分布曲线图。圆板中心处,$M_r = M_\theta$,边界处 M_r 比 M_θ 明显要大,其他变化规律与 M_r 的基本相同。

6.2.3 数值模拟

取 6.2.2 节基本参数,采用 ANSYS 数值分析软件进行模拟。

（a）考虑变形对流场的影响

（b）不考虑变形对流场的影响

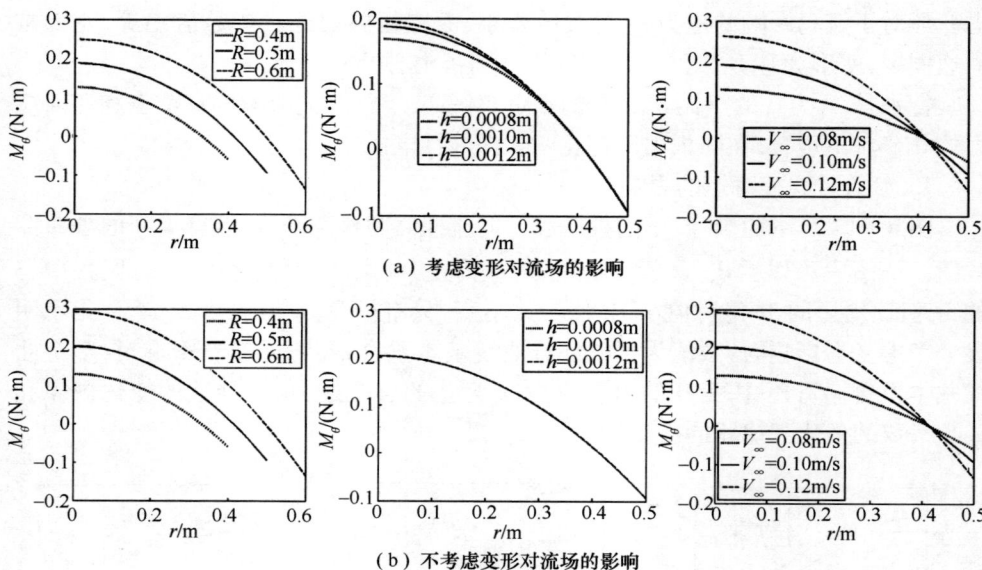

图 6 - 18   不同半径、板厚及流速时 M_θ 沿圆板半径的分布曲线

图 6 - 19 是弹性薄圆板位移等值矢量图。从图中可以看出圆板挠度沿任意一条直径方向上的变化情况，圆板中心处最大位移为 $w_{max} = 4.68 \times 10^{-4}$ m。

图 6 - 20 是弹性薄圆板应力图。圆心处的最大应力值为 $\sigma_r = 2.22$ MPa。

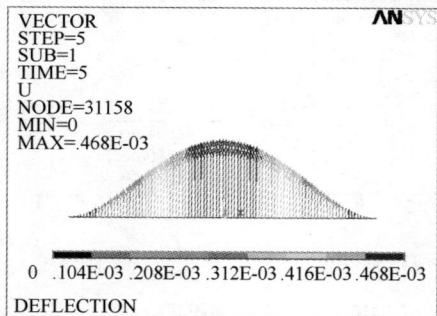

图 6 - 19   圆板位移等值矢量图

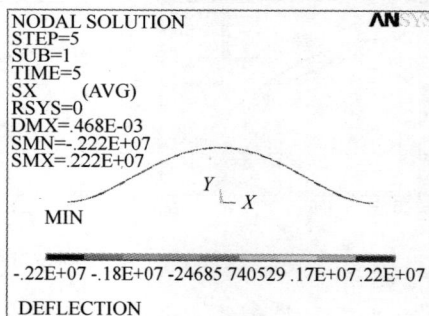

图 6 - 20   圆板应力图

通过比较可知，数值模拟和理论分析的结果基本相符。理论求出弹性圆板最大位移值为 $w_{max} = 4.55 \times 10^{-4}$ m，最大应力值为 $\sigma_r = 2.08$ MPa。数值模拟得出的最大位移值为 $w_{max} = 4.68 \times 10^{-4}$ m，最大应力值为 $\sigma_r = 2.22$ MPa，比理论解稍大，但都在小弯曲变形范围内。二者的挠度误差为 2.86%，应力误差为 6.73%，且沿半径的变化规律一致。误差产生的一个主要原因是由于解析法确认流体为理想流体，

而数值模拟不能模拟理想流体的流固耦合问题，只能采用黏性系数很小的黏性流体所致。

6.3 弹性梁式薄板横向绕流的大变形

关于弹性结构在流体作用下发生变形，特别是发生大变形时，由于问题的非线性，现有的研究结果多为采用有限元等数值方法得出，理论分析结果较少。对梁式薄板与流体的耦合作用进行理论分析，不仅对许多工程问题有实际意义，而且从理论上也是对于流体弹性力学问题的深入。本节应用相容拉格朗日 – 欧拉法，求解弹性悬臂梁式薄板在不可压缩理想流体横向绕流条件下发生大变形时的挠度、面内位移和应力状态，并讨论流速、板的几何尺寸和材料属性对挠度、面内位移和应力的影响。为验证理论解的准确性，采用 ANSYS 软件进行了数值模拟，并将理论解与数值解进行比较。

6.3.1 弹性悬臂梁式薄板大变形的解析解

如图 6 – 21 所示，宽度为 b，厚度为 h 的有限长弹性梁式薄板（$x \gg b$，$-\infty < x < +\infty$，$0 \leqslant y \leqslant b$）。则有

$$\alpha_2 = x_2 = y, \quad \alpha_3 = x_3 = z$$

$$h_2 = h_3 = H_2 = H_3 = 1, \quad k_{11} = k_{22} = k_{33} = 0$$

$$\omega_1 = 0, \quad \omega_2 = \frac{\partial w}{\partial y}, \quad e_{11} = e_{12} = e_{21} = 0, \quad e_{22} = \frac{\partial v}{\partial y}$$

$$E_1 = 0, \quad E_2 = -\frac{\partial w}{\partial y}, \quad E_3 = 1 + \frac{\partial v}{\partial y}$$

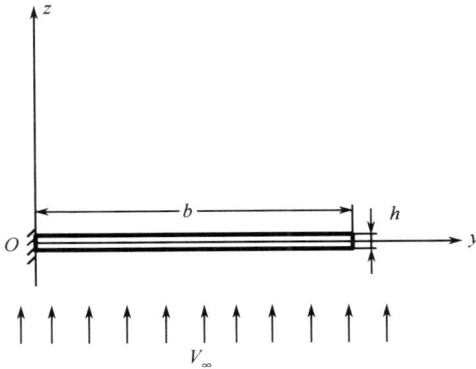

图 6 – 21   悬臂梁式板绕流示意图

悬臂梁式薄板的边界条件为

$$y = 0 \text{ 边固定}: v(y) = w(y) = \frac{\partial w(y)}{\partial y} = 0$$

$$y = b \text{ 边自由}: N_{22}^*(y) = Q_2^*(y) = M_{22}^*(y) = 0$$

式中: v、w 分别为薄板位移矢量在 y 轴和 z 轴的投影; N_{22}^*、Q_2^*、M_{22}^* 分别为薄板变形后作用于中面单位宽度上的轴力、横向剪力和弯矩。

求解在理想不可压缩、连续、定常的横向绕流条件下,弹性梁式薄板发生大变形时的挠度,沿 y 轴方向的位移和弯曲应力。无穷远处($z \rightarrow \pm \infty$)均匀流动流体的压力、密度和速度分别为 p_∞、ρ_∞、V_∞。

对于薄板的变形,认为中面不可延伸,在大变形情况下, $\frac{w}{h} \gg \frac{w}{b}$, $\frac{w}{h} \geqslant 5^{[7]}$,且假定薄板背流面压力不变。在上述指定状态下,流体运动的速度势 φ 满足接触面的运动学条件、动力学条件和式(5 - 1)。则流体速度矢量在 y 轴和 z 轴的投影分量分别为

$$v_2 = \frac{\partial \varphi}{\partial y}, \qquad v_3 = \frac{\partial \varphi}{\partial z}$$

无限远处的条件为式(6 - 1)。

接触面的运动学条件为[8]

$$\frac{\partial w}{\partial y}\left(\frac{\partial \varphi}{\partial y} + v \frac{\partial^2 \varphi}{\partial y^2} + w \frac{\partial^2 \varphi}{\partial y \partial z} \right) - \left(1 + \frac{\partial v}{\partial y} \right)\left(\frac{\partial \varphi}{\partial z} + w \frac{\partial^2 \varphi}{\partial z^2} + v \frac{\partial^2 \varphi}{\partial z \partial y} \right) - \frac{w^2}{2} \frac{\partial \varphi^3}{\partial z^3} = 0$$

$$(6 - 20)$$

接触面的动力学条件为[6]

$$Z_2^* = 0, \; Z_3^* = p + v \frac{\partial p}{\partial y} + w \frac{\partial p}{\partial z} + \frac{w^2}{2} \frac{\partial^2 p}{\partial z^2} \qquad (6 - 21)$$

式中: Z_i^* ($i = 2,3$)分别为流体压力在 y 轴和 z 轴上的投影。

非线性方程式(6 - 20)和式(6 - 21)与小变形的接触面运动学条件和动力学条件比较,形式更复杂,并且含有 y 轴方向的位移分量 v,增加了求解的难度。

悬臂薄板大变形的平衡方程为

$$\frac{\partial N_{22}^*}{\partial y} + \kappa_{22} Q_2^* = 0, \quad \frac{\partial Q_2^*}{\partial y} - \kappa_{22} N_{22}^* = -Z_3^*, \quad \frac{\partial M_{22}^*}{\partial y} - Q_2^* = 0 \quad (6 - 22)$$

式中: κ_{22} 为曲率改变量。

力矩和曲率的改变量满足关系式 $M_{22}^* = D_M \kappa_{22}$,将其代入到式(6 - 22)并考虑边界条件,可得

$$Q_2^* = D_M \frac{\partial \kappa_{22}}{\partial y}, \quad N_{22}^* = -D_M \frac{\kappa_{22}^2}{2}, \quad \frac{\partial^2 \kappa_{22}}{\partial y^2} + \frac{\kappa_{22}^3}{2} = -\frac{Z_3^*}{D_M} \quad (6 - 23)$$

曲率改变量的表达式为

168

$$\kappa_{22} = -E_2 \frac{\partial e_{22}}{\partial y} - E_3 \frac{\partial \omega_2}{\partial y} = \frac{\partial w}{\partial y} \frac{\partial^2 v}{\partial y^2} - \left(1 + \frac{\partial v}{\partial y}\right) \frac{\partial}{\partial y} \left(\frac{\partial w}{\partial y}\right) = -\frac{\partial^2 w}{\partial y^2} + \frac{\partial^2 v}{\partial y^2} \frac{\partial w}{\partial y} - \frac{\partial v}{\partial y} \frac{\partial^2 w}{\partial y^2}$$

$$(6-24)$$

由于薄板的中面相对伸长量为零,则有

$$\varepsilon_{22} = \frac{\partial v}{\partial y} + \frac{1}{2}\left(\frac{\partial v}{\partial y}\right)^2 + \frac{1}{2}\left(\frac{\partial w}{\partial y}\right)^2 = 0$$

由此得出

$$\frac{\partial v}{\partial y} = -\frac{1}{2}\left(\frac{\partial v}{\partial y}\right)^2 - \frac{1}{2}\left(\frac{\partial w}{\partial y}\right)^2$$

进一步整理上式,将 $\frac{\partial v}{\partial y}$ 的表达式代入自身,得到

$$\frac{\partial v}{\partial y} = -\frac{1}{2}\left\{\frac{1}{4}\left[\left(\frac{\partial v}{\partial y}\right)^4 + \left(\frac{\partial w}{\partial y}\right)^4 + 2\left(\frac{\partial v}{\partial y}\right)^2\left(\frac{\partial w}{\partial y}\right)^2\right]^2 + \left(\frac{\partial w}{\partial y}\right)^2\right\}$$

舍掉较小量 $\frac{\partial v}{\partial y}$ 的高次项后只留下含有 w 的项,这样

$$\frac{\partial v}{\partial y} = -\frac{1}{2}\left(\frac{\partial w}{\partial y}\right)^2\left[1 + \frac{1}{4}\left(\frac{\partial w}{\partial y}\right)^2\right] \qquad (6-25)$$

将式(6-25)代入到式(6-24),得到

$$\kappa_{22} = -\frac{\partial^2 w}{\partial y^2} - \frac{1}{2}\left(\frac{\partial w}{\partial y}\right)^2\frac{\partial^2 w}{\partial y^2} - \frac{3}{8}\left(\frac{\partial w}{\partial y}\right)^4\frac{\partial^2 w}{\partial y^2}$$

$\frac{\partial w}{\partial y}$ 的高次项为较小量,舍掉后得到

$$\kappa_{22} = -\frac{\partial^2 w}{\partial y^2}\left[1 + \frac{1}{2}\left(\frac{\partial w}{\partial y}\right)^2\right] \qquad (6-26)$$

这样,y 轴方向的位移 v 和曲率改变量 κ_{22} 均用挠度 w 表示。将式(6-26)代入到式(6-23)的第二式,得

$$N_{22}^* = -\frac{D_M}{2}\left(\frac{\partial^2 w}{\partial y^2}\right)^2\left[1 + \left(\frac{\partial w}{\partial y}\right)^2 + \frac{1}{4}\left(\frac{\partial w}{\partial y}\right)^4\right]$$

舍掉 $\frac{\partial w}{\partial y}$ 的高次项后得到

$$N_{22}^* = -\frac{D_M}{2}\left(\frac{\partial^2 w}{\partial y^2}\right)^2\left[1 + \left(\frac{\partial w}{\partial y}\right)^2\right]$$

将式(6-26)代入到式(6-23)的第一式,得

$$Q_2^* = -D_M\frac{\partial}{\partial y}\left\{\frac{\partial^2 w}{\partial y^2}\left[1 + \frac{1}{2}\left(\frac{\partial w}{\partial y}\right)^2\right]\right\}$$

将式(6-21)和式(6-26)代入到式(6-23)的第三式,得

$$\frac{\partial^4 w}{\partial y^4} + \frac{1}{2}\frac{\partial^2}{\partial y^2}\left[\frac{\partial^2 w}{\partial y^2}\left(\frac{\partial w}{\partial y}\right)^2\right] + \frac{1}{2}\left(\frac{\partial^2 w}{\partial y^2}\right)^3 = \frac{1}{D_M}\left(p + v\frac{\partial p}{\partial y} + w\frac{\partial p}{\partial z} + \frac{w^2}{2}\frac{\partial^2 p}{\partial z^2}\right)$$

$$(6-27)$$

此式即为横向绕流条件下弹性悬臂梁式薄板发生大弯曲变形时的平衡方程。

作为满足边界条件的函数,可取

$$w = \frac{A}{60b^4}(20b^3 y^2 - 10b^2 y^3 + y^5)$$

$$(6-28)$$

式中:A 为无量纲待定常数。

将式(6-28)代入到式(6-25)并积分,有

$$v = -\frac{A^2}{288b^8}\left(\frac{64}{3}b^6 y^3 + \frac{36}{5}b^4 y^5 - 24b^5 y^4 + \frac{8}{3}b^3 y^6 - \frac{12}{7}b^2 y^7\right) -$$

$$\frac{A^4}{165888\,b^{16}}\left(-368b^8 y^9 - 608b^9 y^8 + \frac{13824}{7}b^{10}y^7 - 2048b^{11}y^6 + \frac{4096}{5}b^{12}y^5\right)$$

$$(6-29)$$

为满足无限远处条件式(6-1),设 φ 的表达式如下

$$\varphi = V_\infty z + B\cos\frac{\pi y}{b}e^{-\frac{\pi z}{b}}$$

$$(6-30)$$

式中:B 为无量纲待定常数。由式(5-1)的第二式得

$$p = p_\infty + \frac{1}{2}\rho_\infty B\frac{\pi}{b}\left[2V_\infty\cos\frac{\pi y}{b}e^{-\frac{\pi z}{b}} - B\frac{\pi}{b}e^{-\frac{2\pi z}{b}}\right]$$

$$(6-31)$$

将式(6-28)、式(6-29)、式(6-30)和式(6-31)代入到式(6-20)和式(6-27),在$[0,b]$区间积分,得出关于参数 A 和 B 的方程组

$$0.0255\frac{A^3}{b^2} + bA = \frac{1}{D_M}\left[p_\infty b + AB\rho_\infty V_\infty e^{\frac{\pi h}{2b}}(0.0355 - 0.0207b)\right]$$

$$-0.0002ABe^{\frac{\pi h}{2b}} + 0.1463A^2 Be^{\frac{\pi h}{2b}} + 0.4493A^3 Be^{\frac{\pi h}{2b}} + V_\infty b(0.019A^2 - 1) = 0$$

$$(6-32)$$

当流体和弹性薄板的相关参数给定后,式(6-32)是一个关于 A 和 B 的非线性方程组,可采用数值方法求解。这样,挠度 w 以及沿板长方向位移 v 的表达式被完全确定了。

取 $z = -h/2$,薄板表面的应力分量

$$\sigma_y = -\frac{Ez}{1-\nu^2}\left(\frac{\partial^2 w}{\partial y^2} + \nu\frac{\partial^2 w}{\partial z^2}\right) = \frac{Eh}{2(1-\nu^2)}\frac{A}{3b^4}(2b^3 - 3b^2 y + y^3)$$

$$(6-33)$$

6.3.2 算例及参数分析

若梁式薄板材料不同,其弹性常数分别为低碳钢:弹性模量 $E = 200\text{GPa}$,泊松

170

比 $\nu = 0.3$；铜：弹性模量 $E = 100\text{GPa}$，泊松比 $\nu = 0.33$；铝：弹性模量 $E = 70\text{GPa}$，泊松比 $\nu = 0.33$。基本参数为：板宽 $b = 0.8\text{m}$，板厚 $h = 0.001\text{m}$，无穷远处流体的密度 $\rho_\infty = 1000\text{kg/m}^3$，压力 $p_\infty = 0$，速度 $V_\infty = 0.06\text{m/s}$。选用以上基本参数进行算例分析。

1. 挠度 w 的计算

将参数 A 的值代入到式(6-28)中，即可计算出挠度 w。

图6-22～图6-25是不同几何尺寸、不同流速和不同材料的情况下，弹性悬臂梁式薄板的挠度 w 沿 y 轴的变化曲线。由图可知，当流体以恒速运动绕流悬臂梁式薄板时，挠度 w 由固定端沿 y 轴方向单调递增，且越远离固定端，其挠度曲线的梯度越大。梁式板的板宽、板厚、材料的弹性模量和流体的速度等参数对板的挠度影响均很明显。

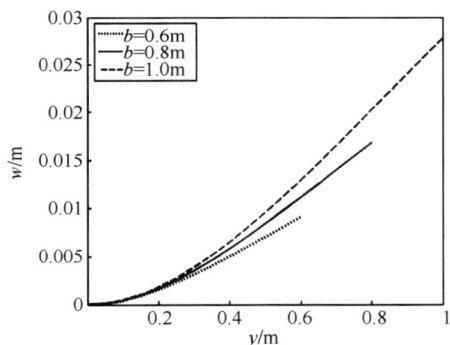

图6-22 不同板宽的挠度曲线

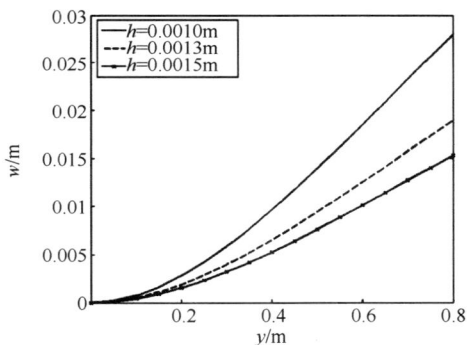

图6-23 不同板厚的挠度曲线

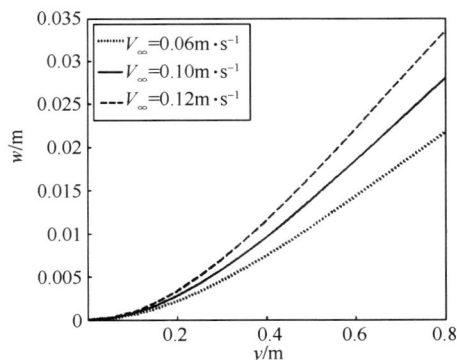

图6-24 不同流速的挠度曲线

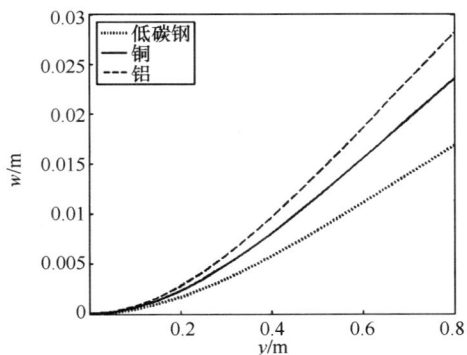

图6-25 不同材料的挠度曲线

2. 沿 y 轴方向位移 v 的计算

将参数 A 的值代入到式(6-29)，即可计算出沿 y 轴方向位移 v。

图 6 - 26 ~ 图 6 - 29 是不同流速、不同几何尺寸和不同材料的弹性悬臂梁式薄板沿 y 轴方向的位移 v 沿 y 轴的变化曲线。由图可知,当流体以恒速运动绕流悬臂梁式薄板时,v 沿 y 轴单调变化,其数值为负,v 的绝对值由固定端沿 y 轴单调递增,且越远离固定端,沿 y 轴方向位移 v 的梯度也越大。位移 v 的绝对值随弹性梁式板板宽的增加、板厚的减小、弹性模量的减小和流体速度的增加而增大,且参数的影响均很明显。

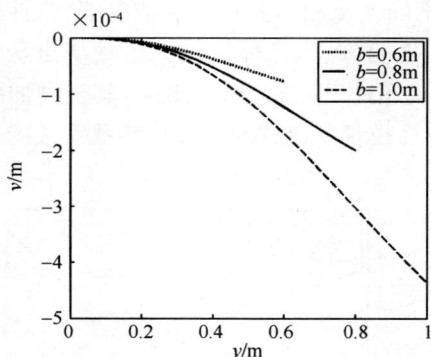

图 6 - 26 不同板宽的位移 v 曲线

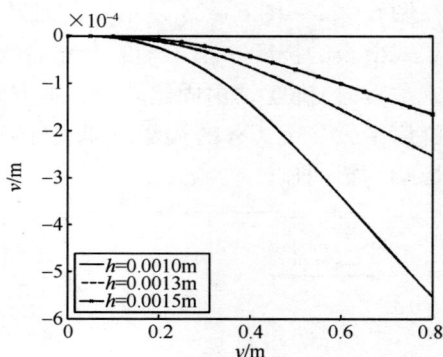

图 6 - 27 不同板厚的位移 v 曲线

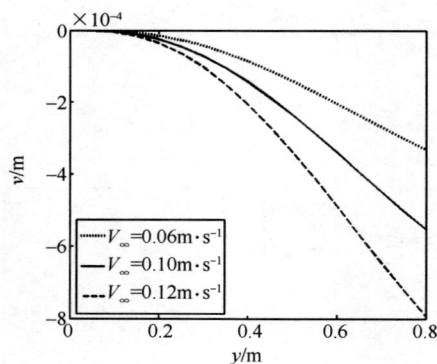

图 6 - 28 不同流速的位移 v 曲线

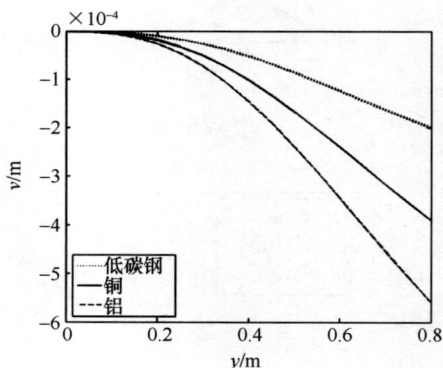

图 6 - 29 不同材料的位移 v 曲线

3. 弯曲应力 σ_y 的计算

将参数 A 的值代入到式(6 - 33),即可计算出弯曲应力 σ_y。

图 6 - 30 ~ 图 6 - 33 是不同几何尺寸、不同流速和不同材料弹性悬臂梁式薄板的弯曲应力 σ_y 沿 y 轴的变化曲线。由图可知,当流体以恒速运动绕流悬臂长薄板时,σ_y 的数值由固定端沿 y 轴单调递减至零。越临近固定端,弯曲应力 σ_y 曲线的梯度越大,越接近自由端梯度越小,接近于零。

172

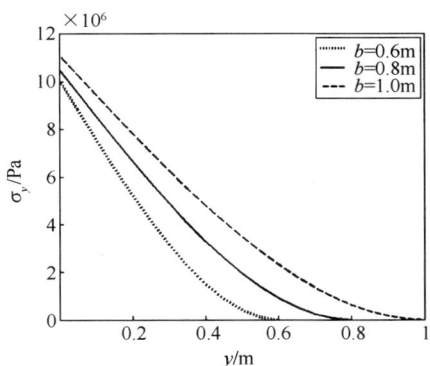

图 6-30　不同板宽的 σ_y 曲线

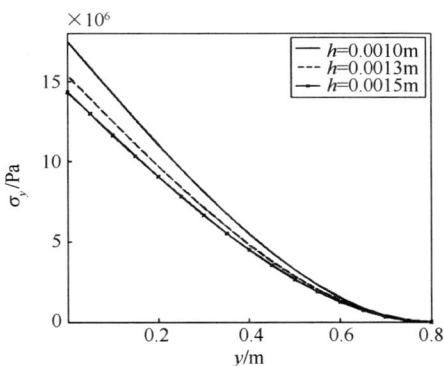

图 6-31　不同板厚的 σ_y 曲线

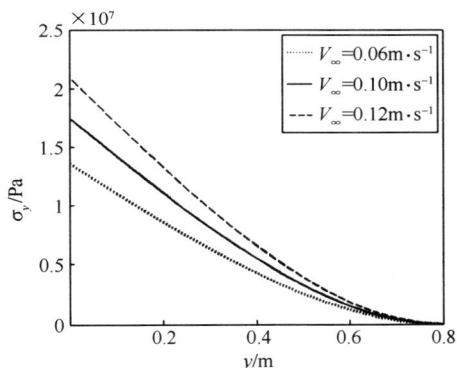

图 6-32　不同流速的 σ_y 曲线

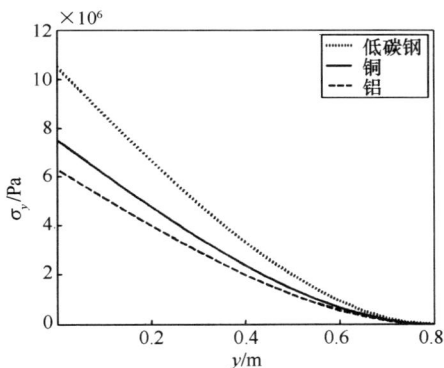

图 6-33　不同材料的 σ_y 曲线

综上所述,流体的速度、薄板的几何尺寸和材料属性对弹性梁式薄板的挠度、沿 y 轴方向的位移 v 和弯曲应力 σ_y 的影响都很明显。

6.3.3　数值模拟

为验证理论分析的正确性,采用 ANSYS 软件进行数值模拟。弹性薄板的材料为低碳钢,取 $b = 0.8\,\mathrm{m}$,$V_\infty = 0.06\,\mathrm{m/s}$,$h = 0.001\,\mathrm{m}$,选择多物理场 Multiphysics 模块,自动划分单元。

图 6-34 是悬臂梁式薄板的位移等值矢量图。从图中可以看出,数值模拟的自由端最大挠度值为 $0.01605\,\mathrm{m}$,而理论求得的最大挠度值为 $0.01684\,\mathrm{m}$,二者误差为 4.7%。

图 6-35 是悬臂梁式薄板的弯曲应力 σ_y 的分布图。从图中可以看出,数值模拟的最大弯曲应力值为 $1.03 \times 10^7\,\mathrm{Pa}$,而理论求得的最大弯曲应力值为 $1.05 \times 10^7\,\mathrm{Pa}$,二

者误差为 1.9% 。

通过比较可知,数值模拟和理论分析的结果基本相符,数值上存在一定的偏差,是由于二者在处理问题的思想、模型建立以及求解模型的方法等均有差别导致的,另外数值模拟只能处理小黏滞系数流体作用下的薄板变形,而理论分析模型是在理想流动状态下建立的。

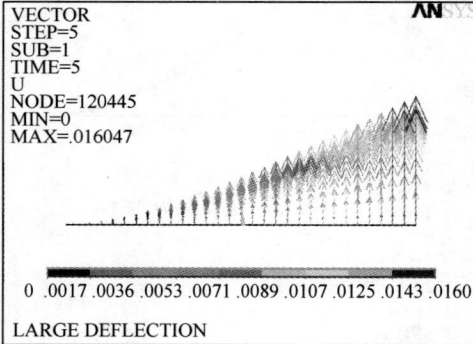

图 6-34 位移等值矢量图

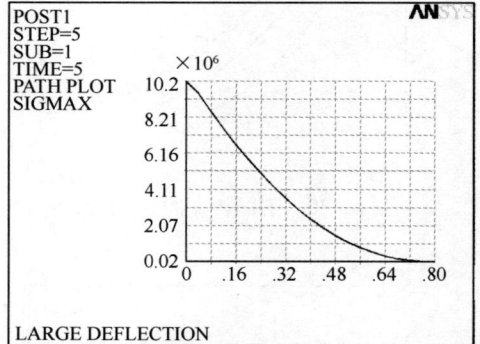

图 6-35 应力图

本章 6.1 节与 6.3 节分别研究了梁式薄板在简支和悬臂约束条件下且受到横向绕流作用的变形与应力状态,并进行了分析。同样变换梁式薄板的约束条件,例如两端固支的约束情况下,仍然可以采用相容拉格朗日-欧拉法来求解。读者可参阅参考文献[6]、[8]以及其他相关的文献资料。

参 考 文 献

[1] Hao Yajuan, Bai Xiangzhong, Bo Xiaohua. Deformation of an elastic thin plate in lateral flow of fluid by using of ULE method[c]. Second International Conference on Innovative Computing, Information and Control, September 5-7, 2007, Kumamoto, Japan.

[2] 上海交通大学船舶制造系. 流体力学[M]. 北京:科学教育出版社,1961:134-139.

[3] 吴连元,板壳理论[M]. 上海:上海交通大学出版社,1989:11-14.

[4] 寿楠椿. 弹性薄板弯曲[M]. 北京:高等教育出版社,1986:88.

[5] 徐芝纶. 弹性力学(第三版)[M]. 北京:高等教育出版社,1990:216-284,31-37,5-29.

[6] 郝亚娟. 弹性薄板与流体耦合作用的力学分析[D]. 秦皇岛:燕山大学,2009.

[7] 白象忠,田振国. 板壳磁弹性力学基础[M]. 北京:科学出版社,2006.

[8] 郝亚娟,白象忠. ULE 法求解横向绕流条件下固支弹性薄板[J]. 工程力学,2009,26(11):17-22.

第7章 相容拉格朗日－欧拉法
求解渗透壳的变形

本章求解可渗透圆柱壳和球壳的绕流问题。针对可渗透圆柱壳,忽略可渗透孔隙对弹性壳体的弯曲刚度和腔内微流动的影响,应用相容拉格朗日－欧拉法建立带孔圆柱壳在理想流体绕流时的流固耦合基本方程;针对可渗透球壳,在小雷诺数前提下建立流固耦合基本方程,采用摄动法求解流函数,并进一步给出内力和位移解。

7.1 可渗透圆柱壳流固耦合分析

图7-1为一可渗透圆柱体的横向绕流示意图,已知流体在无限远处的压力、密度和速度分别为p_∞,ρ_∞,V_∞;采用柱坐标系(z,θ,r);假定壳体的内部压力p_0保持不变,并利用中面不可拉伸的假设[1]。

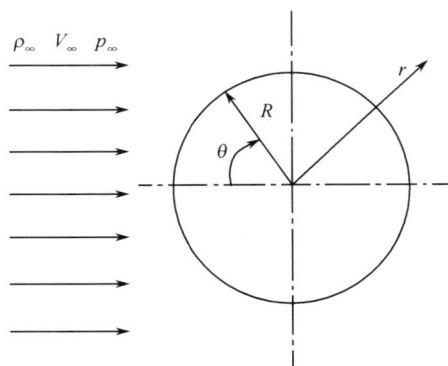

图7-1 流体绕渗透圆柱壳横向流动

在定常流状态下,不可压缩理想流体的速度势函数φ满足式(5-1)及式(5-52)。接触面运动学条件为式(5-3),动力学条件为式(5-4)。

7.1.1 不考虑中性面曲率改变时的关系式

由式(3-11),在柱坐标系下,有$e_{22}=e_{\theta\theta}=(\partial v/\partial\theta+w)/R$。根据中面不可拉

175

伸性条件（即 $e_{\theta\theta}=0$），有 $\partial v/\partial\theta = -w$。当小变形的情况下，渗透壳与流体的运动接触条件和动力接触条件可简化为

$$\frac{\partial w}{\partial t} = \frac{\partial\varphi}{\partial r} - \frac{1}{r^2}\frac{\partial w}{\partial\theta}\frac{\partial\varphi}{\partial\theta} + w\frac{\partial^2\varphi}{\partial r^2} + \frac{v}{r}\frac{\partial^2\varphi}{\partial r\partial\theta}, Z_\theta = 0, \ Z_r = p_0 - p - w\frac{\partial p}{\partial r} - \frac{v}{r}\frac{\partial p}{\partial\theta} \quad (r = R)$$

壳的运动方程为

$$\frac{\partial N_{\theta\theta}}{R\partial\theta} + \frac{Q_\theta}{R} = \rho h\frac{\partial^2 v}{\partial t^2} - Z_\theta, \quad \frac{\partial Q_\theta}{R\partial\theta} - \frac{N_{\theta\theta}}{R} = \rho h\frac{\partial^2 w}{\partial t^2} - Z_r, \quad \frac{\partial M_{\theta\theta}}{\partial\theta} - RQ_\theta = 0$$

将式 $M_{\theta\theta} = \frac{D_M}{R^2}\left(\frac{\partial v}{\partial\theta} - \frac{\partial^2 w}{\partial\theta^2}\right)$ 代入上述方程后，消去运动方程中的 $Q_\theta, N_{\theta\theta}$，可得到确定壳体法向位移的方程式

$$\frac{D_M}{R^4}\left(\frac{\partial^6 w}{\partial\theta^6} + 2\frac{\partial^4 w}{\partial\theta^4} + \frac{\partial^2 w}{\partial\theta^2}\right) + \rho h\frac{\partial^2}{\partial t^2}\left(\frac{\partial^2 w}{\partial\theta^2} - w\right) = \frac{\partial^2 Z_r}{\partial\theta^2}$$

设式（5-10）成立。对于 φ_1, p_1 和 φ_2, p_2, w 满足方程式（5-57）和式（5-12）~式（5-15）。φ_1, p_1 的表达式为式（5-61）和式（5-17），式中 ρ 为壳体密度。同样设 φ_1, p_1 为外部流动对刚性圆柱（$w\equiv 0$）的流体速度势和压力；φ_2, p_2 为由于圆柱体变形产生的相对应扰动，于是也有 $\varphi = \varphi_1 + \varphi_2, p = p_1 + p_2$。对于小变形情况 φ_1, p_1 满足式（5-1）、式（5-52），即

$$\boldsymbol{\nabla}^2\varphi_1 = 0, \quad p_1 = p_\infty + \frac{\rho}{z}\left[v_\infty^2 - (\boldsymbol{\nabla}\varphi_1)^2\right],$$

$$\frac{\partial\varphi_1}{\partial r} = 0 \ (r = R), \quad \varphi_1 = -V_\infty r\cos\theta \quad (r\to\infty)$$

关于 φ_2, p_2 和 w，有

$$\boldsymbol{\nabla}^2\varphi_2 = 0, \quad p_2 = -\rho_\infty\left(\frac{\partial\varphi_1}{\partial r}\frac{\partial\varphi_2}{\partial r} + \frac{1}{r^2}\frac{\partial\varphi_1}{\partial\theta}\frac{\partial\varphi_2}{\partial\theta}\right), \quad \frac{\partial\varphi_2}{\partial r} = \frac{1}{r^2}\frac{\partial w}{\partial\theta}\frac{\partial\varphi_1}{\partial\theta} - w\frac{\partial^2\varphi_1}{\partial r^2},$$

$$\frac{\partial^6 w}{\partial\theta^6} + 2\frac{\partial^4 w}{\partial\theta^4} + \frac{\partial^2 w}{\partial\theta^2} = \frac{R^4}{D_M}\frac{\partial^2}{\partial\theta^2}\left[p_0 - p_1 - p_2 - w\frac{\partial p_1}{\partial r} + \left(\int w\mathrm{d}\theta\right)\frac{\partial p_1}{r\partial\theta}\right] \quad (r = R),$$

$$\varphi_2 = 0 \quad (r\to\infty)$$

由问题的特性，采用三角级数来寻找 φ_1 的解，故设

$$\varphi_1 = \sum_{n=0}^{N}\varPhi_n\cos n\theta$$

式中：$\varPhi_n$ 为级数第 n 项幅值。由式（5-1）的第一式得 $\dfrac{\mathrm{d}^2\varPhi_n}{\mathrm{d}r^2} + \dfrac{1}{r}\dfrac{\mathrm{d}\varPhi_n}{\mathrm{d}r} - \dfrac{n^2}{r^2}\varPhi_n = 0$，将其解带入上式得

$$\varphi_1 = A_0\ln r + B_0 + \sum_{n=1}^{N}(A_n r^{-n} + B_0 r^n)\cos n\theta$$

176

并注意到边界条件,可以确定 $A_0 = B_0 = 0$,$A_1 = B_1 R^2$,$B_1 = -V_\infty$,$A_n = B_n = 0$,得到整个域内 φ_1,p_1 的表达式为

$$\varphi_1 = -V_\infty \left(r + \frac{R^2}{r} \right) \cos\theta, \quad p_1 = p_\infty - \frac{\rho_\infty V_\infty^2}{2} \left(\frac{R}{r} \right)^2 \left(\frac{R^2}{r^2} - 2\cos 2\theta \right)$$

对于 w 的解也采用偶函数三角级数形式 $w = \sum\limits_{n=0}^{N} W_n \cos n\theta$ 来寻找,式中 W_n 为第 n 项幅值。将 w 与 φ_1 的表达式代入到式(5 − 14)中,可得到 φ_2,p_2 的表达式

$$\varphi_2 = -V_\infty \sum \left(\frac{R}{r} \right)^n (W_{n+1} - W_{n-1}) \cos n\theta$$

$$p_2 = \frac{\rho_\infty V_\infty^2}{R} \sum_{n=1}^{\backslash} n(W_{n+1} - W_{n-1}) \left[\cos(n-1)\theta - \cos(n+1)\theta \right]$$

7.1.2 考虑中性面曲率改变时的关系式

1. 内力和位移方程的建立

不可拉伸带孔的圆柱壳弯曲方程可以用函数 $U_r = R/R^{*}$ [2] 表达,其中 R 与 R^{*} 分别为变形前后的曲率半径。弯矩和曲率之间的关系为式(5 − 38),即

$$M_{\theta\theta} = D_M \kappa_{\theta\theta} = \frac{D_M}{R} \left(\frac{R}{R^{*}} - 1 \right) = \frac{D_M}{R} (U_r - 1)$$

由方程式(3 − 42)和式(3 − 44)得壳体的内力方程式(5 − 25)

$$\frac{\partial N_{\theta\theta}}{\partial \theta} + U_r Q_\theta = 0, \quad \frac{\partial Q_\theta}{\partial \theta} - U_r N_{\theta\theta} + R Z_r^{*} = 0, \quad \frac{\partial M_{\theta\theta}}{\partial \theta} - R Q_\theta = 0$$

由式(5 − 38)和式(5 − 25)消去 $M_{\theta\theta}$,Q_θ,$N_{\theta\theta}$,再积分有

$$\frac{\partial^2 U_r}{\partial \theta^2} + \frac{1}{2} U_r^3 + C U_r = \frac{R^3}{D_M} \left(p_0 - p - w \frac{\partial p}{\partial r} - \frac{v}{r} \frac{\partial p}{\partial \theta} \right) \quad (r = R) \qquad (7 - 1)$$

式中:积分常数 C 为

$$C = -\frac{1}{4\pi} \int_0^{2\pi} U_r^3 \mathrm{d}\theta - \frac{R^3}{2\pi D_M} \int_0^{2\pi} \left(p_0 - p - w \frac{\partial p}{\partial r} - \frac{v}{r} \frac{\partial p}{\partial \theta} \right) \mathrm{d}\theta$$

根据无量纲曲率表达式 $U_r = 1 + R\kappa_{\theta\theta}$,由式(3 − 14)和式(3 − 15)得到式(5 − 41)。

依据中面不可拉伸的条件,式(7 − 1)和式(5 − 41),同时考虑式(5 − 10)中的关系式:$p = p_1 + p_2$,$\varphi = \varphi_1 + \varphi_2$。舍去式中的高阶项 $\dfrac{v}{r}\dfrac{\partial p}{\partial \theta}$ 后,可得到下述方程,即

$$\frac{\partial^4 w}{\partial \theta^4} + 2 \frac{\partial^2 w}{\partial \theta^2} + w - \frac{R}{2\pi R} \left(\frac{\partial^2 w}{\partial \theta^2} + w \right) \int_0^{2\pi} (p_0 - p_1) \mathrm{d}\theta$$

$$= \frac{R^4}{D_M} \left[p_0 - p_1 - p_2 - w\frac{\partial p_1}{\partial r} - \frac{1}{2\pi}\int_0^{2\pi} \left(p_0 - p_1 - p_2 - w\frac{\partial p_1}{\partial r} \right) \mathrm{d}\theta \right] \quad (r = R)$$

$$(7-2)$$

2. 方程的求解

式(7-2)中 p_1 由式(5-17)确定。在有孔分布的情况下,假定壳体内部压力为常值, p_0 可在壳体的迎流点($\theta = 0$)处确定

$$p_0 = p_{1(\theta=0)} = p_\infty + \rho_\infty V_\infty^2/2 \tag{7-3}$$

将式(5-17)、式(5-20)和式(7-3)代入式(7-2),考虑到下面位移导数关系

$$w = \sum_{n=0}^{N} W_n\cos n\theta, \quad w' = -\sum_{n=0}^{N} nW_n\sin n\theta, \quad w'' = -\sum_{n=0}^{N} n^2 W_n\cos n\theta,$$

$$w^{(3)} = \sum_{n=0}^{N} n^3 W_n\sin n\theta, \quad w^{(4)} = \sum_{n=0}^{N} n^4 W_n\cos n\theta$$

以及压力关系式(7-3)、式(5-20)和

$$\int_0^{2\pi} (p_0 - p_1)\mathrm{d}\theta = 2\pi\rho_\infty V_\infty^2, \qquad \left.\frac{\partial p_1}{\partial r}\right|_{r=R} = \frac{2\rho_\infty V_\infty^2}{R}(1 - \cos 2\theta)$$

得

$$\sum_{n=1}^{N} n^4 W_n\cos n\theta - 2\sum_{n=1}^{N} n^2 W_n\cos n\theta + \sum_{n=1}^{N} W_n\cos n\theta +$$

$$\frac{R^3}{2\pi D_M}\left(-\sum_{n=1}^{N} n^2 W_n\cos n\theta + \sum_{n=1}^{N} W_n\cos n\theta \right)$$

$$= \frac{R^4}{D_M}\left\{ \rho_\infty^2 V_\infty^2(1 - \cos 2\theta) - \sum_{n=1}^{N} W_n\cos n\theta \cdot \frac{2\rho_\infty V_\infty^2}{R}(1 - \cos 2\theta) - \right.$$

$$\left. \frac{\rho_\infty V_\infty^2}{R}\sum_{n=1}^{N} n(W_{n+1} - W_{n-1})[\cos(n-1)\theta - \cos(n+1)\theta] \right\}$$

化简得

$$\sum_{n=1}^{N} n^4 W_n\cos\theta - 2\sum_{n=1}^{N} n^2 W_n\cos\theta + \sum_{n=1}^{N} W_n\cos\theta - 2\mu_0\sum_{n=1}^{N} (1 - n^2)W_n\cos\theta$$

$$= \mu_0\left\{ -2R\cos 2\theta - 2\sum_{n=1}^{N} n(W_{n+1} - W_{n-1})[\cos(n-1)\theta - \cos(n+1)\theta] - \right.$$

$$\left. \sum_{n=1}^{N} W_n\cos n\theta \cdot 4(1 - \cos 2\theta) \right\} \tag{7-4}$$

式中: $\mu_0 = \dfrac{\rho_\infty V_\infty^2 R^3}{2D_M}$ 为流体弹性参数。由于 $\cos 2\theta$ 项是主要项,因此通过比较式(7-4)系数得

178

$$W_2 = \frac{2\mu_0 R}{10\mu_0 - 9 - \dfrac{24\mu_0^2}{32\mu_0 - 255}}$$

则

$$w = W_2 \cos 2\theta = \frac{2\mu_0 R}{10\mu_0 - 9 - \dfrac{24\mu_0^2}{32\mu_0 - 255}} \cos 2\theta \qquad (7-5)$$

根据式(7-5)编程分析得参数 μ_0 临界值为 1.1，即当 $\mu_0 \leq 1.1$ 时，才有稳定解。

3. 引入渗透关系对 W_2 进行修正

为了保持问题的对称性，所开的孔都相同且均匀分布。当孔的直径与间隙比 $d/l \leq 0.2$，$D_M^* / D_M \geq 0.9$ （D_M^* 为圆柱的折算刚度，D_M 为原圆柱的刚度）时，将在此基础上忽略孔对原圆柱壳整体刚度的影响[3]。另外，渗透速度与压力差 $p - p_0$、流体的密度、壳体的孔及变形等因素有关，利用关系式[4]

$$p_1 - p_0 = aV_3^* + bV_3^{*2}, \qquad V_3^* = \alpha(p_1 - p_0)^\beta \qquad (M^*)$$

式中：a, b, α, β 都是试验系数；V_3^* 为壳体变形后的法向流速。且 $\beta = 1$（为线性状态）时有

$$V_3^* = \alpha_A(p_1 - p_0) \ (\theta = 0), \qquad V_3^* = \alpha_B(p_1 - p_0) \ (\theta = \pi/2 \text{、} 3\pi/2) \qquad (7-6)$$

根据质量守恒，再考虑到式(7-6)得到[5]

$$p_0 = \frac{\alpha_A p_{1(\theta=0)} + 2\alpha_B p_{1(\theta=\pi/2)}}{\alpha_A + 2\alpha_B}$$

式中：α_A, α_B 分别为 $\theta = 0$ 与 $\theta = \pi/2$、$3\pi/2$ 时的渗透参数。将式(5-17)代入上式，得出描绘壳内部压力的表达式

$$p_0 = p_\infty + \frac{\alpha \rho_\infty V_\infty^2}{2}, \qquad \alpha = \frac{\alpha_A - 6\alpha_B}{\alpha_A + 2\alpha_B} \qquad (7-7)$$

将式(5-17)、式(5-20)、式(7-7)和式(5-18)代入到式(7-2)得到修正后的 W_2 为

$$W_2 = \frac{-2\mu_0 R}{9 - \mu_0(1 - 3\alpha) - \dfrac{16\mu_0^2}{225 + \mu_0(15\alpha + 13)}}$$

则

$$w = W_2 \cos 2\theta \qquad (7-8)$$

分析式(7-8)和式(7-7)得知临界参数 μ_0 只在 $\alpha \in (-3, 1/3)$ 内存在，且渗透参数 $k = \alpha_A / \alpha_B < 10$ 时，满足解存在的条件。

7.1.3 可渗透圆柱壳体的内力

由式(5-25)及中面不可拉伸条件得到有关内力表达式

$$M_{\theta\theta} = -\frac{5D_M}{R^2}W_2\cos2\theta, \qquad Q_\theta = \frac{10D_MW_2}{R^3}\sin2\theta, \qquad N_{\theta\theta} = \frac{RZ_r^* + \partial Q_\theta/\partial\theta}{U_r}$$

式中：

$$Z_r^* = \rho_\infty V_\infty^2(1-\cos2\theta) - \frac{\rho_\infty V_\infty^2}{R}W_2(1-\cos2\theta) + 3\frac{\rho_\infty V_\infty^2}{R}W_2\cos2\theta +$$

$$\frac{\rho_\infty V_\infty^2}{R}W_2(\sin2\theta)^2 - 4\frac{\rho_\infty V_\infty^2}{R^2}W_2^2(\sin2\theta)^2 - 2\frac{\rho_\infty V_\infty^2}{R^2}W_2\cos2\theta(1-\cos2\theta)$$

7.1.4 算例分析

流体为理想无质量不可压缩势流，无穷远处压力、密度和速度分别为 $p_\infty = 1 \times 10^3$ Pa，$\rho_\infty = 1 \times 10^3$ kg/m^3，$V_\infty = 0.3$m/s；钢质圆柱壳的厚度为 $h = 2 \times 10^{-3}$m，半径为 $R = 0.4$m，弹性模量为 $E = 210$ GPa，泊松比 $\nu = 0.25$，渗透参数 $k = \alpha_A/\alpha_B = 0.5$。同样几何尺寸的铝质圆柱壳弹性模量 $E_{Al} = 70$GPa，泊松比 $\nu_{Al} = 0.3$。用 MATLAB 编程计算结果如图 7-2～图 7-9 所示。

位移变化由位移图 7-2 给出，分析得知径向 r 方向的位移分量 w 是占主要的，在 $\theta = 0,\pi$ 处总位移为负的最大值，$\theta = \pi/2,3\pi/2$ 时总位移达到正的最大值，也就是说圆柱被拉长。在 $\theta = \pi/4,3\pi/4,5\pi/4,7\pi/4$ 处变形量最小。

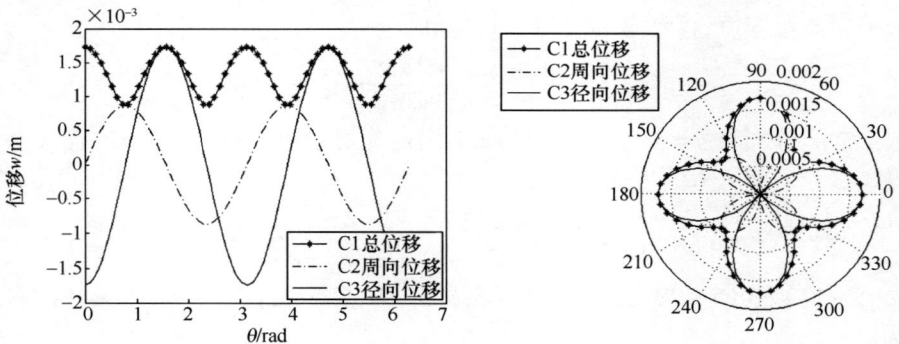

图 7-2　各个位移分量与合位移

图 7-3 为直角坐标系下的弯矩和剪力图，图 7-4 为极坐标下内力拉力和内力合力图（各个内力与合力都是单位长度上的值）。通过比较两图的数值，拉力占主要成分，而剪力很小，因此壳体的内部合力曲线几乎与内部拉力重合。弯矩对壳的变形贡献最微小，这与在有关薄壳分析中常常忽略弯矩的影响是一致的；位移与合力在 $\theta = 0,\pi$ 处数值上出现最大，但是它们的最小值出现的点不重合，合力在 $\theta = 0.3\pi,0.7\pi,1.3\pi,1.7\pi$ 处出现最小值。

图 7-5 为 $\theta \in (0,\pi)$ 的压力场 p 分布曲线，图中表明圆柱壳外表面的压力在 $\theta = 0,\pi$ 处也达到最大正值，在 $\theta = \pi/2$ 时有最大负值；当远离圆柱外表面即随着 r

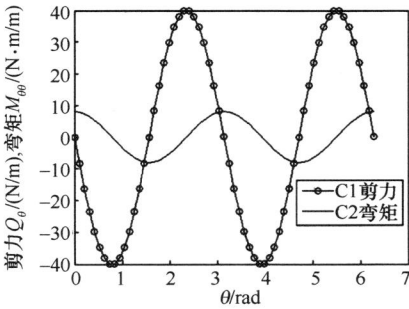

图 7 – 3   剪力和弯矩图

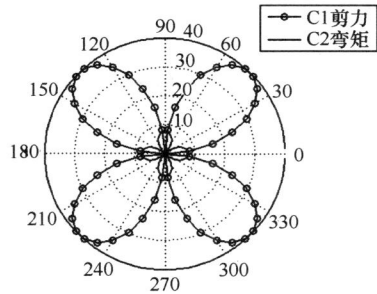

的增大，p 迅速趋向 $p = p_\infty = 1000\mathrm{Pa}$。在图 7 – 6、图 7 – 7 中的速度场也有类似的情况，随着 r 的增大速度也迅速趋向于稳定值（$r = 0$ 表示壳的外表面），对于径向速度 v_3 在 $\theta = 0, \pi$ 时分别取得最小值和最大值，在 $\theta = 1.520\mathrm{rad}$ 时取 0；对周向速度 v_2 在 $\theta = 0, \pi$ 时取 0，在 $\theta = 1.571\mathrm{rad}$ 时取最大值；显然径向分速度 v_3 远小于周向分速度 v_2。

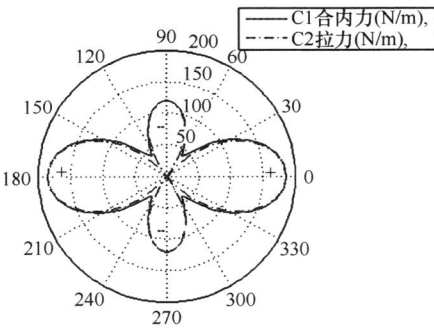

图 7 – 4   合力与拉力图

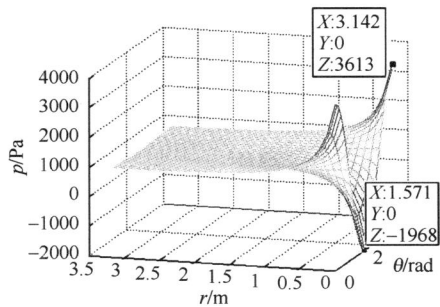

图 7 – 5   圆柱外部压力 p 图

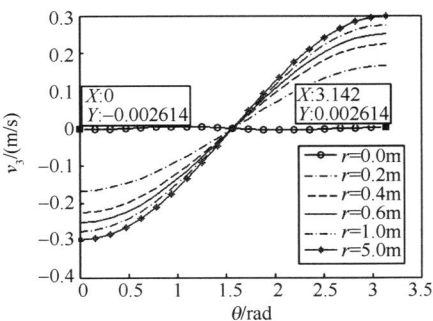

图 7 – 6   圆柱壳外部径向速度 v_3

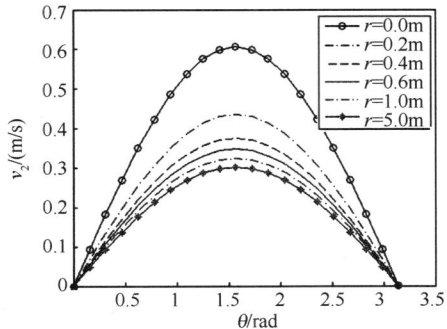

图 7 – 7   圆柱壳外部周向速度 v_2

图 7-8 为参数 μ_0 与最大位移的关系曲线,由此可看出:在半径相同的情况下,k 越大最大变形越小,也就是说渗透情况越好,变形就越小;在 k 相同的情况下,壳体半径越大,最大位移也越大。图 7-9 为几何尺寸相同的钢和铝两种材料的变形比较,其中铝质的弹性模量 $E_{\mathrm{Al}} = 70 \times 10^9 \mathrm{Pa}$,泊松比 $\nu_{\mathrm{Al}} = 0.33$。由图可知,弹性模量小的材料更容易变形,曲线 C3 为折算后的钢圆柱壳(抗弯刚度变为 1.05 倍的 D_M),抗弯刚度增大后变形明显变小,且有孔的壳变形略大于无孔的壳。

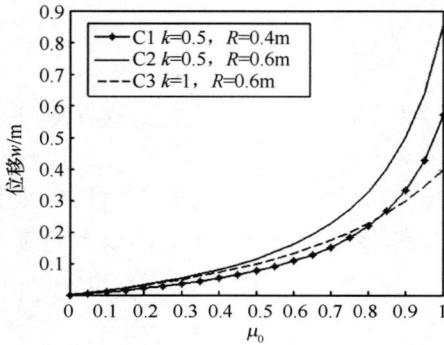

图 7-8 $\mu_0 - k - R$ 曲线

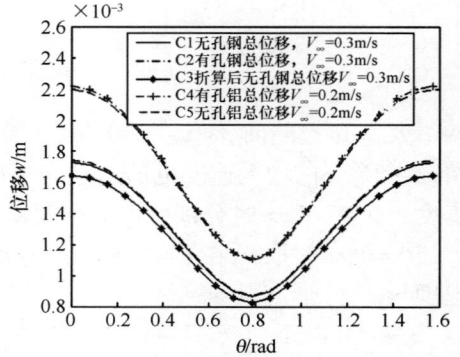

图 7-9 带孔与不带孔圆柱壳的总位移

7.1.5 数值模拟

7.1.4 节算例数值模拟的单元划分如图 7-10 所示。这里对于流体采用 FLU-ID142 号单元,对于壳体采用 4 节点壳单元。由图 7-11 和图 7-12 可以看出理论分析和 ANSYS 数值计算基本相符。由于 ANSYS 计算分析时流体还是带有很小的黏滞性,所以在图 7-12 中两曲线的两端有点分离。

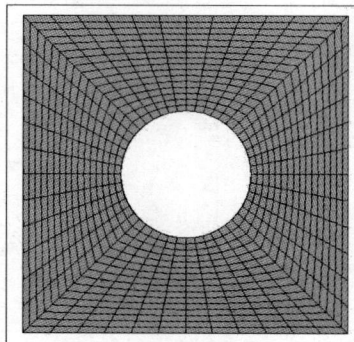

图 7-10 单元划分

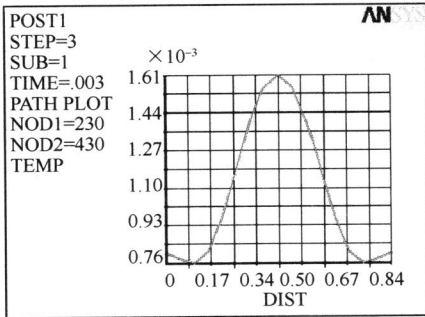

图 7 - 11　ANSYS 计算结果

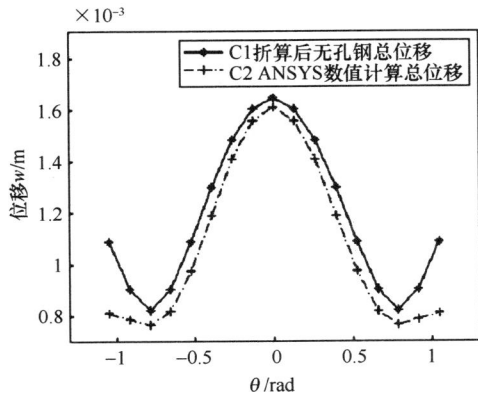

图 7 - 12　对比曲线

7.2　可渗透球壳的流固耦合分析

本节将在小雷诺数的前提下,假定球壳事先达到球体内外压强平衡时,再令黏性流体流动,从而使球壳与流体耦合作用平衡。忽略惯性力的作用,在 Stokes 流动的基础上应用相容拉格朗日 - 欧拉法建立有关的流固耦合方程,由摄动法经过 MATLAB 程序编程从而得到小参数二次摄动位移和内力解。通过具体的算例分析,展示渗透球壳与流体耦合中的壳变形、内力及球壳内外表面压力的分布状态[4]。

7.2.1　渗透球壳在黏滞流体中的耦合方程

1. 边界条件

黏滞流体绕可渗透球壳流动及截面的内力如图 7 - 13 所示,其中内力分量 $N_{\theta\theta}$（截面正应力 $N_{\theta\theta}$）的方向与图中参数为 θ 的球截面垂直,且指向外为正。流体在无穷远处的速度为 V_∞,压力为 p_∞,密度为 ρ_∞;球壳的半径为 R,厚度为 h,渗透系数为 k,动力黏滞系数为 μ。采用极坐标(r,θ)表示,其中 θ 表示与水平 x 轴成 θ 角的一个圆,且 $\theta\in(0,\pi)$。

球壳表面采用线性渗透关系[2],无滑移边界条件和表面渗透关系边界条件分别为

$$\bm{v}^e\times\bm{n}=\bm{v}^i\times\bm{n}=\bm{0},\quad \bm{v}^e\cdot\bm{n}=\bm{v}^i\cdot\bm{n}=k(p^i-p^e) \tag{7-9}$$

式中:$\bm{v}^e,\bm{v}^i$ 分别为球外部和内部的流速;$\bm{n}$ 为外法向矢量;p^e,p^i 为球外部和内部的压力。

183

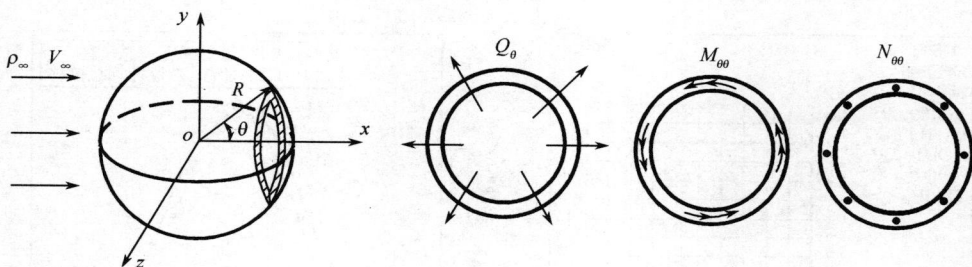

图 7 – 13　流体绕渗透球壳横向流动及内力示意图

2. 球壳流固耦合的变形方程

在定常流、小变形的状态下,采用图 7 – 13 所示球坐标系 (r,θ),设:$\alpha_2 = x_2 = \theta$、$\alpha_3 = x_3 = r$、$h_2 = r$、$h_3 = 1$、$H_2 = R$、$H_3 = 1$,因此由式(3 – 42)和式(3 – 44)得

$$N_{22} = N_{\theta\theta}, \quad Q_2 = Q_\theta, \quad X_2 = Z_\theta - \rho h \frac{\partial^2 v}{\partial t^2}, \quad X_3 = Z_r - \rho h \frac{\partial^2 w}{\partial t^2},$$

$$\frac{\partial N_{\theta\theta}}{R\partial\theta} + \frac{Q_\theta}{R} = \rho h \frac{\partial^2 v}{\partial t^2} - Z_\theta, \quad \frac{\partial Q_\theta}{R\partial\theta} - \frac{N_{\theta\theta}}{R} = \rho h \frac{\partial^2 w}{\partial t^2} - Z_r, \quad \frac{\partial M_{\theta\theta}}{\partial\theta} - RQ_\theta = 0$$

$$(7 - 10)$$

将 $M_{\theta\theta} = \frac{D_M}{R^2}\left(\frac{\partial v}{\partial\theta} - \frac{\partial^2 w}{\partial\theta^2}\right)$[见式(5 – 76)]代入,并消去 Q_θ,$N_{\theta\theta}$,$M_{\theta\theta}$。值得注意的是,这些内力的分量都是单位长度上的值,在小变形中面不可拉伸的假设基础上有 $\partial v/\partial\theta = -w$,$v = -\int w\mathrm{d}\theta$,得

$$\frac{D_M}{R^4}\left(\frac{\partial^6 w}{\partial\theta^6} + 2\frac{\partial^4 w}{\partial\theta^4} + \frac{\partial^2 w}{\partial\theta^2}\right) + \rho h \frac{\partial^2}{\partial t^2}\left(\frac{\partial^2 w}{\partial\theta^2} - w\right) = \frac{\partial^2 Z_r}{\partial\theta^2} \qquad (7 - 11)$$

由式(4 – 56),得 Z_r 的表达式(5 – 4)第二式。由式(7 – 11)、式(5 – 4)的第二式,忽略小量 $w\frac{\partial p}{\partial r}$,$\frac{v}{r}\frac{\partial p}{\partial\theta}$ 得

$$\frac{\partial^6 w}{\partial\theta^6} + 2\frac{\partial^4 w}{\partial\theta^4} + \frac{\partial^2 w}{\partial\theta^2} = \frac{R^4}{D_M}\frac{\partial^2}{\partial\theta^2}(p^i - p^e) \qquad (7 - 12)$$

3. 流函数的建立

F·阿亚日(F. Ayaz)[6]给出了一般可用于球坐标任意流动状态下的绕球壳流动的流函数形式

$$\psi(r,\theta) = \sum_{n=2}^{\infty}(A_n r^n + B_n r^{-n+1} + C_n r^{n+2} + D_n r^{-n+3})\phi_n(\varepsilon) \qquad (7 - 13)$$

式中:A_n,B_n,C_n,D_n 为待定系数,$\phi_n(\varepsilon)$ 为连带的 Legendre 多项式,即

184

$$\phi_n(\varepsilon) = -\frac{1}{(n-1)!}\left(\frac{\mathrm{d}}{\mathrm{d}\varepsilon}\right)^{n-2}\left(\frac{\varepsilon^2-1}{2}\right)^{n-1}$$

在球坐标中 $\varepsilon = \cos\theta$,则 $n = 2,4,6$ 时连带的 Legendre 多项式为

$$\phi_2(\cos\theta) = \frac{1}{2}\sin^2\theta, \quad \phi_4(\cos\theta) = -\frac{1}{8}\sin^2\theta(1-5\cos^2\theta),$$

$$\phi_6(\cos\theta) = \frac{1}{16}\sin^2\theta(1-14\cos^2\theta+21\cos^4\theta)$$

将上面各阶连带的 Legendre 多项式代入式(7-13),可得到 $\psi(r,\theta)$ 各阶解。在 x 轴正向无穷远处有

$$\psi(r,\theta) = \frac{1}{2}V_\infty r^2\sin^2\theta \qquad (r\to\infty) \tag{7-14}$$

在球坐标系中,由式(2-34)对称流径向速度分量和周向速度分量用流函数表示如下

$$v_n = \frac{1}{r^2\sin\theta}\frac{\partial\psi}{\partial\theta}, \qquad v_\theta = -\frac{1}{r\sin\theta}\frac{\partial\psi}{\partial r} \tag{7-15}$$

7.2.2 摄动法解可渗透球壳的流函数

设变形表面满足下面方程[6]

$$R(\theta) = r = R[1+\xi g(\theta)] \tag{7-16}$$

式中:$0 < \xi \ll 1$ 为无量纲小参数;$g(\theta)$ 为任意给定的函数,它正比于 2 阶的 Legendre 多项式:$g(\theta) = 3-5\cos^2\theta$,因此这里将寻求如下形式的流函数和压力表达式

$$\psi = \psi_0 + \xi\psi_1 + \xi^2\psi_2 + \cdots, \qquad p = p_0 + \xi p_1 + \xi^2 p_2 + \cdots \tag{7-17}$$

由式(7-16),将球壳表面边界的周向速度分量和径向速度分量式(7-15),在球壳表面,也就是 $r = R$ 处泰勒展开[6]有

$$v_t|_R = -\psi_{0r}|_R + \xi\left(-\psi_{1r}|_R + g\psi_{0r}|_R + \frac{g'}{R}\psi_{0\theta}|_R - Rg\psi_{0rr}|_R\right) +$$

$$\xi^2\left[-\frac{1}{2}R^2g^2\psi_{0rrr}|_R - Rg\psi_{1rr}|_R +\right.$$

$$Rg^2\psi_{0rr}|_R + gg'\psi_{0r\theta}|_R - \psi_{2r}|_R + g\psi_{1r}|_R - \left(g^2 - \frac{g'^2}{2}\right)\psi_{0r}|_R +$$

$$\left.\frac{g'}{R}\psi_{1\theta}|_R - \frac{3gg'}{R}\psi_{0\theta}|_R\right] = 0 \tag{7-18}$$

$$v_n|_R = \frac{1}{R^2\sin\theta}\psi_{0\theta}|_R + \xi\left[\frac{1}{R^2\sin\theta}(Rg\psi_{00r}|_R + \psi_{1\theta}|_R - 2g\psi_{0\theta}|_R + Rgg'\psi_{0r}|_R)\right] +$$

$$\xi^2\left\{\frac{1}{2\sin\theta}g^2\psi_{0r\theta}|_R + \frac{1}{R\sin\theta}(g\psi_{1\theta r} - 2g^2\psi_{0\theta r} + agg'\psi_{0rr}) +\right.$$

$$\frac{1}{R^2\sin\theta}\Big[\psi_{2\theta}\big|_R - g\psi_{1\theta}\big|_R + \Big(3g^2 - \frac{g'}{2}\Big)\psi_{0\theta} + g'R\psi_{1r}\big|_R - 2Rgg'\psi_{0r}\big|_R\Big]\Big\}$$

$$= k\Big\{\big(p_0^i\big|_R - p_0^e\big|_R\big) + \xi\big[Rg\big(p_{0r}^i\big|_R - p_{0r}^e\big|_R\big) + \big(p_1^i\big|_R - p_1^e\big|_R\big)\big] +$$

$$\xi^2\big[\big(p_2^i\big|_R - p_2^e\big|_R\big) + Rg\big(p_{1r}^i\big|_R - p_{1r}^e\big|_R\big)\big] + \frac{1}{2}R^2g^2\big(p_{0rr}^i\big|_R - p_{0rr}^e\big|_R\big)\Big\}$$

$$(7-19)$$

通过对表面边界泰勒展开,就能为下面各阶流函数提供相应的边界条件,而零阶和一阶流函数又最终为求解二阶流函数做准备。

1. 零阶流函数

将无穷远处的边界条件式(7-14),表面边界条件式(7-9)取到 $O(\xi^0)$ 项有

$$\psi_{0r}^i = \psi_{0r}^e = 0, \quad \frac{1}{R^2\sin\theta}\psi_{0r}^i\big|_R = \frac{1}{R^2\sin\theta}\psi_{0r}^e\big|_R = k(p_0^i - p_0^e) \qquad (7-20)$$

对于内外部流函数可得到如下形式

$$\begin{cases} \psi_0^i = (Ar^4 + Br^2 + Cr + D/r)\,V_\infty\sin^2\theta, & (r\leqslant R) \\ \psi_0^e = (A'r^4 + B'r^2 + C'r + D'/r)\,V_\infty\sin^2\theta, & (r\geqslant R) \end{cases}$$

代入无穷远边界条件并消除奇异性,则上式化为

$$\begin{cases} \psi_0^i = (Ar^2 + Br^4)\,V_\infty\sin^2\theta, & (r\leqslant R) \\ \psi_0^e = (r^2/2 + C'r + D'/r)\,V_\infty\sin^2\theta, & (r\geqslant R) \end{cases} \qquad (7-21)$$

因此,与下面有关的各个流函数的导数关系,不仅在本次求解零阶解时用到,而且将在求解下面的一阶、二阶流函数、压力、变形和内力解时也要用到,于是有

$$\psi_{0r}^i = (2Ar + 4Br^3)\,V_\infty\sin^2\theta, \quad \psi_{0rr}^i = (2A + 12Br^2)\,V_\infty\sin^2\theta,$$

$$\psi_{0rrr}^i = 24BrV_\infty\sin^2\theta, \quad \psi_{0\theta}^i = (Ar^2 + Br^4)2V_\infty\sin\theta\cos\theta,$$

$$\psi_{0\theta r}^i = 2(2Ar + 4Br^3)\,V_\infty\sin\theta\cos\theta, \quad \psi_{0\theta rr}^i = 2(2A + 12Br^2)\,V_\infty\sin\theta\cos\theta$$

$$\psi_{0r}^e = (r + C' - D'/r^2)\,V_\infty\sin^2\theta, \quad \psi_{0rr}^e = \frac{2D'}{r^3}V_\infty\sin^2\theta, \quad \psi_{0rrr}^e = -\frac{6D'}{r^4}V_\infty\sin^2\theta,$$

$$\psi_{0r\theta}^e = (r + C' - D'/r^2)2V_\infty\sin\theta\cos\theta,$$

$$\psi_{0\theta}^e = (r^2/2 + C'r + D'/r)2V_\infty\sin\theta\cos\theta, \quad \psi_{0\theta rr}^e = 4\frac{D'}{r^3}V_\infty\sin\theta\cos\theta \quad (7-22)$$

将由流函数表达的式(7-15)代入到纳维尔-斯托克斯方程,可以得到用流函数表达的压力关系式

$$\frac{\partial p}{\partial r} = \frac{\mu}{r^2\sin\theta}\frac{\partial(E_0^2\psi)}{\partial\theta}, \quad \frac{\partial p}{\partial\theta} = \frac{\mu}{\sin\theta}\frac{\partial(E_0^2\psi)}{\partial r} \qquad (7-23)$$

186

式中

$$E_0^2 = \left[\frac{\partial^2}{\partial r^2} + \frac{\sin\theta}{r^2} \frac{\partial}{\partial\theta}\left(\frac{1}{\sin\theta} \frac{\partial}{\partial\theta} \right) \right]$$

将式(7-22)代入式(7-23),积分得

$$p_0^i = 20\mu V_\infty Br\cos\theta + p_0, \quad p_0^e = \mu V_\infty Br \frac{2C'}{r^2}\cos\theta + p_\infty$$

在小雷诺数流动的状态及初始时刻球壳内外压强相等的情况下,由于压力变化很小,故近似认为常数 p_0 等于 p_∞,于是将内外压力场和 $r = R$ 时的 ψ 代入到式(7-20)。设 $\beta = k\mu/R$,解方程组得

$$A = \frac{-3\beta}{2+21\beta}, \quad BR^2 = \frac{3\beta}{2(2+21\beta)}, \quad \frac{C'}{R} = \frac{3(1+10\beta)}{2(2+21\beta)}, \quad \frac{D'}{R^3} = \frac{1+12\beta}{2+21\beta}$$

2. 一阶流函数

由式(7-13),可渗透球壳的一阶流函数有下面的形式

$$\begin{cases} \psi_1^i = (A_1 r^6 + B_1 r^4)(1-5\cos^2\theta)V_\infty\sin^2\theta + (C_1 r^2 + D_1 r^4)V_\infty\sin^2\theta \\ \psi_1^e = \left(\frac{A_1'}{r^3} + \frac{B_1'}{r} \right)(1-5\cos^2\theta)V_\infty\sin^2\theta + \left(C_1'r + \frac{D_1'}{r} \right)V_\infty\sin^2\theta \end{cases} \tag{7-24}$$

同理,有

$$\psi_{1r}^i = (6A_1 r^5 + 4B_1 r^3)(1-5\cos^2\theta)V_\infty\sin^2\theta + (2C_1 r + 4D_1 r^3)V_\infty\sin^2\theta \tag{7-25a}$$

$$\psi_{1rr}^i = (30A_1 r^4 + 12B_1 r^2)(1-5\cos^2\theta)V_\infty\sin^2\theta + (2C_1 + 12D_1 r^2)V_\infty\sin^2\theta \tag{7-25b}$$

$$\psi_{1\theta}^i = (A_1 r^6 + B_1 r^4)\left[(1-5\cos^2\theta)2V_\infty\sin\theta\cos\theta + 10\cos\theta\sin\theta V_\infty\sin^2\theta \right] + (C_1 r^2 + D_1 r^4)2V_\infty\sin\theta\cos\theta \tag{7-25c}$$

$$\psi_{1\theta r}^i = (6A_1 r^5 + 4B_1 r^3)\left[(1-5\cos^2\theta)2V_\infty\sin\theta\cos\theta + 10\cos\theta\sin\theta V_\infty\sin^2\theta \right] + (2C_1 r + 4D_1 r^3)2V_\infty\sin\theta\cos\theta \tag{7-25d}$$

$$\psi_{1r}^e = \left(-3\frac{A_1'}{r^4} - \frac{B_1'}{r^2} \right)(1-5\cos^2\theta)V_\infty\sin^2\theta + \left(C_1' - \frac{D_1'}{r^2} \right)V_\infty\sin^2\theta \tag{7-25e}$$

$$\psi_{1rr}^e = \left(12\frac{A_1'}{r^5} + 2\frac{B_1'}{r^3} \right)(1-5\cos^2\theta)V_\infty\sin^2\theta + 2\frac{D_1'}{r^3}V_\infty\sin^2\theta \tag{7-25f}$$

$$\psi_{1\theta}^e = \left(\frac{A_1'}{r^3} + \frac{B_1'}{r} \right)\left[(1-5\cos^2\theta)2V_\infty\sin\theta\cos\theta + 10\cos\theta\sin\theta V_\infty\sin^2\theta \right] + \left(C_1'r + \frac{D_1'}{r} \right)2V_\infty\sin\theta\cos\theta \tag{7-25g}$$

$$\psi_{1\theta r}^e = \left(-3\frac{A_1'}{r^4} - \frac{B_1'}{r^2} \right) \left[(1 - 5\cos^2\theta)2V_\infty \sin\theta\cos\theta + 10\cos\theta\sin\theta V_\infty \sin^2\theta \right] +$$

$$\left(C_1' - \frac{D_1'}{r^2} \right)2V_\infty \sin\theta\cos\theta \tag{7-25h}$$

由式(7-18)和式(7-19)得相应的一阶边界条件为

$$v_n^i = v_n^e = \frac{1}{R^2\sin\theta}(Rg\psi_{0\theta r}|_R + \psi_{1\theta}|_R - 2g\psi_{0\theta}|_R + Rgg'\psi_{0r}|_R)$$

$$= k[Rg(p_{0r}^i|_R - p_{0r}^e|_R) + (p_1^i|_R - p_1^e|_R)],$$

$$v_\theta^i = v_\theta^e = \left(-\psi_{1r}|_R + g\psi_{0r}|_R + \frac{g'}{R}\psi_{0\theta}|_R - Rg\psi_{0rr}|_R \right) = 0 \tag{7-26}$$

将式(7-25)中有关表达式求出 $E_0^2\psi_1^i$, $E_0^2\psi_1^e$ 的值代入式(7-23)积分得

$$p_1^i = \mu V_\infty \cos\theta[24(3 - 5\cos^2\theta)A_1 r^3 + 20D_1 r],$$

$$p_1^e = \mu V_\infty \cos\theta\left[10(3 - 5\cos^2\theta)B_1'/r^4 + \frac{2C_1'}{r^2} \right] \tag{7-27}$$

由式(7-27)得

$$p_{1r}^i = \mu V_\infty \cos\theta\left[72(3 - 5\cos^2\theta)A_1 r^2 + 20D_1 \right],$$

$$p_{1r}^e = \mu V_\infty \cos\theta\left[-40(3 - 5\cos^2\theta)B_1'/r^5 - \frac{4C_1'}{r^3} \right] \tag{7-28}$$

将式(7-22)、式(7-24)、式(7-25)、式(7-27)和式(7-28)中相关表达式代入式(7-26),然后通过比较系数法即可得到一系列线性方程组,解出此方程组就能得到系数 A_1、B_1、$\cdots$、D_1' 的值。

3. 二阶流函数

经同样的分析可得到二阶的结果,流函数可表达为

$$\psi_2^i = \left[(E_2 r^6 + F_2 r^8)(1 - 14\cos^2\theta + 21\cos^4\theta) + \right.$$

$$\left. (B_2 r^6 + A_2 r^4)(1 - 5\cos^2\theta) + (C_2 r^2 + D_2 r^4) \right] V_\infty \sin^2\theta \tag{7-29}$$

$$\psi_2^e = \left[\left(\frac{E_2'}{r^5} + \frac{F_2'}{r^3} \right)(1 - 14\cos^2\theta + 21\cos^4\theta) + \right.$$

$$\left. \left(\frac{B_2'}{r} + \frac{A_2'}{r^3} \right)(1 - 5\cos^2\theta) + \left(C_2'r + \frac{D_2'}{r} \right) \right] V_\infty \sin^2\theta \tag{7-30}$$

因此,有

$$\psi_{2r}^i = (6E_2 r^5 + 8F_2 r^7)(1 - 14\cos^2\theta + 21\cos^4\theta)V_\infty \sin^2\theta +$$

$$(6B_2 r^5 + 4A_2 r^3)(1 - 5\cos^2\theta)V_\infty \sin^2\theta + (2C_2 r + 4D_2 r^3)V_\infty \sin^2\theta$$

$$\tag{7-31}$$

188

$$\psi_{2\theta}^{i} = (E_2 r^6 + F_2 r^8) \left[(28\cos\theta\sin\theta - 84\cos^3\theta\sin\theta) V_\infty \sin^2\theta + \right.$$
$$(1 - 14\cos^2\theta + 21\cos^4\theta) 2V_\infty \sin\theta\cos\theta \left. \right] +$$
$$(B_2 r^6 + A_2 r^4) \left[(1 - 5\cos^2\theta) 2V_\infty \sin\theta\cos\theta + 10\sin\theta\cos\theta V_\infty \sin^2\theta \right] +$$
$$(C_2 r^2 + D_2 r^4) 2V_\infty \sin\theta\cos\theta \qquad\qquad (7-32)$$

$$\psi_{2r}^{e} = \left(-5\frac{E_2'}{r^6} - 3\frac{F_2'}{r^4} \right) (1 - 14\cos^2\theta + 21\cos^4\theta) V_\infty \sin^2\theta +$$
$$\left(-\frac{B_2'}{r^2} - 3\frac{A_2'}{r^4} \right) (1 - 5\cos^2\theta) V_\infty \sin^2\theta + \left(C_2' - \frac{D_2'}{r^2} \right) V_\infty \sin^2\theta \qquad (7-33)$$

$$\psi_{2\theta}^{e} = \left(\frac{E_2'}{r^5} + \frac{F_2'}{r^3} \right) \left[(28\cos\theta\sin\theta - 84\cos^3\theta\sin\theta) V_\infty \sin^2\theta + \right.$$
$$(1 - 14\cos^2\theta + 21\cos^4\theta) 2V_\infty \sin\theta\cos\theta \left. \right] +$$
$$\left(\frac{B_2'}{r} + \frac{A_2'}{r^3} \right) \left[(1 - 5\cos^2\theta) 2V_\infty \sin\theta\cos\theta + 10\sin\theta\cos\theta V_\infty \sin^2\theta \right] +$$
$$\left(C_2' r + \frac{D_2'}{r} \right) 2V_\infty \sin\theta\cos\theta \qquad\qquad (7-34)$$

其表面边界条件为

$$v_{\theta 2}^{i} = v_{\theta 2}^{e} = -\frac{1}{2}R^2 g^2 \psi_{0rr}|_R - Rg\psi_{1rr}|_R - Rg^2\psi_{0rr}|_R + gg'\psi_{0r\theta}|_R - \psi_{2r}|_R +$$
$$g\psi_{1r}|_R - \left(g^2 - \frac{g'^2}{2} \right)\psi_{0r}|_R + \frac{g'}{R}\psi_{1\theta}|_R - \frac{3gg'}{R}\psi_{0\theta}|_R = 0 \qquad (7-35)$$

$$v_{r2}^{i} = v_{r2}^{e} = \frac{1}{R^2\sin\theta} \left[\frac{1}{2}R^2 g^2\psi_{0rr}|_R + Rg\psi_{1\theta r}|_R - 2Rg^2\psi_{0\theta r}|_R + R^2 gg'\psi_{0rr}|_R + \right.$$
$$\psi_{2\theta}|_R - 2g\psi_{1\theta}|_R + \left(3g^2 - \frac{g'^2}{2} \right)\psi_{0r}|_R + Rg'\psi_{1\theta}|_R - 2Rgg'\psi_{0r}|_R \left. \right]$$
$$= k \left[p_2^e - p_2^i + Rg(p_{1r}^i - p_{1r}^e) + \frac{1}{2}R^2 g^2(p_{0rr}^i - p_{0rr}^e) \right] \qquad (7-36)$$

将式(7-31)~式(7-34)中有关表达式求出 $E_0^2\psi_2^i, E_0^2\psi_2^e$ 的值代入式(7-23)积分得

$$p_2^i = 2\mu V_\infty \left[\frac{26}{5}\mu F_2 r^5 \cos\theta(15 - 70\cos^2\theta + 63\cos^4\theta) + \right.$$
$$12B_2 r^3\cos\theta(3 - 5\cos^2\theta) + 10D_2 r\cos\theta \left. \right] \qquad (7-37)$$

$$p_2^e = 2\mu V_\infty \left[\frac{3\mu F_2'}{r^6}\cos\theta(15 - 70\cos^2\theta + 63\cos^4\theta) + \frac{5B_2'}{r^4}\cos\theta(3 - 5\cos^2\theta) + \frac{C_2'}{r^2}\cos\theta \right]$$
$$(7-38)$$

189

将式(7-22)、式(7-25)、式(7-27)~式(7-34)、式(7-37)和式(7-38)中相关表达式代入边界条件式(7-35)和式(7-36),可得6个方程,然后通过比较系数得到一组方程,经编程解此组线性方程组,即得到系数$A_2,B_2,C_2,\cdots,F_2'$的值。

将所求得的各阶流函数和压力函数代入式(7-17),就能得到整个场域内的流函数和压力表达式,从而可以进一步求解壳体的位移及内力。

7.2.3 球壳的位移及内力

为了寻找球壳位移 w 的解,设 w 的形式为[7]

$$w = a\cos\theta + b\cos2\theta + c\cos3\theta + d\cos4\theta + e\cos5\theta \tag{7-39}$$

式中:a,b,c,d,e 为待定系数。将式(7-17)和式(7-39)代入式(7-12)得

$$a = b = d = 0, \quad e = 0.01372\frac{r^4}{D_M}\xi^2\mu^2 V_\infty\left(\frac{26F_2 r^5}{5} - \frac{3F_2'}{r^6}\right)$$

$$c = -\frac{r^4}{D_M}\xi\mu V_\infty\left[\frac{22.5}{576}\left(12A_1 r^3 - \frac{5B_1'}{r^4}\right) + \frac{24}{576}\xi\left(12B_2 r^3 - \frac{5B_2'}{r^4}\right) + \right.$$

$$\left. 3.34852\xi\mu\left(\frac{26F_2 r^5}{5} - \frac{3F_2'}{r^6}\right)\right]$$

即位移为 $w = c\cos3\theta + e\cos5\theta$, $v = -\dfrac{1}{3}c\sin3\theta - \dfrac{1}{5}e\sin5\theta$。

将式(7-39)代入式(7-10)即可得到内力各个分量

$$M_{\theta\theta} = \frac{D_M}{R^2}\left(\frac{\partial v}{\partial\theta} - \frac{\partial^2 w}{\partial\theta^2}\right), \quad Q_\theta = \frac{D_M}{R^3}\left(\frac{\partial^2 v}{\partial\theta^2} - \frac{\partial^3 w}{\partial\theta^3}\right), \quad N_{\theta\theta} = \frac{D_M}{R^3}\left(\frac{\partial^3 v}{\partial\theta^3} - \frac{\partial^4 w}{\partial\theta^4}\right) + Z_r R$$

7.2.4 算例分析

球壳参数:$R = 0.2\text{m}$,表面渗透参数 $k = 0.4$,厚度 $h = 0.2\text{mm}$,弹性模量为 $E = 210 \times 10^9\text{Pa}$,泊松比 $\nu = 0.25$;流体参数:动力黏滞系数 $\mu = 0.001\text{Pa}\cdot\text{s}$,无穷远处流速 $V_\infty = 0.1\text{m/s}$,压力 $p_\infty = 1000\text{Pa}$。MATLAB编程计算结果如图7-14~图7-21所示[5]。

由图7-15,并对比图7-14变形图,很容易看出在 $\theta = \pi,0$ 时分别有负的最小和正的最大变形,而且在壳体子午面内有3个变形为零的点,即 $\theta = 30°$, $90°,150°$附近变形为零。从图7-15可知渗透参数 k 和流速越大,壳体变形就越大。

综观图7-16~图7-18可知,随着渗透参数 k 和流速变大的情况,内力也相应地增大,这和变形规律一致。通过比较3个内力分量,不难发现内力中拉力 $N_{\theta\theta}$ 是最主要的,弯矩 $M_{\theta\theta}$ 对球壳的作用最小,小变形的情况可以忽略。

190

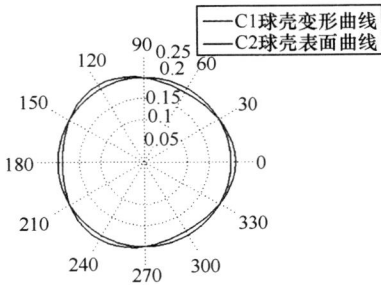

图 7 - 14　球壳变形图

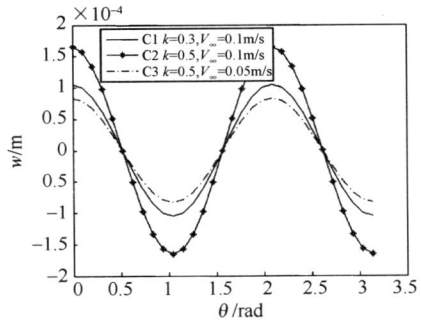

图 7 - 15　位移 w 图

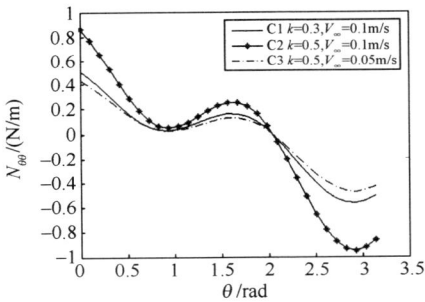

图 7 - 16　拉力 $N_{\theta\theta}$ 图

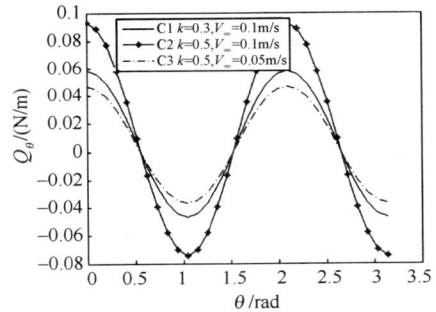

图 7 - 17　剪力 Q_{θ} 图

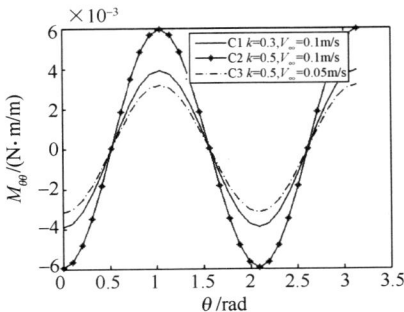

图 7 - 18　弯矩 $M_{\theta\theta}$ 图

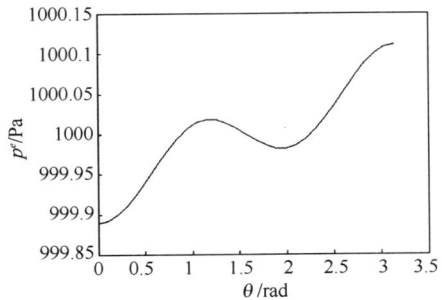

图 7 - 19　$p^e(r=R)$ 曲线

由图 7 - 19 和图 7 - 20 很容易看出：在球壳的外部，迎流处也就是 $\theta=\pi$ 处，压力最大；在背离处 $\theta=0$，出现负压区；而内部出现相反的情况：$\theta=\pi$ 处出现负压区，$\theta=0$ 处出现正压区。这与观察及实验结果相吻合。图 7 - 21 中给出了几何尺寸相同的钢质与铝质渗透球壳的位移曲线 C_1 与 C_2，其中铝质的弹性模量 $E_{Al}=70\times10^9\mathrm{Pa}$，泊松比 $\nu_{Al}=0.33$，可见由于两者弹性模量的差异，变形量相差很大。

191

但如果将铝质球壳的厚度增加到 0.3mm 时,其变形量与钢质球壳厚度为 0.2mm 的变形量相当。

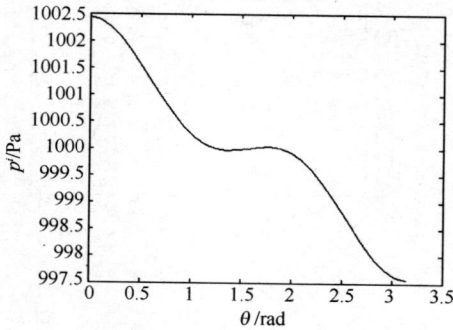

图 7-20 $p^i(r=R)$ 曲线

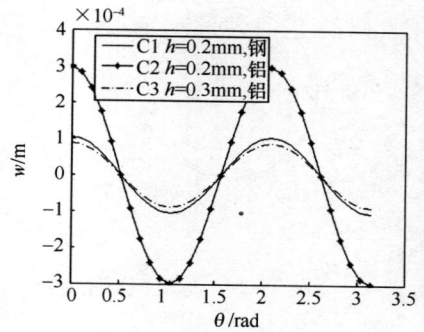

图 7-21 钢和铝 w 曲线

从采用相容拉格朗日 - 欧拉法求解可渗透球壳黏滞流体绕流耦合作用下的内力与变形所得到的结果来看,渗透参数和流体运动速度、球壳的刚度是影响变形和耦合作用的主要因素。

参 考 文 献

[1] 曹文斌,常福清,白象忠. 可渗透圆柱壳流固耦合问题的流场与内力分析[J]. 应用力学学报,2007,24(4):622-627.

[2] Taylor G I. Clir resistance of a flatplate of very of porous sheeft[J] Report and Memoranda of the Aeronautical Rescarch Council,1944,(2237):391-405.

[3] Григолюк Э И,Фильштинский Л А. Перфорированные пластины и оболочки[M]. - M.:Наука,1970:24-55-556.

[4] Ильгамов М А. Введение в нелинейную гидроупругость[M]. Изд. наука. Москва. 1991.

[5] 曹文斌. 可渗透圆柱壳与球壳的流固耦合问题研究[D]. 秦皇岛:燕山大学,2006.

[6] F·阿亚日(土耳其). 通过可渗透近球体的轴对称流动[J]. 应用数学和力学,2005,(10):1198-1209.

[7] 曹文斌,常福清,白象忠. 渗透球壳流固耦合问题的位移及内力解[J]. 船舶力学,2009,13(1):63-71.

第8章 单一拉格朗日法的应用

采用单一拉格朗日法的优点是当流体与壳体运动沿着未变形表面法线方向发生,且流体与壳体之间的滑动很小时,其解是精确的。本章研究与流体接触的薄板、薄壳动力学问题中的振动和混沌运动,并进行必要的分析。

8.1 贮箱隔层板的变形

充液贮箱广泛存在于工程应用中,例如航天液体推进剂燃料箱,航空储油箱和船舶中的水柜、油柜,民用水塔,工业储罐等。随着航天、航空、航海事业的不断发展,要求不断提高贮液装置的承载能力,这样一来,贮液装置所占比重不断增大。为此,可以将多种贮箱制成一体,并在其中加一隔板,上述贮液装置均可采用多层隔板结构,其隔板在工作状态下的稳定平衡问题、应力应变状态及液体晃动与结构的耦合振动,可直接影响航天、航空器或舰船等装置的工作状态和使用寿命,因此,有必要对隔层板进行强度、刚度及振动特性的研究。

8.1.1 隔层板的耦合方程

应用单一拉格朗日法研究水平放置的贮液箱中,位于不同密度的理想流体层之间的弹性矩形薄板变形及应力问题[1],见图 8 – 1。α_1 和 α_3 分别为沿板中性面的宽度方向和法线方向,$2a$ 为矩形板板宽,$2b$ 为板长。h_1 和 h_2 分别为上层和下层流体的高度,在上层流体的自由表面上作用有压力 p_0。由于流体和隔层板之间的相互滑动很小,忽略相互作用。由式(4 – 83)可得到考虑质量力影响的流体动力方程式

$$\begin{cases} \dfrac{\partial^2 U_j}{\partial t^2} - g\dfrac{\partial U_j}{\partial \alpha_1} = -\dfrac{1}{\rho_j}\dfrac{\partial p_j}{\partial \alpha_1} \\ \dfrac{\partial^2 W_j}{\partial t^2} - g\dfrac{\partial W_j}{\partial \alpha_3} = -\dfrac{1}{\rho_j}\dfrac{\partial p_j}{\partial \alpha_3} \end{cases} \quad (j=1,2) \qquad (8-1)$$

式中:U_1,U_2 分别为上、下层流体质点在 α_1 方向上的位移分量;W_1,W_2 分别为上下层流体质点在 α_3 方向上的位移分量;$p_j(j=1,2)$ 分别为上、下层流体的压力;$\rho_j(j=1,2)$ 分别为上层流体和下层流体的质量密度;t 为时间变量;g 为重力加速度。

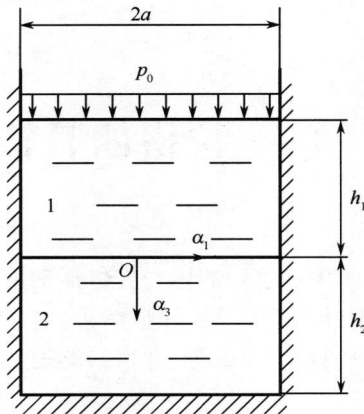

图 8 - 1 弹性薄板分隔不同密度液体

弹性隔层板动力方程为

$$\rho_s h \frac{\partial^2 w}{\partial t^2} + D_M \frac{\partial^4 w}{\partial \alpha_1^4} = p_1(\alpha_1, 0, t) - p_2(\alpha_1, 0, t) \tag{8-2}$$

式中: $D_M = \dfrac{Eh^3}{12(1-\nu^2)}$ 为隔层板的弯曲刚度; w、ρ_s、h、E、ν 分别表示隔层板在垂直方向上的位移、质量密度、厚度、弹性模量及泊松比。贮箱及隔层板的边界条件为

$$当 \alpha_3 = 0 \text{ 时}, \quad W_1 = W_2 = w \tag{8-3}$$

弹性隔层板初始稳定平衡状态下, 有

$$p_1^0 = p_0 + \rho_1 g h_1 + \rho_1 g \alpha_3, \qquad p_2^0 = p_0 + \rho_1 g h_1 + \rho_2 g \alpha_3 \tag{8-4}$$

式中: p_1^0 和 p_2^0 分别为上层流体和下层流体对板的压力; α_3 位于板上时与 w 相等。

8.1.2 隔层板静态问题的解

考虑静态条件下的隔层板变形与应力问题时, 变量与时间 t 无关, 所以有关 t 的项均舍掉。

由式(8 - 1)和式(8 - 3)有 $p_1(0) - p_2(0) = (\rho_1 - \rho_2) gw$, 因此, 方程式(8 - 2)为

$$\frac{\mathrm{d}^4 w}{\mathrm{d}\alpha_1^4} = \lambda^4 w \tag{8-5}$$

式中: $\lambda^4 = (\rho_1 - \rho_2) g / D_M$。方程式(8 - 5)的解为

$$w = A\cos\lambda\alpha_1 + B\sin\lambda\alpha_1 + C\cosh\lambda\alpha_1 + D\sinh\lambda\alpha_1 \tag{8-6}$$

式中: A、B、C、D 为待定系数。

如果隔板刚性的固定在容器垂直壁面上, 板长 $2b$ 远大于板宽 $2a$, 板长方向的边界条件对板中心的变形和应力状态影响很小, 由此, 板宽方向固定约束的边界条

194

件可以写为

$$w = \frac{\partial w}{\partial \alpha_1} = 0 \quad (\alpha_1 = \pm a)$$

流体可压缩,则隔层板的变形对称,此时方程解的表达式(8-6)满足上面条件式后为

$$w_n = A \left[\cos\lambda\alpha_1 + \frac{\sin\lambda a}{\sinh\lambda a}\cosh\lambda\alpha_1 \right], \quad \lambda a \approx \pi\left(n - \frac{1}{4}\right) \quad (n = 1, 2, 3, \cdots)$$

此时密度差为 $\rho_1 - \rho_2 = \dfrac{\left[\pi\left(n - \dfrac{1}{4}\right) \middle/ a \right]^4 D_M}{g} = \dfrac{\pi^4 \left(n - \dfrac{1}{4}\right)^4 D_M}{ga^4}$。

由上式知,流体的高度 h_1, h_2 和压力 p_0 并没进入解的表达式中。这是因为由式(8-4)可知 h_1 和 p_0 对隔层板所产生的压力上下两部分相互抵消,而 h_2 的大小与隔板所受压力无关,但影响容器底部的压力。

这样,对边固定的矩形隔层板对称弯曲的形式为

$$w_n = A_n \left\{ \cos\left[\left(n - \frac{1}{4}\right)\frac{\pi\alpha_1}{a} \right] + \frac{\sin\left[\left(n - \frac{1}{4}\right)\pi \right]}{\sinh\left[\left(n - \frac{1}{4}\right)\pi \right]}\cosh\left[\left(n - \frac{1}{4}\right)\frac{\pi\alpha_1}{a} \right] \right\}$$

最小密度差 $n = 1$ 时,有

$$\rho_1 - \rho_2 = \frac{\left(\dfrac{3\pi}{4a}\right)^4 D_M}{g}$$

此时,隔板挠度表达为

$$w_1 = A_1 \left(\cos\frac{3\pi\alpha_1}{4a} + \frac{\sin\dfrac{3\pi}{4}}{\sinh\dfrac{3\pi}{4}}\cosh\frac{3\pi\alpha_1}{4a} \right)$$

由文献[2]可以求出参数 $A_1 = \dfrac{qa^4}{48D_M}$,其中 $q = (\rho_1 - \rho_2)gh_1$ 为隔层板未变形时的压力差。这样,挠度表达式为

$$w_1 = \frac{qa^4}{48D_M} \left(\cos\frac{3\pi\alpha_1}{4a} + \frac{\sin\dfrac{3\pi}{4}}{\sinh\dfrac{3\pi}{4}}\cosh\frac{3\pi\alpha_1}{4a} \right)$$

α_1 方向的应力为

$$\sigma_1 = -\frac{E\alpha_3}{1-\nu^2}\left(\frac{\partial^2 w}{\partial\alpha_1^2} + \nu\frac{\partial^2 w}{\partial\alpha_2^2} \right) = \frac{E\alpha_3}{1-\nu^2}\frac{qa^4}{48D_M}\left(\frac{3\pi}{4a}\right)^2 \left(\cos\frac{3\pi\alpha_1}{4a} - \frac{\sin\dfrac{3\pi}{4}}{\sinh\dfrac{3\pi}{4}}\cosh\frac{3\pi\alpha_1}{4a} \right)$$

8.1.3 算例分析

所选基本参数为：$a = 0.5\text{m}$，$h = 0.003\text{m}$，$h_1 = 0.5\text{m}$，$\rho_1 - \rho_2 = 200\text{kg/m}^3$。位于不同密度且可压缩理想流体层之间的对边固定矩形隔层板的挠度及变形应力，随板宽、板厚、流体高度和流体密度差的变化曲线，如图 8 - 2 ~ 图 8 - 11 所示。

图 8 - 2 是板宽、板厚、上层流体的高度和密度差分别不同时，位于可压缩理想流体层之间的对边固定隔层板的挠度沿板宽的分布曲线。

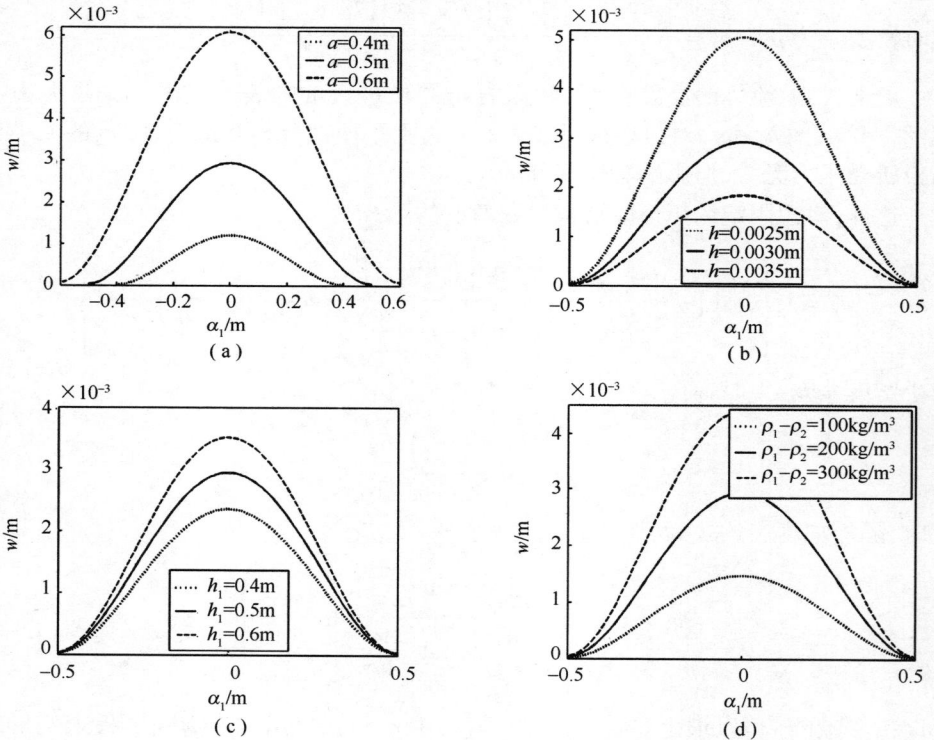

图 8 - 2　对边固定隔层板的变形

从图中可以看出，可压缩流体层之间薄板的变形关于坐标轴 α_3 对称，中心位置的变形最大，越靠近两端变形越小。

图 8 - 3 ~ 图 8 - 6 是位于可压缩理想流体层之间的对边固定的隔层板在 $\alpha_1 = 0$ 处的挠度随板宽 a、板厚 h、上层流体高度 h_1 和上下层流体密度差 $(\rho_1 - \rho_2)$ 变化的关系曲线。从图 8 - 3 中可以看出，挠度的最大值随板宽的增加迅速增大；当板宽较小时，挠度梯度较小；随着板宽的增加，挠度梯度越来越大。图 8 - 4 表示，挠度的最大值随板厚的增加迅速减小；当板厚较小时，挠度梯度较大；随着板厚的增加，挠度梯度越来越小。通过图 8 - 5 和图 8 - 6 不难看出：挠度的最大值随上层

流体的高度、上下层流体的密度差的增大而增大,呈线性关系。

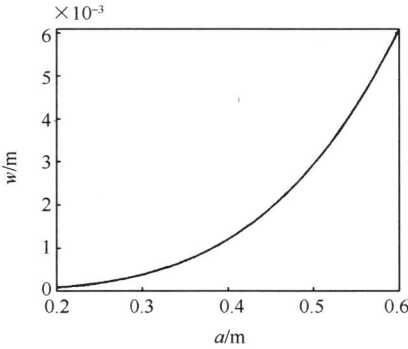

图 8-3　w 随 a 的变化

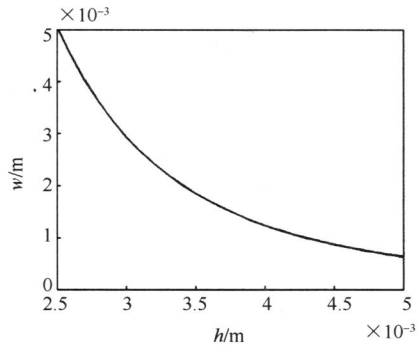

图 8-4　w 随 h 的变化

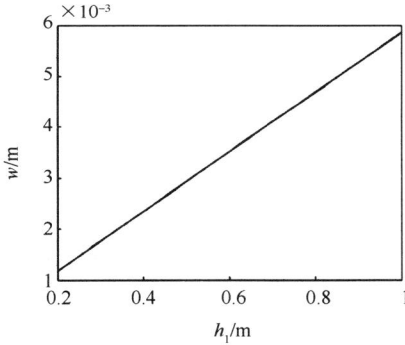

图 8-5　w 随 h_1 的变化

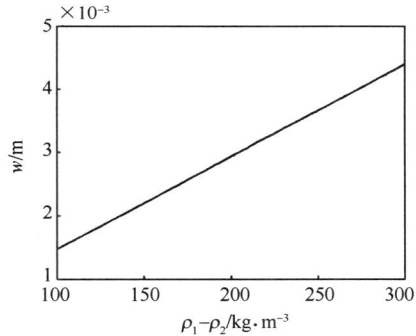

图 8-6　w 随 $\rho_1 - \rho_2$ 的变化

图 8-7 是不同板宽、不同板厚、不同上层流体高度和不同上下层流体密度差时,位于可压缩理想流体层之间的对边固定的隔层板应力 σ_1 沿板宽 α_1 方向的关系曲线。从图中可以看出,隔层板的应力 σ_1 关于坐标轴 α_3 是对称的,与挠度曲线相似。应力 σ_1 的值在 $\alpha_1 = 0$ 处达到极值,然后沿 α_1 方向数值逐渐减小至 0 后继续减小,两端固定处应力 σ_1 的值为负,数值达到最小,其绝对值比中点 $\alpha_1 = 0$ 处的数值大。当板宽 $a = 0.5\mathrm{m}$ 时,对边固定的隔层板应力 $\sigma_1 = 0$ 的点一致,均在 $\alpha_1 = \pm 0.27\mathrm{m}$ 处。

图 8-8 是位于可压缩理想流体层之间的对边固定的隔层板在 $\alpha_1 = 0$ 和 $\alpha_1 = a$ 处应力 σ_1 随板宽 a 变化的关系曲线。由图中可见:应力 σ_1 的绝对值随板宽的增加迅速增大,当板宽较小时,应力 σ_1 的梯度较小;随着板宽的增加,应力 σ_1 的梯度越来越大。

图 8-9 ～图 8-11 是当板宽 $a = 0.5\mathrm{m}$ 时,位于可压缩理想流体层之间的对边

197

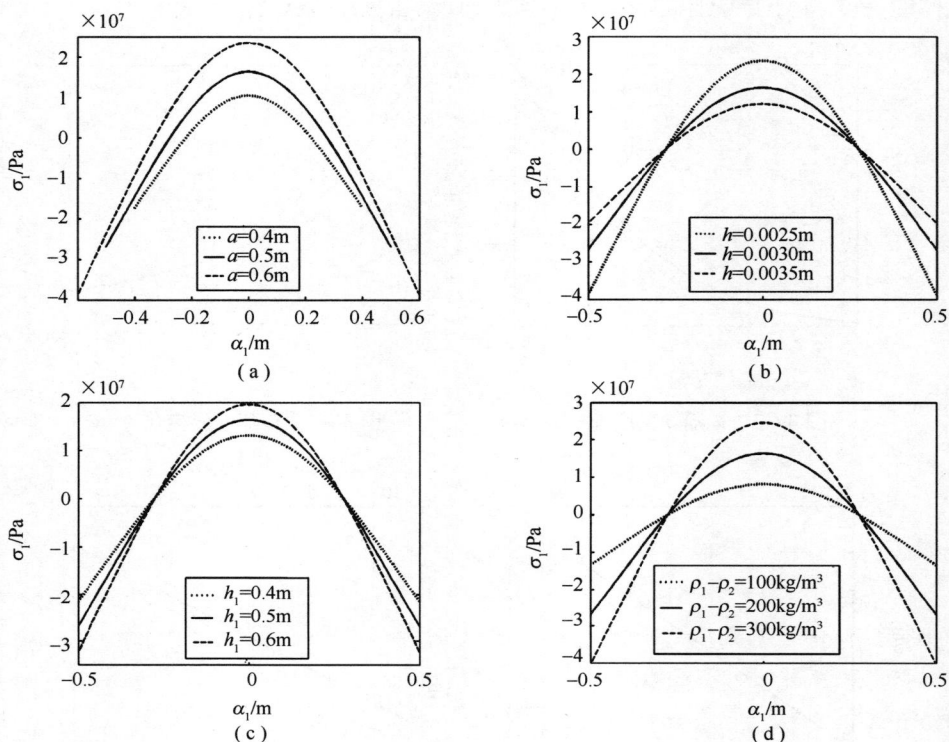

图 8-7 对边固定隔层板的应力

固定的隔层板在 $\alpha_1 = 0$ 和 $\alpha_1 = a$ 处,应力 σ_1 随板厚 h、上层流体高度 h_1 和上下层流体密度差($\rho_1 - \rho_2$)变化的关系曲线。

通过图 8-9 还可以看出:应力 σ_1 绝对值的最大值随板厚的增加迅速减小;当板厚较小时,应力 σ_1 的梯度较大;随着板厚的增加,应力 σ_1 的梯度越来越小。

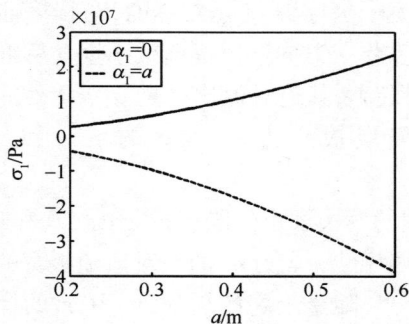

图 8-8 σ_1 随 a 的变化

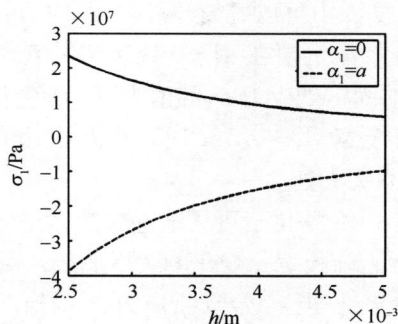

图 8-9 σ_1 随 h 的变化

图 8 - 10 和图 8 - 11 给出:应力 σ_1 随上层流体的高度、上下层流体的密度差的增大而增大,且呈线性关系,与挠度的变化规律是一致的。

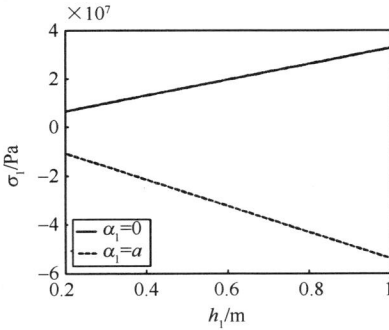

图 8 - 10 σ_1 随 h_1 的变化   图 8 - 11 σ_1 随 $\rho_1 - \rho_2$ 的变化

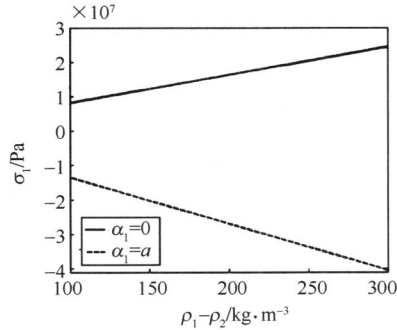

从图 8 - 2 ~ 图 8 - 11 可进一步了解到:位于不同密度可压缩理想流体层之间的对边固定弹性矩形隔层板变形及弯曲应力的变化规律。

弹性隔层板的变形为全波变形,是对称形式。由于隔层板的变形为小变形,所以下层流体体积的减小微乎其微。

随板宽的增加、板厚的减小,挠度梯度增大;当板宽较小、板厚较大时,挠度梯度变化不明显;弯曲应力的变化规律与挠度的变化相似,不过变化幅度不如挠度明显;挠度和弯曲应力与上层流体的高度和上下层流体密度差的大小基本呈线性关系。

位于不同密度可压缩理想流体层之间的对边固定的弹性矩形隔层板的弯曲应力,当板宽为定值而其他参数变化时,应力为 0 的点的位置是相同的;当板半宽 $a = 0.5\mathrm{m}$ 时,应力为 0 的点均位于 $\alpha_1 = \pm 0.27\mathrm{m}$ 处,略偏离 $\alpha_1 = a/2$ 点,靠近固定边界。

8.1.4　数值模拟

对于可压缩流体层之间的对边固定隔层板的变形与应力,取 $a = 0.5\mathrm{m}$,$h = 0.003\mathrm{m}$,$\rho_1 - \rho_2 = 200\mathrm{kg/m}^3$,$h_1 = 0.5\mathrm{m}$,采用 ANSYS 软件进行数值模拟。

将弹性隔层板变形同应力的理论解与数值模拟的结果相比较,图 8 - 12 和图 8 - 13 分别给出了挠度分布和应力分布的比较图。图中不难看出,数值模拟的最大挠度值为 3.15mm,而理论值为 2.93mm,两者误差为 6.98% ;最大挠度值处的应力,数值模拟的值为 $1.834 \times 10^7 \mathrm{Pa}$,而理论值为 $1.634 \times 10^7 \mathrm{Pa}$,两者误差为 10.91% 。

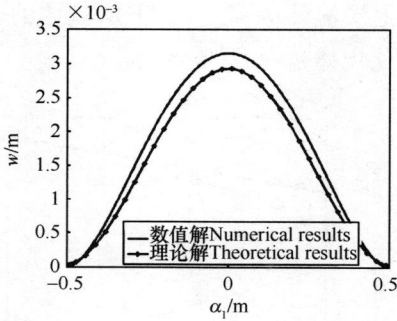

图 8-12 挠度图

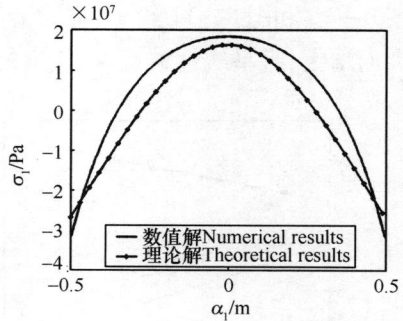

图 8-13 应力图

8.2 贮箱隔层板的振动

8.2.1 问题描述

本节主要研究水平放置的贮液箱中,位于不同密度理想流体层之间的弹性矩形薄板的振动问题(图 8-1)[3]。流体动力方程式仍为式(8-1),弹性隔层板动力方程式仍为式(8-2)。

隔层板的边界条件为固定

$$(w)_{\alpha_1 = \pm a} = \left(\frac{\partial w}{\partial \alpha_1}\right)_{\alpha_1 = \pm a} = 0 \tag{8-7}$$

上下层流体在与隔层板接触面处沿坐标轴 α_3 方向的位移与板的挠度相等,下层流体在贮箱底部沿坐标轴 α_3 方向没有位移

$$(W_1)_{\alpha_3 = 0} = (W_2)_{\alpha_3 = 0} = (w)_{\alpha_3 = 0}, \qquad (W_2)_{\alpha_3 = h_2} = 0 \tag{8-8}$$

上下层流体在贮箱垂直壁面处的沿坐标轴 α_1 方向没有位移

$$(U_1)_{\alpha_1 = \pm a} = (U_2)_{\alpha_1 = \pm a} = 0 \tag{8-9}$$

液体表面处

$$(p_1)_{\alpha_3 = -h_1} = 0 \tag{8-10}$$

8.2.2 位移解的函数形式

在自由表面处给一液体扰动的状态下,贮箱内流体质点的位移设为

$$U_j = -(L\sin m\alpha_1 - M\cos m\alpha_1)(\sinh m\alpha_3 + N\cosh m\alpha_3)\exp(\mathrm{i}\omega t)$$

$$W_j = (L\cos m\alpha_1 + M\sin m\alpha_1)(\cosh m\alpha_3 + N\sinh m\alpha_3)\exp(\mathrm{i}\omega t) \qquad (j=1,2)$$

式中:L、M、N 为待定系数;$\omega = 2\pi f$ 为干扰力圆频率,f 为干扰力频率;i 为虚数单位;$m = \dfrac{\pi}{a}$。使上式满足条件式(8-9)得到

200

$$L \neq 0, \quad M = 0, \quad \sin ma = 0$$

或者
$$M \neq 0, \quad L = 0, \quad \cos ma = 0 \tag{8-11}$$

相应于式(8-11)问题的对称解为

$$\begin{cases} U_j = -\exp(i\omega t) \times \sum_{n=1}^{\infty} L_{jn} \sin m_n \alpha_1 (\sinh m_n \alpha_3 + N_{jn} \cosh m_n \alpha_3) \\ W_j = \exp(i\omega t) \times \sum_{n=1}^{\infty} L_{jn} \cos m_n \alpha_1 (\cosh m_n \alpha_3 + N_{jn} \sinh m_n \alpha_3) \end{cases} (j = 1,2) \tag{8-12}$$

式中: $m_n = \dfrac{n\pi}{a}$, L_{jn} 和 N_{jn} 为与 n 有关的待定参数。

当 $\alpha_3 = -h_1$ 时,由式(8-10)知 $\dfrac{\partial p_1}{\partial \alpha_1} = 0$,则由式(8-1)及式(8-12)得 $N_{1n} = \tanh m_n h_1$;由式(8-8)的最后一个条件及式(8-12)得 $N_{2n} = -\coth m_n h_1$。若 m_n 为大值,则可以设 $N_{1n} \approx 1, N_{2n} \approx -1$。由式(8-8)的第一个条件及式(8-12)得 $L_{1n} = L_{2n}$。

8.2.3 隔层板上下表面压力差的确定

将式(8-12)的第二个表达式代入式(8-1)的第二个等式,对于上部流体从 $-h_1$ 到 0 积分,并考虑到式(8-10),可以得出

$$p_1 = \exp(i\omega t) \sum_{n=1}^{\infty} L_{1n} \cos m_n \alpha_1 \rho_1 g \left[\left(1 + \frac{\omega^2}{gm_n} N_{1n} \right)(1 - \cosh m_n h_1) + \left(N_{1n} + \frac{\omega^2}{gm_n} \right) \sinh m_n h_1 \right]$$

对于下部流体积分后令 $\alpha_3 = 0$,可以得出

$$p_2 = \exp(i\omega t) \sum_{n=1}^{\infty} L_{2n} \cos m_n \alpha_1 \rho_2 g \left(1 + \frac{\omega^2}{gm_n} N_{2n} \right) + K$$

由于 $L_{1n} = L_{2n}$,则薄板上的压力差为

$$p_1 - p_2 = \exp(i\omega t) \sum_{n=1}^{\infty} L_{1n} f_n \cos m_n \alpha_1 + K \tag{8-13}$$

式中: K 为积分常数; f_n 的表达式为

$$f_n = \rho_1 g \left[\left(1 + \frac{\omega^2}{gm_n} N_{1n} \right)(1 - \cosh m_n h_1) + \left(N_{1n} + \frac{\omega^2}{gm_n} \right) \sinh m_n h_1 \right] - \rho_2 g \left(1 + \frac{\omega^2}{gm_n} N_{2n} \right)$$

8.2.4 动力方程的解

弹性隔层板在压力差式(8-13)的作用下,求解动力方程式(8-2)有

$$w = \exp(i\omega t) \Big(A\cos \eta \alpha_1 + B\sin \eta \alpha_1 + C\cosh \eta \alpha_1 + D\sinh \eta \alpha_1 + \sum_{n=1}^{\infty} \frac{L_{1n} f_n}{D_M(m_n^4 - \eta^4)} \cos m_n \alpha_1 - \frac{K}{D_M \eta^4} \Big) \tag{8-14}$$

式中：A、B、C、D 为待定系数；$\eta^4 = \dfrac{\rho_s h \omega^2}{D_M}$。解式（8-14）在 $m_n \neq \eta$ 时成立，解对称变形的条件为 $B = D = 0$。

由条件式（8-7）中 $\left(\dfrac{\partial w}{\partial \alpha_1}\right)_{\alpha_1 = \pm a} = 0$ 得

$$C = \frac{A \sin \eta a}{\sinh \eta a}$$

将 $\cos \eta \alpha_1 + \dfrac{\sin \eta a}{\sinh \eta a} \cosh \eta \alpha_1$ 展开成 $\cos m_n \alpha_1$ 的级数形式，在谐波相同的情况下，认为系数相同，则

$$L_{1n} = \frac{D_M (m_n^4 - \eta^4) a_n A}{D_M (m_n^4 - \eta^4) - f_n}$$

式中

$$a_n = \begin{cases} \dfrac{2\eta \sin \eta a}{a(\eta^2 - m_n^2)} & (n = 2, 4, 6, \cdots) \\[4mm] \dfrac{2\eta \sin \eta a (3\eta^2 - m_n^2)}{a(m_n^4 - \eta^4)} & (n = 1, 3, 5, \cdots) \end{cases}$$

由条件式（8-7）中 $(w)_{\alpha_1 = \pm a} = 0$ 得

$$K = D_M \eta^4 \left[A \cos \eta a + \frac{A \sin \eta a}{\sinh \eta a} \cosh \eta a + \sum_{n=1}^{\infty} \frac{L_{1n} f_n}{D_M (m_n^4 - \eta^4)} \cos m_n a \right]$$

这样，参数 C, L_{1n} 和 K 都用 A 表示，综合上述条件确定 $A = \dfrac{(\rho_1 - \rho_2) g h_1 (2a)^4}{384 D_M}$。由于上式中的级数收敛速度很快，取两项计算即可。

8.2.5 算例分析

讨论各参数对隔板振动的影响，取基本参数为：$a = 0.5\mathrm{m}$, $h = 0.003\mathrm{m}$, $\rho_1 - \rho_2 = 200\mathrm{kg/m^3}$, $h_1 = 0.5\mathrm{m}$, $h_2 = 0.5\mathrm{m}$, $f = 12\mathrm{Hz}$。

1. 参数对振幅的影响

隔层板中点振动的位移时间历程曲线见图 8-14。从图中可以看出，隔层板的中点随扰动作简谐振动，振动频率与扰动频率相同。

图 8-15 是隔板不同位置点的位移时间历程曲线。从图中可以看出，隔板振动的最大位移出现在中点，越靠近边界处位移越小。

图 8-16 是不同宽度隔板中点的位移时间历程曲线，可见板宽越大，振动幅值越大。

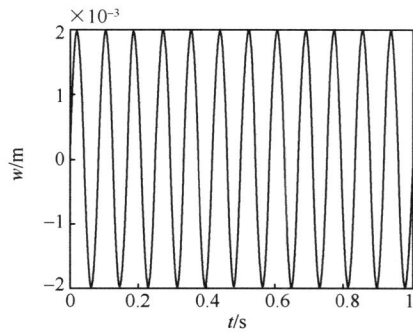

图 8 – 14　隔板的位移时间历程曲线

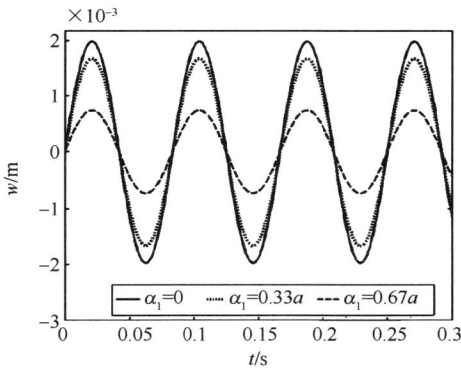

图 8 – 15　隔板不同位置的 w – t 图

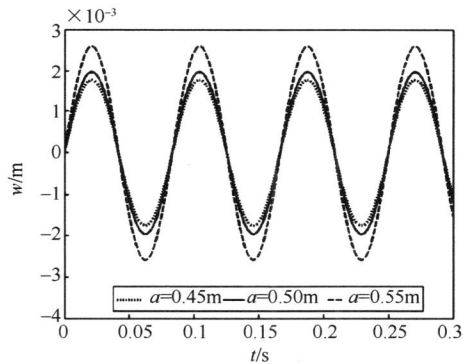

图 8 – 16　不同板宽时隔板中点的 w – t 图

图 8 – 17 是不同厚度隔板中点位移的时间历程曲线。

图 8 – 18 是不同频率时隔板中点位移的时间历程曲线。该曲线表示：干扰力的频率在 $10 \sim 14\mathrm{Hz}$ 变化时，频率越小，其振动幅值越大。

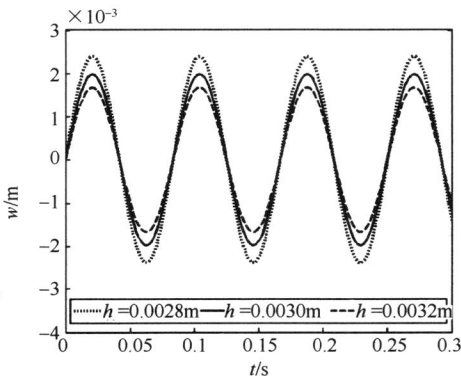

图 8 – 17　不同板厚时隔板中点的 w – t 图

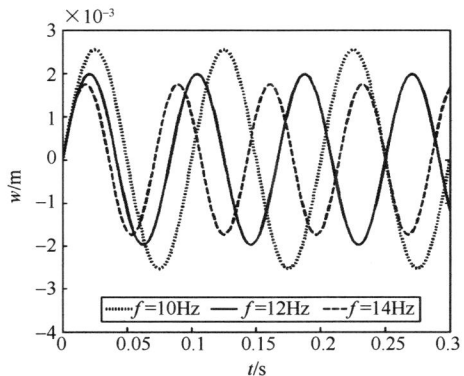

图 8 – 18　不同频率时隔板中点的 w – t 图

图 8 - 19 是不同上层流体高度时,隔板中点位移的时间历程曲线。由此曲线可见:上层流体高度越大,其振动幅值也越大。

图 8 - 20 是不同上下流体密度差时,隔板中点位移的时间历程曲线。曲线表明:上下层流体密度差越大,其振动幅值也越大。

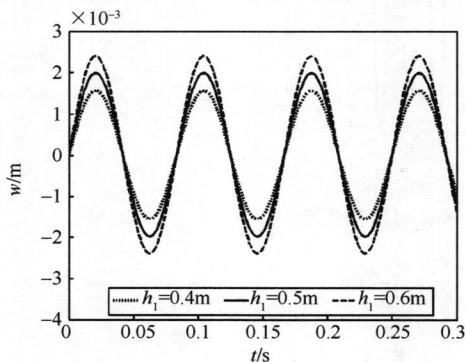

图 8 - 19　不同上层流体高度
时隔板中点的 $w - t$ 图

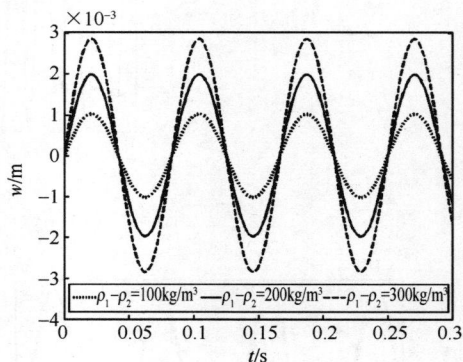

图 8 - 20　不同密度差
时隔板中点的 $w - t$ 图

2. 参数对固有频率的影响

图 8 - 21 ~ 图 8 - 23 是隔层板中点位移随干扰力频率变化的曲线。图中变化的曲线说明:隔层板在振动过程中出现了共振现象,其共振频率是随着板宽的增

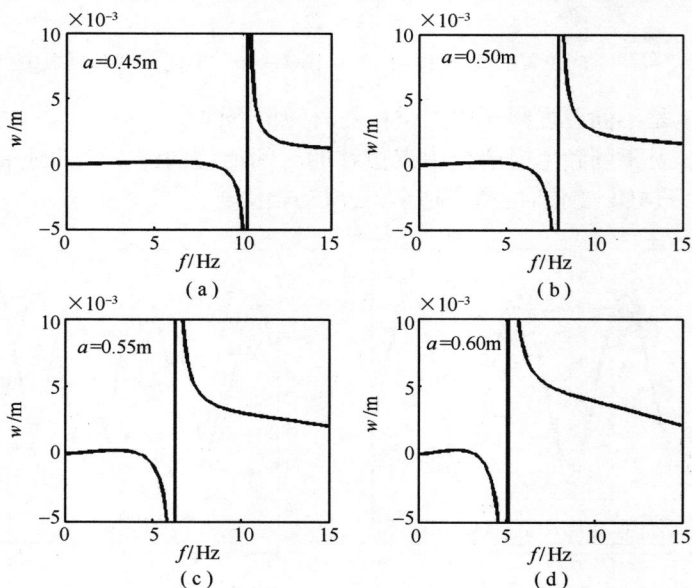

图 8 - 21　不同板宽时隔板中点最大位移随频率变化曲线

204

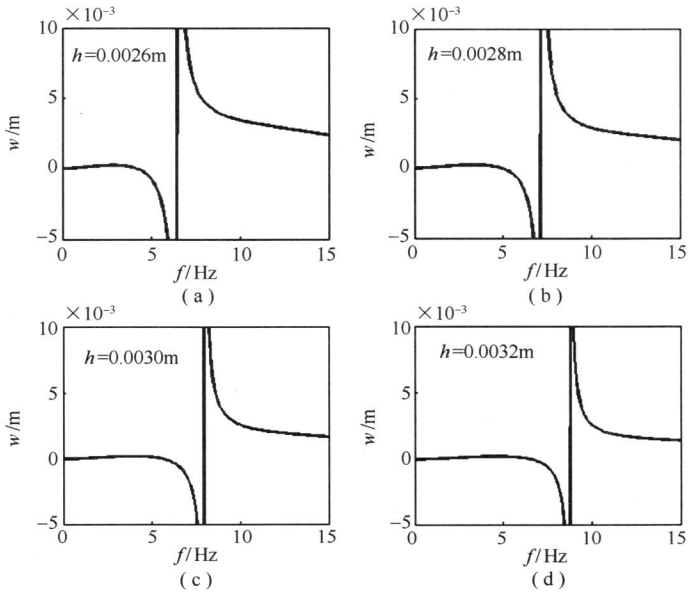

图 8 - 22　不同板厚时隔板中点最大位移随频率变化曲线

加、板厚的减小、上下层流体密度差的减小而减小的。板宽和板厚的影响比较明显,上下层流体密度差的影响却较小。

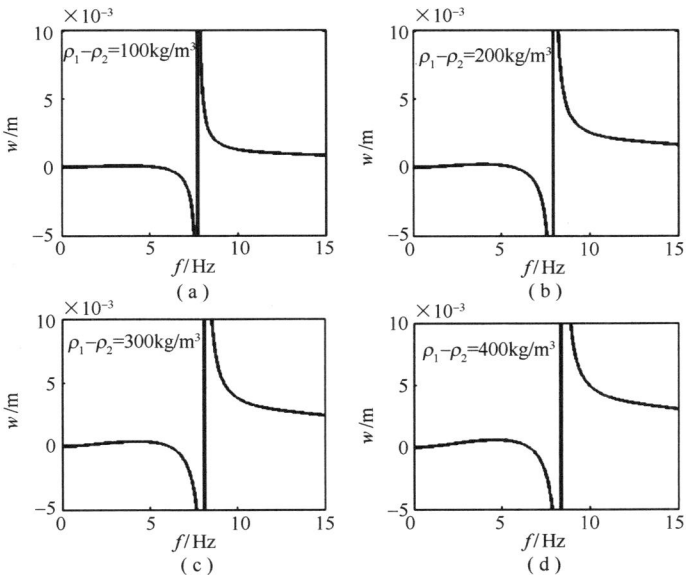

图 8 - 23　不同密度差最大位移随频率变化曲线

从隔层板的典型振型图 8 - 24 可以看出:随着干扰力频率的增加,隔板的振动出现单峰共振和双峰共振,这说明扰动频率增大,会激发出高阶的振动模式。

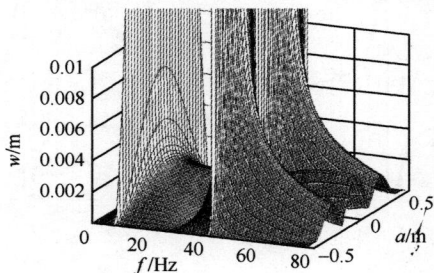

图 8 - 24　隔层板的典型振型图

图 8 - 25 给出了当干扰力频率分别为 $f = 10\text{Hz}, 20\text{Hz}, 35\text{Hz}$ 时,隔层板位移 w 的时间历程曲线。从图中给出的曲面可以看出:随着干扰力频率的增加,隔层板的振动从单峰向多峰的变化过程。

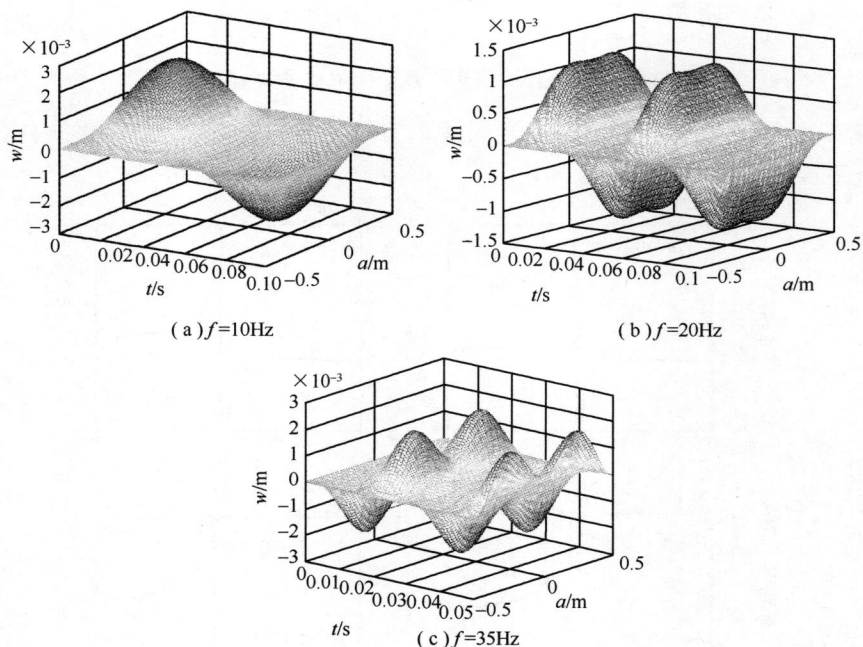

（a）f=10Hz

（b）f=20Hz

（c）f=35Hz

图 8 - 25　不同频率时位移时间历程曲线

8.3　气缸弹性缸底的混沌运动分析

本节采用单一拉格朗日法研究充满可压缩理想气体的气缸弹性底在气体耦合

作用下的混沌运动。因气缸壁厚而简化为刚性壁,一端为刚性活塞按简谐规律运动,另一端为周边刚性固定在缸壁上的弹性薄板。根据流体运动方程和板壳的弹性理论建立流固耦合方程,利用数值方法求解。通过算例,分析气缸弹性缸底的混沌运动及应力变化规律,并给出系统的波形图、相图、Poincare 截面、分岔图及最大 Lyapunov 指数图,且对气缸弹性缸底的混沌运动状态进行分析[4,5]。

8.3.1　气体运动方程

如图 8-26 所示,在充满可压气体的气缸中,采用 $\alpha_1 = \xi$ 和 $\alpha_3 = r$ 表示固体纵向及径向拉格朗日坐标,用 W 和 U 表示气体在纵向 ξ 和径向 r 中的位移分量。

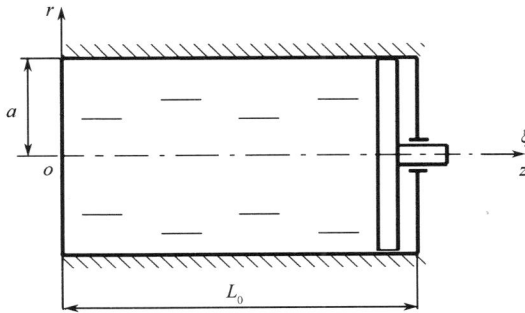

图 8-26　具有弹性底刚性管壁的气缸

假定该问题中弹性缸底和气体运动间的相互滑动太小而被忽略,则由文献[4],气体运动方程为

$$\frac{1}{a_0^2}\frac{\partial^2 W}{\partial t^2} = \frac{\partial}{\partial \xi}\left(\frac{\partial W}{\partial \xi} + \frac{\partial U}{\partial r} + \frac{U}{r}\right), \quad \frac{1}{a_0^2}\frac{\partial^2 U}{\partial t^2} = \frac{\partial}{\partial r}\left(\frac{\partial W}{\partial \xi} + \frac{\partial U}{\partial r} + \frac{U}{r}\right) \quad (8-15)$$

$$p = -\gamma p_0\left(\frac{\partial W}{\partial \xi} + \frac{\partial U}{\partial r} + \frac{U}{r}\right), \quad a_0^2 = \frac{\gamma p_0}{\rho_0} \quad (8-16)$$

式中:ρ_0 为气体密度;p_0 为气体初始压力;p 为气体压力;t 为时间变量;γ 为气体绝热定律关系式 $p/p_0 = (\rho/\rho_0)^\gamma$ 中的方指数。在活塞运动过程中,贴近弹性缸底的气体位移很小,计算中可以忽略气体沿缸底的径向位移,则式(8-15)、式(8-16)可简化为

$$\frac{1}{a_0^2}\frac{\partial^2 W}{\partial t^2} = \frac{\partial^2 W}{\partial \xi^2}, \quad p = -\gamma p_0\frac{\partial W}{\partial \xi} \quad (8-17)$$

气体边界条件为,在 $\xi = 0$ 处

$$W|_{\xi=0} = w$$

在 $\xi = L_0$ 处

$$W|_{\xi=L_0} = l\sin(\omega t) \quad (8-18)$$

式中:w 为底板挠度;l 为活塞行程;ω 为活塞运动圆频率。由式(8-17)、式(8-18)可得到满足边界条件的 W 函数表达式

$$W = \frac{1}{\omega L_0}\left[l\sin(\omega t) - w \right]\sin(\omega\xi) -$$

$$\sum_{n=1}^{\infty} \frac{2n\pi a_0}{\omega L_0^2}\sin(\omega\xi)\int_0^t \left[\frac{\partial^2 w}{\partial\tau^2} + \omega^2 l\sin(\omega\tau)\cos(n\pi) \right]\sin\left[\frac{n\pi a_0}{L_0}(t - \tau) \right]\mathrm{d}\tau$$

由此有

$$\left.\frac{\partial W}{\partial\xi}\right|_{\xi=0} = \frac{1}{L_0}\left[l\sin(\omega t) - w \right] -$$

$$\sum_{n=1}^{\infty} \frac{2n\pi a_0}{L_0^2}\int_0^t \left[\frac{\partial^2 w}{\partial\tau^2} + \omega^2 l\sin(\omega\tau)\cos(n\pi) \right]\sin\left[\frac{n\pi a_0}{L_0}(t - \tau) \right]\mathrm{d}\tau$$

气体对底板的作用力 P 可表示为

$$P = p\bigg|_{\xi=0} = -\gamma p_0\left.\frac{\partial W}{\partial\xi}\right|_{\xi=0} \tag{8-19}$$

由上式可得

$$\frac{\partial p}{\partial t} = \frac{-\gamma p_0}{L_0}\left[l\omega\cos(\omega t) - \frac{\partial w}{\partial t} \right]$$

8.3.2 气缸弹性缸底运动方程的建立

气缸的弹性缸底为周边固定的圆形薄板结构,可建立柱坐标系 (r,θ,z)。其中 r、θ 分别为沿弹性缸底径向和环向坐标,z 为法向坐标,且与 ξ 方向重合。略去自重,可得气缸弹性缸底的轴对称运动方程[6]为

$$D_M\nabla^4 w - hL(\phi,w) + \rho_s h\frac{\partial^2 w}{\partial t^2} = P \tag{8-20}$$

$$\nabla^4\phi + \frac{E}{2}L(w,w) = 0 \tag{8-21}$$

式中:h 为缸底厚度;ϕ 为应力函数;ρ_s 为缸底材料密度。且

$$\nabla^4 = \nabla^2(\nabla^2), \quad \nabla^2 = \frac{\partial^2}{\partial r^2} + \frac{1}{r}\frac{\partial}{\partial r}, \quad \sigma_r = \frac{1}{r}\frac{\partial\phi}{\partial r}, \quad \sigma_\theta = \frac{\partial^2\phi}{\partial r^2},$$

$$L(w,w) = \frac{2}{r}\frac{\partial w}{\partial r}\frac{\partial^2 w}{\partial r^2}, \quad L(\phi,w) = \frac{\partial^2\phi}{\partial r^2}\left(\frac{1}{r}\frac{\partial w}{\partial r} \right) + \frac{\partial^2 w}{\partial r^2}\left(\frac{1}{r}\frac{\partial\phi}{\partial r} \right) \tag{8-22}$$

令 $\overline{w} = \dfrac{w}{h}$, $x = \dfrac{r}{a}$, $F = \dfrac{\phi}{E}$,其中 a 为弹性缸底半径,E 为材料的弹性模量。则式(8-20)、式(8-21)可化为

$$\frac{h}{a^4}D_M\overline{\nabla}^4\overline{w} - h\,\overline{L}(F,\overline{w}) + \rho_s h^2\frac{\partial^2\overline{w}}{\partial t^2} = P \tag{8-23}$$

$$\overline{\nabla}^4 F + \frac{h^2}{2}\overline{L}(\overline{w},\overline{w}) = 0 \qquad\qquad (8-24)$$

式中：$\overline{\nabla}^4 = \overline{\nabla}^2(\overline{\nabla}^2)$，　$\overline{\nabla}^2 = \dfrac{\partial^2}{\partial x^2} + \dfrac{1}{x}\dfrac{\partial}{\partial x}$；　$\overline{L}(\overline{w},\overline{w}) = \dfrac{2}{x}\dfrac{\partial \overline{w}}{\partial x}\dfrac{\partial^2 \overline{w}}{\partial x^2}$；　$\overline{L}(F,\overline{w}) = \dfrac{\partial^2 F}{\partial x^2}\left(\dfrac{1}{x}\dfrac{\partial \overline{w}}{\partial x}\right) + \dfrac{\partial^2 \overline{w}}{\partial x^2}\left(\dfrac{1}{x}\dfrac{\partial F}{\partial x}\right)$。

弹性缸底边界条件：在 $x=1$ 处

$$\overline{w} = \frac{\partial \overline{w}}{\partial x} = 0, \quad \frac{\partial^2 F}{\partial x^2} + \frac{\nu}{x}\frac{\partial F}{\partial x} = 0 \qquad\qquad (8-25)$$

弹性缸底的位移量和应力函数可设为

$$\overline{w} = A(t)[C_0 H_0 + C_2 H_2(x) + H_4(x)] \qquad\qquad (8-26)$$

$$F = a_5 x^8 + a_4 x^6 + a_3 x^4 + a_2 x^2 \qquad\qquad (8-27)$$

式中：$H_0 = 1$；　$H_2(x) = 4x^2 - 2$；　$H_4(x) = 16x^4 - 48x^2 + 12$；　$A(t)$ 为振幅。

由式（8-25）、式（8-26）可得

$$C_0 = 12, \quad C_2 = 4 \qquad\qquad (8-28)$$

由式（8-24）、式（8-26）和式（8-27）得

$$a_2 = \frac{64(5+3\nu)}{3(1+\nu)}h^2 A^2(t), \quad a_3 = -64h^2 A^2(t), \quad a_4 = \frac{256}{9}h^2 A^2(t), \quad a_5 = -\frac{16}{3}h^2 A^2(t)$$
$$(8-29)$$

所以有

$$\overline{w} = A(t)(16x^4 - 32x^2 + 16) \qquad\qquad (8-30)$$

$$F = \left[-\frac{16}{3}x^8 + \frac{256}{9}x^6 - 64x^4 + \frac{64(5+3\nu)}{3(1+\nu)}x^2\right]h^2 A^2(t) \qquad\qquad (8-31)$$

由式（8-23）、式（8-26），根据伽辽金原理，有

$$\int_0^1 \left[\frac{h}{a^4}D\overline{\nabla}^4\overline{w} - h\overline{L}(F,\overline{w}) + \rho_s h^2 \frac{\partial^2 \overline{w}}{\partial t^2} - P\right] \times [C_0 H_0 + C_2 H_2(x) + H_4(x)]x\mathrm{d}x = 0$$
$$(8-32)$$

式（8-32）对 t 求导，由式（8-19）、式（8-28）~式（8-31），整理可得

$$\frac{\partial^3 A(t)}{\partial t^3} + J_1 A^2(t)\frac{\partial A(t)}{\partial t} + J_2\frac{\partial A(t)}{\partial t} + J_3\cos(\omega t) = 0 \qquad\qquad (8-33)$$

式中

$$J_1 = \frac{2560Eh^2(23+9\nu)}{21a^4(1+\nu)\rho_s}, \quad J_2 = \frac{320D_M L_0 - 3a^4\gamma p_0}{3a^4 h L_0\rho_s}, \quad J_3 = \frac{5\gamma l\omega p_0}{48h^2 L_0\rho_s}$$

式(8-33)可利用数值方法求解。根据式(8-28)可得弹性缸底内力的变化。

8.3.3　混沌运动分析

已知气缸长度 $L_0 = 0.4\text{m}$，弹性缸底半径 $a = 0.2\text{m}$，厚度 $h = 0.9\text{mm}$，密度 $\rho_s = 7800\text{kg/m}^3$，弹性模量 $E = 200\text{GPa}$，泊松比 $\nu = 0.28$；缸内气体初始压力 $p_0 = 1.01 \times 10^5\text{Pa}$，密度 $\rho_0 = 1.293\text{kg/m}^3$；初始条件为：挠度 $w = 0.0\text{m}$，速度 $v = \mathrm{d}w/\mathrm{d}t = 0.0\text{m/s}$，加速度 $\mathrm{d}^2w/\mathrm{d}t^2 = 0.0\text{m/s}^2$。

图 8-27～图 8-32 为系统随活塞行程 l 变化的 Poincare 截面，可以看出，系统是由周期环面的破坏进入混沌状态的。图 8-33 为活塞在行程 $l = 0.05\text{m}$，运动频率 $\omega = 15\text{rad/s}$ 时，气缸弹性缸底中心处的运动位移波形图、相图、Poincare 截面和最大 Lyapunov 指数 λ_1 图。在最大 Lyapunov 指数 λ_1 图中，横坐标 T 为计算周期。可以看出最大 Lyapunov 指数 λ_1 大于零，因此，气缸弹性缸底为混沌运动状态。图 8-34、图 8-35 分别为 $\omega = 15\text{rad/s}$ 到 $\omega = 25\text{rad/s}$ 时，气缸弹性缸底的分岔图和最大 Lyapunov 指数 λ_1 图。由图可见，在此过程中，系统完全处于混沌运动状态。图 8-36、图 8-37 分别给出了活塞运动频率 $\omega = 20\text{rad/s}$ 时，活塞行程由 $l = 0.05\text{m}$ 到 $l = 0.15\text{m}$ 时的分岔图和最大 Lyapunov 指数 λ_1 图。可以看出，在此过程中的最大

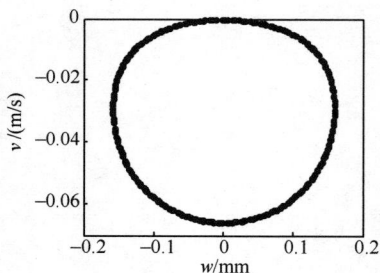

图 8-27　$l = 0.02\text{m}$ 时的 Poincare 截面图

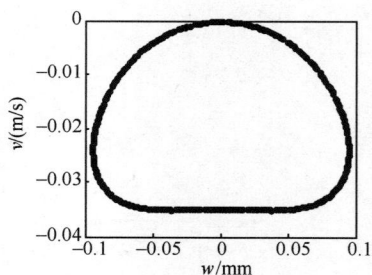

图 8-28　$l = 0.03\text{m}$ 时的 Poincare 截面图

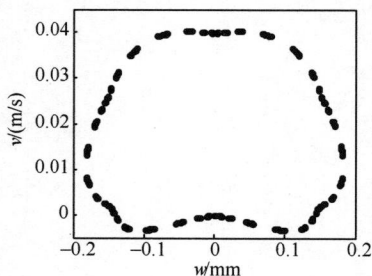

图 8-29　$l = 0.04\text{m}$ 时的 Poincare 截面图

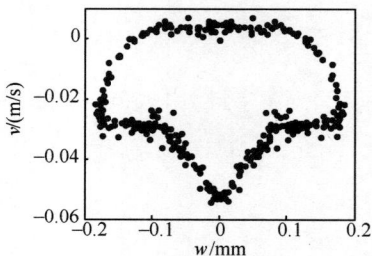

图 8-30　$l = 0.06\text{m}$ 时的 Poincare 截面图

Lyapunov 指数 λ_1 大于零，系统仍完全为混沌运动状态。图 8-38、图 8-39 分别为气缸弹性缸底中心处挠度 w 及固定边界处的径向应力 σ_r、环向应力 σ_θ 的最大值随活塞运动频率 ω 与活塞行程 l 的变化曲线。由图可见，随着活塞的行程及运动频率的增加，气缸弹性缸底中心处挠度 w 增大，固定边界处的径向应力 σ_r、环向应力 σ_θ 的最大值也增大。

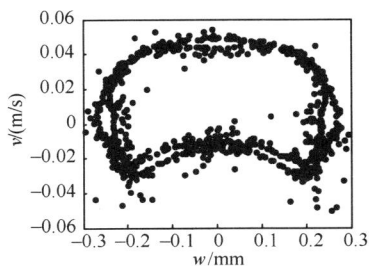

图 8-31　$l=0.07\mathrm{m}$ 时的 Poincare 截面图

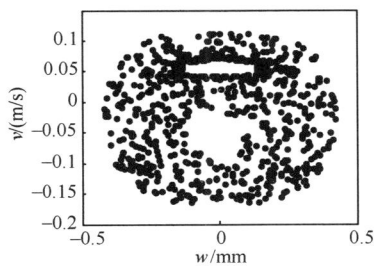

图 8-32　$l=0.08\mathrm{m}$ 时的 Poincare 截面图

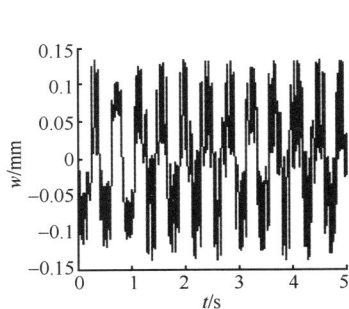

（a）波形图

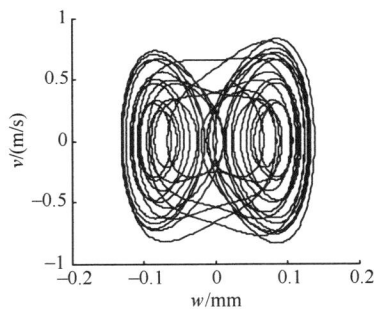

（b）相图

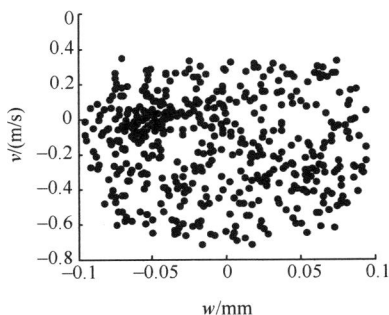

（c）Poincare截面图

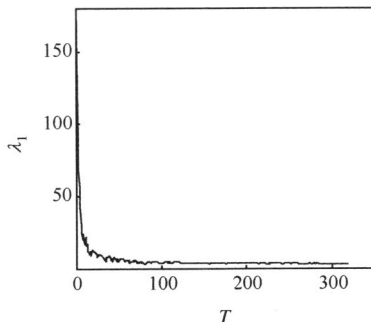

（d）最大Lyapunov指数 λ_1 图

图 8-33　波形图、相图、Poincare 截面和最大 Lyapunov 指数 λ_1 图

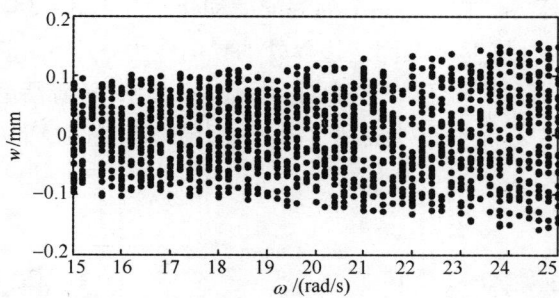

图 8 - 34　分岔图

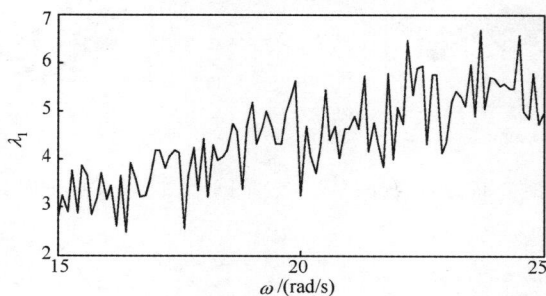

图 8 - 35　最大 Lyapunov 指数图

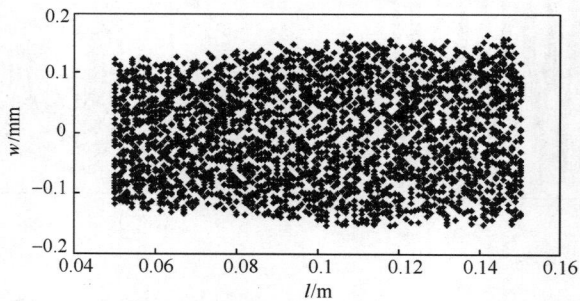

图 8 - 36　分岔图

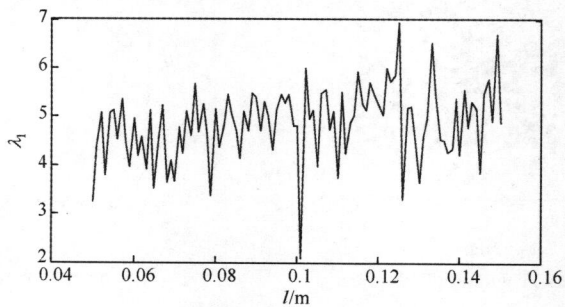

图 8 - 37　最大 Lyapunov 指数图

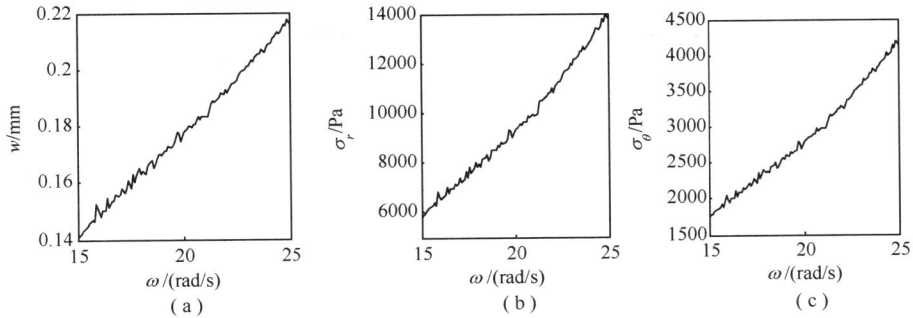

图 8-38 $w-\omega(a)$，$\sigma_r-\omega(b)$，$\sigma_\theta-\omega(c)$ 的关系曲线

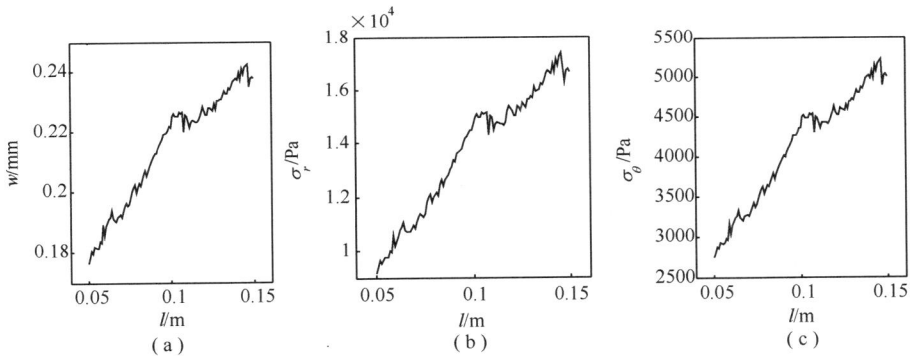

图 8-39 $w-l(a)$，$\sigma_r-l(b)$，$\sigma_\theta-l(c)$ 的关系曲线

8.4 双层圆筒的混沌运动分析

流固耦合作用于水下复杂结构的振动特性研究，对水下辐射噪声预报具有重要的军事意义，尤其对于双层圆柱的壳体结构。本节以内部充气的双层圆筒为模型，根据流体力学中的基本方程和板壳的弹性理论建立流固耦合方程，利用数值方法求解；分析内层圆筒为振源做简谐振动时的外层圆筒的混沌运动，其研究结果可用于对外层圆筒的混沌运动进行控制。

8.4.1 气体运动方程

气体通常被认为是可压缩流体，建立如图 8-40 所示柱坐标系 (r,θ,z)。r 表示径向坐标，θ 表示环向坐标，z 表示轴向坐标。在此问题中，假设 z 方向无限长。

气体运动的连续性方程为[5]

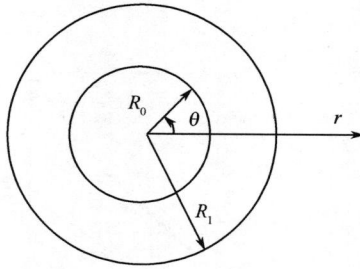

图 8 - 40 双层圆筒示意图

$$\frac{1}{r} \frac{\partial}{\partial r}(r\rho V_r) = 0 \qquad (8-34)$$

运动方程为

$$\frac{\partial V_r}{\partial t} + V_r \frac{\partial V_r}{\partial r} + \frac{1}{\rho} \frac{\partial p}{\partial r} = 0 \qquad (8-35)$$

音速公式为

$$\frac{\partial p}{\partial r} = a^2 \frac{\partial \rho}{\partial r} \qquad (8-36)$$

式中:ρ 为气体密度;p 为压力;a 为气体中的音速;V_r 为气体径向运动速度;t 为时间变量。

8.4.2 外层圆筒运动方程

假设外层圆筒为无限长,根据文献[7],可得到无限长圆筒的径向运动方程为

$$\rho_s h \frac{\partial^2 w_s}{\partial t^2} + D_N \frac{w_s}{R_1^2} = p_R \qquad (8-37)$$

式中:$D_N = \frac{Eh}{1-\nu^2}$;p_R 为气体作用在外圆筒内壁上的均布压力;w_s 为外圆筒的径向位移;ρ_s 为外圆筒密度;h 为外圆筒厚度;R_1 为外圆筒半径;E 为弹性模量;ν 为泊松比。

8.4.3 流固耦合运动方程的建立

气体边界条件为,在 $r = R_0 + l\cos(\omega t)$ 处

$$w \big|_{r = R_0 + l\cos(\omega t)} = R_0 + l\cos(\omega t) \qquad (8-38)$$

在 $r = R_1 + w_s$ 处,$w \big|_{r = R_1 + w_s} = R_1 + w_s$。其中,$l$ 为内圆筒振幅,ω 为内圆筒振动频率。

由式(8-36)可得

$$p + p_0 = a^2 \rho \qquad (8-39)$$

214

式中:p_0 为常数。

由式(8-34)、式(8-39)可得

$$(p+p_0)V_r + rV_r\frac{\partial p}{\partial r} + r(p+p_0)\frac{\partial V_r}{\partial r} = 0 \qquad (8-40)$$

由式(8-35)可得

$$\frac{\partial V_r}{\partial t} + V_r\frac{\partial V_r}{\partial r} + \frac{a^2}{p+p_0}\frac{\partial p}{\partial r} = 0 \qquad (8-41)$$

由式(8-40)、式(8-41)可得

$$\frac{1}{r}V_r^2 + \frac{1}{p+p_0}V_r^2 = \frac{\partial V_r}{\partial t} + \frac{a^2}{p+p_0}\frac{\partial p}{\partial r} \qquad (8-42)$$

由式(8-42)、式(8-38)可得

$$V_r\big|_{r=R_1+w_s} = \frac{\partial w_s}{\partial t}$$

$$\frac{1}{R_1+w_s}\left(\frac{\partial w_s}{\partial t}\right)^2 + \frac{1}{p_R+p_0}\left(\frac{\partial w_s}{\partial t}\right)^2 = \frac{\partial^2 w_s}{\partial t^2} + \frac{a^2}{p_R+p_0}\frac{\partial p}{\partial r}\bigg|_{r=R_1+w_s}$$

整理上式可得

$$(p_R+p_0+R_1+w_s)\left(\frac{\partial w_s}{\partial t}\right)^2 = (p_R+p_0)(R_1+w_s)\frac{\partial^2 w_s}{\partial t^2} + (R_1+w_s)a^2K$$

$$(8-43)$$

式中:$K = \dfrac{\partial p}{\partial r}\bigg|_{r=R_1+w_s}$。

由式(8-42)、式(8-41)可得

$$V_r\big|_{r=R_0+l\cos\omega t} = -l\omega\sin(\omega t)$$

$$\frac{1}{R_0+l\cos(\omega t)}[-l\omega\sin(\omega t)]^2 + \frac{1}{p_R'+p_0}[-l\omega\sin(\omega t)]^2$$

$$= -l\omega^2\cos(\omega t) + \frac{a^2}{p_R'+p_0}\frac{\partial p}{\partial r}\bigg|_{r=R_0+l\cos\omega t}$$

整理上式可得

$$C_1(p_R'+p_0) + C_2 = C_3(p_R'+p_0) + C_4 a^2 \qquad (8-44)$$

式中:p_R' 为气体在 $R_0+l\cos(\omega t)$ 处的压力。

$$C_1 = \frac{[-l\omega\sin(\omega t)]^2}{R_0+l\cos(\omega t)}, \quad C_2 = [-l\omega\sin(\omega t)]^2,$$

$$C_3 = -l\omega^2\cos(\omega t), \quad C_4 = \frac{\partial p}{\partial r}\bigg|_{r=R_0+l\cos\omega t}$$

由式(8-37),可得

$$p_R = \frac{1}{B}\left(\frac{\partial^2 w_s}{\partial t^2} + Aw_s\right) \qquad (8-45)$$

式中：$A = \dfrac{E}{(1-\nu)^2 R_1^2 \rho_s}$，$B = \dfrac{1}{\rho_s h}$。将压力 p 在 $R_1 + w_s$ 处一次展开，有 $p = p_R + K[r - (R_1 + w_s)]$。由上式得

$$p'_R = p_R + K[R_0 + l\cos(\omega t) - (R_1 + w_s)] \qquad (8-46)$$

联立式(8-43)、式(8-44)~式(8-46)，可利用数值方法求解。

8.4.4 混沌运动分析

已知内圆筒为充气橡胶材料，半径 $R_0 = 0.05\mathrm{m}$，外圆筒为低碳钢材质，半径 $R_1 = 0.1\mathrm{m}$，厚度 $h = 0.3\mathrm{mm}$，密度 $\rho_s = 7800\mathrm{kg/m^3}$，弹性模量 $E = 200\mathrm{GPa}$，泊松比 $\nu = 0.3$；两层圆筒间的气体密度 $\rho_0 = 1.293\mathrm{kg/m^3}$，初始压力 $p_0 = 1.01 \times 10^3\mathrm{Pa}$，初始条件：$w = 0.0\mathrm{m}$，$v = \dot{w} = 0.0\mathrm{m/s}$，其中 v 为外层圆筒的运动速度。

当内圆筒频率 $\omega = 30\mathrm{rad/s}$，振幅由 $l = 2\mathrm{mm}$ 到 $l = 40\mathrm{mm}$ 时，图 8-41 和图 8-42 分别为所对应的分岔图和 Lyapunov 指数 λ_1 图。由图 8-41 和图 8-42 可见，在给定条件下，随着内层圆筒振幅的增加，外层圆筒的挠度逐渐增大。在

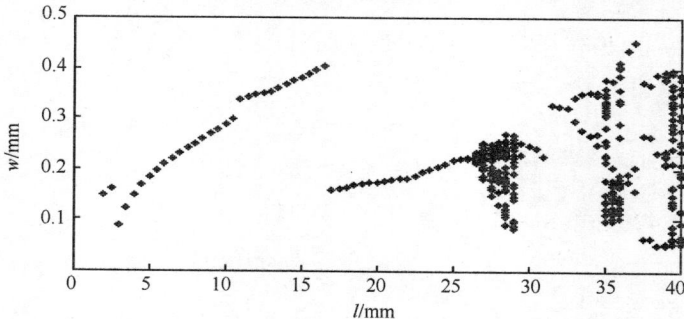

图 8-41 分岔图

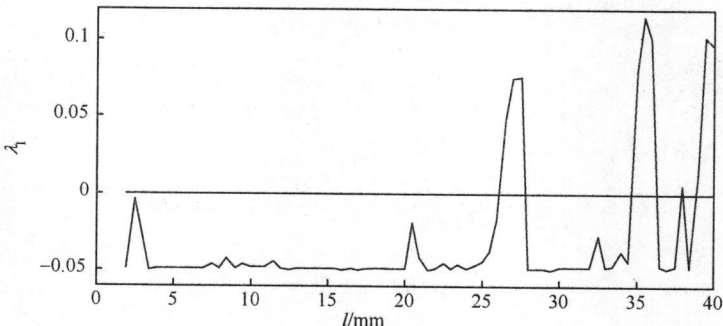

图 8-42 最大 Lyapunov 指数图

$l=3.5\text{mm}$、$l=11.0\text{mm}$ 及 $l=16.0\text{mm}$ 附近出现阶跃分岔;在 $l=27.0\text{mm}$ 附近发生倍周期分岔,系统进入混沌运动状态;在 $l=28.0\text{mm}$ 附近系统出现阵发性分岔,系统由混沌运动进入周期运动;在 $l=35.0\text{mm}$ 到 $l=37.0\text{mm}$ 附近及 $l=38.5\text{mm}$ 到 $l=40.0\text{mm}$ 附近,系统为混沌运动。图 8 - 43 ~ 图 8 - 47 分别为系统在不同振幅的运动状态。通过波形图、相图及 Poincare 截面图可以看出,在 $l=27.0\text{mm}$、$l=40.0\text{mm}$ 时系统为混沌运动,在 $l=2.0\text{mm}$、$l=15.0\text{mm}$、$l=28.0\text{mm}$ 时系统为周期运动。

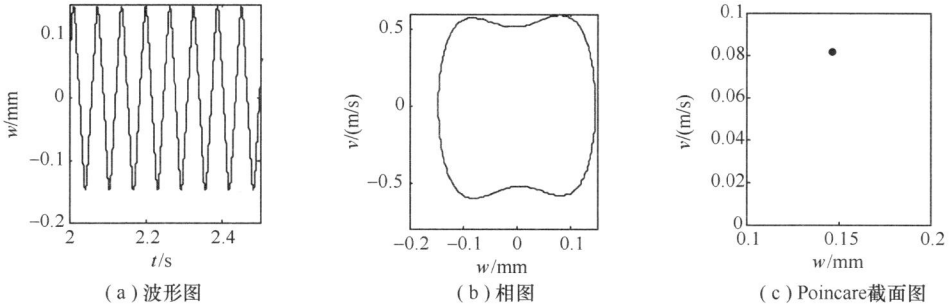

（a）波形图　　　　　（b）相图　　　　　（c）Poincare截面图

图 8 - 43　$l=2\text{mm}$ 时的波形图、相图及 Poincare 截面图

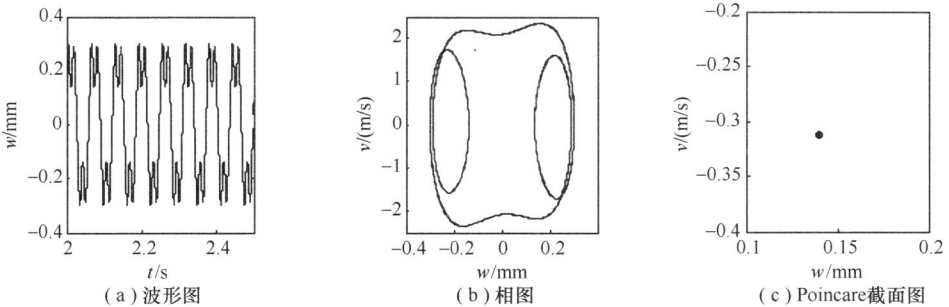

（a）波形图　　　　　（b）相图　　　　　（c）Poincare截面图

图 8 - 44　$l=15\text{mm}$ 时的波形图、相图及 Poincare 截面图

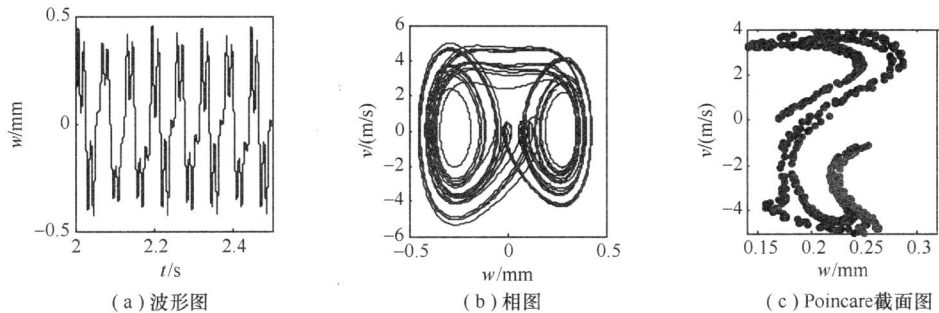

（a）波形图　　　　　（b）相图　　　　　（c）Poincare截面图

图 8 - 45　$l=27\text{mm}$ 时的波形图、相图及 Poincare 截面图

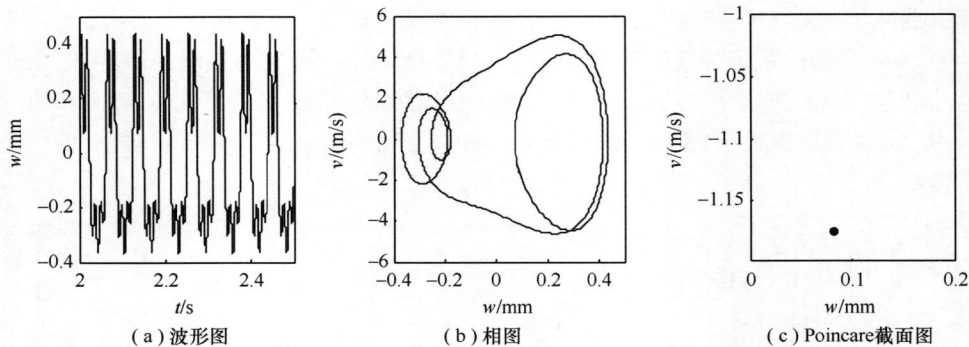

（a）波形图   （b）相图   （c）Poincare 截面图

图 8 – 46 $l = 28\text{mm}$ 时的波形图、相图及 Poincare 截面图

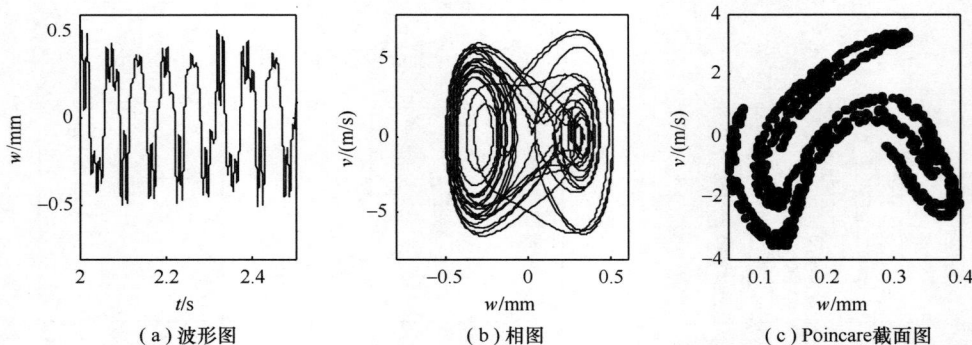

（a）波形图   （b）相图   （c）Poincare 截面图

图 8 – 47 $l = 40\text{mm}$ 时的波形图、相图及 Poincare 截面图

  当内圆筒振幅 $l = 15\text{mm}$，频率由 $\omega = 10\text{rad/s}$ 到 $\omega = 50\text{rad/s}$ 时，图 8 – 48 和图 8 – 49 分别为所对应的分岔图和 Lyapunov 指数 λ_1 图。

  由图 8 – 48 和图 8 – 49 可见，在给定条件下，随着内层圆筒振动频率的增加，外层圆筒的振动情况非常复杂，混沌运动与周期运动交替出现，系统通向混沌的路径有倍周期分岔及阵发性分岔。图 8 – 50 ~ 图 8 – 53 分别为系统在不同频率的运动状态。通过波形图、相图及 Poincare 截面图可以看出，在 $\omega = 10\text{rad/s}$、$\omega = 25\text{rad/s}$ 时系统为周期运动，在 $\omega = 20\text{rad/s}$、$\omega = 31\text{rad/s}$ 时系统为混沌运动。

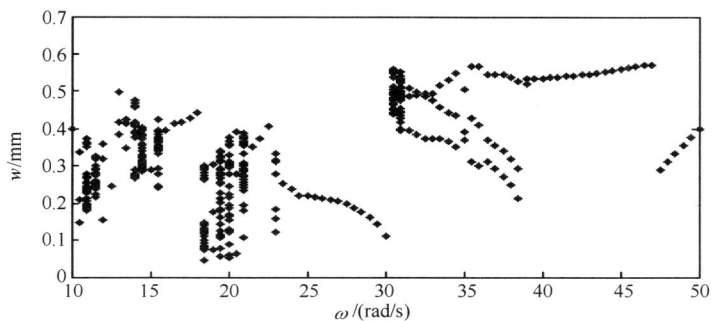

图 8 - 48 分岔图

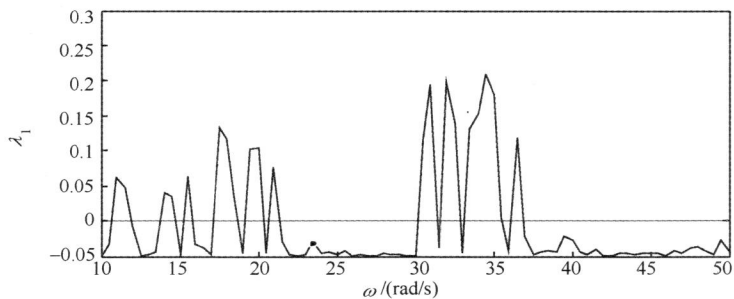

图 8 - 49 最大 Lyapunov 指数图

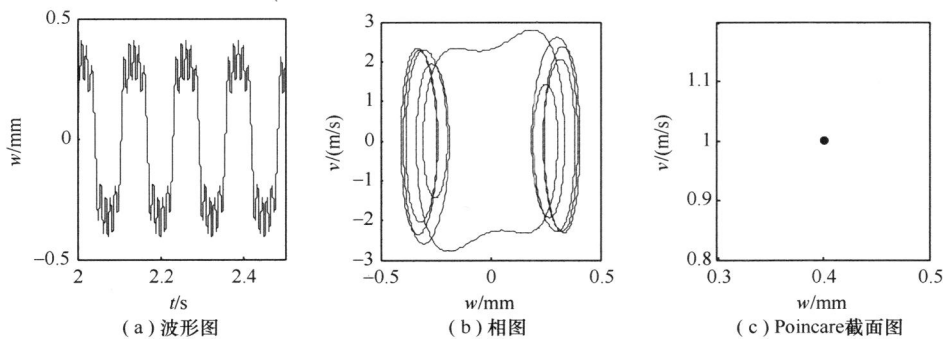

（a）波形图　　　　　　　（b）相图　　　　　　（c）Poincare截面图

图 8 - 50 $\omega = 10\text{rad/s}$ 时的波形图、相图及 Poincare 截面图

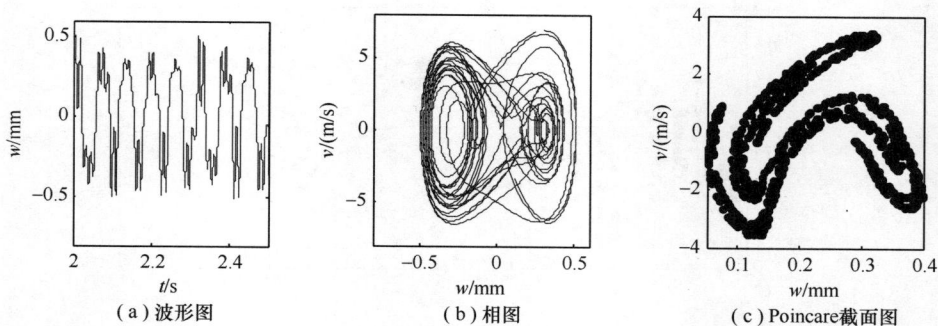

（a）波形图　　　　　　（b）相图　　　　　　（c）Poincare截面图

图 8－51　$\omega = 20\text{rad/s}$ 时的波形图、相图及 Poincare 截面图

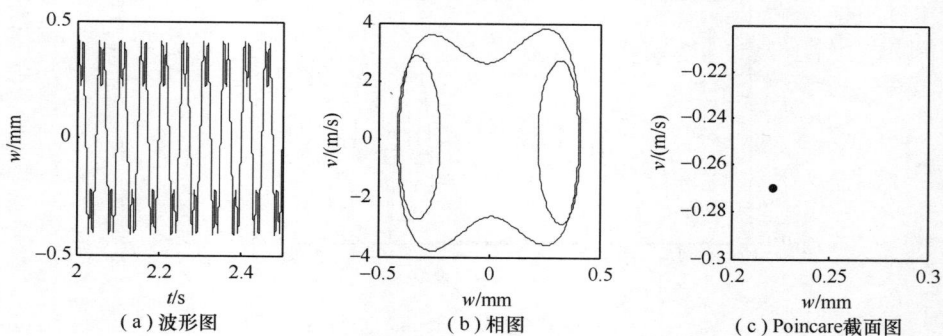

（a）波形图　　　　　　（b）相图　　　　　　（c）Poincare截面图

图 8－52　$\omega = 25\text{rad/s}$ 时的波形图、相图及 Poincare 截面图

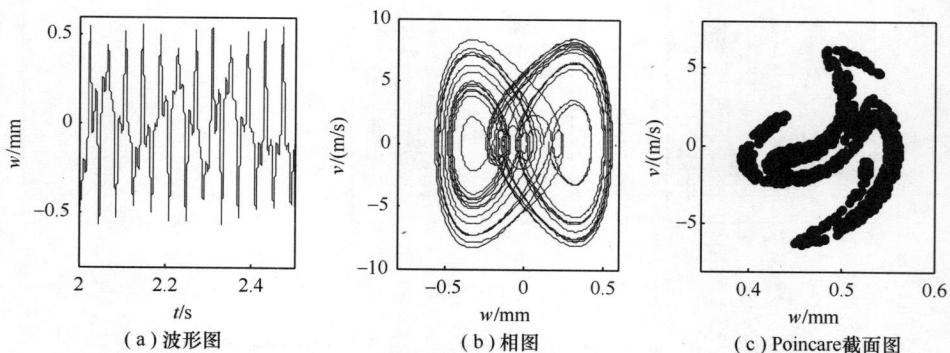

（a）波形图　　　　　　（b）相图　　　　　　（c）Poincare截面图

图 8－53　$\omega = 31\text{rad/s}$ 时的波形图、相图及 Poincare 截面图

220

参 考 文 献

[1] 郝亚娟,杨阳,白象忠. 贮液箱中弹性隔层板在流体作用下的变形与应力分析[J]. 机械强度,2009, 31 (2):250 – 255.

[2] 格·斯·皮萨连柯,阿·波·雅柯符列夫,符·符·马特维叶夫. 材料力学手册[M]. 石家庄:河北人民出版社,1981:393.

[3] 郝亚娟,白象忠,杨阳. 贮箱中弹性隔层板在流体作用下的振动分析[J]. 振动与冲击,2010,29(7): 139 – 142.

[4] Yang Yang, Bai X Z, Tian Z G, Wang H. Chaotic motion in fluid – solid interaction problem of the elastic cylinder[C]. Second International Symposium on Intelligent Informatics September13 – 15. ICIC:439 – 444, 2009 Qin HuangDao, China.

[5] 杨阳. 板壳磁弹性与流体弹性问题的混沌运动分析[D]. 秦皇岛:燕山大学,2010.

[6] 胡宇达. 薄板薄壳的磁弹性振动问题[D]. 秦皇岛:燕山大学,1999.

[7] 曹志远. 板壳振动理论[M]. 北京:中国铁道出版社,1987:358 – 362.

第9章 椭圆柱壳的绕流分析

前面的章节研究了圆柱壳、圆形平板等规则形状构件的流固耦合问题。然而在实际工程中,非圆截面柱壳绕流及其变形分析也是需要解决的问题。相对于圆柱绕流,非圆截面柱壳的理论分析在数学处理上难度很大,不容易找到符合所有边界条件的挠度函数表达式,即使找到了合适的挠度函数,也往往不能得到解析解。这就给一些复杂构型的截面绕流问题的解析带来了一定的困难。

本章运用理论和数值模拟相结合的方法,研究椭圆柱壳和有背流的浅拱绕流的变形问题。首先,在圆柱壳绕流复势的基础上,通过共形映射得到椭圆柱壳和浅拱的绕流复势函数,进而得到薄壳内外表面的压力分布,将其作为外载荷施加在壳体的表面上,再应用 ANSYS 软件进行数值模拟,通过计算得到壳体的变形和应力。同时,介绍应用 Fluent 软件模拟绕流,再应用 ANSYS 软件进行耦合分析,运用理论与数值相结合的方法进行计算,将所得结果与直接进行耦合分析的计算结果进行分析对比。

9.1 椭圆柱壳绕流函数的建立

本节应用复变函数以及流体力学理论,建立椭圆柱及拱形板绕流势流函数,利用 MATLAB 软件绘制绕流流线图和等势线图,通过计算得到壳面流体压力分布函数,绘出柱面压力分布图,并讨论相关参数变化对压力的影响。

9.1.1 椭圆柱绕流的复势

在图 9 - 1 所示的 ζ 平面内,零攻角无环量刚性圆柱壳绕流复势函数为[1]

$$F(\zeta) = V_\infty \left(\zeta + \frac{a^2}{\zeta} \right) \tag{9-1}$$

式中:a 为圆柱壳的半径;V_∞ 为无穷远处的流体速度;$\zeta = \xi + \mathrm{i}\eta$。

应用儒可夫斯基变换[2]可得如图 9 - 2 所示的攻角为零的无环量椭圆柱绕流复势为

$$F(z) = V_\infty \left[\frac{z}{2} \left(1 + \frac{a^2}{C^2} \right) + \left(1 - \frac{a^2}{C^2} \right) \sqrt{ \left(\frac{z}{2} \right)^2 - C^2 } \right] \tag{9-2}$$

变换所得椭圆柱长半轴为 $(a + C^2/a)$，短半轴为 $(a - C^2/a)$，需满足 $a > C$，C 为变换常数，$z = x + \mathrm{i}y$。

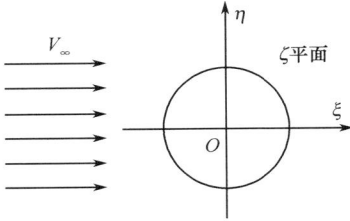

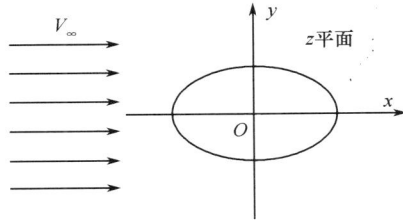

图 9 - 1　ζ 平面流体绕圆柱流动　　　图 9 - 2　z 平面流体绕椭圆柱流动

9.1.2　椭圆柱绕流和压力场的分析实例

如图 9 - 2 所示，流体从无穷远以 V_∞ 的速度流过无限长刚性椭圆柱壳，流体为理想不可压缩无质量势流，密度为 $1000\mathrm{kg/m^3}$，椭圆柱长半轴为 $0.5\mathrm{m}$，短半轴为 $0.25\mathrm{m}$，现求解流场势函数、流函数以及研究流场对椭圆柱体的压力分布。

由儒可夫斯基变换求得[2] $a = 3/8\mathrm{m}$，$C = \sqrt{3}/8\mathrm{m}$，将以上相关数据带入式（9 - 2）得

$$F(z) = V_\infty \left(2z - \sqrt{z^2 - \frac{3}{16}} \right) \tag{9 - 3}$$

将式（9 - 3）的实部和虚部分离，其中

$$\sqrt{z^2 - \frac{3}{16}} = \sqrt{x^2 - y^2 - \frac{3}{16} + 2\mathrm{i}xy}$$

$$= \left[\left(x^2 - y^2 - \frac{3}{16} \right)^2 + (2xy)^2 \right]^{\frac{1}{4}} \left(\cos \frac{\theta + 2k\pi}{2} + \mathrm{i}\sin \frac{\theta + 2k\pi}{2} \right) \quad (k = 0, 1)$$

$$\tag{9 - 4}$$

式中：θ 为 $x^2 - y^2 - 3/16$ 与 $2xy$ 的幅角。显然上式为多值函数，若要满足两平面内的绕流一一对应，需对 k 值的选取进行讨论。如图 9 - 3 所示，在 y 轴右侧即 2、1、8、7 区域内，取 $k = 0$；在 y 轴左侧即 3、4、5、6 区域内，取 $k = 1$，其中每一区域均指双曲线和坐标轴所交部分，即将 z 平面分成了 8 个区域。

考虑到式（9 - 4）和式（9 - 3），可得各分区内的复势，例如在 1 区，取 $x > 0$，$y > 0$，以及 $k = 0$，可得该区复势为

$$F(x, y) = V_\infty \left\{ 2x - \left[\left(x^2 - y^2 - \frac{3}{16} \right)^2 + (2xy)^2 \right]^{\frac{1}{4}} \cos \left(0.5\arctan \frac{2xy}{x^2 - y^2 - \frac{3}{16}} \right) \right\} +$$

$$V_\infty \left\{ 2y - \left[\left(x^2 - y^2 - \frac{3}{16} \right)^2 + (2xy)^2 \right]^{\frac{1}{4}} \sin \left(0.5 \arctan \frac{2xy}{x^2 - y^2 - \frac{3}{16}} \right) \right\} i$$

$$(9 - 5)$$

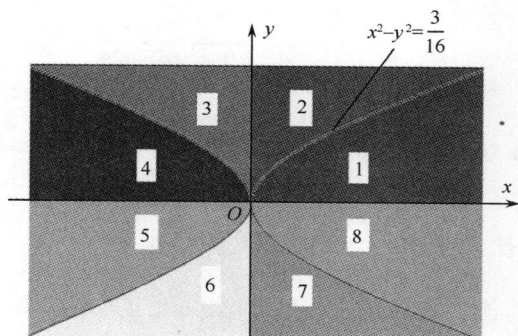

图 9 - 3　分区讨论图

式(9 - 5)的实部和虚部分别代表相应区域的势函数和流函数,其他区域的复势分离结果不再赘述。对于椭圆柱外侧区域中的流动,由流函数和流线、势函数和等势线的关系[3],可得椭圆附近 1 ~ 4 区的等势线如图 9 - 4 ~ 图 9 - 7 所示,1 ~ 4 区的流线如图 9 - 8 ~ 图 9 - 11 所示。

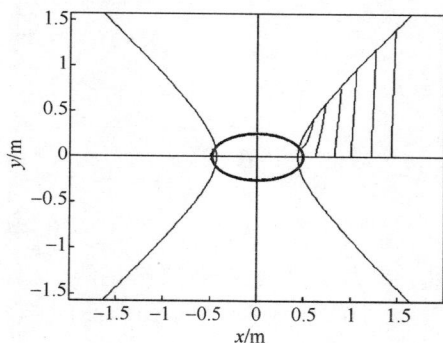

图 9 - 4　1 区域等势线

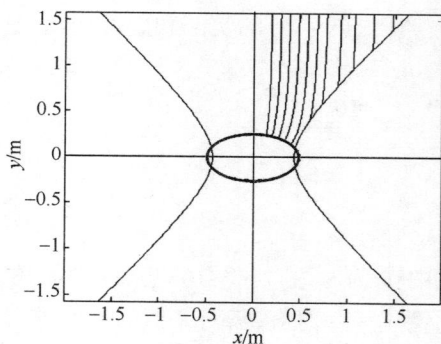

图 9 - 5　2 区域等势线

同样方式可得椭圆附近其他区域的等势线和流线族形式。将所对应的各区域图形相加得到绕椭圆流动的等势线(图 9 - 12)和流线图(图 9 - 13)。由图 9 - 12可以看出椭圆面处的等势线垂直于椭圆面,远离椭圆面的等势线渐趋于竖直。将图 9 - 13 给出的椭圆附近的流线图和已有的椭圆流场分布图相比,流线形式一致,椭圆两长轴端点处的流线垂直椭圆面,当流体流经此处时,流体流速为零,此两点即为绕流的驻点,远离柱面处,流线渐趋于水平。这些结果与相关流体力学理论的分析结果是一致的,也符合绕柱体流动规律。

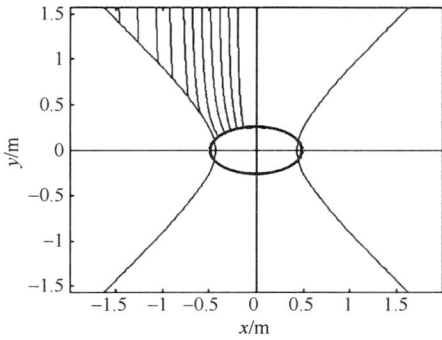

图 9 - 6 3 区域等势线

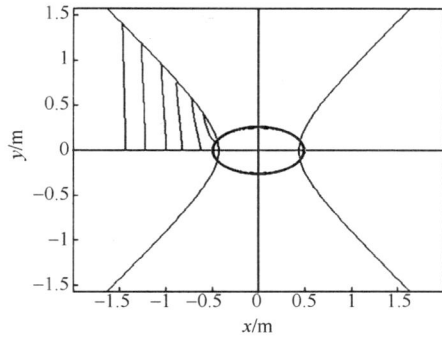

图 9 - 7 4 区域等势线

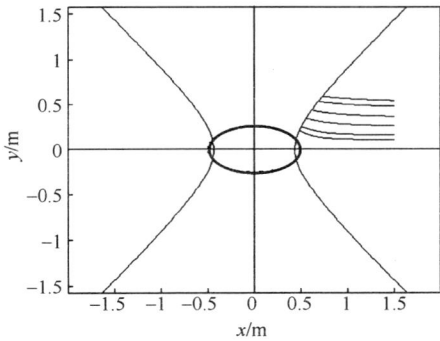

图 9 - 8 1 区域流线

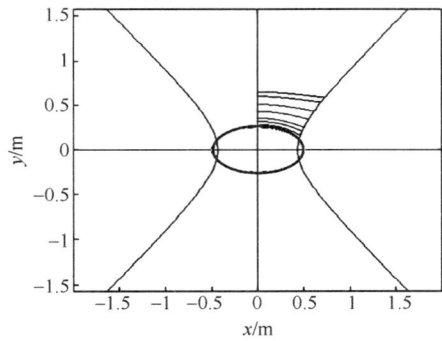

图 9 - 9 2 区域流线

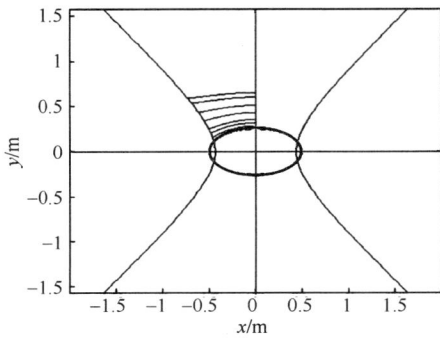

图 9 - 10 3 区域流线

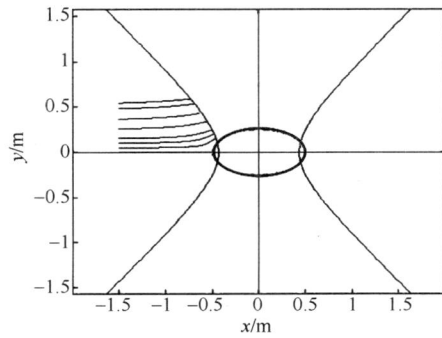

图 9 - 11 4 区域流线

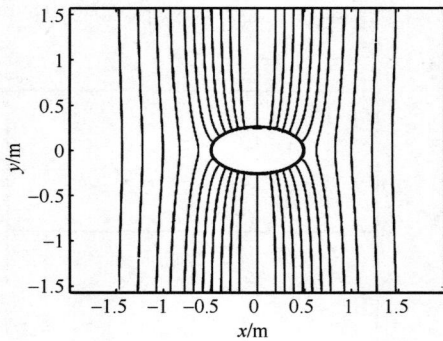

图 9 - 12　椭圆附近等势线

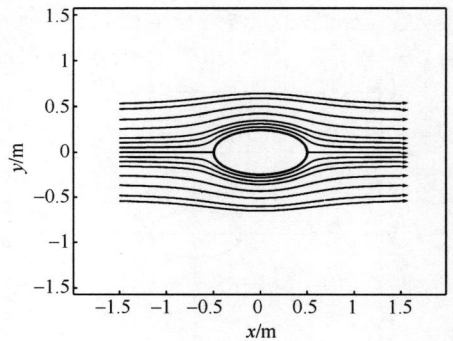

图 9 - 13　椭圆附近流线

9.1.3　绕拱形板的无环流动

如图 9 - 14 所示,拱形板的半径为 R,流体以水平速度 V_∞ 绕拱形板流动。为求解该问题的复势,可以设法将已知的绕圆柱体流动复势变换为待求的绕拱形板流动的复势,因而需要找到圆柱体表面与拱形板表面这两条对应流线的变换关系。应用复变函数的共形映射方法,可以得到由图 9 - 14 与图 9 - 15 的映射函数为[4]

$$z = \frac{1}{2}\left[\left(\zeta e^{-i\frac{\pi}{2}} - \frac{R}{2}i\right) + \frac{3R^2}{4\left(\zeta e^{-i\frac{\pi}{2}} - \frac{R}{2}i\right)}\right]e^{i\frac{\pi}{2}} \tag{9-6}$$

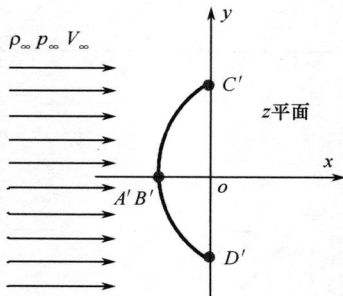

图 9 - 14　拱形板的横向绕流示意图

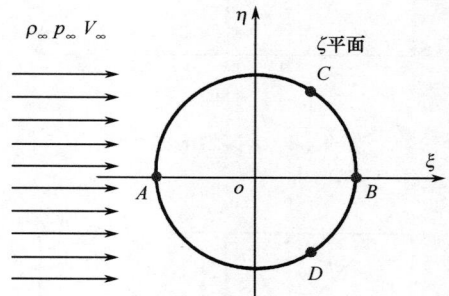

图 9 - 15　圆柱的横向绕流示意图

图 9 - 15 中圆柱特征点坐标分别为 $A(-R,0)$,$B(R,0)$,$C(0.5R,0.5\sqrt{3}i)$,$D(0.5R,-0.5\sqrt{3}i)$,图 9 - 14 中对应的浅拱的特征点分别为 $A'(-0.5R,0)$,$B'(-0.5R,0)$,$C'(0,0.5\sqrt{3}i)$,$D'(0,-0.5\sqrt{3}i)$。变换式(9 - 6)的反函数为

$$\zeta = -\frac{R}{2} + z + \frac{1}{2}\sqrt{3R^2 + 4z^2} \tag{9-7}$$

式(9 - 7)右边根号前取正号是为了使圆柱体外区域变换为拱形板外区域。

226

将上式代入式（9-1），可求得满足内边界条件的复势为

$$F(z) = V_\infty \left(-\frac{R}{2} + z + \frac{1}{2}\sqrt{3R^2 + 4z^2} + \cfrac{R^2}{-\dfrac{R}{2} + z + \dfrac{1}{2}\sqrt{3R^2 + 4z^2}} \right) \quad (9-8)$$

外边界条件为

$$\left. \frac{\mathrm{d}F}{\mathrm{d}z} \right|_{z\to\infty} = v_x - \mathrm{i}v_y = v \quad (9-9)$$

式中：V_∞ 为绕拱形板流动液体无穷远处流体速度，将式（9-8）进行微分，令 $z\to\infty$，有

$$\left. \frac{\mathrm{d}F}{\mathrm{d}z} \right|_{z\to\infty} = 2V_\infty \quad (9-10)$$

比较以上两式可得 $v = 2V_\infty$，将其带入式（9-8）可知拱形板横向绕流的复势函数为

$$F(z) = \frac{V_\infty}{2} \left(-\frac{R}{2} + z + \frac{1}{2}\sqrt{3R^2 + 4z^2} + \cfrac{R^2}{-\dfrac{R}{2} + z + \dfrac{1}{2}\sqrt{3R^2 + 4z^2}} \right) \quad (9-11)$$

考虑到 $z = x + \mathrm{i}y, \zeta = \xi + \mathrm{i}\eta$，分离式（9-7）的实部和虚部可得

$$\xi = \frac{R}{2} + x \pm (a_1^2 + b_1^2)^{\frac{1}{4}}\cos\frac{\theta_1}{2}, \quad \eta = y \pm (a_1^2 + b_1^2)^{\frac{1}{4}}\sin\frac{\theta_1}{2} \quad (9-12)$$

式中：$a_1 = 3R^2 + 4x^2 - 4y^2$；$b_1 = 8xy$；$\theta_1 = \arctan\dfrac{b_1}{a_1}$

将式（9-12）代入到式（9-7）中，并由式（9-11）可同时得到拱形板绕流的势函数和流函数，由流函数可绘得流线图，如图9-16所示。

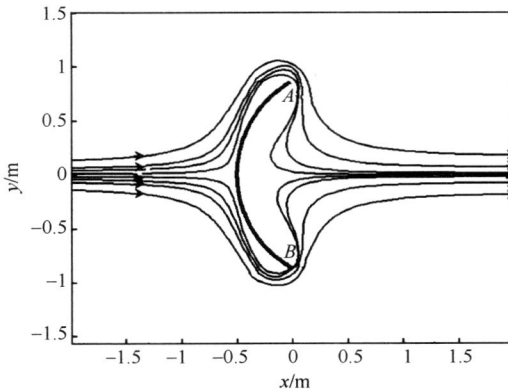

图9-16　拱形板绕流流线图

9.1.4　椭圆柱壳面的压力分布

由 9.1.2 小节得到的绕椭圆柱的流线图和等势线图可知,绕椭圆柱流动具有对称性。现取四分之一椭圆截面为研究对象,如图 9 – 17 所示。考虑到利用复变函数求得的势函数为分段函数,那么流体压力在壳体上也可分段计算。

利用已求得的势函数的表达式(9 – 11)
及式(2 – 56),当设壳内压力 $p_0 = p_\infty$ 时,得到
壳面压力分布。图 9 – 18 是无穷远处流速为
0.02m/s 时椭圆面上由 B 到 C 柱面上的流场
压力分布图,其中椭圆长半轴为 0.5m,短半轴
为 0.25m。由图看出,对于理想流体,无穷远
流体速度取不同值时,流场压力也随之变化,
流体速度越大,柱壳同一点的流场压力越大,
三条曲线的交点为 A,该点对应的流体压力为
零,即零压点为固定一点,与流速无关。A 点

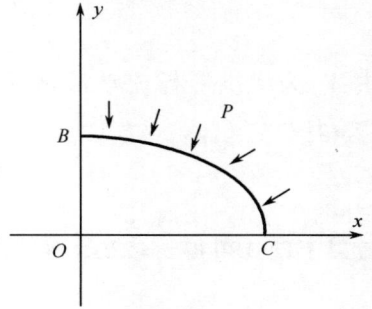

图 9 – 17　四分之一椭圆面

左侧压力小于零,为负压区,右侧大于零,为正压力区。可见负压区占有更大的部分,最大正压力均发生在长轴端 C 点处,最大负压力均发生在短轴端 B 点处。图 9 – 19 是无穷远处流速为 0.02m/s,椭圆的长、短轴取不同比值时的流体压力分布。由图可知最大正压力均为 0.2Pa,发生在椭圆长轴端点处,与椭圆轴长无关,而最大负压与轴长有一定关系,长轴与短轴的比值越大,受到最大负压力越小,即柱体承受更小的压力,这也表明椭圆越扁,对抗流体的作用越好,最大负压均发生在短轴端点处。

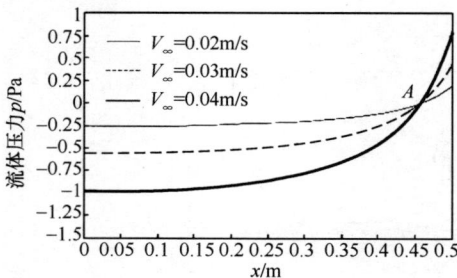

图 9 – 18　不同速度时的流场压力

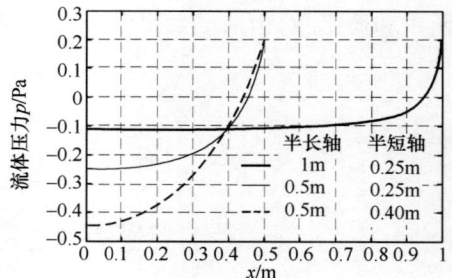

图 9 – 19　不同半轴长度时的流场压力

9.2　弹性椭圆柱壳的变形

通过 9.1 节攻角为零的理想流体椭圆柱绕流状态分析可知:流场和压力场关

228

于两坐标轴均对称。对于无穷长对称板壳来说,壳体的变形可简化为平面应变问题。这里将利用数值分析方法来计算壳体的变形。

9.2.1 椭圆柱壳的变形分析

当壳体发生中等变形时,变形对流场分布的影响并不很大,可以近似地把刚性壳体和弹性壳体绕流场等同起来,这样就可以利用刚性壳绕流压力求解弹性壳的变形。

首先创建实体模型和单元类型,以及定义实常数和材料特性参数。由于压力的对称性,选取如图 9 – 20 所示的 1/4 模型,椭圆半长轴为 0.5m,半短轴为 0.25m,定义壳体材料弹性模量为 $E = 200\text{GPa}$,泊松比 $\nu = 0.25$,壳体实常数中厚度设为等厚度 $h = 1\text{mm}$。对应于无穷远处流速为 $V_\infty = 0.2\text{m/s}$ 时,壳体表面的压力分布如图 9 – 21 所示。

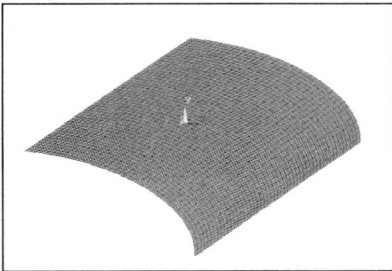

图 9 – 20　结构网格模型

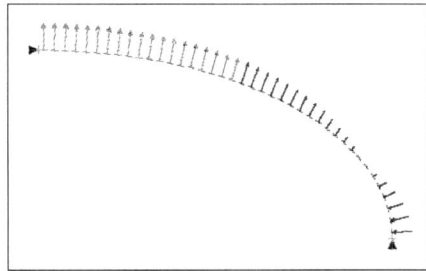

图 9 – 21　断面压力示意图

壳体的变形如图 9 – 22 所示。壳体由椭圆形变形为长轴减小短轴增长的椭圆柱体。壳体最大位移为 3.36mm,发生在壳体的短轴端点处。图 9 – 23 为壳体等效应力云图,最大等效应力发生在椭圆长轴端点处,最小等效应力发生在壳体中部的区域。由于椭圆的两个长轴端点附近处等效应力较大,在工程应用中应加强该区域的强度。图 9 – 24 为壳体总体位移分布图。由于短轴始终保持在对称轴(y轴)的位置,短轴处只发生径向位移,从短轴端点到长轴端点,壳面位移先减小至零后再增大,长轴处的位移约为短轴处位移最大值的一半左右。

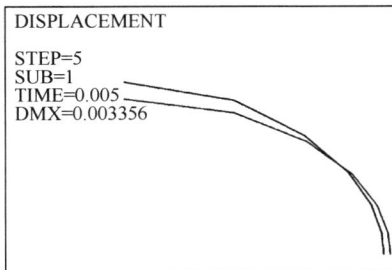

图 9 – 22　壳体变形图

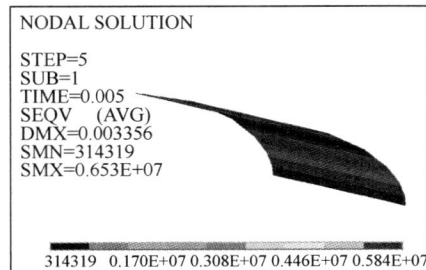

图 9 – 23　等效应力云图

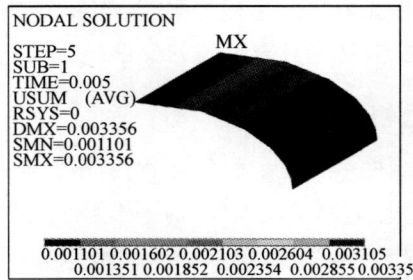

图 9 - 24   总体位移分布云图

9.2.2   圆柱壳的变形

为了比较椭圆柱壳绕流变形与圆柱壳绕流变形的差异,下面将研究圆柱壳绕流的变形问题。

考虑圆柱理想流体无环绕流复势函数式(9 - 1),分离其实、虚部得势函数

$$\varphi_1(S) = V_\infty \left[\zeta + \frac{\xi R^2}{\xi^2 + \eta^2} \right] \tag{9 - 13}$$

设弹性圆柱壳弹性模量 $E = 200\text{GPa}$,壳体厚度 $h = 1\text{mm}$,半径 $R = 0.5\text{m}$,流场无穷远处速度 $V_\infty = 0.2\text{m/s}$。利用 9.2.1 节相同的计算方法可求得流场压力及其变形。

图 9 - 25 为不同速度时壳面上的流体压力,三条曲线关于 η 轴对称。压力曲线相交点对应的流场压力为零,说明同一圆柱绕流的零压力点为固定点,与流速无关。零压点两侧的压力为正,中间部分压力为负。壳体的同一点,流速越大,流场压力的绝对值就越大。最大正压力发生在流速方向对应的直径上,即驻点处。最大负压力发生在与流速方向垂的直径所对应的壳体上。图 9 - 26 为不同半径时壳面上的流体总压力。由图可见,壳体最大压力的绝对值与半径无关,而且最大正压

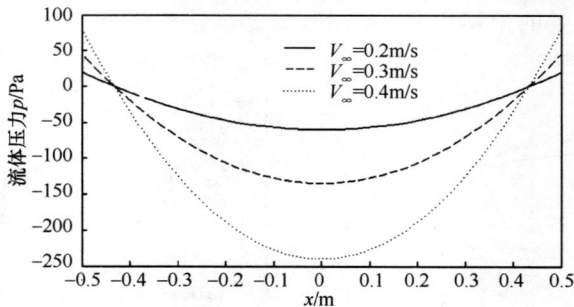

图 9 - 25   不同速度时的流场压力

230

力均发生在水平直径的壳面上,绝对值最大的负压力均发生在铅直直径的壳面上,其作用位置也与半径无关。通过图 9-18、图 9-19 和图 9-25、图 9-26 的比较可知:流场的最大正压力均发生在柱壳的迎流点和背流点,与壳体的尺寸无关,与无穷远流场速度成正比关系。

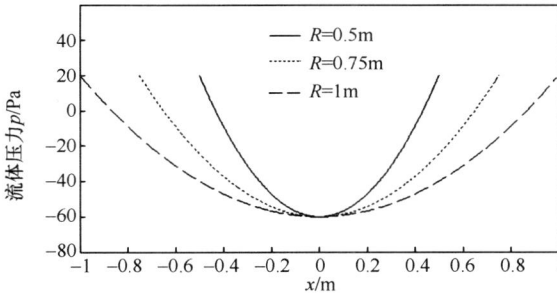

图 9-26　不同半径时的流场压力

9.2.3　圆柱与椭圆柱壳的变形比较

定义特征点:如图 9-27 所示,在壳体中间横截面内,位于中面最左端和最右端的点分别用 A 和 C 表示,位于中面最上端和最下端的点分别用 B 和 D 表示。表 9-1 中给出了圆半径为 0.5m,椭圆长半轴 0.5m,短半轴 0.25m,流场无穷远速度不同时两种壳体特征点的挠度对比。由表 9-1 可知,相同流速时,圆柱壳面上同一特征点的挠度有一定的差距,椭圆柱壳的挠度要小于圆柱壳的挠度,圆柱壳上特征点 B 与 C 的挠度相差较小,而椭圆柱壳上 B 与 C 两点的挠度相差较大。随着流速的变大,壳体的挠度也随之变大。

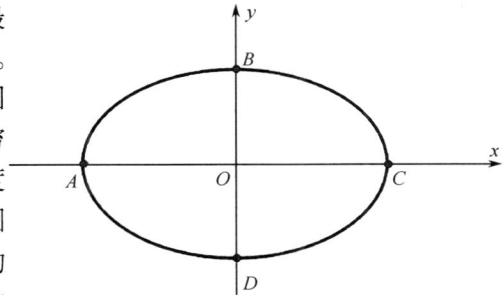

图 9-27　椭圆柱壳上的特征点

表 9-1　B 点和 C 点的挠度

挠度/mm　速度/(m/s)	B 点		C 点	
	圆	椭圆	圆	椭圆
0.1	2.47	0.84	2.68	0.37
0.2	8.85	3.35	9.80	1.58
0.3	21.6	7.69	25.91	3.37

表 9-2 列出了当无穷远处流速为 $V_\infty = 0.2$m/s,椭圆长半轴为 0.5m,短半轴

231

不同时椭圆柱绕流面上 B、C 两点的挠度。由表 9 - 2 可知，随着椭圆短轴的增长，B、C 两点的挠度变大，但 B 点的挠度要大于 C 点，长短轴之比越小，B、C 两点的挠度之差越小。

表 9 - 2　椭圆柱壳 B 点 C 点的挠度

挠度/mm 半轴长	B 点	C 点
$a = 0.5$，　$b = 0.1$	1.84	0.31
$a = 0.5$，　$b = 0.25$	3.35	1.58
$a = 0.5$，　$b = 0.4$	4.78	3.58

9.3　基于 Fluent 的椭圆柱壳绕流问题的数值模拟

9.3.1　椭圆柱绕流的数值模拟

本小节以均匀来流中的固定椭圆柱壳为研究对象，分别在理想流体和黏性流体的情况下，应用计算流体力学软件 Fluent 进行数值模拟，绘出相关的绕流图形，描述相应的物理现象，利用求解的数值模拟结果和理论结果进行分析和比较。数值模拟时，壳体材料的弹性模量 $E = 200\text{GPa}$，泊松比 $\nu = 0.25$，壳体厚度 $h = 1.0\text{mm}$。

1. 椭圆柱绕流的物理模型及网格划分

如图 9 - 28 所示，建立矩形计算区域，取椭圆柱半长轴 0.5m，半短轴 0.25m，椭圆中心距左边界 5m，距右边界 5m，距上下边界各 3m。首先将计算区域进行离散化，由于在椭圆面附近点的流动较复杂，流动变化大，因而需要布置密集的网格，进而提高数值模拟的精度。在远离椭圆柱面的区域，即远场流动区域，由于流动较稳定，可以把网格布置得稀疏一些，以节省计算工作量（图 9 - 29）。

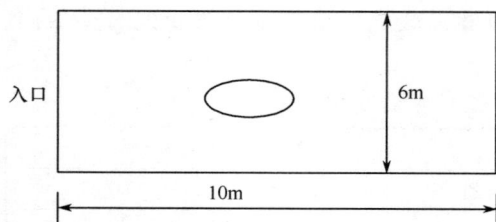

图 9 - 28　椭圆柱绕流物理模型

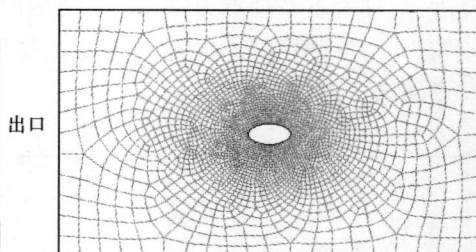

图 9 - 29　椭圆柱绕流计算网格

2. 椭圆绕流边界条件

左边界定义为速度入口边界条件，$V_\infty = 0.02\text{m/s}$；右边界定义为压强出口边界条件,即压强为零;其他边界表面定义为壁面边界条件,即无滑移边界。

若选取水为绕流工质,可看为有黏性的不可压流体,在直角坐标系下,由式(2-66)、式(2-67)其运动规律可用 N-S 方程来表达[5],即

$$\frac{\partial v_j}{\partial x_j} = 0, \quad \frac{\partial v_j}{\partial t} + \frac{\partial}{\partial x_j}(v_j v_i) = -\frac{1}{\rho}\frac{\partial p}{\partial x_i} + \frac{\partial}{\partial x_i}\left(\nu_0 \frac{\partial v_i}{\partial x_j}\right) \quad (9-14)$$

式中:$v_i, v_j (i, j = x, y, z)$ 为流体运动速度;$x_i, x_j (i, j = 1, 2, 3)$ 为直角坐标,且 $x_1 = x$,$x_2 = y$,$x_3 = z$。对于理想流体 $\nu_0 = 0$,N-S 方程可表示为

$$\rho \frac{dv}{dt} = \rho f - \nabla p \quad (9-15)$$

该方程没有对流体的压缩性做任何限制,面力只考虑压力而不考虑黏性切应力,因而对于可压和不可压缩流体均适用。

3. 绕流数值模拟分析

将模型网格信息加载到 Fluent 中进行求解,选择隐式求解方程,求解方式选为基于压力,流动选为定常流动,流动模型选为 Laminar 层流,流体材料选取 Water - liquid[6],流体的密度设为 $\rho = 998.2 \text{kg/m}^3$,等压比热设为 $c_p = 4182 \text{J/(kg · K)}$,动力黏度设置为 $\mu = 1.003 \times 10^{-3} \text{Pa · s}$,工作压强选为 0Pa,方程收敛残差标准设为 10^{-5},以入口速度为初始点计算,计算结果如图 9-30~图 9-35 所示。

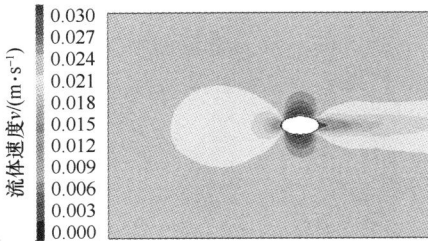

图 9-30　流场速度分布云图

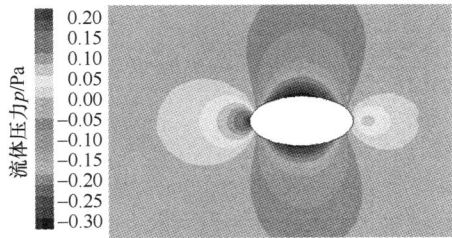

图 9-31　流场压力分布云图

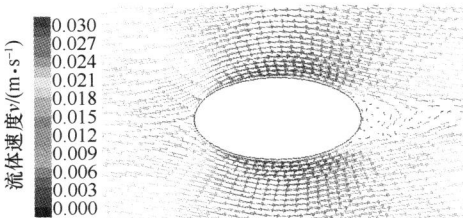

图 9-32　流场速度矢量图

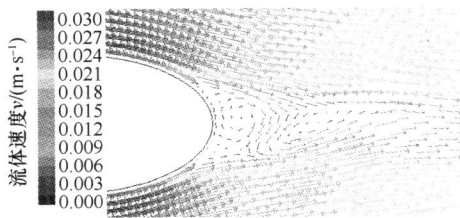

图 9-33　局部流场矢量图

由图 9-32 可知,流场速度和压力关于椭圆长轴对称,关于短轴不对称。在椭圆两长轴端点附近区域,流体压力为正,左侧压力大于右侧对称处的流体压力;在

短轴端点附近区域,流体压力为负,且流体速度较大,上下成对称关系。图 9 – 33 为局部流场速度矢量图形,在背流区,物面上的边界层在某一位置出现了分离,物面附近出现与主流方向相反的回流。图 9 – 34 为椭圆柱面上流体压力分布图,可知柱面上流体压力左右分布并不对称,左侧的压力要大于右侧对称处压力,椭圆面上负压区占的比例较大。

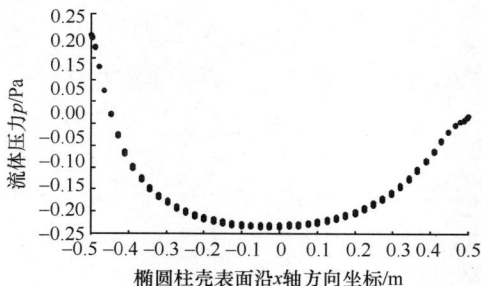

图 9 – 34　椭圆面流场压力分布图

采用相同的方法可以计算拱形板的绕流情况。拱形板厚 $h = 2.0\text{mm}$,无穷远处流体的流速 $V_\infty = 0.2\text{m/s}$,拱形版的弦长为 2.0m,拱高为 0.5m。图 9 – 35 为无黏性流体模型下拱形板绕流速度矢量图,可以发现:流体绕过拱形板的尖缘时,出现了分离,流线不再沿着壳体表面,而在板的后部形成一对漩涡。对于曲率大的物体边缘,在其背流面很容易产生分离。当边缘为尖角时,必然产生分离。图 9 – 36 为拱形板迎流面和背流面的流体压力分布。由图可知,迎流面的压力远大于背流面的压力,由板两侧压力的不相等性也说明绕流发生了分离[4]。

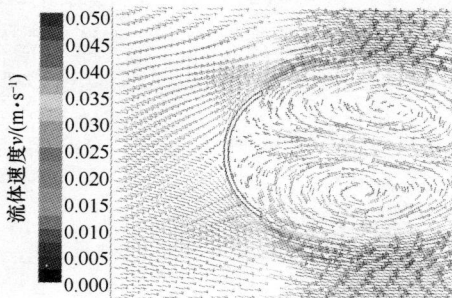

图 9 – 35　拱形板绕流速度矢量图

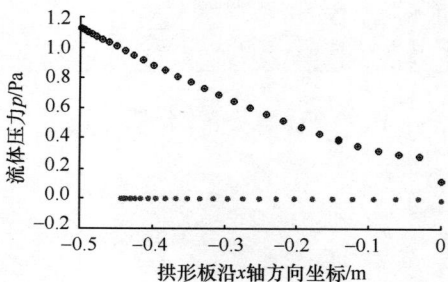

图 9 – 36　壁面流场压力图

9.3.2　数值解与理论解的比较

表 9 – 3 列出了在无黏流情况下,当无穷远流体速度取 0.02m/s 时,图 9 – 27 中 B、C 两点流压力的 Fluent 计算结果和理论解。由表可知,随着长短轴之比的变

234

小，B 点压力的增长速率较 C 点的要大，B 点的流场压力绝对值比 C 点的偏大。表 9-4 为 Fluent 解出的同一椭圆不同流场速度时特征点 B 与 C 的流场速度，并与理论解进行比较，可知 B 点的 Fluent 流场速度解比理论解偏小，而 C 点偏大。

表 9-3　B 点和 C 点的流场压力

椭圆长短轴	特征点	数值压力 p/Pa	解析压力 p/Pa
$a = 1\text{m}$, $b = 0.25\text{m}$	B	-0.16	-0.12
	C	0.15	0.20
$a = 0.5\text{m}$, $b = 0.25\text{m}$	B	-0.28	-0.25
	C	0.21	0.20
$a = 0.5\text{m}$, $b = 0.4\text{m}$	B	-0.46	-0.45
	C	0.22	0.20

表 9-4　B 点和 C 点的流速

流场速度 v/(m/s)	特征点	解析解	数值解
0.02	B	0.041	0.031
	C	0	0.002
0.03	B	0.062	0.046
	C	0	0.002
0.04	B	0.085	0.062
	C	0	0.002
0.05	B	0.107	0.075
	C	0	0.002

通过上述的比较分析可知，Fluent 模拟得到的结果和理论分析的结果基本一致，最大负压力都发生在椭圆柱壳的短轴端点 B、D 处，最大正压力都发生在椭圆柱壳的长轴端点 A、C 处，其他的流动特性也相互符合。

9.4　绕椭圆柱壳流动耦合问题的数值分析

9.4.1　弹性椭圆柱壳绕流耦合问题的描述

利用 ANSYS 软件模拟弹性椭圆柱薄壳与绕流场耦合小变形问题。设椭圆柱壳材料为低碳钢,弹性模量 $E = 200\text{GPa}$,壳体厚度为 $h = 1\text{mm}$,椭圆柱壳长半轴为 0.5m,短半轴为 0.25m,泊松比 $\nu = 0.25$,流场无穷远处速度 $V_\infty = 0.2\text{m/s}$,流体密度 $\rho = 1000\text{kg/m}^3$,动力黏度 $\mu = 0.001\text{Pa} \cdot \text{s}$。

建立流体模型并对模型区域进行有限元网格划分,考虑到攻角为零的椭圆柱绕流问题的对称性以及方便施加边界约束,流体模型区域设置为 $5\text{m} \times 4\text{m} \times 10\text{m}$ 的长方体,在其中心建立长轴为 0.5m,短轴为 0.25m 的椭圆柱通孔,如图 9 - 37 所示,利用映射的方法划分横截面的网格作为源面[7],再应用扫掠的方法划分六面体网格可得图 9 - 38 的流体网格图。

图 9 - 37　流体模型

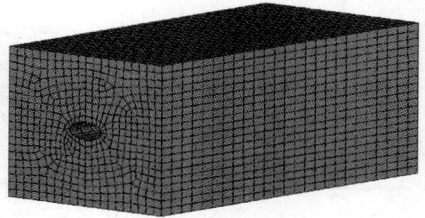

图 9 - 38　流体网格

设置不可压缩绝热的流体材料密度和黏度为常数,选项为湍流模型和任意拉格朗日 - 欧拉法(ALE),施加入口处沿 x 轴正方向速度边界条件和出口处零压力边界条件,其余边界面为静止光滑壁面。

9.4.2　椭圆柱壳的变形及应力分析

通过 ANSYS 计算,可以得到流体的流速和压力分布,以及椭圆柱壳体的变形和应力状态(图 9 - 39 ~ 图 9 - 42)。

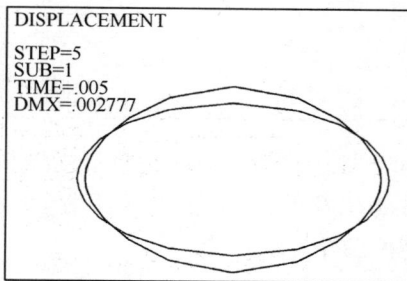

图 9 - 39　壳体弯曲变形图

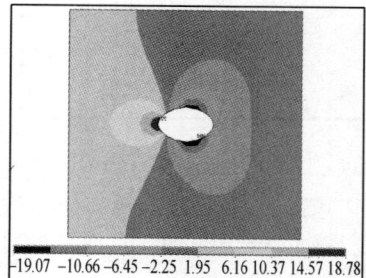

图 9 - 40　流场压力分布云图

由图 9 - 39 可知,椭圆柱壳的最大位移约为 2.78mm,发生在短轴端点处。由图 9 - 40 可知,流场最大正压力为 18.78Pa,最大负压力为 19.07Pa,流体最大流速为 0.28m/s,椭圆柱壳前部分为正压区,中部为绝对值较大的负压区,后半部分为绝对值较小的负压区。椭圆柱壳绕流速度和压力上下部分基本对称,前后压力不对称,这是因为在数值模拟时考虑到了流体的黏性作用的结果。

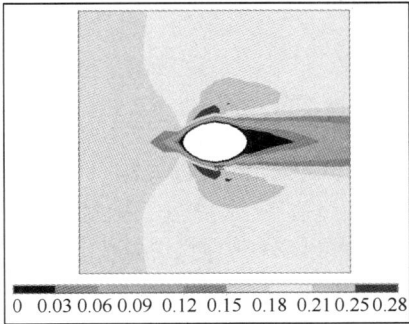

图 9 - 41　流场速度分布云图

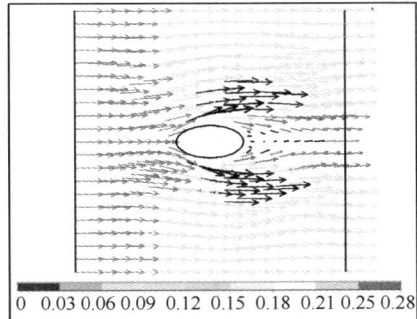

图 9 - 42　流场速度矢量图

在椭圆柱壳截面上取 B、C 两个特征点(见图 9 - 27),以此两点为例,在表 9 - 5 中分别列出了理论与数值模拟相结合的计算结果和单纯用数值模拟计算的耦合分析得到的椭圆柱壳的法向位移,其中椭圆半短轴长 0.25m,半长轴 0.5m。从表 9 - 5 中给出的数据可知,由理论计算得到的解析位移值比用 ANSYS 软件直接耦合分析得到的值略大。由上述比较可知,两种计算方法得到的结果基本一致,最大正挠度发生在椭圆的短轴端点处,最大负挠度发生在椭圆长轴端点处,最大正压力发生在椭圆长轴端点处,最大负压力发生在椭圆短轴端点处。

表 9 - 5　B 点和 C 点的挠度

流场速度/(m/s)	特征点	耦合分析位移/mm	解析分析位移/mm
0.1	B	0.73	0.84
	C	0.33	0.37
0.2	B	2.78	3.35
	C	1.31	1.58
0.3	B	6.30	7.69
	C	2.69	3.37

通过与已知的圆柱耦合场绕流的比较分析,两者的绕流特性有许多相似之处,例如流场压力和速度分布只是在数值大小上有些差异,两种计算方法之间偏差的产生是因为理论分析和有限元建模求解方法等方面不同,因此误差产生在计算的每一步骤中。在应用解析求解流体压力时,流体为理想不可压缩流体,而在利用数值模拟时,选择的流体为低黏度黏性流体。在基于理论结果进行求解时,将壳体变形前的流体压力作用于壳面上,压力为定值,在有限元模拟时,利用任意拉格朗日 - 欧拉法处理边界接触条件,这样流体网格移动始终满足边界面上的条件,弹性

网格随位移不断更新网格。不同的计算方法带来的误差也必然在所难免。另外，求解的精度与有限元网格划分的疏密、形状也有关系，因此要划分恰当的网格，以便计算出较高精度的结果。

9.4.3　弹性拱壳的绕流分析

建立模型如图 9 - 43 所示，壳体厚度 $h = 2\text{mm}$，拱形板的弦长为 2.0m，拱高为 0.5 m。无穷远流体速度 $V_\infty = 0.2\text{m/s}$，采用 9.4.2 节同样的计算方法，计算得到的壳体变形如图 9 - 44 所示，壳体的最大变形发生在迎流点处，最大位移 $w = 0.16\text{mm}$。图 9 - 45 为流场速度矢量图，由图可看出拱形板表面处流体速度基本为零，在板的两端处流体速度较大，拱形板的背流面形成两个漩涡。

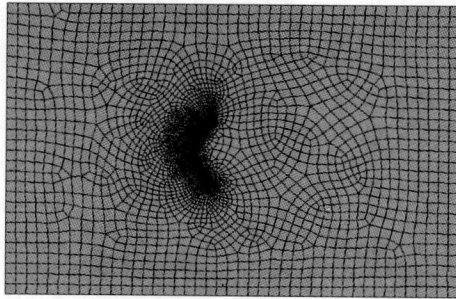

图 9 - 43　网格模型

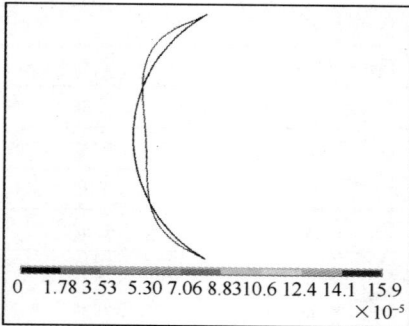

图 9 - 44　拱形板变形图

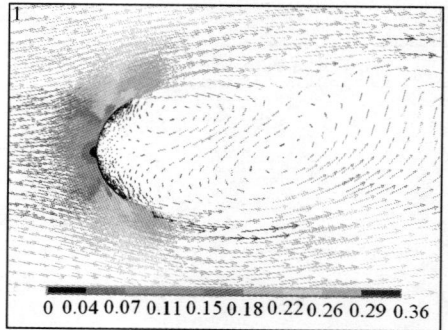

图 9 - 45　流场速度矢量图

参 考 文 献

[1] 纪雪林，田振国，郝亚娟，等. 椭圆柱绕流的理论研究[J]. 燕山大学学报(自然科学版)，2014，38：89~94.

238

［2］西安交通大学高等数学教研室．工程数学复变函数［M］．北京：高等教育出版社，1996：4－16.

［3］郭鸿志．传输过程数值模拟［M］．北京：冶金工业出版社，1998.

［4］纪雪林．弹性板壳的绕流及变形分析［D］．秦皇岛：燕山大学，2014.

［5］董曾南，章梓雄．非粘性流体力学［M］．北京：清华大学出版社，2005.

［6］王瑞金，张凯，王刚．Fluent 技术基础及应用实例［M］．北京：清华大学出版社，2007.

［7］小飒工作室．最新经典 ANSYS 及 Workbench 教程［M］．北京：电子工业出版社，2004：509－563，618－633.

第 10 章　柔性薄壁管的流固耦合非线性问题

本章应用解决非线性流体弹性力学问题所采用的方法,以动脉血管为例,研究柔性薄壁管的流固耦合非线性问题。其中,包括动脉血管的混沌运动分析和血管狭窄处管壁的变形与应力分析,以及颈动脉血管硬化的力学分析等内容。这些研究成果既是对该理论方法解决柔性薄壁管流固耦合问题的尝试,又可为相关领域的应用提供参考。

10.1　柔性薄壁管的混沌运动分析

柔性薄壁管的动力学问题是当今非线性科学研究的热点之一,特别是对动脉血管的流固耦合问题的研究,引起了学术界的注意。这是因为它将力学的理论和研究方法与生理学、医学的原理和方法有机地结合起来,力图用力学的理论和方法来解释和分析柔性薄壁管系统中液体流动和柔性薄壁管收张所呈现的现象。根据流体力学中的连续性方程、运动方程和板壳的弹性理论建立流固耦合方程,求解并分析柔性薄壁管的混沌运动。这不仅可为柔性薄壁管的设计和应用提供参考,而且可为心血管疾病的诊断与防治提供帮助。

10.1.1　血液流动运动方程

血液通常可以被认为是不可压缩黏性流体,假定其流动是轴对称的层流流动[1],建立柱坐标系(r,θ,x)如图 10-1 所示。其中,取 x 坐标轴与管轴线重合,r 表示径向坐标,θ 表示环向坐标;v_x、v_r 分别为血液在 x 轴和 r 轴方向上的速度分量。

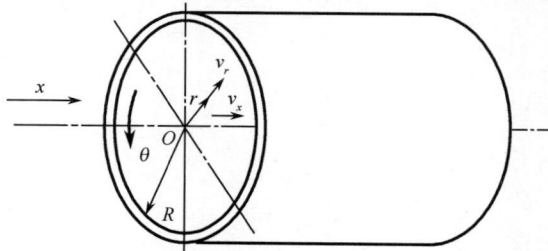

图 10-1　血管模型

由式(2－27),血液运动的连续性方程为

$$\frac{\partial v_x}{\partial x} + \frac{1}{r}\frac{\partial}{\partial r}(rv_r) = 0 \tag{10-1}$$

运动方程(Navier－Stokes 方程)为

$$\frac{\partial v_x}{\partial t} + v_x\frac{\partial v_x}{\partial x} + v_r\frac{\partial v_x}{\partial r} = -\frac{1}{\rho}\frac{\partial p}{\partial x} + \nu_0\left(\frac{\partial^2 v_x}{\partial r^2} + \frac{1}{r}\frac{\partial v_x}{\partial r} + \frac{\partial^2 v_x}{\partial x^2}\right) \tag{10-2}$$

$$\frac{\partial v_r}{\partial t} + v_x\frac{\partial v_r}{\partial x} + v_r\frac{\partial v_r}{\partial r} = -\frac{1}{\rho}\frac{\partial p}{\partial r} + \nu_0\left(\frac{\partial^2 v_r}{\partial r^2} + \frac{1}{r}\frac{\partial v_r}{\partial r} + \frac{\partial^2 v_r}{\partial x^2} - \frac{v_r}{r^2}\right) \tag{10-3}$$

式中:ρ 为血液密度;p 为压力;t 为时间变量;$\nu_0 = \mu/\rho$ 为血液运动黏性系数,μ 为血液动力黏性系数。略去高阶小量,则方程式(10－2)、式(10－3)可简化为

$$\frac{\partial v_x}{\partial t} = -\frac{1}{\rho}\frac{\partial p}{\partial x} + \nu_0\left(\frac{\partial^2 v_x}{\partial r^2} + \frac{1}{r}\frac{\partial v_x}{\partial r}\right) \tag{10-4}$$

$$\frac{\partial v_r}{\partial t} = -\frac{1}{\rho}\frac{\partial p}{\partial r} + \nu_0\left(\frac{\partial^2 v_r}{\partial r^2} + \frac{1}{r}\frac{\partial v_r}{\partial r} - \frac{v_r}{r^2}\right) \tag{10-5}$$

10.1.2　动脉管壁运动方程

对一段动脉管壁进行分析,假设动脉管壁为柔性薄壁圆柱壳,长度为 L,半径为 R,两端简支,建立圆柱壳的柱坐标系 r、θ、x。取动脉管壁的轴向和径向位移分别为 S 和 ξ,根据参考文献[2],考虑几何非线性情况,可建立动脉管壁的轴向及径向运动方程

$$D_N\left[\frac{\partial^2 S}{\partial x^2} + \frac{1}{2}\frac{\partial}{\partial x}\left(\frac{\partial \xi}{\partial x}\right)^2 + \frac{\nu}{R}\frac{\partial \xi}{\partial x}\right] = \rho_0 h\frac{\partial^2 S}{\partial t^2} + \mu\left(\frac{\partial v_x}{\partial r}\right)\bigg|_{r=R} \tag{10-6}$$

$$\rho_0 h\frac{\partial^2 \xi}{\partial t^2} + D_M\frac{\partial^4 \xi}{\partial x^4} - \frac{\partial}{\partial x}\left(N_x\frac{\partial \xi}{\partial x}\right) +$$

$$\frac{D_N}{R}\left[\frac{\xi}{R} + \nu\left(\frac{\partial S}{\partial x} + \frac{1}{2}\left(\frac{\partial \xi}{\partial x}\right)^2\right)\right] + 2\mu\left(\frac{\partial v_r}{\partial r}\right)\bigg|_{r=R} = p_r - p_0 \tag{10-7}$$

其中

$$N_x = D_N\left[\frac{\partial S}{\partial x} + \frac{1}{2}\left(\frac{\partial \xi}{\partial x}\right)^2 + \frac{\nu}{R}\xi\right],\quad D_N = \frac{Eh}{1-\nu^2},\quad D_M = \frac{Eh^3}{12(1-\nu^2)}$$

式中:p_r 为血管壁内部压力;p_0 为血管壁外部压力;ρ_0 为动脉血管壁的密度;h 为动脉血管壁的厚度;R 为动脉血管壁平均半径;E 为动脉血管壁弹性模量;ν 为泊松比;t 为时间变量。

10.1.3 流固耦合运动方程

在动脉管壁上，根据血液运动与血管壁运动耦合的条件，有

$$\frac{\partial \zeta}{\partial t} = v_x \big|_{r=R}, \qquad \frac{\partial \xi}{\partial t} = v_r \big|_{r=R} \tag{10-8}$$

由式（10-1），在边界上有

$$\frac{\partial v_x}{\partial x}\bigg|_{r=R} + \left(\frac{v_r}{r} + \frac{\partial v_r}{\partial r}\right)\bigg|_{r=R} = 0 \tag{10-9}$$

由式（10-8）、式（10-9），可得

$$\frac{\partial v_r}{\partial r}\bigg|_{r=R} = -\left(\frac{\partial^2 \zeta}{\partial x \partial t} + \frac{1}{R}\frac{\partial \xi}{\partial t}\right)$$

根据血管壁两端简支的假设，在 $x = 0$ 及 $x = L$ 处，有

$$\zeta = 0, \qquad \frac{\partial^2 \zeta}{\partial x^2} = 0, \qquad \xi = 0, \qquad \frac{\partial^2 \xi}{\partial x^2} = 0$$

由式（10-4）、式（10-5）、式（10-8）可得

$$\frac{\partial^2 \zeta}{\partial t^2} = -\frac{1}{\rho}\frac{\partial p}{\partial x}\bigg|_{r=R} + \nu_0\left(\frac{\partial^2 v_x}{\partial r^2}\bigg|_{r=R} + \frac{1}{R}\frac{\partial v_x}{\partial r}\bigg|_{r=R}\right) \tag{10-10}$$

$$\frac{\partial^2 \xi}{\partial t^2} = -\frac{1}{\rho}\frac{\partial p}{\partial r}\bigg|_{r=R} + \nu_0\left(\frac{\partial^2 v_r}{\partial r^2}\bigg|_{r=R} + \frac{1}{R}\frac{\partial v_r}{\partial r}\bigg|_{r=R} - \frac{1}{R^2}\frac{\partial \xi}{\partial t}\right) \tag{10-11}$$

为了简化计算，当不考虑动脉管壁的轴向运动时，可以略去方程式（10-6）。

取无量纲量： $\omega_0 = \dfrac{\tau}{t}$，$\bar{x} = \dfrac{x}{L}$，其中 τ 为时间变量，方程式（10-6）、式（10-7）有如下形式

$$D_N\left[\frac{1}{L^2}\frac{\partial^2 \zeta}{\partial \bar{x}^2} + \frac{1}{2L^3}\frac{\partial}{\partial \bar{x}}\left(\frac{\partial \xi}{\partial \bar{x}}\right)^2 + \frac{\nu}{LR}\frac{\partial \xi}{\partial \bar{x}}\right] = \rho_0 h \omega_0^2 \ddot{\zeta} + \mu\left(\frac{\partial \dot{\zeta}}{\partial r}\right)\bigg|_{r=R}$$

$$\rho_0 h \omega_0^2 \ddot{\xi} + \frac{D_M}{L^4}\frac{\partial^4 \xi}{\partial \bar{x}^4} - D_N\left[\frac{1}{L}\frac{\partial \xi}{\partial \bar{x}} + \frac{1}{2L^2}\left(\frac{\partial \xi}{\partial \bar{x}}\right)^2 + \frac{\nu}{R}\xi\right]\left(\frac{1}{L^2}\frac{\partial^2 \xi}{\partial x^2} - \frac{\nu}{R}\right) + \frac{Eh}{R^2}\xi -$$

$$2\mu\left(\frac{\omega_0}{L}\frac{\partial \dot{\zeta}}{\partial \bar{x}} + \frac{\omega_0}{R}\dot{\xi}\right) = p_r - p_0 \tag{10-12}$$

式中：$\dot{\xi} = \dfrac{\partial \xi}{\partial \tau}$；$\ddot{\xi} = \dfrac{\partial^2 \xi}{\partial \tau^2}$；$\dot{\zeta} = \dfrac{\partial \zeta}{\partial \tau}$；$\ddot{\zeta} = \dfrac{\partial^2 \zeta}{\partial \tau^2}$。可将方程式（10-6）、式（10-7）中满足两端简支边界条件的解设为如下形式

242

$$\xi(\overline{x}, \tau) = \phi(\tau)\sin\pi\,\overline{x} \tag{10-13}$$

$$\varsigma(\overline{x}, \tau) = \psi(\tau)\sin\pi\,\overline{x} \tag{10-14}$$

式中：$\phi(\tau)$，$\psi(\tau)$分别为与径向位移和轴向位移相关的幅值。将式（10-13）、式（10-14）带入方程式（10-12），根据伽辽金原理有

$$\int_0^1 \left\{ \rho_0 h\omega_0^2 \ddot{\xi} + \frac{D_M}{L^4}\frac{\partial^4 \xi}{\partial \overline{x}^4} - D_N\left[\frac{1}{L}\frac{\partial \xi}{\partial \overline{x}} + \frac{1}{2L^2}\left(\frac{\partial \xi}{\partial \overline{x}}\right)^2 + \frac{\nu}{R}\xi\right]\left(\frac{1}{L^2}\frac{\partial^2 \xi}{\partial \overline{x}^2} - \frac{\nu}{R}\right) + \right.$$

$$\left. \frac{Eh}{R^2}\xi - 2\mu\left(\frac{\omega_0}{L}\frac{\dot{\varsigma}}{\partial \overline{x}} + \frac{\omega_0}{R}\dot{\xi}\right) - p_r + p_0 \right\} \times \sin\pi\,\overline{x}\mathrm{d}\overline{x} = 0 \tag{10-15}$$

由式（10-10）、式（10-11）、式（10-15）可得

$$A_1\ddot{\phi}(\tau) + A_2\dot{\phi}(\tau) + A_3\phi(\tau) + A_4\phi^2(\tau) + A_5\phi^3(\tau) = A_6(p_r - p_0) \tag{10-16}$$

其中

$$\ddot{\phi} = \frac{\partial^2\phi(\tau)}{\partial\tau^2}, \quad \dot{\phi} = \frac{\partial\phi(\tau)}{\partial\tau}, \quad A_1 = 24L^4R^2h\omega_0^2\pi\rho_0, \quad A_2 = -48L^4R\mu\omega_0\pi,$$

$$A_3 = 24\pi(EhL^4 + D_NL^4\nu^2 + D_M\pi^4R^2), \quad A_4 = 80D_NL^2R\pi^2\nu,$$

$$A_5 = 3D_NR^2\pi^5, \quad A_6 = 96R^2L^4$$

式（10-16）可利用数值方法求解。

10.1.4 混沌运动分析

已知血管壁长度 $L = 0.05\mathrm{m}$，厚度 $h = 0.6\mathrm{mm}$，密度 $\rho_0 = 1060\mathrm{kg/m^3}$，弹性模量 $E = 2\times10^5\mathrm{Pa}$，泊松比 $\nu = 0.3$；血液密度 $\rho = 1050\mathrm{kg/m^3}$，血管内压力 $p_r = 1.01\times10^3$ Pa，频率 $\omega = 6\mathrm{rad/s}$，外压力 $p_0 = 4.0\times10^3\mathrm{Pa}$，假设动脉血管壁在 $x = L/2$ 处的位移为 ξ，速度为 v'，则 $\xi = \phi(\tau)$，$v' = \dfrac{\mathrm{d}\xi}{\mathrm{d}\tau}$，设 $w = \xi$，$v' = w'$。

取初始条件为 $\xi = 0$，$v' = 0$。当动力黏度由 $\mu = 3.0\mathrm{mPa\cdot s}$ 到 $\mu = 20\mathrm{mPa\cdot s}$ 时，图 10-2 和图 10-3 分别为所对应的分岔图和 Lyapunov 指数图。图 10-3 中的纵坐标 λ_1 为最大 Lyapunov 指数，横坐标 μ 为动力黏度。

由图 10-2 和图 10-3 可见，在给定条件下，随着动力黏度的增加，动脉血管壁由最初的混沌运动向周期运动转化，动脉血管壁的挠度逐渐减小，在 $\mu = 3.0\mathrm{mPa\cdot s}$ 到 $\mu = 9.5\mathrm{mPa\cdot s}$ 的混沌区内，在 $\mu = 5.5\mathrm{mPa\cdot s}$ 和 $\mu = 6.1\sim7.2\mathrm{mPa\cdot s}$ 附近出现了两个周期窗口，混沌与周期运动交替出现。在 $\mu = 9.5\mathrm{mPa\cdot s}$ 以后，出现了倍周期分岔，系统为周期运动状态。

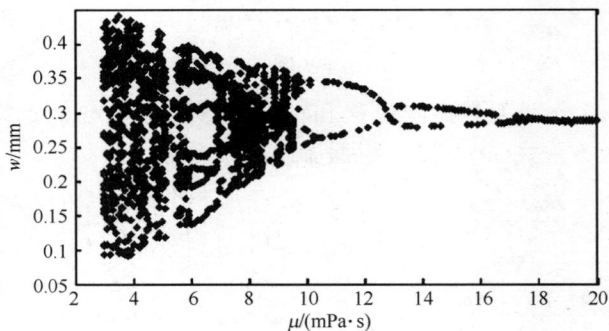

图 10 - 2　分岔图

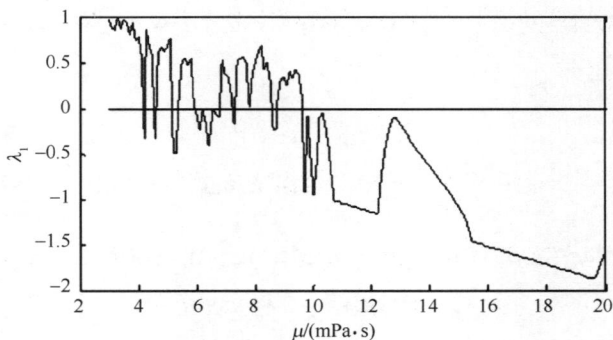

图 10 - 3　最大 Lyapunov 指数图

图 10 - 4 ~ 图 10 - 7 分别为系统在不同动力黏度的运动状态。通过波形图、相图及 Poincare 截面图可以看出,在 $\mu = 3.2\text{mPa} \cdot \text{s}$、$\mu = 4.0\text{mPa} \cdot \text{s}$ 时系统为混沌运动,在 $\mu = 5.5\text{mPa} \cdot \text{s}$、$\mu = 10.0\text{mPa} \cdot \text{s}$ 时系统为周期运动。此计算可提供血液黏稠度对血管混沌运动的影响参数,可为治疗血稠患者提供数据。

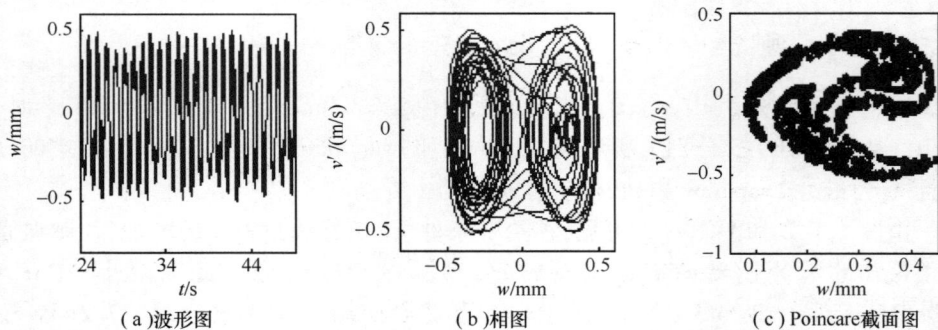

（a）波形图　　　　　　（b）相图　　　　　　（c）Poincare截面图

图 10 - 4　$\mu = 3.2\text{mPa} \cdot \text{s}$ 时的波形图、相图及 Poincare 截面图

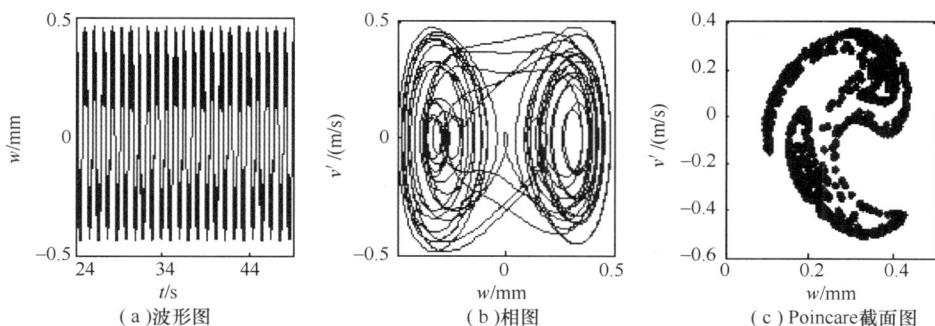

（a）波形图　　　　　　　（b）相图　　　　　　（c）Poincare截面图

图 10-5　$\mu = 4.0 \text{mPa} \cdot \text{s}$ 时的波形图、相图及 Poincare 截面图

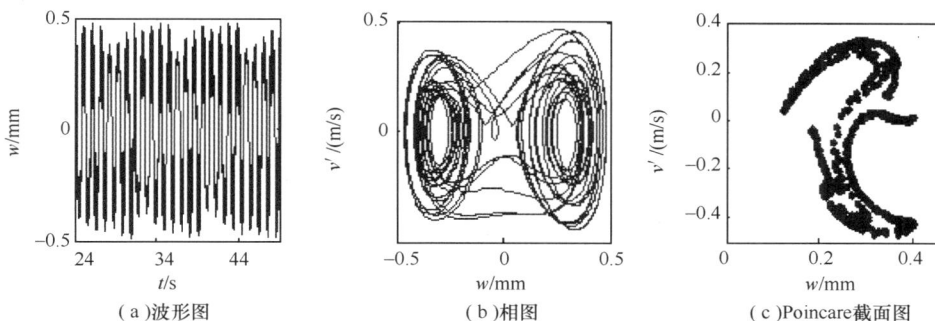

（a）波形图　　　　　　　（b）相图　　　　　　（c）Poincare截面图

图 10-6　$\mu = 5.5 \text{mPa} \cdot \text{s}$ 时的波形图、相图及 Poincare 截面图

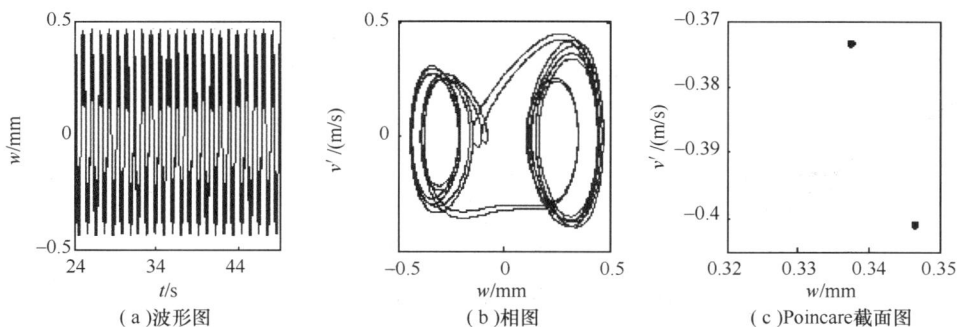

（a）波形图　　　　　　　（b）相图　　　　　　（c）Poincare截面图

图 10-7　$\mu = 10.0 \text{mPa} \cdot \text{s}$ 时的波形图、相图及 Poincare 截面图

图 10-8 和图 10-9 分别为当动力黏度 $\mu = 4.0 \text{mPa} \cdot \text{s}$，泊松比由 $\nu = 0.1$ 到 $\nu = 0.3$ 时，所对应的分岔图和 Lyapunov 指数图。由图 10-8 和图 10-9 可见，在给定条件下，在泊松比 $\nu = 0.1 \sim 0.125$ 区间，动脉血管壁的运动状态为混沌运动；在 $\nu = 0.125$ 附近出现倍周期分岔，系统为周期运动状态；随着泊松比的继续增加，$\nu = 0.16$ 和 $\nu = 0.21$ 附近出现了倍周期分岔；在 $\nu = 0.22$ 附近，系统发生了阵发性

245

分岔,之后进入混沌运动状态;在 $\nu = 0.251$ 附近,系统发生了阵发性分岔,之后进入周期运动状态;在 $\nu = 0.28$ 附近,系统出现了阶跃分岔。

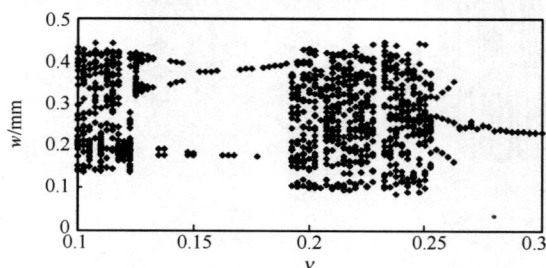

图 10 - 8　分岔图

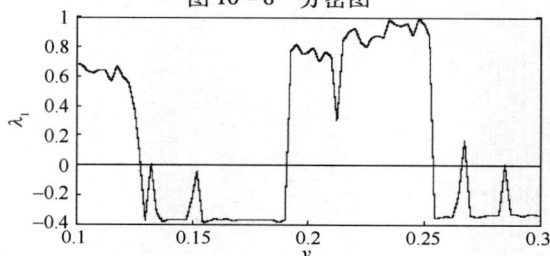

图 10 - 9　最大 Lyapunov 指数图

图 10 - 10 ~ 图 10 - 13 分别为系统在取不同泊松比时的运动状态。通过波形图、相图及 Poincare 截面图可以看出:在 $\nu = 0.115$、$\nu = 0.21$ 时,系统为混沌运动;在 $\nu = 0.15$、$\nu = 0.3$ 时,系统为周期运动。通过对泊松比的分析,可能为动脉不同的硬化程度对混沌运动的影响提供计算依据,从而对判断和治疗动脉硬化及冠心病提供参考数据。

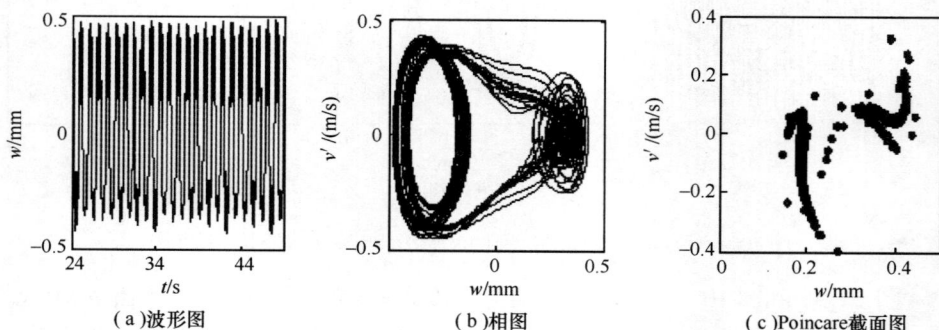

（a）波形图　　　　　（b）相图　　　　　（c）Poincare截面图

图 10 - 10　$\nu = 0.115$ 时的波形图、相图及 Poincare 截面图

当血液内压力 $p_r = 1.0 \times 10^3 \mathrm{Pa}$ 到 $p_r = 12.0 \times 10^3 \mathrm{Pa}$ 时,图 10 - 14 和图 10 - 15 分别为所对应的分岔图和 Lyapunov 指数图。由图可见,在给定条件下,随着压力

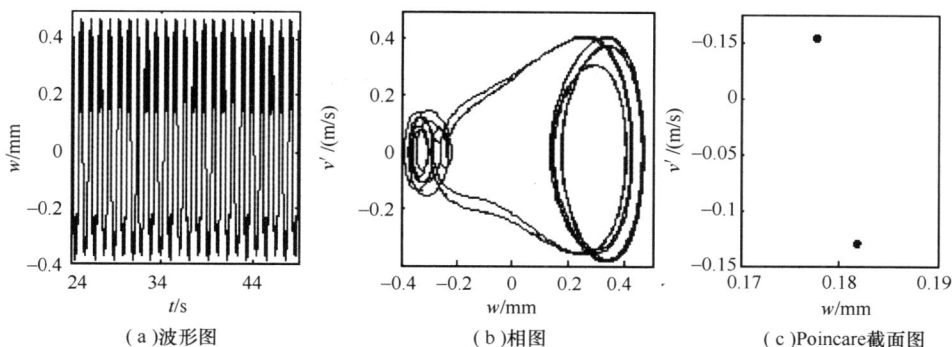

（a）波形图　　　　　　　　　（b）相图　　　　　　　　（c）Poincare截面图

图 10 - 11　$\nu = 0.15$ 时的波形图、相图及 Poincare 截面图

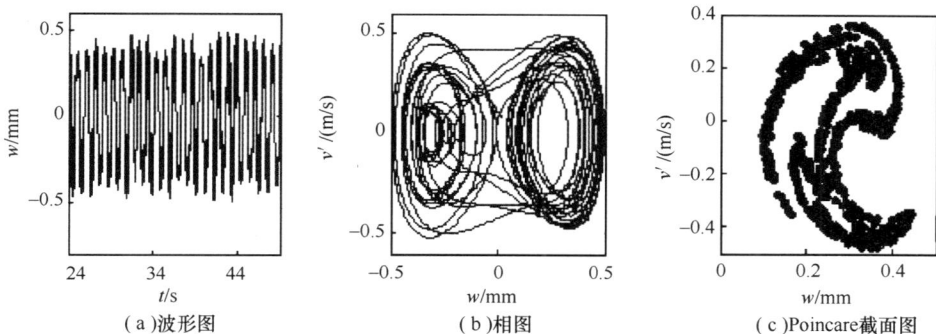

（a）波形图　　　　　　　　　（b）相图　　　　　　　　（c）Poincare截面图

图 10 - 12　$\nu = 0.21$ 时的波形图、相图及 Poincare 截面图

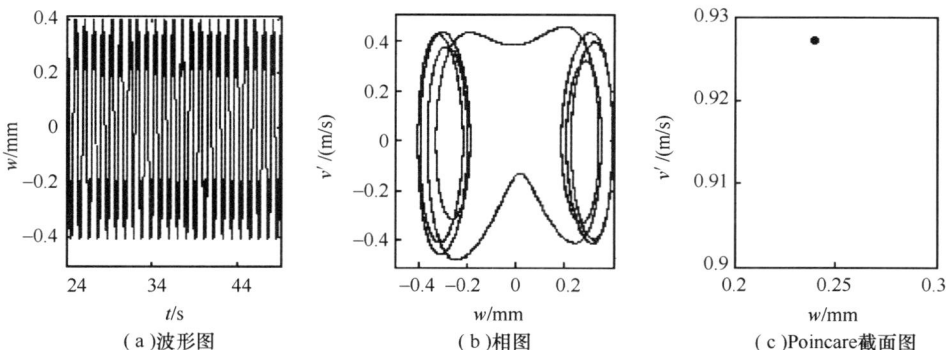

（a）波形图　　　　　　　　　（b）相图　　　　　　　　（c）Poincare截面图

图 10 - 13　$\nu = 0.3$ 时的波形图、相图及 Poincare 截面图

的增加，在 $p_r = 1.2 \times 10^3\,\mathrm{Pa}$、$p_r = 1.8 \times 10^3\,\mathrm{Pa}$ 附近出现了阶跃分岔，系统为周期运动状态；随着压力的继续增加，在 $p_r = 2.1 \times 10^3\,\mathrm{Pa}$ 附近出现了阵发性分岔，系统进入混沌运动状态；在 $p_r = 3.2 \times 10^3\,\mathrm{Pa}$ 附近出现了阵发性分岔，系统进入周期运动

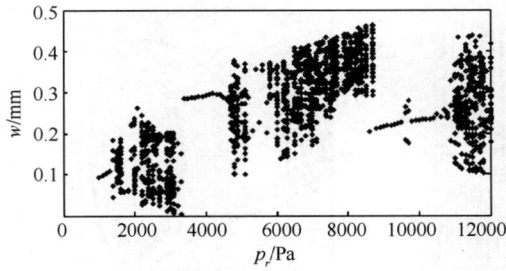

图 10 – 14　分岔图

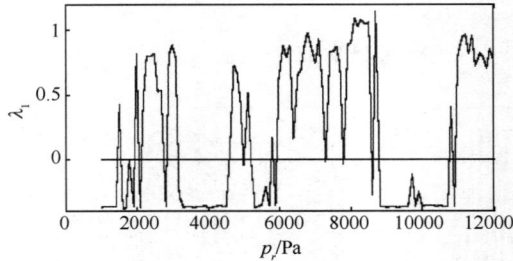

图 10 – 15　最大 Lyapunov 指数图

状态;在 $p_r = 4.2 \times 10^3$ Pa 附近出现了阵发性分岔,系统进入混沌运动状态;在 $p_r = 4.2 \times 10^3 \sim 8.5 \times 10^3$ Pa 的混沌区内,含有一个周期窗口;在 $p_r = 8.5 \times 10^3$ Pa 附近出现了阵发性分岔,系统进入周期运动状态;在 $p_r = 8.5 \times 10^3 \sim 11.0 \times 10^3$ Pa 区间内,系统为周期运动,在 $p_r = 11.0 \times 10^3$ Pa 之后,通过阵发性分岔,系统再次进入混沌运动状态。可见,血液内压力 p_r 增加,动脉血管壁的运动状态呈现出非常复杂的性质,混沌与周期交替出现。

图 10 – 16 ~ 图 10 – 21 分别为系统在不同血液内压力时的运动状态。通过波形图、相图及 Poincare 截面图可以看出,在 $p_r = 2.0 \times 10^3$ Pa、$p_r = 6.0 \times 10^3$ Pa、$p_r = 8.0 \times 10^3$ Pa 时,系统为混沌运动;在 $p_r = 1.0 \times 10^3$ Pa、$p_r = 1.3 \times 10^3$ Pa、$p_r = 10.0 \times$

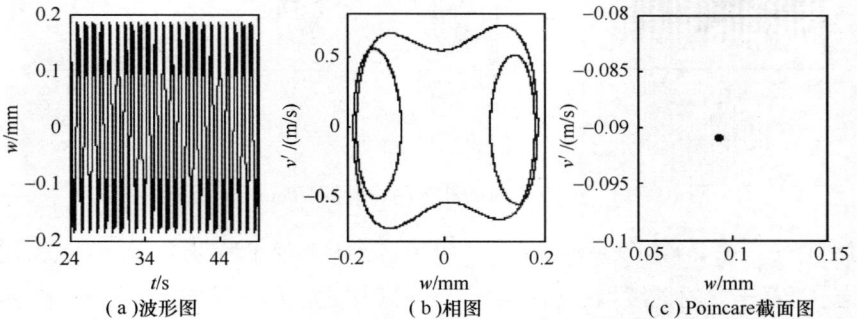

(a)波形图　　　　　(b)相图　　　　　(c) Poincare 截面图

图 10 – 16　$p_r = 1.0 \times 10^3$ Pa 时的波形图、相图及 Poincare 截面图

248

10^3 Pa 时,系统为周期运动;随着血液内压力的增加,动脉血管壁的位移逐渐增加。

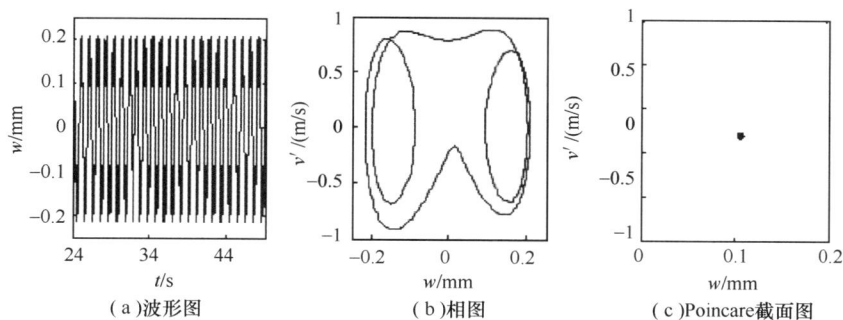

（a）波形图　（b）相图　（c）Poincare截面图

图 10 - 17　$p_r = 1.3 \times 10^3$ Pa 时的波形图、相图及 Poincare 截面图

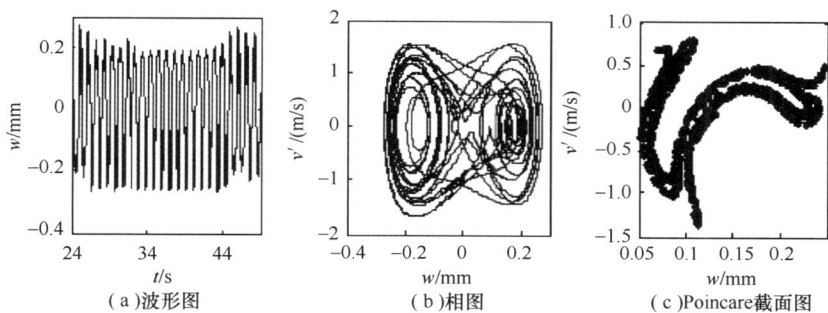

（a）波形图　（b）相图　（c）Poincare截面图

图 10 - 18　$p_r = 2.0 \times 10^3$ Pa 时的波形图、相图及 Poincare 截面图

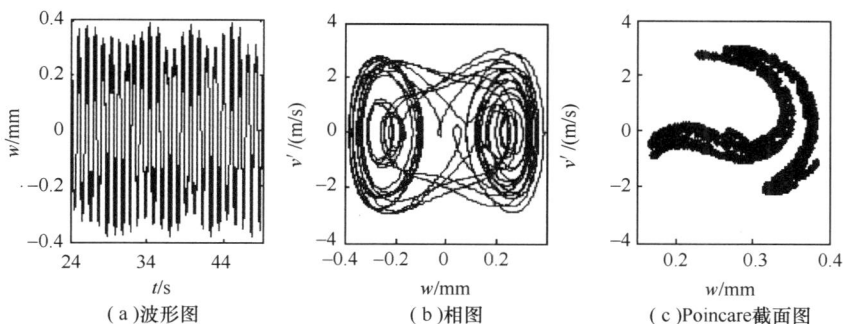

（a）波形图　（b）相图　（c）Poincare截面图

图 10 - 19　$p_r = 6.0 \times 10^3$ Pa 时的波形图、相图及 Poincare 截面图

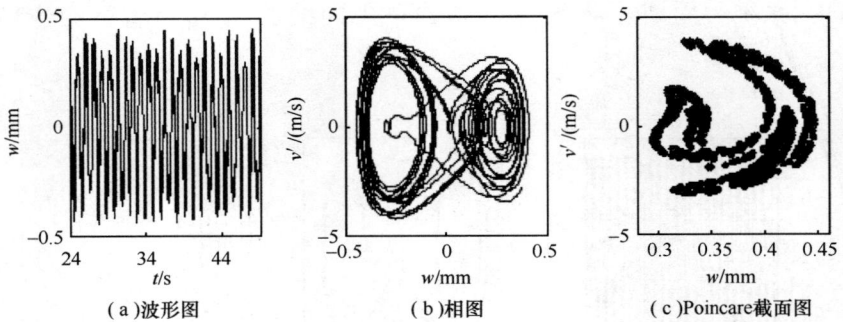

图 10 – 20　$p_r = 8.0 \times 10^3 \mathrm{Pa}$ 时的波形图、相图及 Poincare 截面图

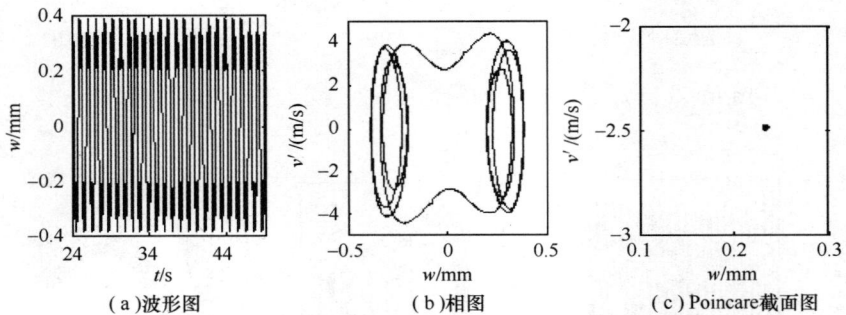

图 10 – 21　$p_r = 10.0 \times 10^3 \mathrm{Pa}$ 时的波形图、相图及 Poincare 截面图

10.2　血管狭窄处管壁变形及应力分析

　　心血管流体力学以心血管系统中血液的流动与血管壁的变形作为研究对象，是一门应用于血液循环系统的力学分支。国内外对这一领域的研究，主要为心动周期内血液在血管内流动的流速、流量，以及局部狭窄圆管内流体流动的非线性动力学分析、数值模拟和对血管力学性能的探讨等。但是，大部分研究都没有涉及到狭窄血管管壁变形与应力的分析，也没有涉及当狭窄处植入支架后血管壁变形与应力的分析，因此有关动脉局部狭窄的形成、发展、对血液流动的影响及如何正确安放支架的研究，是当前亟待需要的研究课题。

　　近 20 多年来，心血管流体力学有了飞速发展，动脉中的脉动流与脉搏波传播规律的研究也有了比较全面的进展。心血管系统生理异常多数是动脉血管的血流有障碍造成的，严重者将危及生命。关于对这一问题的研究可以给心血管疾病的预防、诊断和治疗提供科学的依据。研究心血管流体问题，需要对流体特性、流动状态与管壁类型作出不同的假设，将会得到不同的结论。当前，通常采用如下假设：①平均流速与波速之比很小；②血液是牛顿流体且不可压缩；③动脉管壁的变形很小;④N-S方程中的迁移加速度项可忽略;⑤动脉管壁可以是弹性的,也可以是黏弹性的[3]。

为了保证血管内血液的正常流动,阻止动脉粥样硬化进一步恶化,医学上通常在狭窄达到一定程度时采用置入式血管支架的方法(图10-22),血管支架是用金属或其他材料制成的血管内支撑体,具有良好的几何稳定性和弹性,能起到支撑血管壁的作用。新型医用近β型TLM钛合金支架稳定性良好,无磁性,且具有生物相容性、高强度等特点。研究结果表明:支架在膨胀过程中出现轴向缩短,其缩短率随径向加载位移的增大而增大。

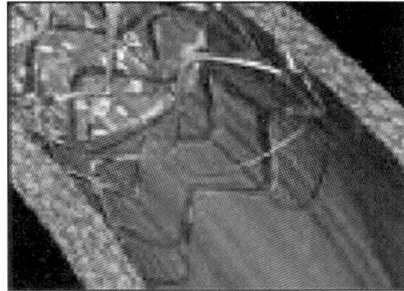

图10-22 置入式血管支架

由粥样硬化造成的动脉局部狭窄,是血液循环系统的一种主要病变,会严重影响机体的健康。本节将选用狭窄的动脉血管作为弹性体,血液作为流体,应用相容拉格朗日-欧拉法,研究血管在血液作用下的变形及应力的分析方法。

10.2.1 局部狭窄脉动流的分析

1. 具有轴对称狭窄直圆管内血液流动的基本方程

因为局部狭窄的硬化斑块往往具有"类环状",于是可以把有硬化斑块的病变血管段简化为具有轴对称狭窄的直圆管(图10-23)。由于血管粥样硬化,这种局部病变的血管壁的弹性纤维受到破坏,使血管壁出现一定程度的硬化[4]。

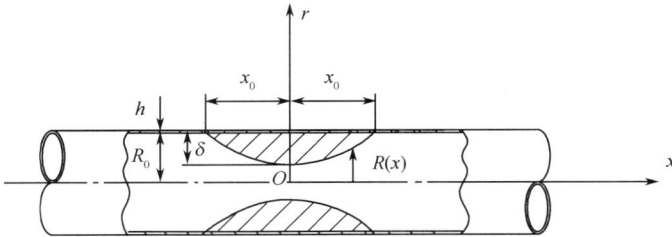

图10-23 具有轴对称狭窄的直圆管

假定血液为一定常层流流动的牛顿流体,同样建立圆柱壳的柱坐标系(r,θ,x),其中r,θ分别为动脉管壁的径向和环向坐标,x为轴向坐标,则描述局部狭窄管内血液的运动方程为[1]

1) 连续性方程

$$\frac{\partial v_x}{\partial x} + \frac{1}{r}\frac{\partial}{\partial r}(rv_r) = 0 \tag{10-17}$$

2）N‑S方程

$$\begin{cases} v_x \dfrac{\partial v_x}{\partial x} + v_r \dfrac{\partial v_x}{\partial r} = -\dfrac{1}{\rho} \dfrac{\partial p}{\partial x} + \nu_0 \left(\dfrac{\partial^2 v_x}{\partial r^2} + \dfrac{1}{r} \dfrac{\partial v_x}{\partial r} + \dfrac{\partial^2 v_x}{\partial x^2} \right) \\ v_x \dfrac{\partial v_r}{\partial x} + v_r \dfrac{\partial v_r}{\partial r} = -\dfrac{1}{\rho} \dfrac{\partial p}{\partial r} + \nu_0 \left(\dfrac{\partial^2 v_r}{\partial r^2} + \dfrac{1}{r} \dfrac{\partial v_r}{\partial r} + \dfrac{\partial^2 v_r}{\partial x^2} - \dfrac{v_r}{r^2} \right) \end{cases} \tag{10-18}$$

式中：v_x，v_r分别为速度的轴向分量与径向分量；ρ与ν_0分别为血液的密度与运动黏度；p为压力。设定血管段内局部狭窄的形状是如图10‑23所示的余弦曲线，即

$$\frac{R}{R_0} = 1 - \frac{\delta}{2R_0}\left(1 + \cos\frac{\pi x}{x_0}\right)$$

式中：δ为狭窄处的最大厚度；狭窄总长度为$2x_0$。设定狭窄的最大厚度δ小于血管半径R_0，且狭窄区的长度$2x_0$与血管直径$2R_0$为同数量级，即

$$\frac{x_0}{R_0} = O(1)$$

由连续方程式（10‑17）可知，血液径向的流动速度分量要比轴向速度分量小一个量级。将方程式（10‑18）略去高阶小量项之后，运动方程与连续方程将简化为

$$v_x \frac{\partial v_x}{\partial x} + v_r \frac{\partial v_x}{\partial r} = -\frac{1}{\rho} \frac{\partial p}{\partial x} + \nu_0 \left(\frac{\partial^2 v_x}{\partial r^2} + \frac{1}{r} \frac{\partial v_x}{\partial r} \right), \quad \frac{\partial p}{\partial r} = 0, \quad \frac{\partial v_x}{\partial x} + \frac{1}{r} \frac{\partial}{\partial r}(rv_r) = 0$$

2. 血液流动方程的边界条件

在血管壁$r = R_0$处，有

$$v_x = 0, \quad v_r = 0, \quad \frac{\mathrm{d}p}{\mathrm{d}x} = \mu \left(\frac{\partial^2 v_x}{\partial r^2} + \frac{1}{r} \frac{\partial v_x}{\partial r} \right) \tag{10-19}$$

在边界条件式（10‑19）中，$v_x = 0$表示在血管壁上血液流动无滑移；边界条件$v_r = 0$表示血管壁上血液无渗透；边界条件式（10‑19）的第三式，则是在考虑$v_x = 0$与$v_r = 0$时，由运动方程直接得到的。在血管轴$r = 0$处，有

$$\frac{\partial v_x}{\partial r} = 0, \quad v_x = v_{x\max}, \quad \frac{\partial^2 v_x}{\partial r^2} = -\frac{2v_{x\max}}{R^2} \tag{10-20}$$

关于轴对称狭窄流是定常层流流动速度分布在轴管（$r = 0$）邻近，可近似地写成[1]

$$v_x = v_{x\max}\left(1 - \frac{r^2}{R^2}\right) \tag{10-21}$$

在式（10‑21）中令$r = 0$得式（10‑20）的第二式，分别对r求一次导数与二次导数并令$r = 0$时，可得式（10‑20）中的另外两式。

3. 动脉一维管流基本方程

心脏的间歇性射血，将产生从主动脉根部出发沿着动脉管系传播的脉搏波。脉搏波到达之处，动脉管内的力学参量将产生变化。这种在动脉中传播的脉搏波，

当遇到动脉管横截面积的突然变化或者动脉管壁物理特性的突然变化时,将产生部分反射。由于脉搏波的传播及其从动脉管段端点的往返反射,使动脉管中的脉搏波具有处处不同的特点。

将动脉管中的血液流动处理为一维管流,即认为动脉管中血液流动速度仅有轴向的速度分量 v_x,而径向的速度分量 $v_r = 0$;且认为动脉管中的流动参量仅是 x 的函数,沿径向是不变的;并假设血液是不可压缩的牛顿流体,动脉管壁为弹性且管壁变形较小。通过这些假设,可得到对应的基本方程如下[1]:

连续性方程

$$\frac{\partial A}{\partial t} + \frac{\partial (Av_x)}{\partial x} = 0$$

运动方程

$$\frac{\partial v_x}{\partial t} + v_x \frac{\partial v_x}{\partial x} = -\frac{1}{\rho} \frac{\partial p}{\partial x} - \frac{2}{\rho R}\tau_0$$

管壁物性方程

$$\frac{\mathrm{d}p}{\mathrm{d}A} = \frac{Eh}{2AR}$$

式中:A 为动脉管横截面积;τ_0 为单位管壁面积上的摩擦力;t 为时间变量;E、h 分别为管壁弹性模量与厚度。

4. 动脉管壁运动方程及应力表达式

对一段动脉管壁进行分析。假设动脉管壁是各项同性的胡克弹性圆管,其管壁变形可以不计,管壁厚度 h 沿轴线 x 方向均匀,且与半径 R_0 之比很小。考虑几何非线性情况,并引进有效厚度 H,当 $r = R(x)$ 时,可建立动脉管壁的轴向运动方程及径向运动方程[5]

$$\begin{cases} \rho_\omega \left(\frac{\partial^2 \mathcal{S}}{\partial t^2} + \omega_0 \mathcal{S} \right) = \frac{h}{H} \frac{E}{1-\nu^2} \left(\frac{\partial^2 \mathcal{S}}{\partial x^2} + \frac{\nu}{R(x)} \frac{\partial \xi}{\partial x} \right) - \frac{\mu}{H} \left(\frac{\partial v_x}{\partial r} + \frac{\partial v_r}{\partial x} \right) \\ \rho_\omega \frac{\partial^2 \xi}{\partial t^2} = \frac{p - p_e}{H} - \frac{h}{H} \frac{E}{1-\nu^2} \left(\frac{\nu}{R(x)} \frac{\partial \mathcal{S}}{\partial x} + \frac{\xi}{R^2(x)} \right) - \frac{2\mu}{H} \left(\frac{\partial v_r}{\partial r} \right) \end{cases} \quad (10-22)$$

式中:$\mathcal{S}$ 和 ξ 分别为动脉管壁的轴向和径向位移;系数 ω_0 为微元在轴向的自由振荡频率;p 为血管内部压力;p_e 为血管外部压力;ρ_ω 为动脉管壁的质量密度;t 为时间变量;ν 为泊松比。

如果血管壁周围组织的弹性约束用外部压力表示,且在方程式(10-22)中设定 $\omega_0 = 0$,$H = h$,从而可得到相应的血管运动方程为

$$\begin{cases} \rho_\omega \frac{\partial^2 \mathcal{S}}{\partial t^2} = \frac{E}{1-\nu^2} \left(\frac{\partial^2 \mathcal{S}}{\partial x^2} + \frac{\nu}{R(x)} \frac{\partial \xi}{\partial x} \right) - \frac{\mu}{h} \left(\frac{\partial v_x}{\partial r} + \frac{\partial v_r}{\partial x} \right) \\ \rho_\omega \frac{\partial^2 \xi}{\partial t^2} = \frac{p - p_e}{h} - \frac{E}{1-\nu^2} \left(\frac{\nu}{R(x)} \frac{\partial \mathcal{S}}{\partial x} + \frac{\xi}{R^2(x)} \right) - \frac{2\mu}{h} \left(\frac{\partial v_r}{\partial r} \right) \end{cases} \quad (10-23)$$

方程式(10-23)略去高阶小量,可简化为

$$
\begin{cases}
\rho_\omega \dfrac{\partial^2 S}{\partial t^2} = \dfrac{E}{1-\nu^2}\left(\dfrac{\partial^2 S}{\partial x^2} + \dfrac{\nu}{R(x)}\dfrac{\partial \xi}{\partial x}\right) - \dfrac{\mu}{h}\left(\dfrac{\partial v_x}{\partial r}\right) \\
\rho_\omega \dfrac{\partial^2 \xi}{\partial t^2} = \dfrac{p-p_e}{h} - \dfrac{E}{1-\nu^2}\left(\dfrac{\nu}{R(x)}\dfrac{\partial S}{\partial x} + \dfrac{\xi}{R^2(x)}\right)
\end{cases}
\tag{10-24}
$$

在方程式(10-24)第二式中的最后两项是同一数量级的,且左边的惯性项往往比右边的项影响小得多,于是可略去该项的影响,将方程式(10-24)第二式写为

$$
\frac{p-p_e}{h} - \frac{E}{1-\nu^2}\left(\frac{\nu}{R(x)}\frac{\partial S}{\partial x} + \frac{\xi}{R^2(x)}\right) = 0
\tag{10-25}
$$

对于管壁的轴向运动方程式(10-24)第一式,当略去黏性项与惯性项的影响后,方程可写为

$$
\frac{\partial^2 S}{\partial x^2} + \frac{\nu}{R(x)}\frac{\partial \xi}{\partial x} = 0
\tag{10-26}
$$

由方程式(10-25)和轴向位移的均匀性,有

$$
\frac{p-p_e}{h} - \frac{E}{1-\nu^2}\frac{\xi}{R^2(x)} = 0
$$

动脉管壁的环向应力 σ_θ 为

$$
\sigma_\theta = E\varepsilon_\theta
$$

式中: $\varepsilon_\theta = \dfrac{\xi}{R(x)}$ 为血管壁的环向应变。

5. 流固耦合运动方程

对于动脉中的脉动流,在弹性血管壁 $[r=R(x)]$ 上,血管内血液的流动状态与管壁运动状态是完全耦合的,即有耦合条件

$$
v_x(x,R(x),t) = \frac{\partial S(x,t)}{\partial t}, \quad v_r(x,R(x),t) = \frac{\partial \xi(x,t)}{\partial t}
$$

10.2.2 狭窄血管管壁的变形及应力分析

本节首先对血液流动的 N-S 方程与动脉管壁运动方程进行简化,导出动脉中脉动流的基本方程。通过对这些方程的求解,讨论了血管壁的变形与应力的变化,分析了在狭窄血管处正确安放支架时应该注意的问题。

1. 问题描述

假定局部狭窄是轴对称的,采用圆柱坐标系 (r,θ,x)。血管段内局部狭窄的形状假设是按余弦规律变化的,如图10-23所示。血管狭窄处的半径 $R(x)$ 可写成如下形式

254

$$R(x) = R_0 - \frac{\delta}{2}\left(1 + \cos\frac{\pi x}{x_0}\right) \qquad (-x_0 \leqslant x \leqslant x_0)$$

$$R(x) = R_0 \qquad (|x| > x_0)$$

式中:R_0 为局部狭窄区之外均匀管段的半径。现在来求解在血液流动状态下血管壁的变形和应力。

2. 方程组的建立

（1）血液流动运动方程

假定血管内流动的血液是牛顿流体,相似于式（10-17）、式（10-18）,将血液流动的连续方程写为

$$\frac{\partial v_x}{\partial x} + \frac{1}{r}\frac{\partial}{\partial r}(r v_r) = 0$$

运动方程（N-S 方程）写为

$$\frac{\partial v_x}{\partial t} + v_x\frac{\partial v_x}{\partial x} + v_r\frac{\partial v_x}{\partial r} = -\frac{1}{\rho}\frac{\partial p}{\partial x} + \nu_0\left(\frac{\partial^2 v_x}{\partial r^2} + \frac{1}{r}\frac{\partial v_x}{\partial r} + \frac{\partial^2 v_x}{\partial x^2}\right)$$

$$\frac{\partial v_r}{\partial t} + v_x\frac{\partial v_r}{\partial x} + v_r\frac{\partial v_r}{\partial r} = -\frac{1}{\rho}\frac{\partial p}{\partial r} + \nu_0\left(\frac{\partial^2 v_r}{\partial r^2} + \frac{1}{r}\frac{\partial v_r}{\partial r} + \frac{\partial^2 v_r}{\partial x^2} - \frac{v_r}{r^2}\right)$$

略去上式中的高阶小量,则上述方程简化为

$$\frac{\partial v_x}{\partial x} + \frac{1}{r}\frac{\partial}{\partial r}(r v_r) = 0, \quad \frac{\partial v_x}{\partial t} = -\frac{1}{\rho}\frac{\partial p}{\partial x} + \nu_0\left(\frac{\partial^2 v_x}{\partial r^2} + \frac{1}{r}\frac{\partial v_x}{\partial r}\right), \quad \frac{\partial p}{\partial r} = 0 \quad (10-27)$$

（2）动脉管壁径向位移及耦合方程

如果所考虑的动脉管壁是弹性的,当假定管壁厚度小于血管半径时,在血管轴向约束的情况下,方程式（10-23）进一步略去黏性项与惯性项的影响,则有管壁方程为

$$p - p_e = \frac{Eh}{1-\nu^2}\frac{\xi}{R^2(x)} \qquad (10-28)$$

由上式可得动脉管壁的径向位移为

$$\xi = \frac{(1-\nu^2)(p-p_e)R^2(x)}{Eh}$$

式中:p 为血管内压即血压;p_e 为血管外围组织的约束力;ν 为泊松比。

在弹性血管壁上,血液的运动状态与管壁的运动状态是完全耦合的,耦合方程为

$$v_x = \frac{\partial S}{\partial t}, \quad v_r = \frac{\partial \xi}{\partial t}$$

（3）动脉管壁的应力

血管壁的环向应力为 $\sigma_\theta = E\varepsilon_\theta = E\dfrac{\xi}{R(x)} = \dfrac{(1-\nu^2)(p-p_e)R(x)}{h}$。

3. 方程组的解

根据图 10-24 所示的血管压力波形，其波动周期 T 按 0.8s 计算时，压力和流速的波动方程可按时间分段写成下面的形式，即

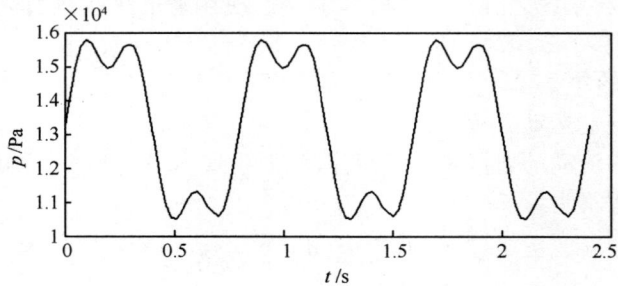

图 10-24　血管压力波形图

$$
p - p_e = \begin{cases}
p_1(x)\,\mathrm{e}^{\mathrm{i}\omega t} + \dfrac{1}{3}p_2(x)\,\mathrm{e}^{\mathrm{i}3\omega t} & \left(0 < t \leqslant \dfrac{4}{15}\mathrm{s}\right) \\[2mm]
p_1(x)\,\mathrm{e}^{\mathrm{i}\omega t} + \dfrac{1}{5}p_2(x)\,\mathrm{e}^{\mathrm{i}3\omega t} & \left(\dfrac{4}{15}\mathrm{s} < t \leqslant 0.4\mathrm{s}\right) \\[2mm]
p_1(x)\,\mathrm{e}^{\mathrm{i}\omega t} + \dfrac{1}{3}p_2(x)\,\mathrm{e}^{\mathrm{i}3\omega t} & \left(0.4\mathrm{s} < t \leqslant \dfrac{2}{3}\mathrm{s}\right) \\[2mm]
p_1(x)\,\mathrm{e}^{\mathrm{i}\omega t} + \dfrac{1}{5}p_2(x)\,\mathrm{e}^{\mathrm{i}3\omega t} & \left(\dfrac{2}{3}\mathrm{s} < t \leqslant 0.8\mathrm{s}\right)
\end{cases}
$$

$$
v_x = \begin{cases}
v_{x1}(r,x)\,\mathrm{e}^{\mathrm{i}\omega t} + \dfrac{1}{3}v_{x2}(r,x)\,\mathrm{e}^{\mathrm{i}3\omega t} & \left(0 < t \leqslant \dfrac{4}{15}\mathrm{s}\right) \\[2mm]
v_{x1}(r,x)\,\mathrm{e}^{\mathrm{i}\omega t} + \dfrac{1}{5}v_{x2}(r,x)\,\mathrm{e}^{\mathrm{i}3\omega t} & \left(\dfrac{4}{15}\mathrm{s} < t \leqslant 0.4\mathrm{s}\right) \\[2mm]
v_{x1}(r,x)\,\mathrm{e}^{\mathrm{i}\omega t} + \dfrac{1}{3}v_{x2}(r,x)\,\mathrm{e}^{\mathrm{i}3\omega t} & \left(0.4\mathrm{s} < t \leqslant \dfrac{2}{3}\mathrm{s}\right) \\[2mm]
v_{x1}(r,x)\,\mathrm{e}^{\mathrm{i}\omega t} + \dfrac{1}{5}v_{x2}(r,x)\,\mathrm{e}^{\mathrm{i}3\omega t} & \left(\dfrac{2}{3}\mathrm{s} < t \leqslant 0.8\mathrm{s}\right)
\end{cases}
$$

$$
v_r = \begin{cases}
v_{r1}(r,x)\,\mathrm{e}^{\mathrm{i}\omega t} + \dfrac{1}{3}v_{r2}(r,x)\,\mathrm{e}^{\mathrm{i}3\omega t} & \left(0 < t \leqslant \dfrac{4}{15}\mathrm{s}\right) \\[2mm]
v_{r1}(r,x)\,\mathrm{e}^{\mathrm{i}\omega t} + \dfrac{1}{5}v_{r2}(r,x)\,\mathrm{e}^{\mathrm{i}3\omega t} & \left(\dfrac{4}{15}\mathrm{s} < t \leqslant 0.4\mathrm{s}\right) \\[2mm]
v_{r1}(r,x)\,\mathrm{e}^{\mathrm{i}\omega t} + \dfrac{1}{3}v_{r2}(r,x)\,\mathrm{e}^{\mathrm{i}3\omega t} & \left(0.4\mathrm{s} < t \leqslant \dfrac{2}{3}\mathrm{s}\right) \\[2mm]
v_{r1}(r,x)\,\mathrm{e}^{\mathrm{i}\omega t} + \dfrac{1}{5}v_{r2}(r,x)\,\mathrm{e}^{\mathrm{i}3\omega t} & \left(\dfrac{2}{3}\mathrm{s} < t \leqslant 0.8\mathrm{s}\right)
\end{cases}
$$

式中:$i=\sqrt{-1}$;心动周期 $T=0.8s$;$\omega=\dfrac{2\pi}{T}$ 为心动频率;p_1、p_2,v_{x1}、v_{x2}、v_{r1}、v_{r2} 分别为不同频段的血压压力、血液运动的轴向速度及径向速度的幅值;通常认为 p_e 是常数。

当 $0<t\leqslant\dfrac{4}{15}s$、$0.4s<t\leqslant\dfrac{2}{3}s$ 时,先取 $(p-p_e)$、v_x、v_r 的第一项,即有

$$(p-p_e)_{\mathrm{I}}=p_1(x)\mathrm{e}^{\mathrm{i}\omega t},\quad v_{x\mathrm{I}}=v_{x1}(r,x)\mathrm{e}^{\mathrm{i}\omega t},\quad v_{r\mathrm{I}}=v_{r1}(r,x)\mathrm{e}^{\mathrm{i}\omega t}\quad(10-29)$$

将式(10-29)代入式(10-27),即得

$$\frac{\partial v_{x1}}{\partial x}+\frac{1}{r}\frac{\partial}{\partial r}(rv_{r1})=0,\quad\nu_0\left(\frac{\partial^2 v_{x1}}{\partial r^2}+\frac{1}{r}\frac{\partial v_{x1}}{\partial r}\right)-\mathrm{i}\omega v_{x1}=\frac{1}{\rho}\frac{\mathrm{d}p_1}{\mathrm{d}x}\quad(10-30)$$

由式(10-30)解得

$$p_1(x)=\int-\rho\mathrm{i}\omega f_1(x)\mathrm{d}x+C_1,$$

$$v_{x1}(x,r)=f_1(x)+f_2(x)J_0\left(\sqrt{\frac{-\mathrm{i}\omega}{\nu_0}}r\right)+f_3(x)Y_0\left(\sqrt{\frac{-\mathrm{i}\omega}{\nu_0}}r\right)$$

$$v_{r1}(x,r)=-\frac{r}{2}\frac{\mathrm{d}f_1(x)}{\mathrm{d}x}-\frac{\mathrm{d}f_2(x)}{\mathrm{d}x}\frac{J_1\left(\sqrt{\frac{-\mathrm{i}\omega}{\nu_0}}r\right)}{\sqrt{\frac{-\mathrm{i}\omega}{\nu_0}}}-\frac{\mathrm{d}f_3(x)}{\mathrm{d}x}\frac{Y_1\left(\sqrt{\frac{-\mathrm{i}\omega}{\nu_0}}r\right)}{\sqrt{\frac{-\mathrm{i}\omega}{\nu_0}}}$$

$$(10-31)$$

式中:J_0、J_1、Y_0、Y_1 分别为第一类,第二类零阶、一阶 Bessel 函数;C_1 为积分常数。

考虑到在 $r=0$ 处,v_{x1}、v_{r1} 为有限值;在 $r=R(x)$ 处,$v_{x1}=0$、$v_{r1}=0$。

$$f_1(x)=-\frac{1}{\rho\omega\mathrm{i}}\frac{\mathrm{d}p_1}{\mathrm{d}x},\ f_2(x)=-\frac{1}{\rho\omega\mathrm{i}}\frac{\mathrm{d}p_1}{\mathrm{d}x}\frac{1}{J_0\left(\sqrt{\frac{-\mathrm{i}\omega}{\nu_0}}r\right)},\ f_3(x)=0\quad(10-32)$$

将式(10-32)代入式(10-31),则得

$$v_{x1}(x,r)=\frac{1}{\rho\omega\mathrm{i}}\frac{\mathrm{d}p_1}{\mathrm{d}x}\left\{\frac{J_0\left(\sqrt{\frac{-\mathrm{i}\omega}{\nu_0}}r\right)}{J_0\left[\sqrt{\frac{-\mathrm{i}\omega}{\nu_0}}R(x)\right]}-1\right\},$$

$$v_{r1}(x,r)=-\frac{1}{\rho\omega\mathrm{i}}\left\{\frac{\mathrm{d}^2 p_1}{\mathrm{d}x^2}\left[\frac{J_1\left(\sqrt{\frac{-\mathrm{i}\omega}{\nu_0}}r\right)}{\sqrt{\frac{-\mathrm{i}\omega}{\nu_0}}J_0\left(\sqrt{\frac{-\mathrm{i}\omega}{\nu_0}}r\right)}-\frac{r}{2}\right]+$$

$$\frac{\mathrm{d}p_1}{\mathrm{d}x}\frac{J_1\left(\sqrt{\frac{-\mathrm{i}\omega}{\nu_0}}r\right)J_1\left[\sqrt{\frac{-\mathrm{i}\omega}{\nu_0}}R(x)\right]}{J_0^2\left[\sqrt{\frac{-\mathrm{i}\omega}{\nu_0}}R(x)\right]}\frac{\mathrm{d}R(x)}{\mathrm{d}x}\Bigg\} \qquad (10-33)$$

在弹性狭窄血管的管壁 $r = R(x)$ 上，有

$$v_{r1} = \frac{\partial \xi}{\partial t} = \frac{(1-\nu^2)p_1 R^2(x)}{Eh} \qquad (10-34)$$

由式(10-33)、式(10-34)可得到一个关于 p_1 的方程为

$$\frac{\mathrm{d}^2 p_1}{\mathrm{d}x^2} + \frac{2}{R(x)}\frac{J_1^2\left[\sqrt{\frac{-\mathrm{i}\omega}{\nu_0}}R(x)\right]}{J_0\left[\sqrt{\frac{-\mathrm{i}\omega}{\nu_0}}R(x)\right]J_2\left[\sqrt{\frac{-\mathrm{i}\omega}{\nu_0}}R(x)\right]}\frac{\mathrm{d}R(x)}{\mathrm{d}x}\frac{\mathrm{d}p_1}{\mathrm{d}x} -$$

$$\frac{2(1-\nu^2)\omega^2 R(x)}{Eh}\frac{J_0\left[\sqrt{\frac{-\mathrm{i}\omega}{\nu_0}}R(x)\right]}{J_2\left[\sqrt{\frac{-\mathrm{i}\omega}{\nu_0}}R(x)\right]}p_1 = 0$$

由上式可解得 p_1 的表达式为

$$p_1(x) = A_1\frac{(1-\nu^2)\omega^2}{Eh}\left[\sqrt{\frac{\omega}{\nu_0}}R(x)\right]^{1.23}\mathrm{e}^{0.1123\left[\sqrt{\frac{\omega}{\nu_0}}R(x)\right]}$$

同理，当 $0 < t \leqslant \frac{4}{15}\mathrm{s}$、$0.4\mathrm{s} < t \leqslant \frac{2}{3}\mathrm{s}$ 时，再取 $(p-p_e)$、v_x、v_r 的第二项，则有

$$(p-p_e)_{\mathrm{II}} = \frac{1}{3}p_2(x)\mathrm{e}^{\mathrm{i}3\omega t}, \quad v_{x\mathrm{II}} = \frac{1}{3}v_{x2}(r,x)\mathrm{e}^{\mathrm{i}3\omega t}, \quad v_{r\mathrm{II}} = \frac{1}{3}v_{r2}(r,x)\mathrm{e}^{\mathrm{i}3\omega t}$$

同理可得 p_2, v_{x2}, v_{r2} 的表达式，其中 p_2 为

$$p_2(x) = A_2\frac{(1-\nu^2)\omega^2}{Eh}\left[\sqrt{\frac{3\omega}{\nu_0}}R(x)\right]^{1.23}\mathrm{e}^{0.1123\left[\sqrt{\frac{3\omega}{\nu_0}}R(x)\right]}$$

利用叠加法可得 $p(x,t)$ 的表达式为

$$p-p_e = \frac{(1-\nu^2)\omega^2}{Eh}\Bigg\{A_1\left[\sqrt{\frac{\omega}{\nu_0}}R(x)\right]^{1.23}\mathrm{e}^{0.1123\left[\sqrt{\frac{\omega}{\nu_0}}R(x)\right]}\left[\sin(\omega t)+A_3\right] +$$

$$A_2\left[\sqrt{\frac{3\omega}{\nu_0}}R(x)\right]^{1.23}\mathrm{e}^{0.1123\left[\sqrt{\frac{3\omega}{\nu_0}}R(x)\right]}\left\{\frac{1}{3}\left[\sin(3\omega t)+A_3\right]\right\}\Bigg\}$$

式中：A_1、A_2、A_3 为待定常数。同理可得，当 $\frac{4}{15}\mathrm{s} < t \leqslant 0.4\mathrm{s}$、$\frac{2}{3}\mathrm{s} < t \leqslant 0.8\mathrm{s}$ 时的表达式为

$$p-p_e = \frac{(1-\nu^2)\omega^2}{Eh}\Bigg\{A_1\left[\sqrt{\frac{\omega}{\nu_0}}R(x)\right]^{1.23}\mathrm{e}^{0.1123\left[\sqrt{\frac{\omega}{\nu_0}}R(x)\right]}\left[\sin(\omega t)+A_3\right] +$$

$$A_2 \left[\sqrt{\frac{3\omega}{\nu_0}} R(x) \right]^{1.23} \mathrm{e}^{0.1123 \left[\sqrt{\frac{3\omega}{\nu_0}} R(x) \right]} \left\{ \frac{1}{5} \left[\sin(3\omega t) + A_3 \right] \right\} \right\}$$

根据一个周期内的压力值可求得 $A_1 = 532$、$A_2 = 158$、$A_3 = 3.5$。

4. 正常血压患者算例及结果分析

已知血管的半径 $R_0 = 0.5 \mathrm{cm}$，厚度 $h = 0.6 \mathrm{mm}$，假设血管壁与血管内斑块材料相似，即可认为弹性模量均为 $E = 4.3 \times 10^5 \mathrm{Pa}$，泊松比 $\nu = 0.3$，周期 $T = 0.8 \mathrm{s}$，圆频率 $\omega = 7.85 \mathrm{rad/s}$；外压力 $p_e = 4 \mathrm{kPa}$，血液质量密度 $\rho = 1.05 \times 10^3 \mathrm{kg/m}^3$，血液动力黏度 $\mu = 4.2 \times 10^{-3} \mathrm{Pa \cdot s}$，血液运动黏度 $\nu_0 = \dfrac{\mu}{\rho} = 4 \times 10^{-6} \mathrm{m}^2/\mathrm{s}$。正常血压的取值：收缩压为 $15.8 \mathrm{kPa}(120 \mathrm{mmHg})$，舒张压为 $10.6 \mathrm{kPa}(80 \mathrm{mmHg})$，$2x_0 = 2 \mathrm{cm}$。

1）正常血管（$\delta = 0$）的变形与应力分析

当 $\delta = 0$ 时为正常血管，在上述给定的参数状态下，计算得到血管壁在一个心动周期内的径向位移及应力状态如图 10-25、图 10-26 所示。

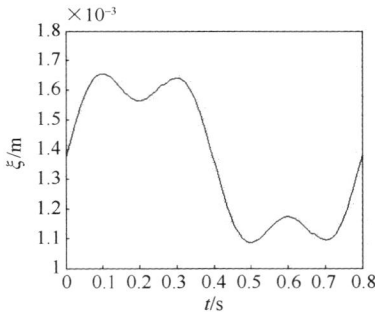

图 10-25　正常血管在一个
心动周期的径向位移

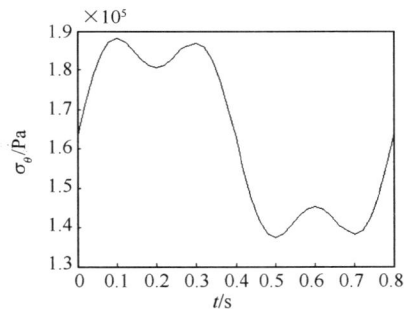

图 10-26　正常血管在一个
心动周期的环向应力

2）当 δ 取不同值时的计算结果

图 10-27 表示当 $\delta = 3.5 \mathrm{mm}$ 时，血管狭窄处血管壁的径向位移随着时间的变化规律。图 10-28、图 10-29 分别从不同狭窄程度显示了血管壁的径向位移，狭窄越大径向位移越小，与图 10-25 正常血管的径向位移相差很大。当狭窄达到一定程度时，根据伯努力方程可知最狭窄处血液流速变大，压力变小，当内压小于外压时，则会出现负位移，如图 10-28 所示，这显然对患者不利。图 10-30、图 10-31 表示了狭窄程度不同时，血管狭窄处管壁的径向位移。图 10-32、图 10-33 分别从不同狭窄程度显示了血管壁的环向应力，狭窄越大，环向应力越大。图 10-34、图 10-35 表示了狭窄程度不同时，血管狭窄处管壁的环向应力。

259

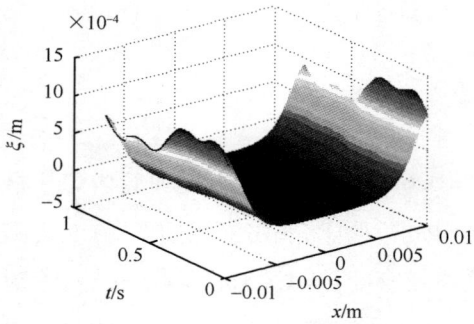

图 10 - 27　$\delta = 3.5\mathrm{mm}$ 时,随着时间
变化的管壁径向位移

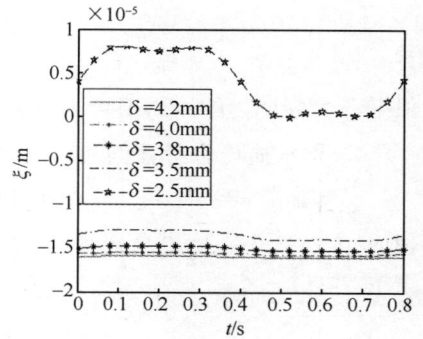

图 10 - 28　$x = 0$ 处 δ 不同时,管壁在
一个心动周期的径向位移

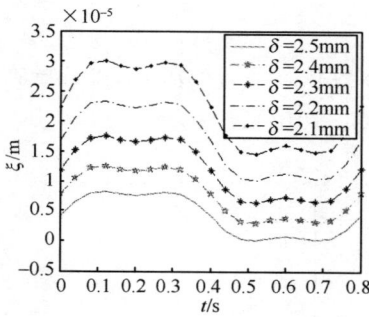

图 10 - 29　$x = 0$ 处 δ 不同时,管壁在
一个心动周期的径向位移

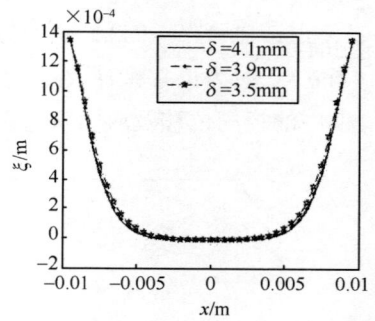

图 10 - 30　$p = 1.58 \times 10^4 \mathrm{Pa}$,$\delta$ 取
不同值时管壁的径向位移

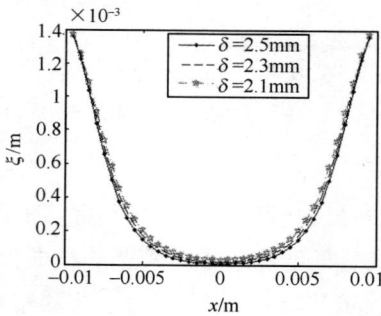

图 10 - 31　$p = 1.58 \times 10^4 \mathrm{Pa}$,$\delta$ 取
不同值时管壁的径向位移

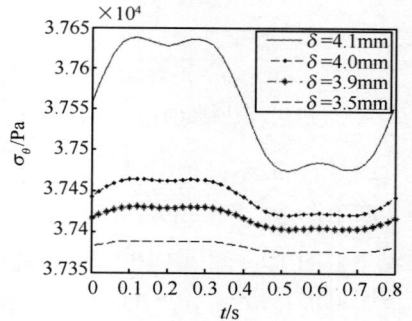

图 10 - 32　$x = 0$ 处 δ 不同时,管壁在
一个心动周期的环向应力

5. 高血压患者的算例及结果分析

1）正常血管 $\delta = 0$ 的变形与应力分析

当患者患有高血压时,即血压值变成收缩压为 26.5kPa(200mmHg),舒张压为

15.8kPa(120mmHg)。在上述给定的参数状态下,计算得到血压为 26.5kPa 时,患者的血管壁在一个心动周期内的径向位移及环向应力状态,如图 10 - 36、图 10 - 37 所示。

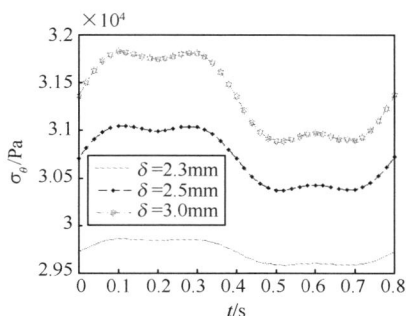

图 10 - 33　$x=0$ 处 δ 不同时,管壁在
一个心动周期的环向应力

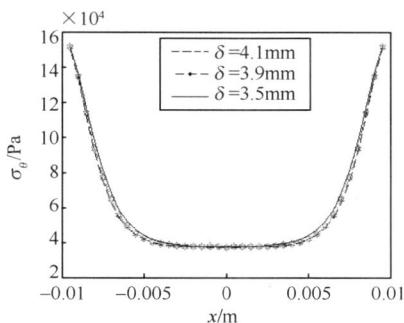

图 10 - 34　$p=1.58\times10^4$Pa,δ 不同时
管壁的环向应力

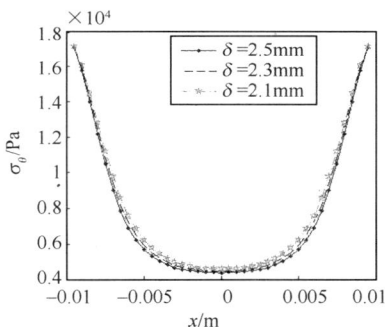

图 10 - 35　$p=1.58\times10^4$Pa,δ 不同时管壁的环向应力

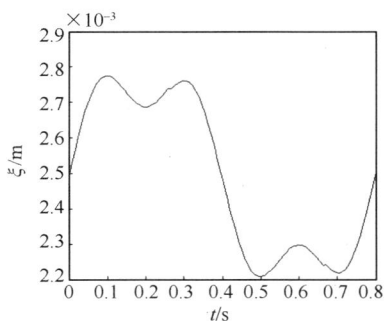

图 10 - 36　$\delta=0$ 时,一个心动
周期的径向位移

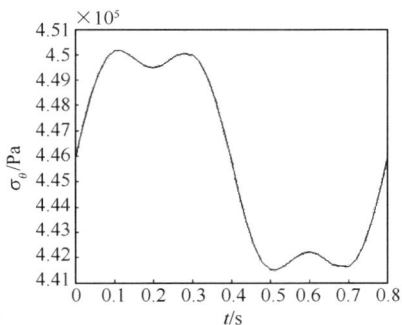

图 10 - 37　$\delta=0$ 时,一个心动
周期的环向应力

261

2）当 δ 取不同值时的计算结果

图 10-38 表示在一个心动周期内狭窄程度不同时,最狭窄处血管壁的径向位移。图 10-39 表示当血压值为 26.5kPa(200mmHg)时,狭窄处血管壁的径向位移。图 10-40 表示在一个心动周期内狭窄程度不同时,最狭窄处血管壁的环向应力。图 10-41 表示当血压值为 26.5kPa(200mmHg)时,狭窄处血管壁的环向应力。从这四个图中可看出:其血管壁的径向位移与环向应力比正常血压患者有明显地增大。

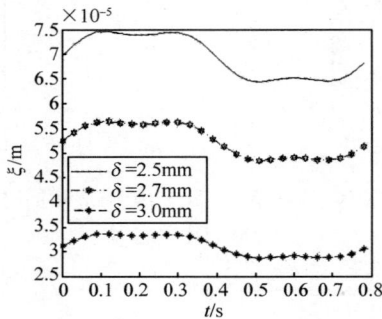

图 10-38　δ 不同时,一个心动
周期的径向位移

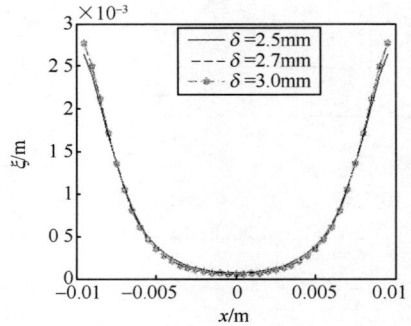

图 10-39　δ 不同时,血管壁
的径向位移

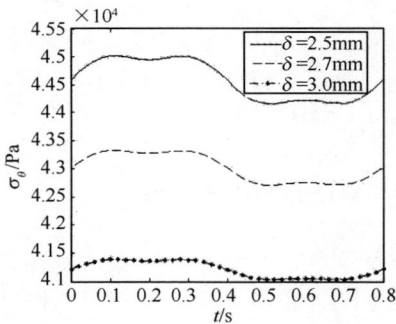

图 10-40　δ 不同时,一个心动
周期的环向应力

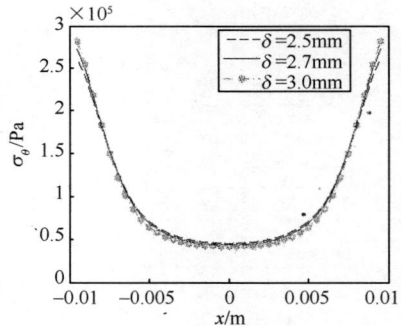

图 10-41　δ 不同时,
血管壁的环向应力

10.2.3　狭窄处植入支架的分析

通过上面的分析知道,血管狭窄处的径向位移非常小。为了保证血管内血液的正常流动,阻止动脉粥样硬化进一步恶化,医学上通常当狭窄到一定程度时在血管内植入支架,如图 10-42 所示。假设在血管内给一个支撑压力 p',使血管内硬化斑块在此力作用下狭窄处的径向位移为 $\xi = R_0 - R(x)$。由式(10-28)有

262

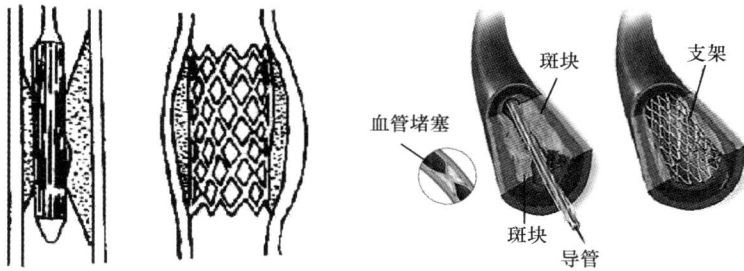

图 10-42　狭窄血管植入支架

$$p' = \frac{Eh}{1-\nu^2}\frac{R_0 - R(x)}{R^2(x)} + p_e$$

假设给定动脉血管的许用应力为 $[\sigma] = 2\text{MPa}$,鉴于医学使用的支架是金属材料制成的,只要支架能把最狭窄的部分撑起,血管壁的其他部分随之产生变形。根据实际情况,只讨论最狭窄处 $(x=0)$ 的径向位移和环向应力情况。表 10-1 给出了在正常血压作用的状态下,支架支撑力与血管壁径向位移及环向应力的计算结果。从表 10-1 中可以看到:当 $\delta = 4.2\text{mm}$ 时,血管壁的环向应力 $\sigma_\theta > 2\text{MPa}$ 超过了许用应力值,不宜安放支架;当 $\delta = 4.1\text{mm}$ 时,血管壁的环向应力 $\sigma_\theta < 2\text{MPa}$,但是与血管壁的许用应力特别接近。若患者同时患有高血压时,具体数据见表 10-2,当 $\delta = 4.1\text{mm}$ 时,血管壁的环向应力 $\sigma > 2\text{MPa}$,此时安放支架血管壁就

表 10-1　支架支撑力与血管壁径向位移及环向应力的计算结果

狭窄程度 δ/mm	堵塞面积/%	p'/MPa	ξ/mm	σ_θ/MPa
$\delta = 2.5$	75	0.113	2.846	0.490
$\delta = 3.0$	84	0.213	3.223	0.693
$\delta = 3.5$	91	0.441	3.634	1.040
$\delta = 3.9$	95	0.914	3.973	1.551
$\delta = 4.0$	96	1.134	4.064	1.744
$\delta = 4.1$	96.7	1.435	4.148	1.980
$\delta = 4.2$	97.5	1.861	4.245	2.277

表 10-2　高血压患者支架支撑力与血管壁径向位移及环向应力的计算结果

狭窄程度 δ/mm	堵塞面积/%	p'/MPa	ξ/mm	σ_θ/MPa
$\delta = 2.5$	75	0.113	3.071	0.528
$\delta = 3.0$	84	0.213	3.376	0.726
$\delta = 3.5$	91	0.441	3.709	1.063
$\delta = 3.9$	95	0.914	4.013	1.569
$\delta = 4.0$	96	1.134	4.093	1.780
$\delta = 4.1$	96.7	1.435	4.175	2.012
$\delta = 4.2$	97.5	1.861	4.261	2.312

可能发生破裂。从表 10 – 1、表 10 – 2 中的数据可知：只有当血管的狭窄率小于或等于某一数值时，才可以安全地植入支架，否则可能会引起血管破裂。

在正常血压波动作用下，血管最狭窄处的径向位移非常小。为了保证血管的正常工作，就必须软化血管并清除硬块。当血管堵塞的程度不同时，必须考虑植入支架后血管壁的环向应力大小，特别是当患者患有高血压而且血管壁已经硬化，弹性性能低下、弹性模量较大的情况，更要慎重处置。工作状态下血管壁的变形及应力状态的定量计算，还可以作为制定动脉粥样硬化的判别准则。

10. 2. 4　斑块与管壁材料特性对血管变形及应力的影响

动脉粥样硬化斑块的形成和发展会造成动脉管的局部狭窄。随着病情的恶化，狭窄初期、中期和后期的硬化斑块的特性会相差很大，而且斑块硬度不同对血管壁的变形及应力也会有很大影响。下面主要讨论局部斑块在不同硬度的情况下，血管壁的变形与应力的变化；进一步分析各种情况下在狭窄血管处正确安放支架所应注意的事项。

1. 血管壁与血管内局部斑块的径向位移与环向应力分析

1）血管壁的变形及应力分析

将狭窄动脉管假设为绕带筒体，即血管壁假设为绕带层，血管内局部斑块及内皮异常增殖假设为筒体。这样就可以利用绕带筒体的理论来进行狭窄血管的研究。根据文献[6]，在图 10 – 1 所示的圆柱坐标 (r, θ, x) 中，其轴向应力 σ_{dx}、切应力 $\tau_{x\theta}$ 均为零，环向应力为 $\sigma_{d\theta}$、径向应力为 σ_{dr}，将 $\sigma_{d\theta}, \sigma_{dr}$ 代替方程 $\sigma_\theta - \sigma_r = r \dfrac{\mathrm{d}\sigma_r}{\mathrm{d}r}$ 中的 σ_θ, σ_r，得平衡方程为[7]

$$\frac{\mathrm{d}\sigma_{dr}}{\mathrm{d}r} + \frac{\sigma_{dr} - \sigma_{d\theta}}{r} = 0 \qquad (10-35)$$

由广义胡克定律得物理方程为

$$\varepsilon_{d\theta} = \frac{1}{E_d}\left[\sigma_{d\theta} - \nu_d(\sigma_{dr} + \sigma_{dx})\right] = \frac{1}{E_d}(\sigma_{d\theta} - \nu_d\sigma_{dr})$$

$$\varepsilon_{dr} = \frac{1}{E_d}\left[\sigma_{dr} - \nu_d(\sigma_{d\theta} + \sigma_{dx})\right] = \frac{1}{E_d}(\sigma_{dr} - \nu_d\sigma_{d\theta}) \qquad (10-36)$$

式中：$E_d, \nu_d, \varepsilon_{d\theta}, \varepsilon_{dr}$ 分别为血管壁的弹性模量，泊松比，环向应变及径向应变。

由于结构和载荷对称，若假设血管壁的径向位移 $\xi_d = \xi_d(r)$，则得几何方程为

$$\varepsilon_{d\theta} = \frac{\xi_d}{r}, \ \varepsilon_{dr} = \frac{\mathrm{d}\xi_d}{\mathrm{d}r} \qquad (10-37)$$

由式（10 – 36）的第二式得

$$\sigma_{dr} = \varepsilon_{dr} E_d + \nu_d \sigma_{d\theta} \tag{10-38}$$

将上式代入式（10-36）的第一式得

$$\sigma_{d\theta} = \frac{E_d}{1-\nu_d^2}(\varepsilon_{d\theta} + \nu_d \varepsilon_{dr})$$

将式（10-37）代入上式得

$$\sigma_{d\theta} = \frac{E_d}{1-\nu_d^2}\left(\frac{\xi_d}{r} + \nu_d \frac{d\xi_d}{dr}\right) \tag{10-39}$$

将式（10-39）、式（10-36）代入式（10-38）整理得

$$\sigma_{dr} = \frac{\nu_d E_d}{1-\nu_d^2}\frac{\xi_d}{r} + \frac{E_d}{1-\nu_d^2}\frac{d\xi_d}{dr} \tag{10-40}$$

由式（10-35）、式（10-39）、式（10-40）求得欧拉方程为

$$\frac{d^2\xi_d}{dr^2} + \frac{1}{r}\frac{d\xi_d}{dr} - \frac{\xi_d}{r^2} = 0$$

令 $r = e^t$ 进行变量替换，通解为

$$\xi_d = C_1 r + C_2 r^{-1} \tag{10-41}$$

将式（10-41）代入式（10-37）、式（10-39）、式（10-40），得到

$$\varepsilon_{d\theta} = C_1 + C_2 r^{-2}, \quad \varepsilon_{dr} = C_1 - C_2 r^{-2},$$

$$\sigma_{dr} = \frac{E_d}{1-\nu_d^2}[C_1(1+\nu_d) + C_2(\nu_d - 1)r^{-2}], \quad \sigma_{d\theta} = \frac{E_d}{1-\nu_d^2}[C_1(1+\nu_d) + C_2(1-\nu_d)r^{-2}]$$

$$\tag{10-42}$$

式中：常数 C_1、C_2 由血管内外壁边界条件确定。

设血管内壁承受的压力为 p_0，外壁承受的压力为 p_e，则边界条件可表示为：

当 $r = R_0$ 时，$\sigma_{dr} = -p_0$；当 $r = R_e$ 时，$\sigma_{dr} = -p_e$。将边界条件代入式（10-42）可解得常数 C_1、C_2 为

$$C_1 = \frac{1-\nu_d}{E_d}\frac{p_0 R_0^2 - p_e R_e^2}{R_e^2 - R_0^2}, \quad C_2 = \frac{1+\nu_d}{E_d}\frac{(p_0 - p_e)R_e^2 R_0^2}{R_e^2 - R_0^2}$$

将 C_1、C_2 代入式（10-41），求得位移 ξ_d 为

$$\xi_d = \frac{1-\nu_d}{E_d}\frac{p_0 R_0^2 - p_e R_e^2}{R_e^2 - R_0^2}r + \frac{1+\nu_d}{E_d}\frac{(p_0 - p_e)R_e^2 R_0^2}{(R_e^2 - R_0^2)r} \tag{10-43}$$

用 $r = R_0$ 代入上式，得血管壁内表面位移为

$$(\xi_d)_{r=R_0} = \frac{1-\nu_d}{E_d}\frac{p_0 R_0^2 - p_e R_e^2}{R_e^2 - R_0^2}R_0 + \frac{1+\nu_d}{E_d}\frac{(p_0 - p_e)R_e^2 R_0^2}{(R_e^2 - R_0^2)R_0}$$

将 C_1、C_2 代入式（10-42）得到

$$\sigma_{dr} = \frac{p_0 R_0^2 - p_e R_e^2}{R_e^2 - R_0^2} - \frac{(p_0 - p_e)R_e^2 R_0^2}{(R_e^2 - R_0^2)r^2}, \quad \sigma_{d\theta} = \frac{p_0 R_0^2 - p_e R_e^2}{R_e^2 - R_0^2} + \frac{(p_0 - p_e)R_e^2 R_0^2}{(R_e^2 - R_0^2)r^2}$$

2）局部斑块的变形及应力分析

血管内硬化斑块受到内压 p 和外压 p_0 的作用，其径向应力 σ_{nr}、环向应力 $\sigma_{n\theta}$ 可按拉梅（Lame）公式计算[8]，即

$$\sigma_{n\theta} = \frac{pR^2 - p_0 R_0^2}{R_0^2 - R^2} + \frac{(p - p_0)R^2 R_0^2}{(R_0^2 - R^2)r^2}, \quad \sigma_{nr} = \frac{pR^2 - p_0 R_0^2}{R_0^2 - R^2} - \frac{(p - p_0)R^2 R_0^2}{(R_0^2 - R^2)r^2}$$

$$(10-44)$$

式（10-44）中，$R = R(x)$。轴向应力[8]为

$$\sigma_{nx} = \frac{pR^2 - p_e R_e^2}{R_0^2 - R^2}$$

$$(10-45)$$

血管壁的内压 p_0 可以通过硬化斑块与血管壁交界面处的径向位移连续条件求得，即在半径 R_0 处，硬化斑块的径向位移 ξ_n 必须等于血管壁的径向位移 ξ_d。依据广义胡克定律和轴对称结构应变与位移关系，血管内硬化斑块的环向应变 $\varepsilon_{n\theta}$ 为

$$\varepsilon_{n\theta} = \frac{1}{E_n} \left[\sigma_{n\theta} - \nu_n (\sigma_{nr} + \sigma_{nx}) \right]$$

式中：ν_n、E_n 分别为血管硬化斑块的泊松比与弹性模量。血管硬化斑块径向位移为

$$\xi_n = r\varepsilon_{n\theta} = \frac{r}{E_n} \left[\sigma_{n\theta} - \nu_n (\sigma_{nr} + \sigma_{nx}) \right]$$

$$(10-46)$$

将式（10-44）、式（10-45）代入式（10-46）中，得血管硬化斑块外壁的径向位移 ξ_n 为

$$\xi_n = \frac{r}{E_n} \left[(1 - \nu_n)\frac{pR^2 - p_0 R_0^2}{R_0^2 - R^2} + (1 + \nu_n)\frac{(p - p_0)R^2 R_0^2}{(R_0^2 - R^2)r^2} - \nu_n \frac{pR^2 - p_e R_e^2}{R_0^2 - R^2} \right]$$

$$(10-47)$$

令 $r = R_0$，得血管硬化斑块外壁的径向位移 $(\xi_n)_{r=R_0}$ 为

$$(\xi_n)_{r=R_0} = \frac{R_0}{E_n} \left[\frac{(2 - \nu_n)R^2 p}{R_0^2 - R^2} + \left(\nu_n - \frac{R_0^2 + R^2}{R_0^2 - R^2} \right) p_0 + \frac{\nu_n R_e^2 p_e}{R_0^2 - R^2} \right]$$

$$(10-48)$$

由式（10-43）、式（10-48）和 $(\xi_d)_{r=R_0} = (\xi_n)_{r=R_0}$ 得血管壁内压为

$$p_0 = \frac{\dfrac{E_d}{E_n(R_0^2 - R^2)} \left[(2 - \nu_n)R^2 p + \nu_n R_e^2 p_e \right] + \dfrac{2R_e^2 p_e}{R_e^2 - R_0^2}}{\left(1 + \nu_d + \dfrac{2R_0^2}{R_e^2 - R_0^2} \right) - \dfrac{E_d}{E_n}\left(\nu_n - \dfrac{R_0^2 + R^2}{R_0^2 - R^2} \right)}$$

$$(10-49)$$

3）方程组的解

通过前两部分的计算，得到了血管壁与局部狭窄斑块材料相同时的分析结果。当 $0 < t \leqslant \dfrac{4}{15}$s、$0.4\mathrm{s} < t \leqslant \dfrac{2}{3}$s 时，取 $(p - p_e)$、v_x、v_r 的式（10-29）中的第一项式 $(p - p_e)_{\mathrm{I}}$、$v_{x\mathrm{I}}$、$v_{r\mathrm{I}}$，通过求解血液流动的连续性方程与运动方程，得到了血液流

266

动速度分别在 x、r 轴的分量表达式，分别为式（10-33）、式（10-34）。

在弹性狭窄血管的管壁 $r = R(x)$ 上，有

$$v_{r1} = \frac{\partial \xi_n}{\partial t} \tag{10-50}$$

将式（10-34）、式（10-47）、式（10-49）代入式（10-50），可得到一个关于 p_1 的方程为

$$\frac{\mathrm{d}^2 p_1}{\mathrm{d}x^2} + \frac{2}{R(x)} \frac{J_1^2\left[\sqrt{\frac{-\mathrm{i}\omega}{\nu_0}} R(x)\right]}{J_0\left[\sqrt{\frac{-\mathrm{i}\omega}{\nu_0}} R(x)\right] J_2\left[\sqrt{\frac{-\mathrm{i}\omega}{\nu_0}} R(x)\right]} \frac{\mathrm{d}R(x)}{\mathrm{d}x} \frac{\mathrm{d}p_1}{\mathrm{d}x} -$$

$$\frac{2\omega^2 R_0^2 E_d^2 (1 - R_0^2)(1 - \nu_n)}{E_d + E_d \nu_n - E_n \nu_n} \frac{J_0\left[\sqrt{\frac{-\mathrm{i}\omega}{\nu_0}} R(x)\right]}{J_2\left[\sqrt{\frac{-\mathrm{i}\omega}{\nu_0}} R(x)\right]} p_1 = 0$$

由上式解得 p_1 的表达式为

$$p_1(x) = A_1 \frac{\omega^2 R_0^2 E_d^2 (1 - R_0^2)(1 - \nu_n)}{E_d + E_d \nu_n - E_n \nu_n} \left[\sqrt{\frac{\omega}{\nu_0}} R(x)\right]^{1.23} \mathrm{e}^{0.1123\left[\sqrt{\frac{\omega}{\nu_0}} R(x)\right]}$$

式中：A_1 为待定常数。

同理，当 $0 < t \leqslant \frac{4}{15}$ s、0.4 s $< t \leqslant \frac{2}{3}$ s 时，取 $(p - p_e)$、v_x、v_r 的第二项 $(p - p_e)_{\text{II}}$、$v_{x\text{II}}$、$v_{r\text{II}}$，可得 p_2 的表达式为

$$p_2(x) = A_2 \frac{\omega^2 R_0^2 E_d^2 (1 - R_0^2)(1 - \nu_n)}{E_d + E_d \nu_n - E_n \nu_n} \left[\sqrt{\frac{3\omega}{\nu_0}} R(x)\right]^{1.23} \mathrm{e}^{0.1123\left[\sqrt{\frac{3\omega}{\nu_0}} R(x)\right]}$$

利用叠加法可得 $p(x, t)$ 的表达式

$$p - p_e = \frac{\omega^2 R_0^2 E_d^2 (1 - R_0^2)(1 - \nu_n)}{E_d + E_d \nu_n - E_n \nu_n} \left\{ A_1 \left[\sqrt{\frac{\omega}{\nu_0}} R(x)\right]^{1.23} \mathrm{e}^{0.1123\left[\sqrt{\frac{\omega}{\nu_0}} R(x)\right]} \left[\sin(\omega t) + A_3\right] \right.$$

$$\left. + A_2 \left[\sqrt{\frac{3\omega}{\nu_0}} R(x)\right]^{1.23} \mathrm{e}^{0.1123\left[\sqrt{\frac{3\omega}{\nu_0}} R(x)\right]} \left\{ \frac{1}{3}\left[\sin(3\omega t) + A_3\right] \right\} \right\}$$

式中：A_1、A_2、A_3 为待定常数。由此刻的压力峰值可得到 $A_1 = 0.34$、$A_2 = 0.1$、$A_3 = 3.5$。同理可得其他时刻的压力表达式。

2. 算例及计算结果分析

1）正常血压患者的计算结果分析

已知血管的半径 $R_0 = 0.5$ cm，厚度 $h = 0.6$ mm，血管壁的弹性模量 $E_d = 4.3 \times 10^5$ Pa（血管内局部斑块的弹性模量 E_n 将分情况讨论），泊松比 $\nu_d = \nu_n = 0.3$，周期 $T = 0.8$ s，圆频率 $\omega = 7.85$ rad/s；外压力 $p_e = 4$ kPa，血液密度 $\rho = 0.50 \times 10^3$ kg/m^3，血

液动力黏度 $\mu = 4.2 \times 10^{-3}\text{Pa}\cdot\text{s}$，血液运动黏度 $\nu_0 = \dfrac{\mu}{\rho} = 4 \times 10^{-6}\text{m}^2/\text{s}$。血压压力数值——收缩压 15.8kPa(120mmHg)，舒张压 10.6kPa(80mmHg)。

图 10-43 表示当 $\delta = 3.5\text{mm}$ 时，血管壁的径向位移随着时间及位置的变化规律。图 10-44~图 10-47 显示了 E_n 取不同值狭窄程度不同时在狭窄处血管壁及斑块的径向位移，但图 10-44、图 10-46 位移出现了负值。根据伯努利方程可知：血管越细处流速越大，内压则越小。当血管狭窄到一定程度时，血管壁外压大于内压，则出现负位移，即当狭窄达到一定程度时，血管壁就会出现负位移，使狭窄处更加狭窄，从而阻碍了血液的流动，显然对患者不利。图 10-48~图 10-51 显示了 E_n 取不同值且狭窄程度不同时的狭窄处斑块及血管壁的环向应力，从图中可以看到局部斑块越大，血管壁的环向应力越大；局部斑块越硬，血管壁的环向应力越大。图 10-52 显示了 $\delta = 3.5\text{mm}$ 时，在 $x = 0$ 处放入支架后血管壁的环向应力。

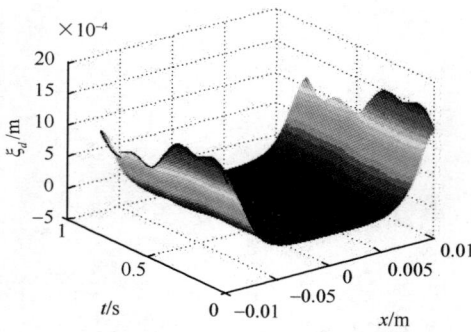

图 10-43　$\delta = 3.5\text{mm}$ 时随着时间、位置
变化的血管壁径向位移

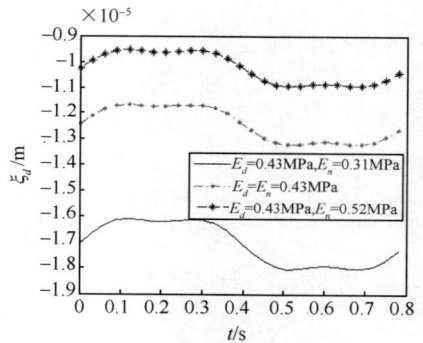

图 10-44　$\delta = 3.5\text{mm}$ 时，在 $x = 0$ 处一个
心动周期内血管壁的径向位移

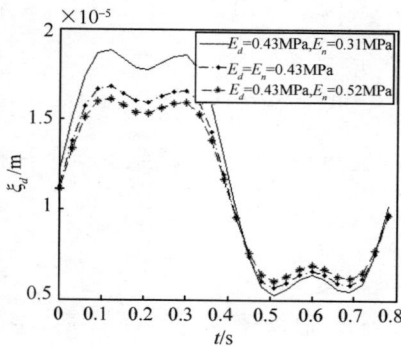

图 10-45　$\delta = 2.5\text{mm}$ 时，在 $x = 0$ 处
一个心动周期内血管壁的径向位移

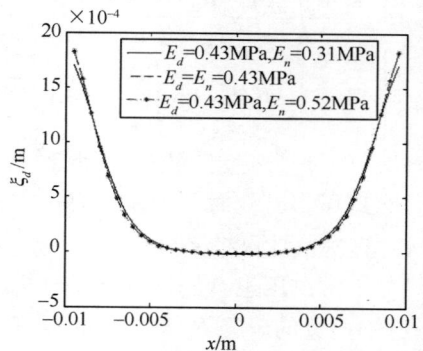

图 10-46　$\delta = 3.5\text{mm}$ 时狭窄斑块部
分的径向位移

2）高血压患者的计算结果分析

图 10 - 53、图 10 - 54 分别表示在一个心动周期内当 $\delta = 2.5\mathrm{mm}$ 与 $\delta = 3.5\mathrm{mm}$ 局部斑块硬度不同时,最狭窄处血管壁的径向位移。图 10 - 55、图 10 - 56 分别表示收缩压值为 26.5kPa(200mmHg),当 $\delta = 2.5\mathrm{mm}$ 与 $\delta = 3.5\mathrm{mm}$ 局部斑块硬度不同时,狭窄部分血管壁的径向位移。图 10 - 57、图 10 - 58 分别表示在一个心动周期内,当 $\delta = 2.5\mathrm{mm}$ 与 $\delta = 3.5\mathrm{mm}$ 局部斑块硬度不同最狭窄处血管壁的环向应力。图 10 - 59、图 10 - 60 表示收缩压值为 26.5kPa(200mmHg),当 $\delta = 2.5\mathrm{mm}$ 与 $\delta = 3.5\mathrm{mm}$ 局部斑块硬度不同时,狭窄部分血管壁的环向应力。图 10 - 61 表示当 $\delta = 3.5\mathrm{mm}$,E_d,E_n 不同时,在一个心动周期内狭窄处植入支架后血管壁的环向应力。

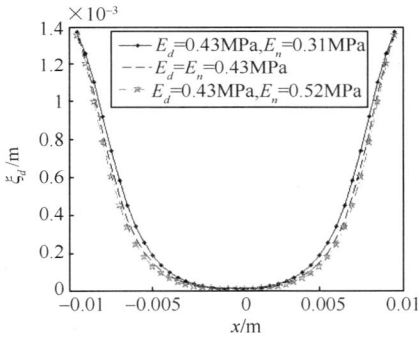

图 10 - 47　$\delta = 2.5\mathrm{mm}$ 时狭窄斑块
部分的径向位移

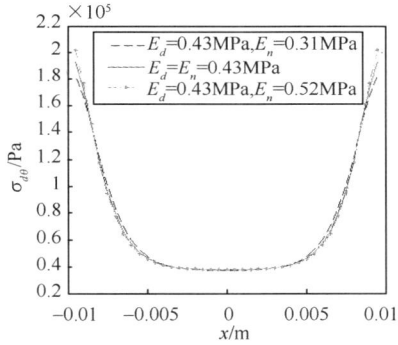

图 10 - 48　$\delta = 3.5\mathrm{mm}$ 时狭窄斑块部
分的环向应力

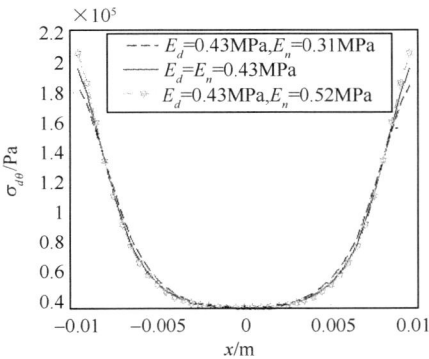

图 10 - 49　$\delta = 2.5\mathrm{mm}$ 时狭窄斑块部分
血管壁的环向应力

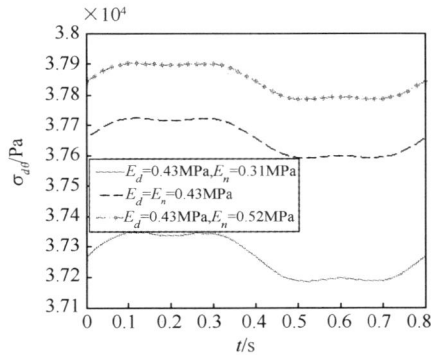

图 10 - 50　$\delta = 3.5\mathrm{mm}$ 时,在 $x = 0$
处血管壁的环向应力

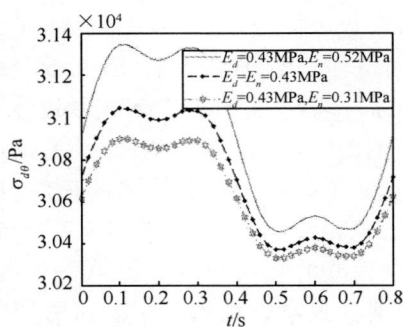

图 10 - 51 δ = 2.5mm 时,
在 x = 0 处血管壁的环向应力

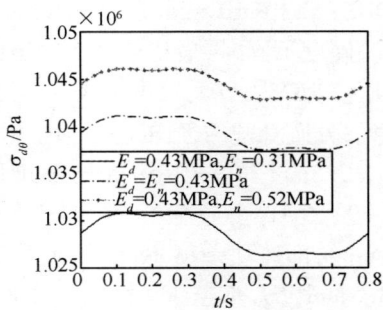

图 10 - 52 δ = 3.5mm 时,在 x = 0 处放
入支架后血管壁的环向应力

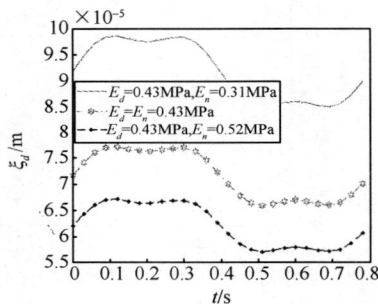

图 10 - 53 δ = 2.5mm, E_n 不同时
血管壁的径向位移

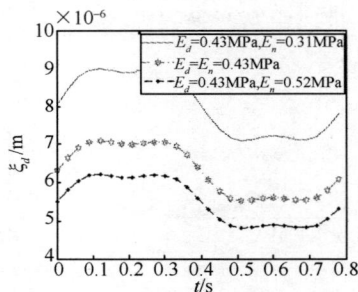

图 10 - 54 δ = 3.5mm, E_n 不同时
血管壁的径向位移

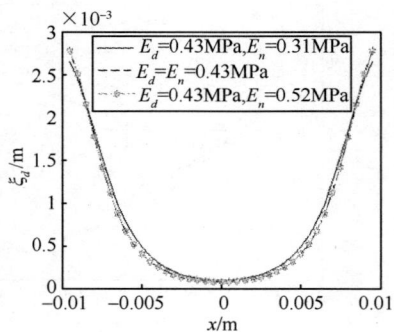

图 10 - 55 δ = 2.5mm, E_n 不同时
狭窄处血管壁的径向位移

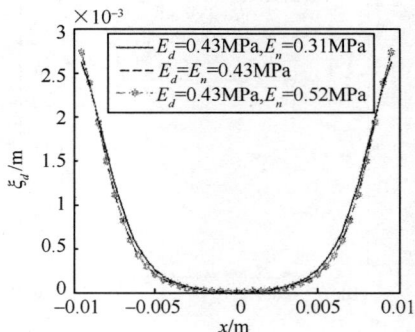

图 10 - 56 δ = 3.5mm, E_n 不同时
狭窄处血管壁的径向位移

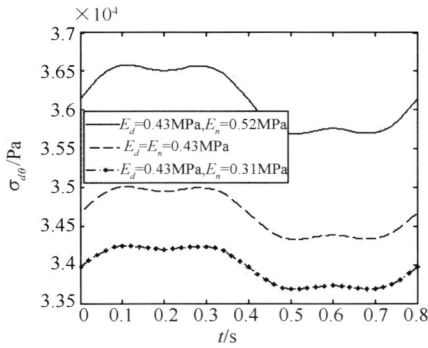

图 10 - 57　$\delta = 2.5\text{mm}$，E_n不同时
血管壁的环向应力

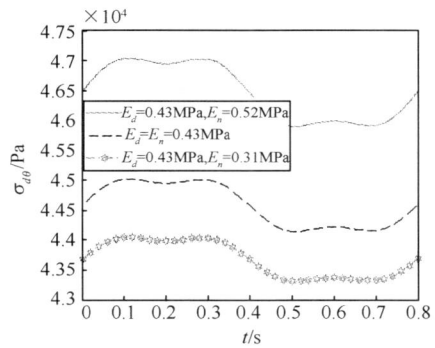

图 10 - 58　$\delta = 3.5\text{mm}$，E_n不同时
血管壁的环向应力

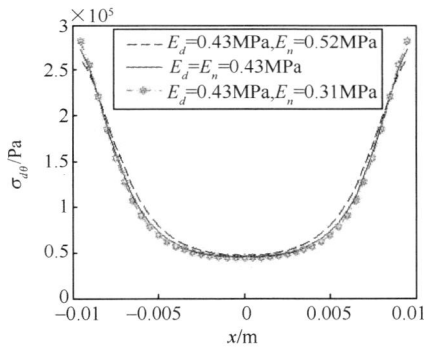

图 10 - 59　$\delta = 2.5\text{mm}$，E_n不同时，狭窄处
血管壁的环向应力

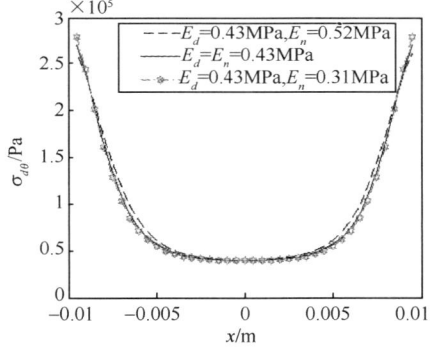

图 10 - 60　$\delta = 3.5\text{mm}$，E_n不同时
狭窄处血管壁的环向应力

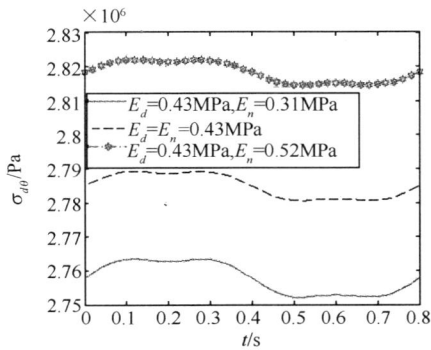

图 10 - 61　$\delta = 3.5\text{mm}$，E_d、E_n不同时，
植入支架后一个心动周期血管壁的环向应力

271

10.2.5 局部狭窄处植入支架后的力学分析

1. 支架所需支撑力的计算

通过上面的分析可知,血管最狭窄处的径向位移非常小,甚至会出现负位移。为了保证血管内血液的正常流动,阻止动脉进一步粥样硬化,医学上通常当狭窄达到一定程度时在血管内植入支架,如图 10-42 所示。假设在血管内给一个力 p',使血管内硬化斑块在此力作用下,狭窄处的径向位移为 $(\xi_n)_{r=R(x)} = R(x)$,于是由式(10-47)得

$$p' = \frac{E_n \left[R_0^2 - R^2(x) \right] + 2 p_0 R_0^2 - \nu_n p_e R_e^2}{(1 - 2\nu_n) R^2(x) + (1 + \nu_n) R_0^2} \qquad (10-51)$$

由式(10-49)、式(10-51)可确定 p'。p' 为金属支架打开时所需要的弹力,即为支架支撑力。

2. 植入支架后血管管壁的位移及应力分析

图 10-50 ~ 图 10-52 分别显示了狭窄处植入支架前后 E_n 取不同值时最狭窄处的环向应力,可见血管植入支架后,血管壁的环向应力变大。当局部斑块大到一定程度时,血管壁的环向应力大于其许用应力时,血管壁将会破裂,此时安放支架显然是危险的。为安全起见,给出如下数据供参考。假设动脉血管的许用应力为 $[\sigma] = 2\text{MPa}$,鉴于医学使用的支架是金属材料制成的,只要支架能把最狭窄的部分撑起,血管壁的其他部分随之产生变形。根据实际情况,这里只讨论 $x = 0$ 这一位置的硬化斑块硬度不同时硬块的径向位移及血管壁的环向应力情况。从表 10-3 中可以看到当 $\delta = 4.2\text{mm}$ 时,血管壁的应力 $\sigma_{d\theta} > 2\text{MPa}$,不宜安放支架;当 $\delta = 4.1\text{mm}$ 时,血管壁的环向应力 $\sigma_{d\theta} < 2\text{MPa}$,但是与血管壁的许用应力特别接近。表 10-4 显示:当 $\delta = 4.1\text{mm}$ 时,血管壁的应力 $\sigma_{d\theta} > 2\text{MPa}$,不宜安放支架;当 $\delta = 4\text{mm}$ 时,血管壁的环向应力 $\sigma_{d\theta} < 2\text{MPa}$。依据表 10-3、表 10-4 中的数据可知:当血管的狭窄率小于某一数值时,才可以安全地植入支架,否则可能会引起血管的破裂。

表 10-3 狭窄处植入支架后血管壁的位移及应力

狭窄程度 /mm	堵塞面积/%	$E_d = 0.43\text{MPa}$ $E_n = 0.31\text{MPa}$			$E_d = E_n = 0.43\text{MPa}$			$E_d = 0.43\text{MPa}$ $E_n = 0.52\text{MPa}$		
		$p'/$ MPa	$\sigma_{d\theta}/$ MPa	$\xi_d/$ mm	$p'/$ MPa	$\sigma_{d\theta}/$ MPa	$\xi_d/$ mm	$p'/$ MPa	$\sigma_{d\theta}/$ MPa	$\xi_d/$ mm
$\delta = 2.5$	75	0.098	0.484	2.887	0.113	0.490	2.848	0.203	0.496	2.805
$\delta = 3.0$	84	0.106	0.686	3.269	0.213	0.692	3.223	0.426	0.703	3.177
$\delta = 3.5$	91	0.429	1.032	3.676	0.441	1.041	3.625	0.864	1.047	3.576

狭窄程度/mm	堵塞面积/%	$E_d = 0.43$MPa $E_n = 0.31$MPa			$E_d = E_n = 0.43$MPa			$E_d = 0.43$MPa $E_n = 0.52$MPa		
		$p'/$MPa	$\sigma_{d\theta}/$MPa	$\xi_d/$mm	$p'/$MPa	$\sigma_{d\theta}/$MPa	$\xi_d/$mm	$p'/$MPa	$\sigma_{d\theta}/$MPa	$\xi_d/$mm
$\delta = 3.9$	95	0.796	1.536	4.025	0.914	1.550	3.967	1.126	1.581	3.915
$\delta = 4.0$	96	1.025	1.720	4.118	1.134	1.743	4.058	1.398	1.779	4.006
$\delta = 4.1$	96.7	1.203	1.965	4.198	1.435	1.980	4.145	1.763	2.012	4.103
$\delta = 4.2$	97.5	2.106	2.252	4.296	1.861	2.276	4.236	2.013	2.293	4.201

表 10-4　高血压患者狭窄处植入支架后血管壁的位移及应力

狭窄程度/mm	堵塞面积/%	$E_d = 0.43$MPa $E_n = 0.31$MPa			$E_d = E_n = 0.43$MPa			$E_d = 0.43$MPa $E_n = 0.52$MPa		
		$p'/$MPa	$\sigma_{d\theta}/$MPa	$\xi_d/$mm	$p'/$MPa	$\sigma_{d\theta}/$MPa	$\xi_d/$mm	$p'/$MPa	$\sigma_{d\theta}/$MPa	$\xi_d/$mm
$\delta = 2.5$	75	0.098	0.522	3.113	0.113	0.528	3.071	0.203	0.535	3.024
$\delta = 3.0$	84	0.106	0.721	3.424	0.213	0.726	3.376	0.426	0.738	3.327
$\delta = 3.5$	91	0.429	1.054	3.709	0.441	1.063	3.709	0.864	1.070	3.658
$\delta = 3.9$	95	0.796	1.556	4.072	0.914	1.569	4.013	1.126	1.603	3.960
$\delta = 4.0$	96	1.025	1.757	4.154	1.134	1.780	4.093	1.398	1.817	4.041
$\delta = 4.1$	96.7	1.203	2.002	4.228	1.435	2.012	4.175	1.763	2.045	4.133
$\delta = 4.2$	97.5	2.106	2.288	4.321	1.861	2.312	4.261	2.013	2.329	4.226

从表 10-3 可以看到,当硬块弹性模量增大时,狭窄处植入支架后硬块的径向位移减小,但血管壁的环向应力增加了;斑块厚度越大,狭窄处植入支架后血管壁的径向位移越增加,血管壁的环向应力就越增加。

分析计算结果可知:正常血压脉搏波作用下的血管最狭窄处的径向位移非常小。为了保证血管的正常工作,医学上就必须软化斑块。如果狭窄程度大,斑块硬度也大时,就必须考虑植入支架后血管壁的环向应力和径向位移的大小,否则有可能造成血管的破裂。血管弹性模量、局部斑块的阻塞程度、血管壁的厚度、工作状态下的变形和应力状态,均是评价血管动脉硬化和能否植入支架的重要指标。

从以上分析可得出如下结论:

(1) 血管狭窄程度越大血管壁的径向位移越小,血管狭窄到一定程度时会出现负位移,使之更狭窄,环向应力通常变大。局部斑块越硬,血管壁的径向位移越小,环向应力变大。

(2) 在基本情况相同的条件下,高血压患者比血压正常或低血压患者狭窄处血管壁的径向位移大,环向应力大,所以对高血压患者植入支架要更加慎重。

（3）血管植入支架后,狭窄程度越大,血管壁的径向位移越大,环向应力也越大。局部斑块越硬,血管壁的径向位移越小,环向应力反而越大,所以狭窄越严重、斑块硬度越大,植入支架的危险性也随之增大。

（4）在相同情况下,高血压患者要比正常血压患者安全植入支架所允许的狭窄程度应小一些。

（5）本研究内容及其研究结果,可从方法上为柔性薄壁管类似的流固耦合问题的变形与强度计算方面提供参考。

10.3 颈动脉血管硬化的力学分析

10.3.1 颈动脉狭窄处的血压波动方程

1. 依据多普勒彩超建立的血压波动方程及拟合

图 10-62 是采用多普勒彩超测得的人体颈动脉的临床血液流速与血压波动曲线图。为了便于对其进行计算分析,可采用多项式的方法对一个心动周期的血压波动曲线进行拟合,拟合结果如图 10-63 所示,并且应用拟合的方法得到了血压波动方程[9]。其中,在 $t = 0 \sim 0.3125\mathrm{s}$ 时间范围内,心室收缩期有血压波动方程为

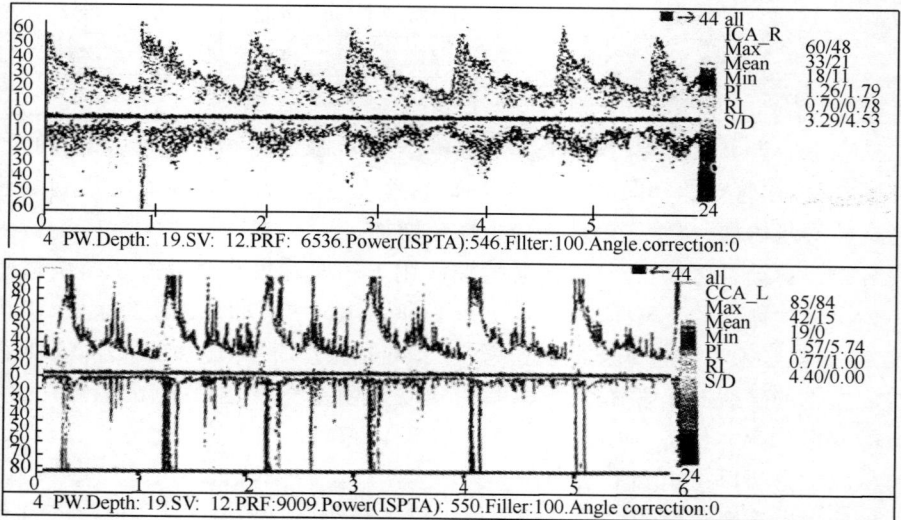

图 10-62 人体颈动脉的血液流速与血压波形图

$$p(t) = \{132\,\mathrm{e}^{-t} + 8.958[\sin(2\pi t/0.9375) - 6.7\cos(2\pi t/0.9375)]\}\,\mathrm{Pa}$$

$$(10-52)$$

在 $t = 0.3125\mathrm{s} \sim 0.9375\mathrm{s}$ 内，即心室的舒张期有血压波动方程为

$$p(t) = 183.6\,\mathrm{e}^{-t}\,\mathrm{Pa} \qquad\qquad (10-53)$$

拟合的结果如图 10-63 所示。

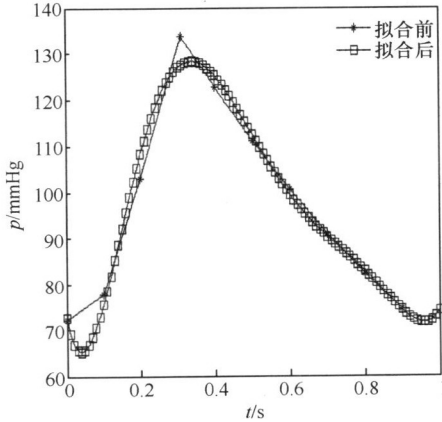

图 10-63　颈动脉血压波动曲线的拟合

2. 血管狭窄段长度变化时的变形分析

假定局部狭窄是轴对称的，采用圆柱坐标系 (r,θ,x)，x 轴与血管的对称轴重合，r 为血管的径向坐标，θ 为环向坐标；血管局部狭窄区的形状假设是按余弦规律以及一部分直线变化，如图 10-64 所示。血管狭窄处的半径 $R(x)$ 可写为

$$R(x) = \begin{cases} R - \delta, & -\delta_L \leqslant x \leqslant \delta_L \\ R - \dfrac{\delta}{2}\left[1 + \cos\dfrac{\pi(x+\delta_L)}{x_0}\right], & -x_0 - \delta_L \leqslant x \leqslant -\delta_L \\ R - \dfrac{\delta}{2}\left[1 + \cos\dfrac{\pi(x-\delta_L)}{x_0}\right], & \delta_L \leqslant x \leqslant x_0 + \delta_L \\ R, & |x| \geqslant x_0 + \delta_L \end{cases} \qquad (10-54)$$

式中：δ_L 为狭窄区直线部分的 $1/2$；R 为正常血管的半径；δ 为狭窄处的最大厚度；x_0 为狭窄区曲线部分长度的 $1/2$。h_1 为血管初始壁厚，且在狭窄区域壁厚为 $h = h_1 + R - R(x)$。设变化后的血管壁壁厚为 h_2，则此时血管半径为

$$R' = R + h_1 - h_2, \quad R(x) = R' - \frac{R(x_0 + \delta_L)}{R'}$$

将其代入式 (10-28) 可得

$$\xi = \frac{(1 - \nu^2)(p - p_e)(R' - \varepsilon R')^2}{E(h_2 + \varepsilon R')} \qquad\qquad (10-55)$$

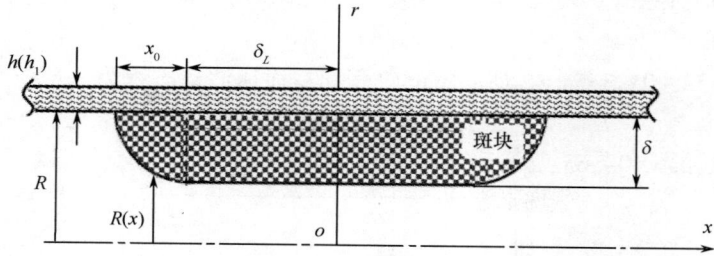

图 10 – 64　血管狭窄处计算模型简图

式中：$\varepsilon = \dfrac{\delta}{R}$。

由式（10 – 55）可得环向应力表达式为

$$\sigma_\theta = E\varepsilon_\theta = E\,\frac{\xi}{R(x)} = \frac{(1 - \nu^2)(p - p_0)(R' - \varepsilon R')}{h_2 + \varepsilon R'} \tag{10 – 56}$$

3. 颈动脉狭窄处血压波动方程的建立

在圆柱坐标系 (r, θ, x) 中，假设

$$v_x = V_x(r, x)v_x(t), \quad v_r = V_r(r, x)v_r(t), \quad p = P(x)p(t) \tag{10 – 57}$$

式中：$V_x(r, x)$，$V_r(r, x)$，$P(x)$ 为对应于相应的函数与时间无关的幅值；$v_x(t)$，$v_r(t)$，$p(t)$ 为相应函数的时间变量。同时定义 $r = R(x)/R$，$\beta = (x_0 + \delta_L)/R$，狭窄区的厚度与管径比 $\varepsilon = \delta/R$，并引入雷诺数 $\mathrm{Re} = U_0 x/\nu_0$，以及 Womersley[10] 数 $\alpha = R\,\sqrt{\omega/\nu_0}$，$U_0$ 为管内血液流动的轴向特征速度，ν_0 为流体运动黏性系数，ω 为脉动流的圆频率。引入比值 $\dfrac{p'(t)}{p(t)} = \dfrac{\partial V_x}{\partial x}$，$p'$ 表示流经颈动脉后的压力。略去惯性力的影响，将上述参数代入 N – S 方程中可得

$$\frac{p'(t)}{p(t)}V_x = -\frac{\mathrm{d}P}{\rho\mathrm{d}x} + \nu_0\left(\frac{\partial^2 V_x}{\partial r^2} + \frac{1}{r}\,\frac{\partial V_x}{\partial r}\right) \tag{10 – 58}$$

令 $v_{x0} = \dfrac{p'(t)}{p(t)}V_x + \dfrac{\mathrm{d}P}{\rho\mathrm{d}x}$，可得

$$\frac{\partial^2 V_x}{\partial r^2} + \frac{1}{r}\,\frac{\partial V_x}{\partial r} - \frac{1}{\nu_0}v_{x0} = 0 \tag{10 – 59}$$

考虑到在 $r = 0$ 处 v_x 为有限值，则有方程式（10 – 59）的解

$$v_{x0} = C_1 J_0\left[\sqrt{\frac{p'(t)}{\nu_0 p(t)}}\,r\right] \tag{10 – 60}$$

276

式中:$J_0(t,r)$ 为第一类零阶 Bessel 函数[11]。当 $x_0 > \delta_L$ 时,对颈动脉血管半径进行无量纲化,有

$$\begin{cases} r_1(x) = 1 - \dfrac{1}{2}\varepsilon\left(1 + \cos\dfrac{\pi x}{\beta}\right), & -\beta \leqslant x \leqslant \beta \\ r_1(x) = 1, \ |x| > \beta & \beta = x_0 + \delta_L \end{cases}$$

利用在 $r = r_1(x)$ 处,$v_x = 0$,可得 $C_1 = \nu_0 \dfrac{\mathrm{Re}}{\beta} \dfrac{\mathrm{d}P}{\mathrm{d}x} J_0\left[\sqrt{\dfrac{p'(t)}{\nu_0 p(t)}}r\right]$,将其代入式(10-60)可得

$$V_x = \nu_0 \frac{\mathrm{Re}}{\beta} \frac{\mathrm{d}P}{\mathrm{d}x}\left\{\frac{J_0\left[\sqrt{\dfrac{p'(t)}{\nu_0 p(t)}}r\right]}{J_0\left[\sqrt{\dfrac{p'(t)}{\nu_0 p(t)}}r_1(x)\right]} - 1\right\} \tag{10-61}$$

然后,利用连续性方程,可以进一步得到

$$V_r = -\nu_0 \frac{\mathrm{Re}}{\beta\varepsilon}\left\{\frac{\mathrm{d}^2 P}{\mathrm{d}x^2}\left\{\frac{J_2\left[\sqrt{\dfrac{p'(t)}{\nu_0 p(t)}}r\right]}{\dfrac{p'(t)}{\nu_0 p(t)}J_0\left[\sqrt{\dfrac{p'(t)}{\nu_0 p(t)}}r\right]} - \frac{r}{2}\right\}\right. +$$

$$\left.\frac{\mathrm{d}P}{\mathrm{d}x}\frac{J_2\left[\sqrt{\dfrac{p'(t)}{\nu_0 p(t)}}r\right]J_2\left[\sqrt{\dfrac{p'(t)}{\nu_0 p(t)}}r_1'(x)\right]}{J_0^2\sqrt{\dfrac{p'(t)}{\nu_0 p(t)}}r_1(x)}r_1'(x)\right\} \tag{10-62}$$

式中:$J_2(t,r)$ 为第一类第2阶 Bessel 函数。无量纲化后对于弹性的狭窄血管,有边界条件[12]

$$v_r = \frac{\alpha^2\beta^2}{\mathrm{Re}\varepsilon}\frac{\partial\xi}{\partial t}, \quad r = r_1(x)$$

将关系式(10-55)代入上式,即得

$$v_r = \frac{\alpha^2\beta^2}{\mathrm{Re}\varepsilon}\frac{r_1^2(x)}{\lambda}\frac{\partial p}{\partial t}$$

式中,$\lambda = \dfrac{Eh}{R(1-v^2)\rho U_0^2}$,进一步将式(10-57)代入上式,可得

$$V_r = \frac{\beta r_1^2(x)}{\nu_0 \mathrm{Re}\varepsilon\lambda}P$$

将速度表达式(10-62)代入上式,可得

$$\frac{d^2 P}{dx^2} + \frac{2}{r_1(x)} \frac{dr_1(x)}{dx} - \frac{J_1^2(x')}{J_0(x')J_2(x')} \frac{dP}{dx} - \frac{2\alpha^4\beta^2}{Re^2\lambda} r_1(x) \frac{J_0(x')}{J_1(x')} P = 0$$

$$(10-63)$$

式中：$x' = \sqrt{\dfrac{p'(t)}{\nu_0 p(t)}} x$；$J_1(x')$ 为第一类第 1 阶 Bessel 函数。

方程式（10-63）的详细求解过程，请读者参阅参考文献[1]的第 261～263 页。式（10-63）的解析解为

$$P(x) = [\alpha r_1(x)]^k e^{m[\alpha r_1(x)]} \{ A_1' F_1[a, c; -b\alpha r_1(x)]_1 \} +$$

$$A_2' [\alpha r_1(x)]^{1-c} F_1 \{ [1+a-c, 2-c; -b\alpha r_1(x)] \}$$

式中[1]：$k = \dfrac{\varepsilon^2\pi^2}{16\beta^3} \left(2\beta + \dfrac{\beta}{\pi} \sin\dfrac{2\pi\delta}{\beta R} - \dfrac{2\delta}{R} \right)$；$A_1'$，$A_2'$ 为任意常数；$F_1(a, c; x) = \displaystyle\sum_{k=1}^{\infty} A_k x^k$

称为 Kummer 函数。Kummer 函数中各参数分别为：$a = \dfrac{a_1 m + 2Km + b_2 + b_1 K}{2m + b_1}$，

$c = a_1 = 2K$，$b = 2m + b_1$，K 与 m 分别满足方程 $\left.\begin{array}{l} K^2 + (a_1 - 1)K + a_2 = 0 \\ m^2 + b_1 m + c_2 = 0 \end{array}\right\}$；$A_k =$

$\dfrac{a(a+1)(a+2)\cdots(a+k-1)}{c(c+1)(c+2)\cdots(c+k-1)(c+k)!}$。

由上式可得到颈动脉狭窄处所承受的压力表达式为

$$p - p_e = \frac{A(1-\nu^2)\omega^2 [\alpha r_1(x)]^k e^{m\alpha r_1(x)}}{Eh} [\sin(\omega t + \phi) + \varphi] \quad (10-64)$$

式中：A、ϕ、φ 为待定系数；ω 为圆频率。

在一个心动周期 $T = 1s$ 内，当 $t = 0.3125s$ 时，收缩压为 15.8kPa（120mmHg），即 $p - p_e = 1.58 \times 10^4 Pa$，$p_e$ 是肌肉对血管壁的压力，一般为常量，在颈动脉处 p_e 相比于血压较小，可以忽略不计；当 $t = 0.9375s$ 时，舒张压为 9.2kPa（70mmHg），也即 $p - p_e = 0.92 \times 10^4 Pa$。根据上述两个条件可求得 $\phi = -1.57$，$\varphi = 3.50$，而 A 值则需要在不同的情况下分别求解。

4. 算例分析

若假定血管半径 $R = 5mm$，血管初始壁厚 $h_1 = 0.6mm$，血液动力黏度 $\mu = 4.2 \times 10^{-3} Pa \cdot s$，血液质量密度 $\rho = 1.05 \times 10^3 kg/m^3$，血液运动黏度 $\nu_0 = \mu/\rho = 4 \times 10^{-6} m^2/s$，圆频率 $\omega = 6.70 rad/s$，Womersley 数 $\alpha = R\sqrt{\omega/\nu_0} = 6.47$。狭窄区的厚度与管径比 $\varepsilon = \delta/R = 0.5$，$p - p_e = 1.58 \times 10^4 Pa$ 即收缩压时，可以得到在 $x = 0$ 处一个心动周期内血管壁径向位移及环向应力与血管狭窄段长度的关系，分别如图 10-65 和图 10-66 所示。由图 10-65 和图 10-66 可知，平滑段的血管壁径向位移和环向应力基本不受平滑段长度的影响，只是随时间的变化而变化。

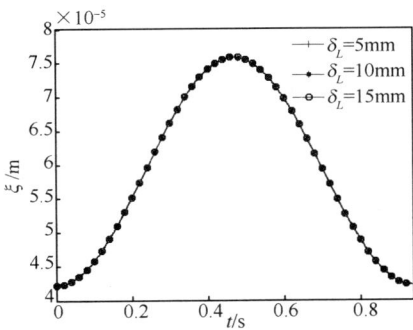

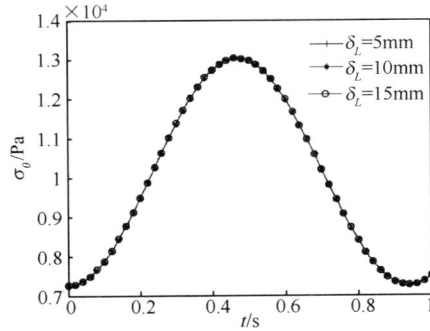

图 10-65　$x=0$ 处径向位移变化曲线　　图 10-66　$x=0$ 处血管壁环向应力变化曲线

图 10-67 和图 10-68 为血管狭窄区直线部分长度的一半为 $\delta_L=5\mathrm{mm}$，狭窄段处的最大厚度不同时，血管壁在一个心动周期内的变形。从图中不难看出，在血管壁狭窄程度较小时，血管壁在相同条件下的径向位移较大，此时血管壁的弹性良好；当血管壁的狭窄程度较大时，血管壁的径向位移较血管壁狭窄程度较小时就非常小了，并且在血管壁狭窄程度非常严重时变化就很细微。因为血管狭窄到一定的程度，血管壁的弹性将大大降低，弹性变形也就会变小，在一定的压差下，血管破裂的可能性也将增大。

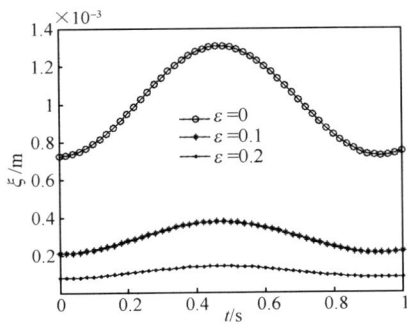

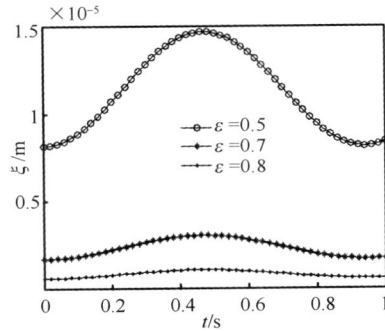

图 10-67　$x=0$ 处径向位移的变化曲线　　图 10-68　$x=0$ 处 ε 取较大值时径向位移变化

10.3.2　血管壁沿轴向的变形与应力分析

在任意时刻 t，将式(10-54)给出的 $R(x)$ 的表达式代入到(10-55)中，可以得到一个关于血管壁径向位移和沿 x 轴向坐标的表达式，即

$$\xi = \frac{(1-\nu^2)(p-p_e)\left[R - R\varepsilon\left(1 + \cos\dfrac{\pi\bar{x}}{x_0}\right)\Big/2\right]^2}{Eh} \qquad (10-65)$$

同时考虑到式(10-56)，可得环向应力的表达式为

279

$$\sigma_\theta = \frac{(1-\nu^2)(p-p_e)\left[R - R\varepsilon\left(1+\cos\frac{\pi\bar{x}}{x_0}\right)/2\right]}{h} \qquad (10-66)$$

式中:$\bar{x}$ 为沿血管轴向不同段的取值,分别为 $\begin{cases} \bar{x}=0, & -\delta_L \leqslant x \leqslant \delta_L \\ \bar{x}=x+\delta_L, & -x_0-\delta_L \leqslant x \leqslant -\delta_L \\ \bar{x}=x-\delta_L, & \delta_L \leqslant x \leqslant x_0+\delta_L \end{cases}$ 。

其他计算参数同前,考虑当 $t=0.3125\mathrm{s}$,即血管血压为收缩压 $15.8\mathrm{kPa}$($120\mathrm{mmHg}$)时,血管壁径向位移及环向应力沿轴向分布,由图 $10-69$ 可以知道,在狭窄平滑区,血管的径向位移保持一致,最狭窄处的径向位移最小。并且通过图 $10-70$ 可见,血管最狭窄处环向应力最小,当狭窄程度较严重时,环向应力小,且变化幅度不大。

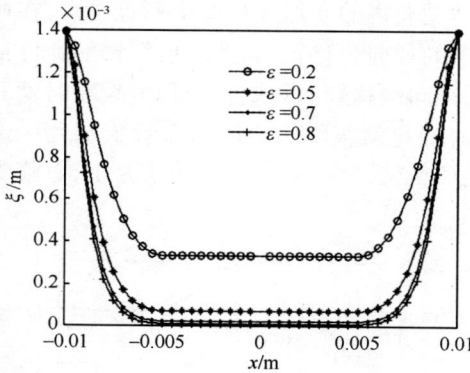

图 $10-69$　径向位移
沿轴向坐标变化曲线

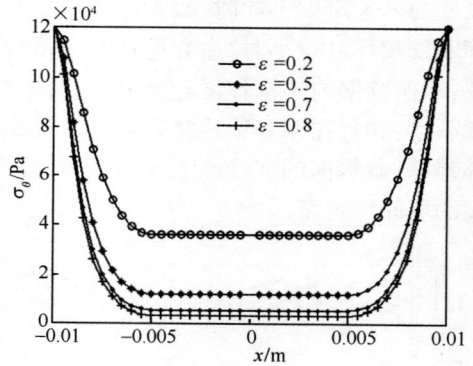

图 $10-70$　血管壁的环向应力
沿轴向坐标变化曲线

10.3.3　血管壁材料参数对血管变形的影响

血管壁的弹性模量及其泊松比等参数的变化将会对血液的流动特性产生影响。下面将对这些参量的变化对血管壁的变形及应力的影响进行分析。

1. 血管壁泊松比的影响

根据血管材料的特性,取血管壁泊松比 ν 在 $0.3 \sim 0.49$ 间的十个值,间隔为 0.019。狭窄区的厚度与管径比 $\varepsilon = \delta/R = 0.5$,血管血压在收缩压 $15.8\mathrm{kPa}$($120\mathrm{mmHg}$)时,得到在 $x=0$ 处血管壁径向位移及环向应力随泊松比 ν 的变化情况。

通过图 $10-71$ 和图 $10-72$ 可见,当血管壁的泊松比增大时,血管的变形量和环向应力都在减小,一方面说明随着泊松比的增大导致血管壁的抵抗变形能力下降,而另一方面也会使得血管在一定血压作用下的应力值下降。

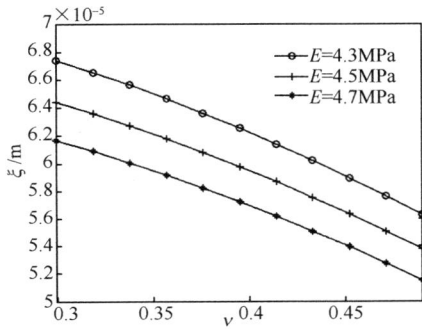

图 10 - 71　血管壁径向位移随
泊松比 ν 的变化曲线

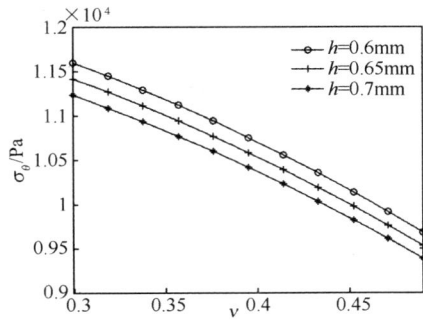

图 10 - 72　血管壁环向应力
随泊松比 ν 的变化曲线

2. 血管壁厚及弹性模量的影响

血管内斑块的堆积等原因,会导致血管壁厚的变化。而这一参量的变化也将影响血液的流动特性。若取 $\varepsilon = 0.5$, $h_1 = 0.6mm$, $p - p_0 = 15.8kPa$ 即收缩压时,由式(10 - 65)和式(10 - 66)可以得到血管壁径向位移和环向应力与血管壁壁厚 h 的关系分别如图 10 - 73、图 10 - 74 所示。

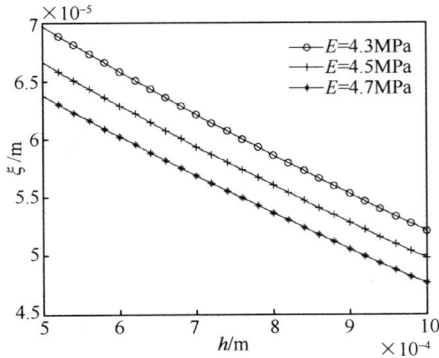

图 10 - 73　血管壁径向位移 ξ
与血管壁厚度的关系

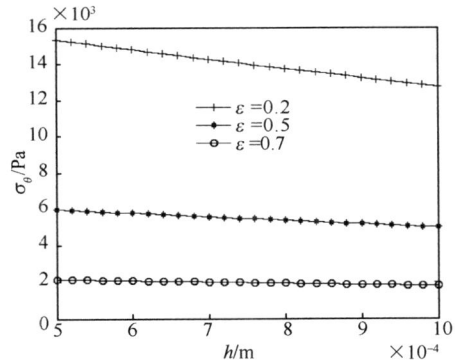

图 10 - 74　血管壁环向应力 σ_θ
与血管壁厚度的关系

通过图 10 - 73 可见,随着血管壁厚度的增大,血管壁的径向位移随之减小,这可以理解为由于血管壁厚度的增大,导致了血管壁抗拉、抗弯刚度的增大,从而减小了血管壁的径向位移,且随着血管壁弹性模量的增大,径向位移随之减小,但在图 10 - 74 中可以发现,血管厚度变化对环向应力的影响不大。

10.3.4　动脉硬化力学指标的建立

从前面的内容中不难看出,血管壁的径向位移和环向应力都随着狭窄程度、泊松比及血管壁的弹性模量的变化而变化,但是很难通过某一个参数单独来反映血管动脉硬化的程度。为了更加直接和有效的分析血管的动脉硬化程度,可以引进一个综合各种主要因素的参量作为一个讨论动脉硬化的指标,这里称其为动脉硬化因子 S,定义为[9]

$$S = \frac{1}{E\nu\varepsilon}(\text{Pa})^{-1} \tag{10-67}$$

由图 10-75 与图 10-76 可知,在一定的范围内,随着动脉硬化因子 S 的增大,血管壁一点处的径向位移和环向应力也是逐渐增大的,即在一个心动周期内波动幅度变大,此位置的应力值也随之增大。由此可见,这一指标可能比较全面地反映血管的力学特性,适合作为一个判别动脉硬化的参考参量。

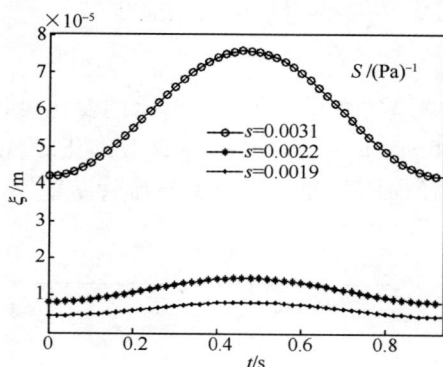

图 10-75　S 不同时径向位移
随时间变化曲线

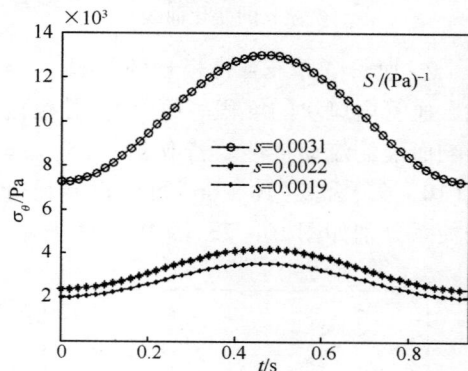

图 10-76　S 不同时环向应力
随时间变化曲线

参 考 文 献

[1] 柳兆荣. 心血管流体力学[M]. 上海:复旦大学出版社,1986.

[2] 杨阳. 板壳磁弹性与流体弹性问题的混沌运动分析[D]. 秦皇岛:燕山大学,2010.

[3] 柳兆荣,李惜惜. 弹性腔理论及其在心血管系统分析中的应用[M]. 北京:科学出版社,1987.

[4] 刘纯,白象忠,李小宝. 受支架支撑的血管管壁变形及应力分析[J]. 固体力学,2012,33(6):557-565.

[5] 刘纯,白象忠,李小宝. 狭窄血管处管壁的变形与应力分析[J]. 工程力学,2013,30(2):464-469.

[6] 蒋家羚,朱国辉. 新型薄内筒扁平绕带式高压容器绕层的强度分析[J]. 力学与实践,1984,6(6):20-24.

[7] 徐芝纶. 弹性力学(上册)[M]. 北京:高等教育出版社,2004.

[8] 刘纯. 血管狭窄处管壁变形与应力分析[D]. 秦皇岛:燕山大学,2011.

[9] 宋德兴. 血管动脉硬化指标的力学研究[D]. 秦皇岛:燕山大学,2015.

[10] Womersley J R. The mathematical analysis of the arterial circulation in a state of oscillatory motion [R].

Wright Air Development Center, 1957: 123 – 165.

[11] 马云林. 第一类整数阶 Bessel 函数的逼近算法[J]. 电子设计工程,2013,21(9):66 – 68.

[12] Holzapeel G A, Weizsacker H W. Biomechanical behavior of the arterial wall and its numerical characterization [J]. Computers in Biology & Medicine, 1988, 28(4):377 – 392.

内 容 简 介

　　液体、气体的运动与弹性结构的相互作用是用流体弹性力学理论来描述的。由于其交叉性质,在许多学科和工程领域中,流体弹性力学之课题都成了主要的研究内容,并被广泛应用。

　　在流体与弹性体相互作用的非线性问题分类的基础上,本书重点介绍:求解流体弹性力学问题的相容拉格朗日－欧拉法;流体弹性力学的基本方程,建立介质接触表面问题的必要条件;板壳同液体相互作用非线性问题的计算方法及应用算例;将非线性流体弹性动力学问题深入到混沌、分岔的研究领域之中。

　　本书是从事航空、航天、船舶设计、仪器仪表、流体机械、水下工程、机械设计制造等领域的工程技术人员及科研工作者,在研究流体作用下的板壳强度、刚度和稳定性计算时的必备参考读物,同时也是高等院校力学、物理、机械设计等相关专业的教师、研究生、本科生的参考用书。

The interaction phenomena of fluid or air and elastic structure are described by hydroelasticity theory. This theory is the major research content for science and engineering because of the cross-discipline characteristics.

Based on the classification of nonlinear problem of the interaction between fluid and elastic body, united Lagrangian-Eulerian method for hydroelasticity is mainly introduced. Basic equations of hydroelasticity are given. Necessary conditions of contact surfaces are established. Computation method and example of nonlinear problem of the interaction between plate or shell and fluid are studied. Chaos and bifurcation are further studied for nonlinear hydroelasticity problem.

This book is written for readers engaged in aerospace, ship design, instrumentation, fluid machinery, underwater engineering, mechanical design and manufacture when studying plate and shell strength, stiffness and stability. It can be profitably read by teachers, post-graduate and graduate students in mechanics, physics, mechanical design and others.